计算机网络通信技术

主　编　海　涛
副主编　杨　磊　张镱议
　　　　廖炜斌　林　波

重庆大学出版社

内 容 简 介

本书系统地介绍数据通信的基本原理、基本技术以及网络通信等方面的知识。具体内容包括：数据通信的基本概念、网络通信的历史与发展；数据通信的基础知识，包括数据编码、数据压缩、调制解调、同步技术、多路复用，以及数据通信中的硬件接口电路；数据传输方式，包括基带传输、频带传输和数字数据传输；差错控制的基本理论和方法；数据通信的各类及传输介质；网络通信的基本知识、局域网和广域网；物联网、大数据、云技术；电力线载波技术、通信数据的 DTMF 编/解码技术、通信中的三态逻辑编/解码技术、红外遥控技术、滚动码技术、手机通过 WIFI 控制技术等内容。每章均附有适量的习题。

本书可作为高等工科院校自动化、仪器仪表、通信与信息系统等相关专业的教学用书，也可作为工程技术人员的参考书。

图书在版编目(CIP)数据

计算机网络通信技术/海涛主编 . —重庆：重庆大学出版社,2015.9
电子信息工程专业本科系列教材
ISBN 978-7-5624-9447-8

Ⅰ.①计…　Ⅱ.①海…　Ⅲ.①计算机通信网—高等学校—教材　Ⅳ.①TN915

中国版本图书馆 CIP 数据核字(2015)第 216305 号

计算机网络通信技术
主 编 海 涛
副主编 杨 磊 张镱议 廖炜斌 林 波
责任编辑：曾显跃　版式设计：曾显跃
责任校对：邬小梅　责任印制：赵 晟

*

重庆大学出版社出版发行
出版人：邓晓益
社址：重庆市沙坪坝区大学城西路 21 号
邮编：401331
电话：(023)88617190　88617185(中小学)
传真：(023)88617186　88617166
网址：http://www.cqup.com.cn
邮箱：fxk@ cqup.com.cn(营销中心)
全国新华书店经销
重庆联谊印务有限公司印刷

*

开本：787×1092　1/16　印张：21.75　字数：543 千
2015 年 9 月第 1 版　2015 年 9 月第 1 次印刷
印数：1—3 000
ISBN 978-7-5624-9447-8　定价：39.80 元

前 言

现在是计算机网络飞速发展的时代,其主要特征是:计算机网络化,协同计算能力发展以及全球互联网络的盛行。计算机的发展已经完全与网络融为一体,体现了"网络就是计算机"的口号。通信是信息远距离的传送,是人类生产和生活的重要支撑。在20世纪的70至80年代,计算机科学逐渐与数据通信技术融合,产生了数据通信方面的理论及技术,它的成长与计算机科学、通信科学的进步紧密相关。

为适应我国计算机网络技术发展的形势,进一步提高非计算机专业学生应用计算机通信技术能力,我们在认真总结多年教学、科研经验的基础上编写此教材。编写时,我们充分考虑了初学者的特点及认识规律,努力把科学性与实用性、易读性结合起来,力求内容新颖、重点突出、文字精练、侧重应用;从实际出发,用读者容易理解的体系和叙述方法,深入浅出、循序渐进地帮助读者掌握课程的基本内容,使掌握微型计算机原理的读者,也能掌握计算机网络通信技术的知识。

全书共分12章,其具体内容如下:第1章~5章,介绍了网络通信、通信基本原理、调制与解调、多路复用技术、差错控制编码的基本方法、总线标准及接口电路;第6章~7章,介绍了计算机网络的基本概念、网络协议与网络体系结构、计算机网络的分类、以太网、各种联网设备、Internet等各种技术;第8章~11章,介绍了大数据、物联网技术、云技术、微信与淘宝等;第12章描述了通信中实用技术包括传输信道、电力线载波技术、DTMF编/解码技术、通信中的三态逻辑编/解码技术、遥控中滚码技术等。本书每章开头有内容提要,结尾有小结和习题,便于教学和自学。

本书由广西大学电气工程学院教授级高级工程师海涛任主编,广西计算中心杨磊研究员、广西大学电气工程学院张镱议博士、广西公安厅交警总队科研所高级工程师廖炜斌、广西比迪光电科技工程有限责任公司林波任副主编。参与本书编写的还有广西大学闻科伟、张朝、王路、纪昌青、李朝伟、胡翔,广西经贸职业技术学院吴严,广西中烟公司李奋、文志刚,泰国博仁大学(Dhurakij Pundit University)海蓝天等。

本书可作为高等工科院校非计算机专业的本科教材,也可作为硕士研究生及从事计算机开发应用工作的工程技术人员的参考书。

　　在本书的编写过程中,广西大学罗林丽等人为本书的撰写做了很多工作,广西大学郑燕芳副编审对编撰此书也给予了大力支持和帮助,在此对他们的辛勤工作表示感谢。由于时间紧迫,编者水平有限,书中谬误之处在所难免,恳请读者批评指正。

编　者

E-mail:haitao5913@163.com

2015 年 6 月

目录

第 1 章
计算机网络通信技术概述

通信是信息的远距离传送，是人类生产和生活的主要支撑，我国古代已有之。比如烽火台、消息树、鸡毛信、信鸽等，这些都是我国古代劳动人民发明的通信工具，在人类社会发展中起着重要的作用。近代人们又发明了电话、电报、广播、电视及传真等通信工具，使通信更上一层楼。但是，真正使通信面貌焕然一新的要首推计算机的出现。

1837 年，Samuel Morse 发明了电报，由此，通信领域发生了巨大的变革。这一发明的诞生，使通过一根铜线上的电脉冲来传递信息成为可能。报文的每一字符被转换为一串或长或短的电脉冲（通俗地讲，就是点和画）传输出去，这种字符和电脉冲的转换关系被称为莫尔斯码（Morse Code）。这种传递信息的能力不需明显的听觉或视觉作为媒体，带来了一系列的技术革新，并且永远地改变了人们的通信方式。

1876 年，Alexander Graham Bell 进一步发展了电报技术。他发现：不仅消息能被转换为电信号，声音也能直接被转换为电信号，然后由一条电压连续变化的导线传输出去。在导线的另一端，电信号被重新转换为声音。这样，对于任意的两点，只要它们之间存在着物理连接，两端的人们就能互相通话。对于大多数习惯于用听和看来得到信息的人来说，这一发明简直是太不可思议了。

在以后的 70 年里，电话系统不断地发展，成了一种家庭常用设备。大多数人甚至不清楚电话是如何工作的，只知道：只要键入一个号码，就能和世界各地的人通话。

1945 年，世界上第一台电子计算机 ENIAC（电子数字计算机）问世。尽管 ENIAC 与数据或计算机通信似乎没有直接关系，但是它表现出的计算和决策能力在当今的通信系统中至关重要。

1947 年，电子晶体管问世。这使得生产更便宜的计算机成为可能，计算机与通信技术也逐渐紧密地联系起来。20 世纪 60 年代出现了新一代的计算机，使诸如为电话调度进行路由选择和处理等新的应用变得经济可行。另外，随着越来越多的企业使用计算机，开发应用程序，它们之间进行信息传递的需求也随之增长。

最早的计算机间的通信系统简单而可靠。它基本上是这样实现的：首先把信息写到一盘磁带上，然后另一台计算机就能从磁带上读出信息，这是一种非常可靠的通信方式。电子通信

1

的另一个里程碑是个人计算机(PC)的发展,桌面的计算能力产生了存取信息的全新方式。20世纪 80 年代,成千上万的 PC 机进入了企业、公司、学校和组织机构,也为许多家庭所拥有。对于计算机,客观上要求计算机之间能够更简便地交换信息。

20 世纪 90 年代诞生了因特网,这一应用使得世界各地的信息都能够通过计算机在个人的桌面上轻易地得到。计算机用户之间能方便地存取文件、程序、视频和声音数据。诸如聊天室、电子公告牌、机票预订系统等都成为现实。计算机和通信发展如此迅猛,以至于一旦失去它们,大多数的企业和学校等社会各领域将无法正常运作。各种网络进行互连,形成更大规模的互联网络。Internet 为典型代表,特点是互连、高速、智能与更为广泛的应用。人们如此依赖于它们,所以必须学习它们,并且要知道它们的能力和局限性。

1.1　数据通信的概念

在实际工作中,计算机的 CPU 与外部设备之间常常要进行信息交换,一台计算机与其他计算机之间也往往要交换信息,所有这些信息交换均可称为数据通信。

1.1.1　数据通信的方式

数据通信方式有两种:并行数据通信和串行数据通信。通常根据信息传送的距离决定采用哪种通信方式。例如,在 PC 机与外部设备(如打印机等)通信时,如果距离小于 30 m,可采用并行数据通信方式;当距离大于 30 m 时,则要采用串行数据通信方式。

并行数据通信是指数据的各位同时进行传送(发送或接收)的通信方式。其优点是传递速度快;缺点是数据有多少位,就需要多少根传送线。例如,单片机与打印机之间的数据传送就属于并行数据通信。图 1.1(a)所示为 8051 单片机与外部设备之间 8 位数据并行通信的连接方法。并行通信在位数多、传送距离远时就不太适宜。

串行数据通信指数据是一位一位按顺序传送的通信方式。它的突出优点是只需一对传送线(利用电话线就可作为传送线),这样就大大降低了传送成本,特别适用于远距离通信;它的缺点是传送速度较低。假设并行传送 N 位数据所需时间为 t,那么串行传送的时间至少为 Nt(实际上总是大于 Nt 的)。图 1.1(b)所示为串行数据通信方式的连接方法。

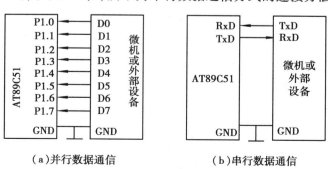

(a)并行数据通信　　　　　(b)串行数据通信

图 1.1　两种通信方式的连接

1.1.2 串行通信的传送方式

串行通信的传送方式通常有三种:一种为单向(单工)配置,只允许数据向一个方向传送;另一种是半双向(半双工)配置,允许数据向两个方向中的任一方向传送,但每次只能由一个站发送;第三种传送方式是全双向(全双工)配置,允许同时双向传送数据。因此,全双工配置是一对单向配置,它要求两端的通信设备都具有完整和独立的发送与接收能力。图 1.2 所示为串行通信中数据传送方式。

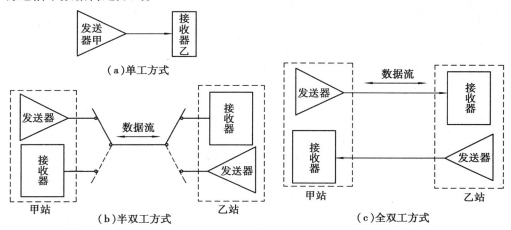

图 1.2 串行通信传输方式

1.1.3 异步通信和同步通信

串行通信有两种基本通信方式:同步通信和异步通信。

(1)同步通信

在同步通信中,数据开始传送前用同步字符来指示(常约定 1~2 个),并由时钟来实现发送端和接收端同步,即检测到规定的同步字符后,下面就连续按顺序传送数据,直到通信告一段落。同步传送时,字符与字符之间没有间隙,也不用起始位和停止位,仅在数据块开始时用同步字符 SYNC 来指示,其数据格式如图 1.3 所示。

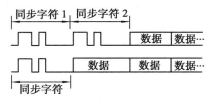

图 1.3 同步传送的数据格式

同步字符的插入可以是单同步字符方式或双同步字符方式(如图 1.3 所示),然后是连续的数据块。同步字符可以由用户约定,当然也可以采用 ASCII 码中规定的 SYN 代码,即 16H。按同方式通信时,先发送同步字符,接收方检测到同步字符后,即准备接收数据。在同步传送时,要求用时钟来实现发送端与接收端之间的同步。为了保证接收正确无误,发送方除了传送数据外,还要把时钟信号同时传送。

（2）**异步通信**

在异步通信中,数据是一帧一帧(包含一个字符代码或一字节数据)传送的,每一串行帧的数据格式如图1.4所示。

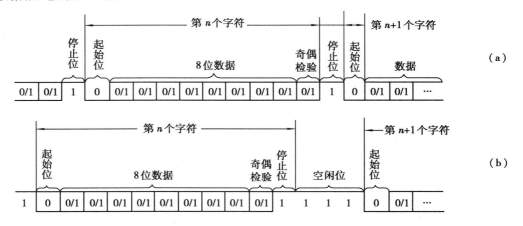

图 1.4　异步通信的一帧数据格式

在帧格式中,一个字符由四个部分组成:起始位、数据位、奇偶校验位和停止位。首先是一个起始位"0",然后是5~8位数据(规定低位在前,高位在后),接下来是奇偶校验位(可省略),最后是停止位"1"。起始位"0"信号只占用一位,用以通知接收设备接收下一个字符。线路上在不传送字符时,应保持为"1"。接收端不断检测线路的状态,若连续为"1"以后又测到一个"0",就知道发来一个新字符,应马上准备接收。字符的起始位还被用作同步接收端的时钟,以保证以后的接收能正确进行。

起始位后面紧接着是数据位,它可以是5位(D0~D4)、6位、7位或8位(D0~D7)。

奇偶校验(D8)只占一位,但也可以在字符中规定不同的奇偶校验位,则这时这一位就可省去。还可用这一位(1/0)来确定这一帧中的字符所代表信息的性质(地址/数据等)。

停止位用来表征字符的结束,它一定是高电位(逻辑"1")。停止位可以是1位、1.5位或2位。接收端收到停止位后,知道上一字符已传送完毕,同时,也为接收下一个字符作好准备——只要再收到"0"就是新的字符的起始位。若停止位以后不是紧接着传送下一个字符,则让线路上保持为"1"。图1.4(a)表示一个字符紧接一个字符传送的情况,上一个字符的停止位和下一个字符的起始位是紧相邻的;图1.4(b)则是两个字符间有空闲位的情况,空闲位为"1",线路处于等待状态。存在空闲位正是异步通信的特征之一。

例如,规定用ASCII编码,字符为七位,加一个奇偶校验位、一个起始位、一个停止位,则一帧共十位。

（3）**接收/发送时钟**

在串行通信过程中,二进制数字系列以数字信号波形的形式出现。无论接收还是发送,都必须有时钟信号对传送的数据进行定位。接收/发送时钟就是用来控制通信设备接收/发送字符数据速度的,该时钟信号通常由微机内部时钟电路产生。在接收数据时,接收器在接收时钟的上升沿对接收数据采样,进行数据位检测;在发送数据时,发送时钟的下降沿发送器在将移位寄存器的数据串行移位输出,如图1.5和图1.6所示。

图 1.5　接收时钟　　　　　　　　　　图 1.6　发送时钟

1.2　计算机通信的应用

计算机之间互传数据只是通信的一个方面,比如很多人都知道电视通过一副天线或一根电缆来接收信号。1962 年,一颗被用来在美国和欧洲之间传送电话及电视信号的通信卫星(Telstar)发射升空,标志着全球领域的通信技术又迈出了新的一步。通信卫星使各大陆之间的信息传输在技术上和经济上成为可能。

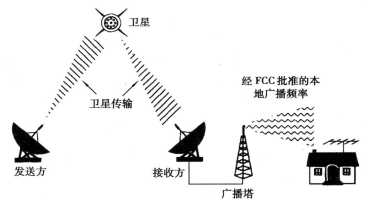

图 1.7　电视信号接收系统

目前有很多通信卫星传送电视信号,图 1.7 描述了一个典型系统。在世界上某一角落的发送者发信号给一颗绕轨道运转的卫星,接着卫星把信号转发给其他地方的接收者。接收者收到信号后,通过广播塔在当地进行广播。广播所使用的广播频率必须经联邦通信委员会批准。这样,家里的电视机就能用天线接收到电视信号了。

电视天线并不是接收信号的唯一途径,很多家庭选用有线电视服务,通过光纤或同轴电缆将电视信号传输到家里。另外,还有不少人购买自己的接收器,直接接收卫星信号。

通信技术的其他应用还有局域网和广域网,分别允许近距离(LAN)或远距离(WAN)的不同计算机进行通信。一旦连接完毕,用户就可以收发数据文件,进行远程登录,发送电子邮件(E-mail),或是上网。用电子邮件,人们能够在计算机之间收发私人信件和公文。电子邮件系统把信息存储在磁盘上,以便于别人读取。

收发信息的电子方式——电子邮件的迅猛发展使某些人相信它将最终取代邮政服务。这在可预见的未来似乎不太可能发生,但是电子邮件确实在专业人员中被广泛使用。同时,随着万维网的出现,越来越多的人开始使用这一新技术。

通过电子邮件,可以身处家中的某一角落把信息发送到远方,图1.8描绘了其过程。家里有一台PC和一台调制解调器,就能访问公司或因特网服务商的计算机。这样,PC就连上了一个局域网,可以给网上的其他人发信息。同时,该局域网还连接着一个广域网,通过它可以给外地甚至外国发送信息,另一端的局域网接收到信息后,把它传送给所连的PC。同样,只要有一台PC和一台调制解调器,对方就能进行接收。

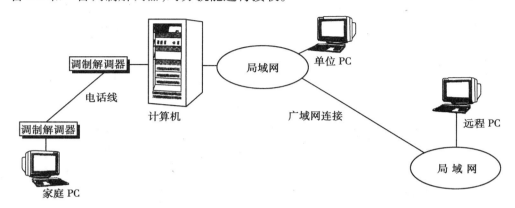

图1.8　电子邮件连接

下面简要地介绍一些其他的应用,部分内容还将在以后的章节进一步详细讨论。

传真机能把一张纸上的图像转换成电子形式,再通过电话线发送出去,另一端的传真机把图像还原。传真机被广泛用于快速发送信函和图表。

电信会议(Teleconferencing)　进行电信会议,首先在各地安装好摄影机和电视,以便各地的与会者能够看到、听到对方。这样,不同地方的人就能一起参加会议了。需要展示的数字图表也可以在会议上播放。

蜂窝式移动电话(Cellular Telephone)　电话无疑是最普遍的通信设备,然而,直到20世纪60年代,要进行通信,两点间还需有物理上的连接。那时,电话系统已开始使用卫星和微波塔发送信号,但电话机暂时还得与当地的邮电局连接。蜂窝式移动电话的发明改变了这一切,它通过无线电波与电话系统联系,有了它,只要附近有发送和接收塔,人们就可以在车里、野外、球场打电话。

1.2.1　计算机通信的焦点问题

这些新技术的发展带来了许多令人关注的问题。比如,在前面的讨论中,已多次提到“连接”或其他类似含义的词语。但究竟怎样连接,用什么实现连接,是用导线、电缆还是用光纤呢? 不用它们可以吗?

一旦确定了连接方式,就得建立一些通信标准。如果没有交通信号和交通法规,城市道路将难以发挥作用。通信系统也一样,无论是以电缆作为主要媒介,还是在空中传播,都会有很多信息源想要发送信息。所以,必须建立一些标准,以防止信息发生冲突,或用以解决冲突。另一个关注的问题是其易用性。

通信系统必须是安全的,应该认识到信息交流的简单性也会带来对信息的非法使用。怎样做才能使信息对于那些需要的人是易访问的,而对于其他人则是不可见的呢? 这个任务非常艰难,特别是有一些未经许可的人处心积虑地想要破坏安全系统。信息的敏感度越高,安全系统也就越受考验。然而,没有一个系统是绝对安全的。

即使解决了以上所有问题,建立起高效率、低成本、既安全又方便信息传递的计算机网络,还存在另一个问题:计算机系统的兼容性。很多计算机系统都是不兼容的,有时从一台计算机将信息传输到另一台去就好像人之间的器官移植一样。

当今一个热门的话题就是开放系统的发展,如果完全实现的话,开放系统将允许任意两台连接的计算机交换信息。考虑到计算机系统的多样性,这确实是一个诱人的远大目标。通信是一个历史悠久而又具有广阔发展前景的技术领域,需要有大量的人去了解它、掌握它,一起创造通信事业的美好未来。

1.2.2 通信信道

通信信道是用来将发送机的信号发送给接收机的物理媒质。在无线传输中,信道可以是大气(自由空间);另一方面,电话信道通常使用各种各样的物理媒质,包括有线线路、光缆和无线(微波)等。无论用什么物理媒质来传输信息,其基本特点是发送的信号随机地受到各种可能机理的恶化。例如,由电子器件产生的热噪声、人为噪声(如汽车点火噪声)及大气噪声(如在雷暴雨时的闪电)。

在数字通信系统的接收端,数字解调器对受到信道恶化的发送波形进行处理,并将该波形还原成一个数的序列,该序列表示发送数据符号的估计值。这个数的序列被送至信道译码器,它根据信道编码器所用的关于码的知识及接收数据所含的冗余度重构初始的信息序列。

解调器和译码器工作性能好坏的一个度量是译码序列中发生差错的频度。更准确地说,在译码器输出端的平均比特错误概率是解调器—译码器组合性能的一个度量。一般地,错误概率是下列各种因素的函数:码特征,用来在信道上传输信息的波形的类型,发送功率,信道的特征(即噪声的大小、干扰的性质等),以及解调和译码的方法。在后续各章中将详细讨论这些因素及其对性能的影响。

作为最后一步,当需要模拟输出时,信源译码器从信道译码器接收其输出序列,并根据所采用的信源编码方法的有关知识重构由信源发出的原始信号。由于信道译码的差错以及信源编码器可能引入的失真,在信源译码器输出端的信号只是原始信源输出的一个近似。在原始信号与重构信号之间的信号差或信号差的函数是数字通信系统引入失真的一种度量。

1.2.3 通信信道及其特征

正如前面指出的,通信信道在发送机与接收机之间提供了连接。物理信道可以是携带电信号的一对明线,或是在已调光波束上携带信息的光纤,或是信息以声波形式传输的水下海洋信道,或是自由空间。携带信息的信号通过天线在其中辐射传输。可被表征为通信信道的其他媒质是数据存储媒质,例如磁带、磁盘和光盘。

在信号通过任何信道传输中一个共同的问题是加性噪声。一般地,加性噪声是由通信系统内部的元器件所引发的,例如电阻和固态器件。有时将这种噪声称为热噪声。其他噪声和干扰源也许是系统外面引起的,例如来自信道上其他用户的干扰。当这样的噪声和干扰与期望信号占有同频带时,可通过对发送信号和接收机中解调器的适当设计来使它们的影响降至最低。信号在信道上传输时,可能会遇到的其他类型损伤有信号衰减、幅度和相位失真、多径失真等。

可以通过增加发送信号功率的方法使噪声的影响变小,然而,设备和其他实际因素限制了发送信号的功率电平;另一个基本的限制是可用的信道带宽,带宽的限制通常是由于媒质以及发送机和接收机中组成器件和部件的物理限制产生的。这两种限制因素限制了在任何通信信道上能可靠传输的数据量,将在以后各章中讨论这种情况。下面描述几种通信信道的重要特征。

(1)有线信道

电话网络扩大了有线线路的应用,如话音信号传输以及数据和视频传输。双绞线和同轴电缆是基本的导向电磁信道,它能提供比较适度的带宽,通常用来连接用户和中心机房的电话线的带宽为几百千赫(kHz)。另一方面,同轴电缆的可用带宽是几兆赫(MHz)。图1.9示出了导向有线信道的频率范围,其中包含波导和光纤。

信号在这样的信道上传输时,其幅度和相位都会发生失真,还会受到加性噪声的恶化。双绞线信道还易受到来自物理邻近信道的串音干扰。因为有线信道上通信在日常通信中占有相当大的比例,因此,人们对传输特性的表征以及对信号传输时的幅度和相位失真的减缓方法作了大量研究。

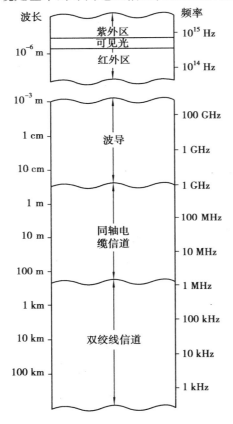

图1.9　导向有线信道的频率范围

(2)光纤信道

光纤提供的信道带宽比同轴电缆信道大几个数量级。在过去的20年中,已经研发出具有较低信号衰减的光缆,以及用于信号和信号检测的可靠性光子器件。这些技术上的进展导致了光纤信道应用的快速发展,不仅应用在国内通信系统中,也应用于跨大西洋和跨太平洋的通信中。由于光纤信道具有较大的可用带宽,因此有可能使电话公司为用户提供宽系列电话业务,包括语音、数据、传真和视频等。

在光纤通信系统中,发送机或调制器是一个光源,或者是发光二极管(LED),或者是激光,通过数字信号改变(调制)光源的强度来发送信息。光像光波一样通过光纤传播,并沿着传输路径被周期性地放大,以补偿信号衰减(在数字传输中,光由中继器检测和再生)。在接收机中,光的强度由光电二极管检测,它的输出电信号的变化直接与照射到光电二极管上光的功率成正比。光纤信道中的噪声源是光电二极管和电子放大器。

(3)无线电磁信道

在无线通信系统中,电磁能是通过作为辐射器的天线耦合到传播媒质的,天线的物理尺寸和配置主要决定于运行的频率。为了获得有效的电磁能量的辐射,无线必须比波长的1/10长。因此,在调幅(AM)频段发射的无线电台,比如说在 $f_c = 1$ MHz 时(相当于波长 $\lambda = C/f_c =$ 300 m),要求无线至少为 30 m。图1.10示出了不同频段的电磁频谱。在大气和自由空间中,电磁波传播的模式可以划分为 3 种类型:地波传播、天波传播和视线传播。在甚低频(VLF)和音频段,其波长超过 10 km,地球和电离层对电磁波传播的作用如同波导。在这些频段,通信信号实际上环绕地球传播。由于这个原因,这些频段主要用来在世界范围内提供从海洋到船舶的导航帮助。在此频段中,可用的带宽较小(通常是中心频率的 1%~10%),通过这些信道传输的信息速率较低,且一般限于数字传输。在这些频率上,最主要的一种噪声是由地球上的雷暴活动产生的,特别是在热带地区。

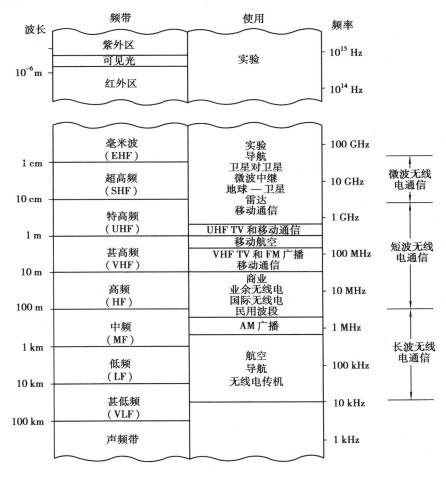

图 1.10　无线电磁信道的频率范围

　　如图 1.11 所示,地波传播是中频(M)频段(0.3~3 MHz)的最主要传播模式,是用于 AM 广播和海岸无线电广播的频段。在 AM 广播中,甚至大功率的地波传播范围都限于 150 km 左右。在MF 频段中,大气噪声、人为噪声和接收机的电子器件的热噪声是对信号传输的最主要干扰。

　　如图 1.12 所示,天波传播是电离层对发送信号的反射(弯曲或折射)形成的,电离层由位于地球表面之上高度 50~400 km 范围中的几层带电粒子组成。在白昼,太阳使较低大气层加热,引起高度在 120 km 以下的电离层的形成。这些较低的层,吸收 2 MHz 以下的频率,因此严重地限制了 AM 无线电广播的天波传播。然而,在夜晚,较低层的电离层中的电子密度急剧下降,而且白天发生的频率吸收现象明显减少,因此,功率强大的 AM 无线电广播电台能够通过天波经位于地球表面之上 140~400 km 范围之内的电离层传播很远的距离。

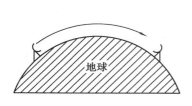

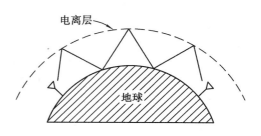

图 1.11　地波传播的说明　　　　　图 1.12　天波传播的说明

在高频(HF)频段范围内,电磁波经由天波传播时经常发生的问题是信号多径。信号多径发生在发送信号经由多条传播路径以不同的延迟到达接收机的时候,一般会引起数字通信系统中的符号间干扰,而且经由不同传播路径到达的各信号分量会相互削弱,导致信号衰落的现象,许多人在夜晚收听远地无线电台广播时会对此有所体验。在夜晚,天波是主要的传播模式。HF 频段的加性噪声是大气噪声和热噪声的组合。

在大约 30 MHz 之上的频率,即 HF 频段的边缘,就不存在天波电离层传播。然而,在 30～60 MHz 频段,有可能进行电离层散射传播,这是由较低电离层的信号散射引起的。也可利用在 40～300 MHz 频率范围内的对流层散射在几百英里(1 mile＝1 609.344 m)的距离通信。对流层散射是由在 10 mile 或更低高度大气层中的粒子引起的信号散射造成的。一般地,电离层散射和对流层散射具有大的信号传播损耗,要求发射机功率大和无线比较长。

在 30 MHz 以上频率通过电离层传播具有较小的损耗,这使得卫星和超陆地通信成为可能。因此,在甚高频(VHF)频段和更高的频率,电磁传播的最主要模式是 LOS 传播。对于陆地通信系统,这意味着发送机和接收机的天线必须是直达 LOS,没有什么障碍。由于这个原因,在 VHF 和特高频(UHF)频段发射的电视台的天线安装在高塔上,以达到更宽的覆盖区域。

一般地,LOS(表示视线传播 A line of sight)传播所能覆盖的区域受到地球曲度的限制。如果发射天线安装在地表面之上 h 米的高度,并假定没有物理障碍(如高山),那么到无线地平线的距离近似为 $d=\sqrt{15h}$ km。例如,电视天线安装在 300 m 高的塔上,它的覆盖范围大约 67 km。另一个例子,工作在 1 GHz 以上频率用来延伸电话和视频传输的微波中继系统,将天线安装在高塔上或高的建筑物顶部。

对工作在 VHF 和 UHF 频率范围的通信系统,限制性能的最主要噪声是接收机前端所产生的热噪声和天线接收到的宇宙噪声。在 10 GHz 以上的超高频(SHF)频段,大气层环境在信号传播中起主要作用。例如,在 10 GHz 频率,衰减范围从小雨时的 0.003 dB/km 左右到大雨时的 0.3 dB/km;在 100 GHz 时,衰减范围从小雨时的 0.1 dB/km 左右到大雨时的 6 dB/km 左右。因此,在此频率范围,大雨引起了很大的传播损耗,这会导致业务中断(通信系统完全中断)。

在极高频(EHF)频段以上的频率是电磁频谱的红外区和可见光区,它们可用来提供自由空间的 LOS 光通信。到目前为止,这些频段已经用于实验通信系统,例如,卫星到卫星的通信链路。

(4)水声信道

在过去的几十年中,海洋探险活动不断增多,与这种增多相关的是对传输数据的需求。数据是由位于水下的传感器传送到海洋表面的,从那里可能将数据经由卫星转发给数据采集中心。

除极低频率外,电磁波在水下不能长距离传播。在低频率的信号传输受到限制,因为它需要强大功率的发送机。电磁波在水下的衰减可以用表面深度来表示,它是信号衰减 $1/e$ 的距离。对于海水,表面深度 $\delta = 250/\sqrt{f}$,其中 f 以 Hz 为单位,δ 以 m 为单位,例如,在 10 kHz 上,表面深度是 2.5 m,声信号能在几十甚至几百千米距离上传播。

水声信道可以表征为多径信道,这是由于海洋表面和底部对信号反射的缘故。因为波的运动,信号多径分量的传播延迟是时变的,这就导致了信号的衰落。此外,还存在与频率相关的衰减,它与信号频率的平方近似成正比。声音速度通常大约为 1 500 m/s,实际值将在正常值上下变化,这取决于信号传播的深度。

海洋背景噪声是由虾、鱼和各种哺乳动物引起的。在靠近港口处,除了海洋背景噪声外,也有人为噪声。尽管有这些不利的环境,还是可能设计并实现有效的且高可靠性的水声通信系统,以长距离地传输数字信号。

(5)存储信道

信息存储和恢复系统构成了日常数据处理工作的非常重要的部分。磁带(包括数字的声带和录像带),用来存储大量计算机数据的磁盘,用作计算机数据存储器的光盘,以及只读光盘都是数据存储系统的例子,它们可以表征为通信信道。在磁带、磁盘或光盘上存储数据的过程,等效于在电话或在无线信道上发送数据。回读过程以及在存储系统中恢复所存储的数据的信号处理,等效于在电话和无线通信系统中恢复发送信号。

由电子元器件产生的加性噪声和来自邻近轨道的干扰一般会呈现在存储系统的回读信号中,这正如电话或无线通信系统中的情况。

所能存储的数据量一般受到磁盘或磁带尺寸及密度(每平方英寸存储的比特数)的限制,该密度是由写/读电系统和读写头确定的。例如,在磁盘存储系统中,封装密度可达每平方英寸 10^9 比特(1 in. = 2.54 cm)。磁盘或磁带上的数据的读写速度也受到组成信息存储系统的电子和机械子系统的限制。

信道编码和调制是数字磁或光存储系统的最重要的组成部分。在回读过程中,信号被解调,由信道编码器引入的附加冗余度用于纠正回读信号中的差错。因此,接收信号由 L 个路径分量组成,其中每一个分量的衰减为 $\{a_k\}$,且延迟为 $\{\tau_k\}$。

1.3　数字通信发展的回顾

最早的电通信形式(即电报)是一个数字通信系统。电报由 S. 莫尔斯(Samuel Morse)研制,并在 1837 年进行了演示试验。莫尔斯设计出一种可变长度的二进制码,其中英文字母用点画线的序列(码字)表示。在这种码中,较频繁发生的字母用短码字表示,不常发生的字母用较长的码字表示。

差不多在 40 年之后,1875 年,E. 博多(Emile Baudot)设计出一种电报码,其中每一个字母编成一个固定长度为 5 的二进制码字。在博多码中,二进制码的元素是等长度的,且指定为传号和空号。

虽然莫尔斯在研制第一个电的数字通信系统(电报)中起了重要的作用,但是现在人们所指的现代数字通信系统起源于奈奎斯特(Nyguist,1924 年)的研究。奈奎斯特研究了在给定带

宽的电报信道上,无符号间干扰的最大信号传输速率,用公式表达了一个电报系统的模型,其中发送信号的一般形式为:

$$s(t) = \sum_n a_n g(t - nT) \tag{1.1}$$

式中,$g(t)$表示基本的脉冲形状,$\{a_n\}$是以速率$1/T$ bit/s发送的$\{\pm 1\}$二进制数据序列。奈奎斯特提出了带宽限于W Hz的最佳脉冲形状,并且指出在脉冲抽样时刻$kT(k = 0, \pm 1, \pm 2, \cdots)$无符号间干扰的条件下的最大比特率。他得出结论:最大脉冲速率是$2W$ Hz/s,该速率称为奈奎斯特速率。通过采用脉冲$g(t) = (\sin 2\pi Wt)/2\pi Wt$可以达到此脉冲速率,这个脉冲形状也允许在抽样时刻对无符号间干扰的数据进行恢复。奈奎斯特的研究成果等价于带限信号抽样定理的一种形式,后来(1948年)香农准确地阐述了该定理。香农抽样定理指出:带宽为W的信号可以由它以奈奎斯特速率$2W$ Hz/s抽样的样值通过下列插值公式重构,即

$$s(t) = \sum_n s\left(\frac{n}{2W}\right) \frac{\sin[2\pi W(t - n/2W)]}{[2\pi W(t - n/2W)]} \tag{1.2}$$

鉴于奈奎斯特的研究工作,哈特利(Hartley,1928年)研究了当采用多幅度电平时在带限信道上能可靠地传输数据的问题。哈特利假定接收机能以某个准确度(譬如A_δ)可靠地估计接收信号幅度。这个研究使得哈特利得出这样的结论:当最大的信号幅度限于A_{max}(固定功率限制)且幅度分辨率是A_δ时,存在一个能在带限信道可靠通信的最大数据速率。

在通信的发展中,另一个有重大意义的是科尔莫哥洛夫(Kolmogorov,1939年)和维纳(Winer,1942年)的研究,他们研究了在加性噪声$n(t)$存在的情况下,根据对接收信号$r(t) = s(t) + n(t)$的观测来估计期望的信号波形$s(t)$的问题。这个问题出现在信号解调中,科尔莫哥洛夫和维纳推出一个线性滤波器,其输出是对期望信号$s(t)$最好的均方近似。这个滤波器称为最佳线性(科尔莫哥洛夫—维纳)滤波器。

哈特利和奈奎斯特的关于数字信息最大传输速率的研究成果是香农(Shannon,1948年)研究工作的先导,香农奠定了信息传输的数学基础,并导出了对数字通信系统的基本限制。香农在他的开拓性的研究中采用了信息源和通信信道的概率模型,以统计术语将可靠的信息传输基本问题表示成公式。

根据这些统计的公式表示,他对信源的信息含量采用了对数的度量,也证明了发送机的功率限制、带宽限制和加性噪声的影响可以和信道联系起来,合并成一个单一的参数,称为信道容量。例如,在加性高斯白(平坦频谱)噪声干扰情况下,一个带宽为W的理想带限信道所具有的容量为:

$$C = W \log_2\left(1 + \frac{P}{WN_0}\right) \tag{1.3}$$

式中,P是平均发送功率,N_0是加性噪声的功率谱密度。

信道容量的意义如下:如果信源的信息速率R小于$C(R < C)$,那么采用适当的编码达到在信道上可靠(无差错)地传输在理论上是可能的;另一方面,如果$R > C$,无论在发送机和接收机中采用多少信号处理,都不可能达到可靠的传输。因此,香农建立了对信息通信的基本的限制,并开创了一个新的领域,现在称之为信息论。

对数字通信领域作出重要贡献的另一位科学家是科捷利尼科夫(Kotelnikov,1947年),他用几何的方法提出了对各种各样的数字通信系统的相干分析。科捷利尼科夫的方法后来由沃

曾克拉夫特和雅各布斯(Wozencraft 和 Jacobs,1965 年)进一步推广。

在香农的研究成果公布之后,接着就是汉明(Hamming,1950 年)的纠错和纠错码的经典研究工作,用来克服信道噪声的不利影响。在随后的多年中,汉明的研究成果激发了许多研究工作者,发现了种种新的功能强的码,其中许多码仍旧用于当今现代通信系统中。在过去的几十年中,对数据传输需求的增长以及更复杂的集成电路的发展,导致了非常有效的且更可靠的数字通信系统的发展。在这个发展过程中,香农关于信道最大传输极限及所达到的性能界限的最初结论及其推广已作为通信系统设计的基准。由香农和其他研究人员导出的理论极限对信息论的发展作出了贡献,并成为设计和开发更有效的数字通信系统不断努力的最终目标。

1.4　计算机网络的发展历程及趋势

1.4.1　计算机网络的定义

何为计算机网络? 计算机网络是通信技术与计算机技术密切结合的产物。它最简单的定义:以实现远程通信为目的,一些互连的、独立自治的计算机的集合。所谓"互连",是指各计算机之间通过有线或无线通信信道彼此交换信息;所谓"独立自治",则强调它们之间没有明显的主从关系。1970 年,美国信息学会联合会的定义:以相互共享资源(硬件、软件和数据)方式而连接起来,且各自具有独立功能的计算机系统之集合。此定义有三个含义:一是网络通信的目的是共享资源;二是网络中的计算机是分散,且具有独立功能的;三是有一个全网性的网络操作系统。

随着计算机网络体系结构的标准化,计算机网络又被定义为:计算机网络具有三个主要的组成部分,即①能向用户提供服务的若干主机;②由一些专用的通信处理机(即通信子网中的节点交换机)和连接这些节点的通信链路所组成的一个或数个通信子网;③为主机与主机、主机与通信子网,或者通信子网中各个节点之间通信而建立的一系列协议。

1.4.2　计算机网络的发展历程

(1)计算机网络在全球的发展历程

计算机网络已经历了由单一网络向互联网发展的过程,计算机网络的发展分为以下几个阶段:

第一阶段　诞生阶段(计算机终端网络)

20 世纪 60 年代中期之前的第一代计算机网络,是以单个计算机为中心的远程联机系统。早期的计算机为了提高资源利用率,采用批处理的工作方式。为适应终端与计算机的连接,出现了多重线路控制器。

第二阶段　形成阶段(计算机通信网络)

20 世纪 60 年代中期至 70 年代的第二代计算机网络,是以多个主机通过通信线路互连起来,为用户提供服务,兴起于 60 年代后期,这个时期,网络概念为"以能够相互共享资源为目的互连起来的具有独立功能的计算机之集合体",形成了计算机网络的基本概念。

ARPA 网是以通信子网为中心的典型代表。在 ARPA 网中,负责通信控制处理的 CCP 称为接口报文处理机 IMP(或称节点机),以存储转发方式传送分组的通信子网称为分组交换网。

第三阶段　互连互通阶段(开放式的标准化计算机网络)

20 世纪 70 年代末至 90 年代的第三代计算机网络,是具有统一的网络体系结构并遵守国际标准的开放式和标准化的网络。ARPANET 兴起后,计算机网络发展迅猛,各大计算机公司相继推出自己的网络体系结构及实现这些结构的软硬件产品。由于没有统一的标准,不同厂商的产品之间互连很困难,人们迫切需要一种开放性的标准化实用网络环境,这样应运而生了两种国际通用的最重要的体系结构,即 TCP/IP 体系结构和国际标准化组织的 OSI 体系结构。

第四阶段　高速网络技术阶段(新一代计算机网络)

20 世纪 90 年代至今的第四代计算机网络,由于局域网技术发展成熟,出现光纤及高速网络技术、多媒体网络、智能网络,整个网络就像一个对用户透明的大的计算机系统,发展为以 Internet 为代表的互联网。而其中 Internet(因特网)的发展也分三个阶段:

1)从单一的 APRANET 发展为互联网

1969 年,创建的第一个分组交换网 ARPANET 只是一个单个的分组交换网(不是互联网)。20 世纪 70 年代中期,ARPA 开始研究多种网络互连的技术,这便导致了互联网的出现。1983 年,ARPANET 分解成两个:一个实验研究用的科研网 ARPANET(人们常把 1983 年作为因特网的诞生之年),另一个是军用的 MILNET。1990 年,ARPANET 正式宣布关闭,实验完成。

2)建成三级结构的因特网

1986 年,NSF 建立了国家科学基金网 NSFNET。它是一个三级计算机网络,分为主干网、地区网和校园网。1991 年,美国政府决定将因特网的主干网转交给私人公司来经营,并开始对接入因特网的单位收费。1993 年因特网主干网的速率提高到 45 Mbit/s。

3)建立多层次 ISP 结构的因特网

从 1993 年开始,由美国政府资助的 NSFNET 逐渐被若干个商用的因特网主干网(即服务提供者网络)所替代。用户通过因特网提供者 ISP 上网。1994 年开始创建了 4 个网络接入点 NAP(Network Access Point),分别为 4 个电信公司。1994 年起,因特网逐渐演变成多层次 ISP 结构的网络。1996 年,主干网速率为 155 Mbit/s(OC-3)。1998 年,主干网速率为 2.5 Gbit/s(OC-48)。

(2)**计算机网络在我国的发展历程**

我国计算机网络起步于 20 世纪 80 年代。1980 年进行连网试验。并组建各单位的局域网。1989 年 11 月,第一个公用分组交换网建成运行。1993 年建成新公用分组交换网 CHINANET。20 世纪 80 年代后期,相继建成各行业的专用广域网。1994 年 4 月,我国用专线接入因特网(64 Kbit/s)。1994 年 5 月,设立第一个 WWW 服务器。1994 年 9 月,中国公用计算机互联网启动。2004 年 2 月,建成我国下一代互联网 CNGI 主干试验网 CERNET2 开通并提供服务(2.5~10 Gbit/s)。

1.4.3　计算机网络的现状

随着计算机技术和通信技术的发展及相互渗透结合,促进了计算机网络的诞生和发展。

通信领域利用计算机技术,可以提高通信系统性能。通信技术的发展又为计算机之间快速传输信息提供了必要的通信手段。计算机网络在当今信息时代对信息的收集、传输、存储和处理起着非常重要的作用。其应用领域已渗透到社会的各个方面,信息高速公路更是离不开它。21 世纪已进入计算机网络时代,计算机网络成了计算机行业的一部分。新一代的计算机已将网络接口集成到主板上,网络功能已嵌入到操作系统之中,智能大楼的兴建已经和计算机网络布线同时、同地、同方案施工。随着通信和计算机技术紧密结合与同步发展,我国计算机网络技术飞跃发展。现在已经进入 Web 2.0 的网络时代。这个阶段互联网的特征包括:搜索,社区化网络,网络媒体(音乐、视频等),内容聚合和聚集(RSS),mashups(一种交互式 Web 应用程序),宽带接入网、全光网、IP 电话,智能网、P2P、网格计算、NGN、三网融合技术,IPv6 技术,以及 3G 移动通信系统技术等,目前大部分都是通过计算机接入网络。

1.4.4　计算机网络的发展趋势

计算机网络及其应用的产生和发展,与计算机技术(包括微电子、微处理机)和通信技术的科学进步密切相关。由于计算机网络技术,特别是 Internet/Intranet 技术的不断进步,又使各种计算机应用系统跨越了主机/终端式、客户/服务器式、浏览器/服务器式的几个时期。今天的计算机应用系统实际上是一个网络环境下的计算系统。未来网络的发展主要有以下几种基本的技术趋势:

①向低成本微机所带来的分布式计算和智能化方向发展,即 Client/Server(客户/服务器)结构。

②向适应多媒体通信、移动通信结构发展。

③网络结构适应网络互连,扩大规模以至于建立全球网络,应是覆盖全球的,可随处连接的巨型网。

小　结

(1)数据通信方式有两种,即并行数据通信和串行数据通信。通常根据信息传送的距离决定采用哪种通信方式。

(2)串行通信有两种基本通信方式,即同步通信和异步通信。

(3)接收/发送时钟:在串行通信过程中,二进制数字系列以数字信号波形的形式出现。无论是接收还是发送,都必须有时钟信号对传送的数据进行定位。

(4)通信信道:通信信道是用来将发送机的信号发送给接收机的物理媒质。在无线传输中,信道可以是大气(自由空间);另一方面,电话信道通常使用各种各样的物理媒质,包括有线线路、光缆和无线(微波)等。

(5)香农奠定了信息传输的数学基础,并导出了对数字通信系统的基本限制。

(6)Internet,中文正式译名为因特网,又称国际互联网。它是由那些使用公用语言互相通信的计算机连接而成的全球网络。

(7)局域网(LAN,Local Area Network)是指在某一区域内由多台计算机互连成的计算机组。一般是方圆几千米以内。

（8）广域网（WAN,Wide Area Network）也称远程网（long haul network）。通常跨接很大的物理范围,所覆盖的范围从几十千米到几千千米,它能连接多个城市或国家,或横跨几个洲并能提供远距离通信,形成国际性的远程网络。

习　题

1.1　列举生活或工作中互联网应用的实际例子。

1.2　举例说明局域网与广域网的关系。

1.3　什么是模拟通信? 什么是数字通信? 二者之间的区别是什么?

1.4　举例说明通信在现实生活中的作用。

1.5　根据通信系统模型说明计算机通信系统的工作原理。

1.6　淘宝与互联网之间的关系是什么?

第 **2** 章
计算机数据通信基础

内容提要:本章将介绍数据传送格式、编码技术、数据编码和数据压缩技术、同步技术、多路复用、数据传输信道、通信技术基础以及传输信道和数据通信系统的指标。

数据通信意指数据以一种适合传送的形式快速有效地从一方传送到另一方,在数据发送和接收所在地,数据还必须能够被人们利用。通信传输的消息是多种多样的,可以是符号、文字、数据、语音、图像、视频等。各种不同的消息可以分成两大类:一类是离散消息,另一类是连续消息。离散消息是指消息的状态是可数的或离散型的,比如符号、文字、数据等,离散消息也称为数字消息。而连续消息是指状态连续变化的消息,如连续变化的语音、图像、视频等,连续消息也称为模拟消息。

2.1 数据通信研究的主要内容

数据通信是通信技术与计算机技术密切结合的产物,涉及许多内容,简要归纳如下:

①数据传输主要解决如何为数据提供一个可靠而有效的传输通路。数据传输有基带传输和频带传输之分。

②在网络通信中,数据交换是完成数据传输的关键。交换描述了网络中各节点之间的信息交互方式。它可分为电路交换、报文交换、分组交换等。

③通信协议是通信网络的"大脑",它与网络操作系统、网络管理软件共同控制和管理数据网络的运行。

④通信处理涉及数据的差错控制、码型转换、数据复接、流量控制等。

⑤同步问题是数据通信的一个重要方面,如何强调也不过分。数据通信主要有码元同步、帧同步和网同步。

2.1.1 基本概念

（1）**信号**

对数据的电磁和电子编码。

（2）**信息**

对数据内容的表达和解释。

（3）**传输**

信号的数据传递。

（4）**比特率 R_b**

比特（bit）是二进制数字的缩写，它是计算机使用的最小数据单位。比特"1"可能定义为"开"状态或表示一个信号，而"0"代表"关"状态或没有信号。计算机内的所有数据都以比特形式处理。比特是字符的一部分，根据使用的数据代码不同，字符可用多个比特表示。代表字符的比特串称为字节（byte），为 8 个比特。计算机或磁盘保存的字符数目用字节表示。比特率（bit/s）是指在网络上每秒钟传送多少个比特。例如，通信网络传送数据的比特率是 1 000 bit/s，那么它每秒钟就传送 1 000 bit。

（5）**传输损耗**

在任何传输系统中，接收端得到的信号不可能与发送端传送出的信号完全一致，在信号传输过程中肯定会出现传输损耗。这些损耗会随机地引起模拟信号的改变，或使数字信号出现差错。它们也是影响数据传输速率和传输距离的重要因素之一。信号在传输介质中传播时，将会有一部分能量转化成热能或者被传输介质吸收，从而造成信号强度不断减弱，这种现象称为衰损。

（6）**波特率 R_B**

波特是信号的一个变化过程，因而波特率是每秒钟信号变化的次数，也称为调制速率，单位为波特（Baud 或 B）。信号的改变是指信号电压和方向的变化。波特率和比特率不总是相同的，但过去常被混用。如果每个信号都是 1 个比特，波特率和比特率就相同。如果一个单比特的信号以每秒 9 600 bit 的速度传送数据，那么波特率也是 9 600 B，这只是传送数据一个可能速度。如果一个信号由 2 个比特组成，传送数据的速度是 2 400 bit/s，那么波特率就是 1 200 B；如果信号由 3 个比特组成，那么波特率就是 800 B。

波特率可表示为 $R_B = 1/T$，其中 T 为单位调制信号波的时间长度。

当数据信号为 M 进制时，比特率与波特率关系为：$R_b = R_B \log_2 M$。

（7）**传输速率**

传输速率是指在单位时间内传输的信息量，它是评价通信速度的重要指标。在数据传输中，经常用到的指标有调制速率、数据信号速率和数据传输速率。

1）调制速率

调制是将基带数字脉冲信号转换成适于线路传输的某个频率载波信号的过程。而调制速率是指在信号调制过程中，单位时间内信号波形变换的次数，它的单位是波特（Baud）。调制速率可表示为：

$$R_B = \frac{1}{T} \tag{2.1}$$

式中,T 是单位调制信号波的时间长度,其单位是 s。因为在数据通信中单位调制信号波又被称为码元,所以调制速率又称为码元传输速率。

例 2.1　如图 2.1 所示的调频波,其中一个"0"或"1"状态的最短时间长度为 417×10^{-6} s,试求调制速率。

解　根据公式(2.1)可得:

$$R_B = \frac{1}{T} = \frac{1}{417 \times 10^{-6}} \text{ B/s} \approx 2\ 400 \text{ B/s}$$

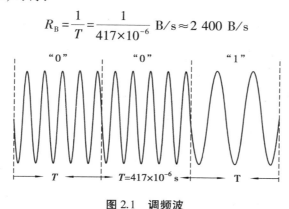

图 2.1　调频波

2)数据信号速率

数据信号速率是指在单位时间内通过信道的信息量,简称比特率。数据信号速率以比特/秒为单位,一般用 bit/s 表示。

若在串行方式下进行数据传输,则数据信号速率可定义为:

$$R_b = R_B \log_2 M = \frac{1}{T} \log_2 M \tag{2.2}$$

式中,R_B 为波特率,M 为调制信号波的状态数,T 为单位调制信号波的时间长度。由此可见,在串行传输方式下,调制速率(波特率)与数据信号速率(比特率)之间的关系取决于调制信号波的状态数。如果只使用两种状态进行调制,那么两种速率在数值上是相等的。

若采用并行传输方式,则数据信号速率可定义为:

$$R_b = \sum_{i=1}^{n} \frac{1}{T_i} \log_2 M_i \tag{2.3}$$

式中,n 为在并行传输中使用的传输通道的数量,T 为第 i 条通道上一个单位调制信号波的时间长度,M 为第 i 条通道上调制信号波的状态数。

例 2.2　8 路并行传输,每路一个单位调制信号波的时间长度 $T_i = 0.01$ s,采用二进制,求传输的比特率和波特率。

解　波特率为:

$$R_B = 1/T_i = 100 \text{ B}$$

1 路传输的比特率为:

$$R_b = R_B \log_2 M = 100 \text{ bit/s}$$

8 路传输的比特率为:

$$R_b = (100 \times 8) \text{ bit/s} = 800 \text{ bit/s}$$

(8)**频率**

在数据通信中,频率是指单位时间内电流中通过的完整周期的次数。频率的单位是赫兹(Hz),

即每秒的周期数。

（9）频带宽度

频带宽度指的是一个频率范围,用赫兹(Hz)表示。频率范围为 100~2 500 Hz 的频带宽度是 2 400 Hz。频带宽度很重要,因为在其他条件一定时,频带越宽,传送数据的速度就越快,也就是说,可以在更短的时间内传送更多的数据。

2.1.2 模拟信号与数字信号

在数据被传送出去之前,首先要根据原有格式和通信硬件的需要对其进行编码,使之成为通信硬件能够接收的信号。而信号又可分为模拟信号和数字信号两种,前者是一种连续变化的电磁波,后者则是用不同的电压值分别代表二进制的逻辑"1"和逻辑"0"。

图 2.2 表示了数字信号和模拟信号的不同,数字信号变化非常明显,没有中间的变化过程,模拟信号既有信号大小的逐渐变化又有频率的变化。图 2.2 是采用频率调制的模拟信号。代表 1 的信号振动次数多,代表 0 的信号振动次数少。

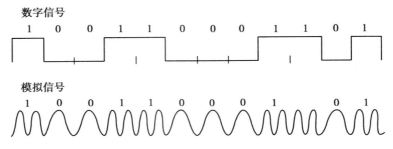

图 2.2 数字信号与模拟信号比较

数字信号和模拟信号都可用于数据通信,不同的网络使用不同类型的信号。电话网络传送模拟信号,如果用电话网络传送数字信号就必须进行转换。如果使用数字网络(如 DDN)就不用将数字信号转换成模拟信号。

模拟数据和数字数据可以用模拟或数字的形式来表示,因而也可以用这些形式来传输。数字数据用模拟信号表示,可以利用调制解调器予以转换。它通过一个载波信号把一串二进制电压脉冲转换为模拟信号,所产生的信号占据以载波频率为中心的某一频谱。大多数调制解调器都用语音频谱来表示数字数据,因此,数字数据能在普通的音频电话线上传输。在线路的另一端,调制解调器再把载波信号还原解调成原来的数字数据。模拟数据也可以用数字信号表示。对于声音数据来说,完成这种功能的是编码解码器,它直接接收声音的模拟信号,然后用二进制流近似地表示这个信号。

2.1.3 数据编码方法

字符是计算机处理过程中常见的数据类型。尽管人们认为由不同形状和线条组合在一起所呈现的字符便于识别辨认,但这种形式并不为计算机所接受。实际上,计算机只存储、传输和处理二进制形式的信息。为了使计算机能够处理字符,首先需要将二进制数和字符的对应关系加以规定,这种规定便是字符编码。由于这已涉及世界范围内的信息表示、交换、处理、传输和存储,所以它们都是以国家标准或国际标准的形式来颁布和实施的。

（1）国际 5 号码

国际 5 号码（IA5）是一种最初由美国标准化协会提出的编码方案，它是一种目前被广泛使用的编码。它已被国际标准化组织（ISO）和国际电报电话咨询委员会（CCITT）确定为国际通用的信息交换标准码，并由 CCITT T50 建议推荐。与这种编码相同的还有美国信息交换标准码，简称 ASCII 码。

在这种编码中，每个字符由唯一的 7 位二进制数表示，于是在 IA5 编码集中总共可以包含 128 个不同的字符，见表 2.1。表中位于 0 列和 1 列的字符以及字符 SP 和字符 DEL 均属于控制字符，这些字符不能被显示或打印。

表 2.1　IA5 编码表

b_7 b_6 b_5		0 0 0	0 0 1	0 1 0	0 1 1	1 0 0	1 0 1	1 1 0	1 1 1
$b_4b_3b_2b_1$		0	1	2	3	4	5	6	7
0000	0	NUL	DLE	SP	0	@	P	`	p
0001	1	SOH	DC1	!	1	A	Q	a	q
0010	2	STX	DC2	"	2	B	R	b	r
0011	3	ETX	DC3	#	3	C	S	c	s
0100	4	EOT	DC4	$	4	D	T	d	t
0101	5	ENQ	NAK	%	5	E	U	e	u
0110	6	ACK	SYN	&	6	F	V	f	v
0111	7	BEL	ETB	'	7	G	W	g	w
1000	8	BS	CAN	(	8	H	X	h	x
1001	9	HT	EM	)	9	I	Y	i	y
1010	10	LF	SUB	*	:	J	Z	j	z
1011	11	VT	ESC	+	;	K	[	k	{
1100	12	FF	FS	,	<	L	\	l	|
1101	13	CR	GS	−	=	M	]	m	}
1110	14	SO	RS	.	>	N	∧	n	~
1111	15	SI	US	/	?	O	—	o	DEL

（2）EBCDIC 码

EBCDIC 码是一种 8 位的 BCD 码，其全称为扩充的二—十进制交换码。就编码长度而言，这种编码所能表示字符数量的上限为 256 个，但事实上它目前仅对 143 个字符进行了定义。

（3）国际 2 号码

国际 2 号码(IA2)是一种用 5 位二进制数表示字符的编码,又称为波多码。根据其具有的 5 位码长,这种编码似乎只能表示 32 个不同的字符,无法满足 36 个基本字符的需要。

2.1.4 码型及其编码方式

在通信中,从计算机发出的数据信息,虽然是由符号 1 和 0 组成的,但其电信号形式(波形)却可能会有多种。通常把基带数据信号波形也称为码型,常见的基带数据信号波形有:单极性不归零码、单极性归零码、双极性不归零码、双极性归零码、差分码、传号交替反转码、三阶高密度双极性码、曼彻斯特码等(如图 2.3 所示)。本节将着重介绍用数字信号表示数字数据的编码方法。

（1）常见基带数据信号波形

常见基带数据信号波形如图 2.3 所示。

数据信息

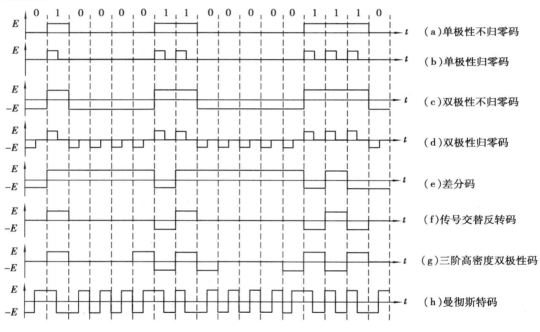

图 2.3 基带信号码型

（2）二电平码

二电平码是最简单、最基本的一种码型,它采用两种不同的电平来分别表示二进制中的"0"和"1"。

（3）差分码

不归零法(NRZ, Non Return to Zero)可能是最简单的一种编码方案。它传送"0"时,把电平升高;而传送"1"时,则使用低电平。这样,通过在高低电平之间做相应的变换来传送"0"和"1"的任何序列,如图 2.4 所示。NRZ 指的是在一个比特的传送时间内,电压是保持不变的。图 2.5 描述了二进制串 110001011010 的 NRZ 传输过程。

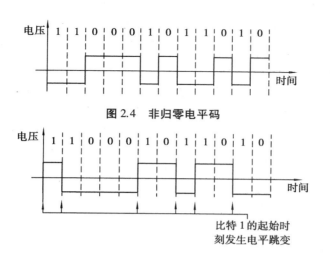

图 2.4　非归零电平码

图 2.5　非归零反向码编码

NRZ 编码虽然简单,但却存在问题。研究图 2.6 中传输的一个零序列,到底有多少个"0"呢? 取决于一个比特的持续时间。现在假设 1 mm 线段对应一个周期,那么量出图中线段的长度,并转换为 mm,计算线段中有多少个 1 mm 的分段,也就是"0"的个数。理论上这个方法是行得通的,然而由于在测量和实际绘制时会出现误差,所以实际上并不可行。

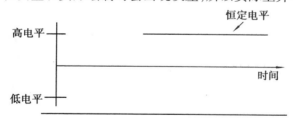

图 2.6　一长串零的 NRZ 编码

（4）曼彻斯特编码

曼彻斯特编码(Manchester Code)用信号的变化来保持发送设备和接收设备之间的同步,也称为自同步码(Self-Synchronizing Code)。其用电压的变化来分辨"0"和"1",明确规定,从高电平到低电平的跳变代表"0",而从低电平到高电平的跳变代表"1"。图 2.7 给出了比特串 01011001 的曼彻斯特编码。如图所示,信号的保持不会超过一个比特的时间间隔。即使是"0"或"1"的序列,信号也将在每个时间间隔的中间发生跳变,这种跳变将允许接收设备的时钟与发送设备的时钟保持一致。曼彻斯特编码的一个缺点是需要双倍的带宽,也就是说,信号跳变的频率是 NRZ 编码的两倍。

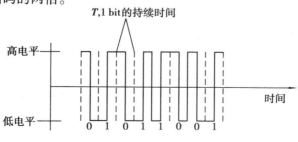

图 2.7　曼彻斯特编码

23

这种编码的一个变形称为差分曼彻斯特编码(Differential Manchester Encoding)。与曼彻斯特编码一样,在每个比特时间间隔的中间,信号都会发生跳变。区别在于每个时间间隔的开始处,"0"将使信号在时间间隔的开始处发生跳变,而"1"将使信号保持它在前个时间间隔尾部的取值。因此,根据信号初始值的不同,"0"可能使信号从高电平跳到低电平,也可能从低电平跳到高电平。图2.8给出了比特串10100110的差分曼彻斯特编码。通过检查每个时间间隔开始处信号有无跳变来区分"0"和"1"。检测跳变通常更加可靠,特别是线路上有噪声干扰的时候。即使有人把连接的导线颠倒了,也就是把高低电平颠倒了,这种编码也仍然是有效的。

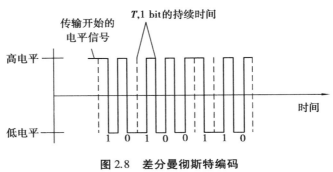

图 2.8 差分曼彻斯特编码

2.2 ASCII 码、博多码、莫尔斯码和 BCD 码

ASCII 码和 EBCDIC 码是计算机通信中最常用的两种编码。除此还有博多码、莫尔斯码和二—十进制码(BCD)。

信息怎样被编码成适合传输的格式是通信无法回避的基本问题。每个比特只能存储"0"或"1"这两个截然不同的信息单元,当它们单独存在时并没有多大作用。但如果把它们放到一起,就会产生很多"0"和"1"的不同组合。比如说,2 bit 就可以有 $2^2 = 4$ 种不同的组合(00,01,10 和 11),3 bit 有 $2^3 = 8$ 种组合。概括地说,n bit 就有 2^n 种组合。因此,可以将一种组合与某个确定的内容,比如一个字符或是一个数字联系起来,把这种联系称为编码。

目前有很多种编码,问题是如何在采用不同编码方案的设备之间建立通信。为了使通信容易些,人们发明了一些标准的编码格式。然而,即使是标准,也各不相同,互不兼容。

2.2.1 ASCII 码

最广为流行的编码是美国标准信息交换码 ASCII(American Standard Code for Information Interchange)。这是一种 7 位编码,它为每一个键盘字符和特殊功能字符分配一个唯一组合。大多数个人计算机(PC)和很多其他的计算机都使用这种编码方式。每一个代码对应一个可打印或不可打印字符。可打印字符包括字母数字,以及逗号、括号和问号等特殊的标点符号。不可打印是指那些字符被用来表示一个特殊的功能,比如换行、回车等(见附录 A)。

为了说明传输过程,假设图 2.9 中的计算机向一台使用 ASCII 码的打印机发送数据。假设从最左端的代码开始传送。打印机每接收一个代码,就对该代码进行分析,并作出相应的动作。比如,收到代码 4F、6C 和 64 时,它将依次打印出字符 O,1 和 D。下面的两个代码:0A 和 0D,是不可打印字符。在附录 A 中,它们分别表示为 LF(换行)和 CR(回车)。当打印机收到代码 0A 时,它并不打印,而是使其机械装置作一个前进到下一行的动作;而代码 0D 则使打印装置回到最左端的位置。此后,打印机在新一行的最左列开始打印随后的可打印字符。附录 B 列出了包括 LF 和 CR 在内的所有控制字符。但要注意有些字符会因设备和系统的不同而相异。

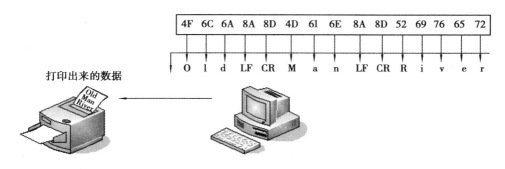

图 2.9　传输一条 ASCII 编码信息

2.2.2　莫尔斯码、博多码和 BCD 码

(1)莫尔斯码

莫尔斯码是最古老的一种编码。它是由 Samtuel Morse 在 1838 年发明的,用于电报通信。在附录 A 中,这些代码由一系列的点和画组成。该系统的一个特点就是字母代码的长度并不统一。比如,字母 E 对应于单个点,而字母 H 有四个点。这种不同的代码长度可以让信息传送得更快。在原始的电报中,要发送信息,必须敲击一个控制电路断开或连通的开关。比如,假设每个字母代码的长度为 5,那么发送一条信息所花的时间将正比于信息中字母数的 5 倍。如果某些字母可以少敲几下,报务员就可以发送得更快一点。为了最大限度地利用可变长度代码的优点,最常用的字母应该分配最短的代码。这一方法将有助于减少代码的平均长度。为了说明问题,考虑发送一个字母表,按 26 个字母、每个字母代码长度为 5 计算,发送这一信息将需要 130 次敲击。而使用莫尔斯码,传输同样的内容只需要敲击 82 次。

由 Jean-Marie-Emile Baudot 发明的代码被人们命名为博多码(Baudot Code)。它使用 5 bit 表示一个字符或字母(参见表 2.2)。它最初是为法国的电报通信设计的,现在仍用于电报和直通电报通信中。

表 2.2 列出的字母和数字共有 36 个,但五位的代码只有 $2^5 = 32$ 种可能的组合,如何与这 36 个字符相对应呢?如果仔细观察这个表格,将发现一些重复的代码。比如说,字母"O"和数字"9"的代码就是一样的。事实上,每一个数字的代码都跟某一个字母的代码相同。那么,怎样区分字母和数字呢?在一个键盘上,使用"Shift"键,就可以用一个键产生两个不同的字符。以下引进博多码。

表 2.2　博多码、莫尔斯码和 BCD 码

字　符	博多码	莫尔斯码	二—十进制码	字　符	博多码	莫尔斯码	二—十进制码
A	00011	·—	110001	S	00101	···	010010
B	11001	—···	110010	T	10000	—	010011
C	0110	—·—·	110011	U	00111	··—	010100
D	01001	—··	110100	V	11110	···—	010101
E	00001	·	110101	W	10011	·——	010110
F	01101	··—·	110110	X	11101	—··—	010111
G	11010	——·	110111	Y	10101	—·——	011000
H	10100	····	111000	Z	10001	——··	011001
I	00110	··	111001	0	10110	—————	001010
J	01011	·———	100001	1	10111	·————	000001
K	01111	—·—	100010	2	10011	··———	000010
L	10010	·—··	100011	3	00001	···——	000011
M	11100	——	100100	4	01010	····—	000100
N	01100	—·	100101	5	10000	·····	000101
O	11000	———	100110	6	10101	—····	000110
P	10110	·——·	100111	7	00111	——···	000111
Q	10111	——·—	101000	8	00110	———··	001000
R	01010	·—·	101001	9	11000	————·	001001

（2）博多码

　　博多码定义了五位代码 11111（上码）和 11011（下码），用来确定如何解释后续的五位代码。一旦收到一个上码，接收设备将把后续的代码当作字母，一直到收到一个下码。这时，接下来的所有代码将被解释为数字或其他的特殊符号。因此，报文"ABC123"将被转换成下面的博多码（从左到右）：

11111　　00011　　11001　　01110　　11011　　10111　　10011　　00001

上码　　　A　　　　B　　　　C　　　　下码　　　1　　　　2　　　　3

　　讨论的最后一种编码称为二—十进制码（BCD 码），它普遍用于早期的 IBM 大型机中。它存在的一个原因是为了简便数字数据的输入和接下来的计算。比如说，假设有一个编程人员想要输入数字"5181"，就必须在穿孔卡片上依次打入阿拉伯数字 5,1,8 和 1，然后每个数字再由一个读卡机读出。

2.3　数据编码和数据压缩技术

信息时代带来了信息爆炸,数字化的信息产生了巨大的数据量。这些数据如果不压缩,直接传输必然造成巨大的数据量,使传输系统效率低下。因此,数据的压缩是十分必要的。实际上,各种信息都具有很大的压缩潜力。

数据压缩(Data ComPression)就是通过消除数据中的冗余,达到减少数据量,缩短数据块或记录长度的过程。当然,压缩是在保持数据原意的前提下进行的。数据压缩已广泛应用于数据通信的各种终端设备中。

数据压缩方法与技术比较多。通常把数据压缩技术分成两大类:一类是冗余度压缩,也称为无损压缩、无失真压缩、可逆压缩等;另一类是嫡压缩,也称有损压缩、不可逆压缩等。

2.3.1　哈夫曼编码

ASCII 等代码有一个共同点:所有的字符都使用同等数量的比特位。哈夫曼(Huffman)编码根据字符出现的频率决定其对应的比特数,这样的编码称为频率相关码(Frequency-Dependent Code)。它给频繁出现的字符,比如元音和 L、R、S、T、N 等分配较短的代码。因此,传送它们时就可以使用较少的比特数。

举例来说,假设表 2.3 显示了一个数据文件中字符的频率(即它们出现的次数的百分比)。为了让这个例子易于处理,假设只有 5 个字符。表 2.4 给出了这些字符的一种哈夫曼编码。

<table>
<tr><td colspan="2">表 2.3　字母 A~E 的频率</td></tr>
<tr><td>字　　母</td><td>频率/%</td></tr>
<tr><td>A</td><td>25</td></tr>
<tr><td>B</td><td>15</td></tr>
<tr><td>C</td><td>10</td></tr>
<tr><td>D</td><td>20</td></tr>
<tr><td>E</td><td>30</td></tr>
</table>

<table>
<tr><td colspan="2">表 2.4　字母 A~E 的哈夫曼编码</td></tr>
<tr><td>字　　母</td><td>编　　码</td></tr>
<tr><td>A</td><td>01</td></tr>
<tr><td>B</td><td>110</td></tr>
<tr><td>C</td><td>111</td></tr>
<tr><td>D</td><td>10</td></tr>
<tr><td>E</td><td>00</td></tr>
</table>

2.3.2　游程编码

哈夫曼编码确实减少了待发送的比特数,但却要求知道频率值。如前所述,它还假设比特位被组成字符或其他一些重复的单元。很多在通信媒体中传播的数据,包括二进制(机器代码)、文件、传真数据和视频信号等都不属于这一类。

例如,传真机根据一张纸上的明暗区间传送相应的比特位。它并不直接传输字符,因此需要一种更加通用的能够对任意比特串进行压缩的技术。游程编码(Run-Length Encoding)使用一种简单而显而易见的方法:分析比特串,寻找连续的"0"或"1"。它不发送所有比特,而只发送有多少个连续的"0"或"1"。有两种实现游程编码的方法:

（1）相同比特的游程

这种方法特别适用于大多数连续序列都是相同比特值的二进制流。在一次主要是字符的传真中，会有很多个"0"序列（假设一个亮点对应一个"0"）。这种方法只把每个序列的长度以二进制整数传送出去。接收站点接收每个长度，并产生适当长的比特序列，在各序列当中插入其他的比特值。

如果序列长度太大，无法用两个4比特数字的组合表示，这种方法就使用足够多的4比特组合。接收站点应知道一个全"1"的组合表示接下来的组合对应同一个序列。这样，它不断地把组合的值相加在一起，直到接收到一个非全"1"的组合。所以，序列长度30用1111,1111,0000来表示。这种情况下必须用一个全"0"的组合来告诉站点序列在第30个零处停止。

如果图2.10（a）的流以一个"1"开始，压缩流如何区分呢？与两个连续"1"的情况类似，这种方法把流看作以一个长度为"0"的零序列开始。所以发送的第1组4个比特应该是0000。

这种技术最适用于有很多个零序列的情形。随着值为"1"的比特出现频率的增大，该技术的效率也将有所下降。实际上，有时候用这种技术处理某个流，可能会产生一个更长的比特流。

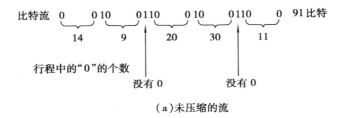

（a）未压缩的流

行程长度（二进制）	1110	1001	0000	1111	0101	1111	1111	0000	0000	1011
行程长度（十进制）	14	9	0	15	5	15	15	0	0	11

（b）经游程编码后的流

图2.10　未压缩的流和经游程编码的流

（2）不同字符的游程

知道待处理的是相同的比特，事情就简单了，因为只需发送序列的长度就可以了。但如果碰到不同的比特甚至字符序列，就在序列长度后面发送实际的字符。

2.3.3　相关编码

已讨论过的两种压缩技术都有它们各自的应用，但某些情况下，它们的用处不大。一个常见的例子是视频传输，相对于一次传真的黑白传输或者一个文本文件，视频传输的图像可能非常复杂。也许除了电视台正式开播前的测试模式以外，一个视频图像是极少重复的。前面的两种方法用来压缩图像信号希望不大。

尽管单一的视频图像重复很少，但几幅图像间会有大量的重复，所以，可考虑不把每个帧当作一个独立的实体进行压缩，而是考虑一个帧与前一帧相异之处。当差别很小时，对该差别信息进行编码并发送。这种方法称为相关编码(Relative Encoding)或差分编码(Differential Encoding)。

相关编码的原理简单明了。第一个帧被发送出去,并存储在接收方的缓冲区中,接着发送方将第二个帧与第一个帧比较,对差别进行编码,并以帧格式发送出去。接收方收到这个帧,把差别应用到它原有的那个帧上,从而产生发送方的第二个帧,然后它把第二个帧存储在缓冲区,继续该过程,不断产生新的帧。

2.3.4　Lempel-Ziv 编码

游程编码通过寻找某个字符或比特的序列来压缩数据。其思路是减少重复或多余的传输,但并不是所有的冗余都以信号比特或字符重复的形式存在。有时候整个的单词或短语也可能重复,特别是手稿之类大的文本文件更是如此。

Lempel-Ziv 编码(Lempel-Ziv Encoding)技术寻找经常重复的字符串,并只作一次存储。然后它在这些字符串出现的地方用一个相对应的编码代替。这也是数据库管理策略中一个基本的原理:只在一个地方存储信息的一份拷贝,使用特定的代码加以引用。这种技术还用于Unix 的压缩命令和调制解调器的 V.42 压缩标准。

这种方法的一个重要特性是不假设重复的串到底是什么,这使它成为一种适用范围更广、更加灵活的算法。然而,它也因寻找重复序列可能使算法增加相当可观的开销。

压缩编码的方法还有很多,有兴趣的读者可以参阅相关书籍。

2.4　同步技术

同步是数据通信的一个重要问题。数据通信系统能否正常有效地工作,很大程度上依赖于正确的同步。同步不好会导致误码增加,通信质量下降,甚至使整个系统工作失常。在数据通信中,按照作用的不同,常把同步分为载波同步、位(码元)同步、群同步、网同步等 4 种。一般把同步分为两类:一类是数据信号的解调所需的同步,另一类是数据码元的分组及译码所需的同步,图 2.11 给出了一类传送数据的格式。

图 2.11　传送数据的格式

在信息交互的通信中,各种数据信号的处理和传输都是在规定的时隙内进行的。为了使整个数据通信系统有序、准确、可靠地工作,收、发双方必须要有一个统一的时间标准。这个时间标准就是靠定时系统去完成收、发双方时间的一致性(即同步)。

同步是实现信息传输的关键。同步性能的好坏将直接影响通信质量的好坏,甚至会影响通信能否正常进行。因此,在数据通信系统中,为了保证信息的可靠处理和传输,要求同步系统应有更高的可靠性。

（1）**载波同步**

在频带传输系统中,接收方若采用相干解调的方法,从接收的已调信号中恢复原发送信号,则需获取与发送方同频同相的载波,这个过程称为载波同步。可以说,载波同步是实现相干解调的先决条件。

（2）**位同步**

位同步又称比特同步、码元同步等。在数据通信系统中,数据信号最基本单元是位或码元,它们通常均具有相同的持续时间。发送端发送的一定速率的数据信号,经信道传输到达接收端后,必然是混有噪声和干扰的失真了的波形,为了从该波形中恢复出原始的数据信号,就必须对它进行取样判决。因此,要在接收端产生一个"码元定时脉冲序列",其频率和相位要与接收码元一致,接收端产生与接收码元的频率和相位一致的"定时脉冲序列"的过程称为位同步,"定时脉冲序列"称为位同步脉冲。

（3）**群同步**

群同步又称帧同步。在数据传输系统中,为了有效地传递数据报文,通常还要对传输码元序列按一定长度进行分组、分帧或打信息包。这样,接收端要准确地恢复这些数据报文,就需要知道这些组、帧、包的起止时刻,接收端获得这些定时序列称群同步。

（4）**网同步**

在数据通信网中,传送和交换的是一定传输速率的比特流,这就需要网内各种设备具有相同的频率,以相同的时标来处理比特流。这就是网同步的概念。所谓网同步,就是网中各设备的时钟同步。

尽管存在多种同步,但对于数据通信系统,最基本的、必不可少的同步是收发两端的时钟同步(位同步),这是所有同步的基础。为了使数据传输系统具有最佳的抗干扰性能,保证数据准确地传递,要求系统定时信号满足:

①接收端的定时信号频率与发送端定时信号频率相同。

②定时信号与数据信号间保持固定的相位关系。

系统的这些要求由位同步(时钟同步)系统实现。一般而言,实现定时的这两个要求,通常可以采用三类方法:

1)使用统一的时间标准

收发各方都由一个标准的主控时钟源控制,它要求收发端同时具有高精确度、高稳定度的定时系统。这种方法常用于范围较大、速率较高的数据通信网中,由于实现成本高,在点对点的数据通信系统中很少采用。

2)利用独立的同步信号

将特殊的同步信号或某种频率的正弦波(称作导频)与数据信号一起传输。实现的方法通常有:

①频分制传输。通过信号波形设计,使得系统传输的信号功率谱密度在定时频率处为零,将导频插入到该处与数据传输信号一起传输,在接收端再将该导频提取出来,作为定时的标准;或在频分制的多路并传系统中利用其中的一路来专门传送各路的定时信息。

②时分制传输。将同步信号按某种规律插在传输数据流中,接收端取出同步信号后,控制

产生接收端定时信号。

可以看出,无论采用频分制还是采用时分制,为了传输独立的同步定时信息都需要付出额外的发送功率、传输频带,或者降低数据传输速率,也就是必须付出资源。

3) 自同步法

自同步法通过适当的传输信号波形设计,保证数据传输信号中含有足够的定时信息,在接收端从传输数据信号中提取定时信息,形成或控制接收端的定时信号。自同步法是常选取的方法,因为它可以将全部发送功率和传输频带(或传输速率)都分配给数据传输,提高了系统利用率。

鉴于目前大部分系统采用自同步法来实现同步,下面简要介绍采用自同步法实现载波同步和位同步的技术和方法,以及群同步的基本原理。

2.4.1　载波同步

在数据传输系统中,利用载波同步电路(或称载波恢复电路)来获得相干解调所需的相干载波。构成载波同步电路的基本部分是锁相环。载波同步的方法根据传输信号的特点可分为两大类:

①若接收信号频谱中已包含显著的载波分量或导频分量,则可用带通滤波器或锁相环直接提取载波(锁相环起窄带跟踪滤波器作用)。这种方法中系统传送载波或导频需要一定的功率或频带,因此,在采用这种方法获取载波的系统中,努力的方向是使传送载波所需的功率或频带尽可能小。

②对于抑制载波的已调数据信号,若功率谱中没有插入导波,不能直接提取载波,则可以通过对已调信号进行某种非线性变换,或采用特殊的锁相环(例如同相—正交环等)来获得相干载波。

无论采用什么方法获取相干载波,为了能够满足接收端数据解调的需要,对载波同步电路的基本要求均是:

①收发端载波间同步误差较小,以提高系统可靠性。

②同步保持时间较长,以便系统能正常工作。

③同步建立时间较短,以适应实时传输系统的需要。

由于相当多调制系统是抑制载波的,故在实际系统中的载波提取电路多采用前述的第二类方法实现。

除了非线性变换(滤波法)外,还有同相—正交环、反调制环等方法可用来恢复相干载波,可参考相关文献。

2.4.2　位同步

位同步是指在接收端的基带信号中提取码元定时的过程。它与载波同步有一定的相似和区别。载波同步是相干解调的基础,无论是模拟通信还是数字通信,只要是采用相干解调都需要载波同步,并且在基带传输时没有载波同步问题:所提取的载波同步信息是载频为 f_c 的正弦波,要求它与接收信号的载波同频同相。实现方法有插入导频法和直接法。

位同步是正确取样判决的基础,只有数字通信才需要,并且无论基带传输还是频带传输都需要位同步;所提取的位同步信息是频率等于码速率的定时脉冲,相位则根据判决时信号波形决定,可能在码元中间,也可能在码元终止时刻或其他时刻。实现方法也有插入导频法和直接法。

(1)插入导频法

这种方法与载波同步时的插入导频法类似,也是在基带信号频谱的零点处插入所需的位定时导频信号,如图 2.12 所示。其中,图(a)为常见的双极性不归零基带信号的功率谱,插入导频的位置是 $\frac{1}{T}$;图(b)表示经某种相关变换的基带信号,其谱的第一个零点为 $\frac{1}{2T}$,插入导频应在 $\frac{1}{2T}$ 处。

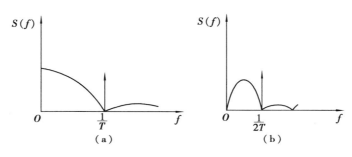

图 2.12 插入导频法频谱图

在接收端,对于图 2.12(a)的情况,经中心频率为 $\frac{1}{T}$ 的窄带滤波器,就可从解调后的基带信号中提取出位同步所需的信号,这时,位同步脉冲的周期与插入导频的周期一致;对于图 2.12(b)的情况,窄带滤波器的中心频率应为 $\frac{1}{2T}$,所提取的导频必须经倍频后才得所需的位同步脉冲。

图 2.13 画出了插入位定时导频的系统框图,它对应于图 2.12(b)所示谱的情况。发端插入的导频为 $\frac{1}{2T}$,接收端在解调后设置了 $\frac{1}{2T}$ 窄带滤波器,其作用是取出位定时导频。移相、倒相和相加电路是为了从信号中消去插入导频,使进入取样判决器的基带信号没有插入导频。这样做是为了避免插入导频对取样判决的影响。与插入载波导频法相比,它们消除插入导频影响的方法各不相同,载波同步中采用正交插入,而位同步中采用取向相消的办法。这是因为载波同步在接收端进行相干解调时,相干解调器有很好的抑制正交载波的能力,它不需另加电路就能抑制正交载波,因此载波同步采用正交插入。而位定时导频是在基带加入,它没有相干解调器,故不能采用正交插入,为了消除导频对基带信号取样判决的影响,位同步采用了反相相消。

此外,由于窄带滤波器取出的导频为 $\frac{1}{2T}$,图中微分全波整流起到了倍频的作用,产生与码

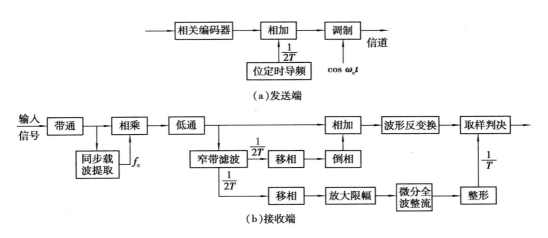

图 2.13　插入位定时导频系统框图

元速率相同的位定时信号 $\dfrac{1}{T}$。图中两个移相器都是用来消除窄带滤波器等引起的相移,这两个移相器可以合用。

另一种导频插入的方法是包络调制法。这种方法是用位同步信号的某种波形对移相键控或移频键控这样的恒包络数字已调信号进行附加的幅度调制,使其包络随着位同步信号波形变化。在接收端只要进行包络检波,就可以形成位同步信号。

设移相键控的表达式为:

$$s_1 = \cos[\omega_c t + \varphi(t)] \tag{2.4}$$

利用含有位同步信号的某种波形对 $s_1(t)$ 进行幅度调制,若这种波形为余弦波形,则其表达式为:

$$m(t) = \frac{1}{2}(1 + \cos \omega t) \tag{2.5}$$

式中,$\omega = \dfrac{2\pi}{T}$,T 为码元宽度。

幅度调制后的信号为:

$$s_2 = \frac{1}{2}(1 + \cos \omega t)\cos[\omega_c t + \varphi(t)] \tag{2.6}$$

接收端对 $s_2(t)$ 进行包络检波,包络检波器的输出为 $\dfrac{1}{2}(1 + \cos \omega t)$,除去直流分量后,就可获得位同步信号 $\dfrac{1}{2}\cos \omega t$。

除了以上两种在频域内插入位同步导频之外,还可以在时域内插入,其原理与载波时域插入方法类似,如图 2.13 所示。

（2）**直接法**

这一类方法是发端不专门发送导频信号,而直接从接收的数字信号中提取位同步信号。这种方法在数字通信中得到了最广泛的应用。

直接提取位同步的方法又分滤波法和锁相法。

1）滤波法

①波形变换—滤波法

不归零的随机二进制序列,无论是单极性还是双极性的,当 $P(0)=P(1)=\dfrac{1}{2}$ 时,都没有 $f=\dfrac{1}{T},\dfrac{2}{T}$ 等线谱,因而不能直接滤出 $f=\dfrac{1}{T}$ 的位同步信号分量。但是,若对该信号进行某种变换,例如变成归零的单极性脉冲,其谱中含有 $f=\dfrac{1}{T}$ 的分量,然后用窄带滤波器取出该分量,再经移相调整后就可形成位定时脉冲,这种方法的原理如图2.14所示。它的特点是先形成含有位同步信息的信号,再用滤波器将其取出。图中的波形变换电路可以用微分、整流来实现。

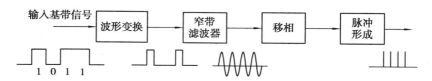

图2.14 滤波法原理图

②包络检波—滤波法

这是一种从频带受限的中频 PSK 信号中提取位同步信息的方法,其波形图如图2.15所示。当接收端带通滤波器的带宽小于信号带宽时,使频带受限 2PSK 信号在相邻码元相位反转点处形成幅度的"陷落"。经包络检波后得到图(b)所示的波形,它可看成是一直流与图(c)所示的波形相减,而图(c)波形是具有一定脉冲形状的归零脉冲序列,含有位同步的线谱分量,可用窄带滤波器取出。

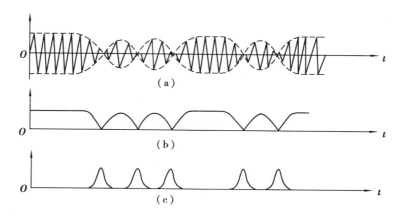

图2.15 从 2PSK 信号中提取位同步信息

2）锁相法

位同步锁相法的基本原理与载波同步类似,在接收端利用鉴相器比较接收码元和本地产生的位同步信号的相位,若两者相位不一致(超前或滞后),鉴相器就产生误差信号去调整位同步信号的相位,直至获得准确的位同步信号为止。滤波法中的窄带滤波器可以是简单的单调谐回路或晶体滤波器,也可以是锁相环路。

将采用锁相环来提取位同步信号的方法称为锁相法。通常分两类:一类是环路中误差信号去连续地调整位同步信号的相位,这一类属于模拟锁相法;另有一类锁相环位同步法是采用高稳定度的振荡器(信号钟),从鉴相器所获得的与同步误差成比例的误差信号不是直接用于调整振荡器,而是通过一个控制器在信号钟输出的脉冲序列中附加或扣除一个或几个脉冲,这样同样可以调整加到减相器上的位同步脉冲序列的相位,达到同步的目的。这种电路可以完全用数字电路构成全数字锁相环路。由于这种环路对位同步信号相位的调整不是连续的,而是存在一个最小的调整单位,也就是说,对位同步信号相位进行量化调整,故这种位同步环又称为量化同步器。这种构成量化同步器的全数字环是数字锁相环的一种典型应用。

用于位同步的全数字锁相环的原理如图 2.16 所示。它由信号钟、控制器、分频器、相位比较器等组成。其中,信号钟包括一个高稳定度的振荡器(晶体)和整形电路。若接收码元的速率为 $F = \dfrac{1}{T}$,那么振荡器频率设定在 nF,经整形电路之后,输出周期性脉冲序列,其周期为 $T_0 = \dfrac{1}{nF} = \dfrac{T}{n}$。

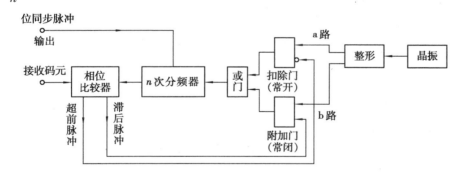

图 2.16　数字锁相原理框图

控制器包括图中的扣除门(常开)、附加门(常闭)和或门,它根据比相器输出的控制脉冲(超前脉冲或滞后脉冲)对信号钟输出的序列实施扣除(或添加)脉冲。

分频器是一个计数器,每当控制器输出 n 个脉冲时,它就输出一个脉冲。控制器与分频器的共同作用的结果就调整了加至比相器的位同步信号的相位。这种相位前后移的调整量取决于信号钟的周期,每次的时间阶跃量为 T_0,相应的相位最小调整量为 $\Delta = \dfrac{2\pi T_0}{T} = \dfrac{2\pi}{n}$。

相位比较器将接收脉冲序列与位同步信号进行相位比较,以判别位同步信号究竟是超前还是滞后,若超前就输出超前脉冲,若滞后就输出滞后脉冲。

位同步数字环的工作过程简述如下:由高稳定晶体振荡器产生的信号,经整形后得到周期

为 T_0 和相位差 $\frac{T_0}{2}$ 的两个脉冲序列,如图 2.17(a)、(b)所示。脉冲序列(a)通过常开门、或门并经 n 次分频后,输出本地位同步信号,如图 2.17(c)。为了与发端时钟同步,分频器输出与接收到的码元序列同时加到相位比较器进行比相。如果两者完全同步,此时相位比较器没有误差信号,本地位同步信号作为同步时钟。如果本地位同步信号相位超前于接收码元序列时,相位比较器输出一个超前脉冲加到常开门(扣除门)的禁止端将其关闭,扣除一个(a)路脉冲(图 2.17(d),使分频器输出脉冲的相位滞后 $\frac{1}{n}$ 周期($\frac{360°}{n}$),如图 2.17(e)所示。如果本地同步脉冲相位滞后于接收码元脉冲时,比相器输出一个滞后脉冲去打开常闭门(附加门),使脉冲序列(b)中的一个脉冲能通过此门及或门。正因为两脉冲序列(a)和(b)相差半个周期,所以脉冲序列(b)中的一个脉冲能插到常开门输出脉冲序列(a)中(图 2.17(f)),使分频器输入端附加了一个脉冲,于是,分频器的输出相位就提前 $\frac{1}{n}$ 周期,如图 2.17(g)所示。经过若干次调整后,使分频器输出的脉冲序列与接收码元序列达到同步的目的,即实现了位同步。

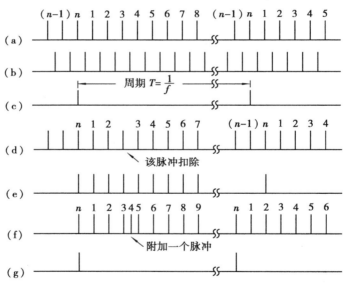

图 2.17 位同步脉冲的相位调整

根据接收码元基准相位的获得方法和相位比较器的结构不同,位同步数字锁相环又分微分整流型数字锁相环和同相正交积分型数字锁相环两种。这两种环路的区别仅仅是基准相位的获得方法和鉴相器的结构不同,其他部分工作原理相同。

下面介绍鉴相器的具体构成及工作情况:

①微分整流型鉴相器

微分型鉴相器如图 2.18(a)所示,假设接收信号为不归零脉冲(波形 a),将每个码元的宽度分为两个区,前半码元称为滞后区,即若位同步脉冲(波形 b′)落入此区,表示位同步脉冲的相位滞后于接收码元的相位;同样,后半码元称为超前区。接收码元经过零检测(微分、整流)后,输出一窄脉冲序列(波形 d)。分频器输出两列相差 $180°$ 的矩形脉冲 b 和 c。当位同步脉

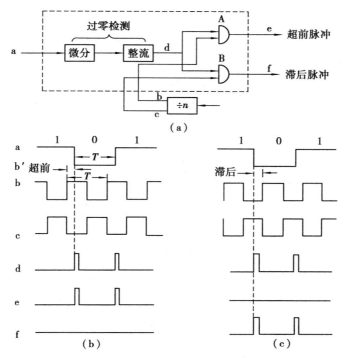

图 2.18　微分整流型鉴相器

冲波形 b′(它是由 n 次分频器 b 端的输出,取其上升沿而形成的脉冲)位于超前区时,波形 d 和波形 b 使与门 A 产生一超前脉冲(波形 e),与此同时,与门 B 关闭,无脉冲输出。

位同步脉冲超前的情况如图 2.18(b)所示。同理,位同步脉冲滞后的情况如图 2.18(c)所示。

②同相正交积分型鉴相器

采用微分整流型鉴相器的数字锁相环是从基带信号的过零点中提取位同步信息的,当信噪比较低时,过零点位置受干扰很大,不太可靠。如果应用匹配滤波的原理,先对输入的基带信号进行最佳接收,然后提取同步信号,可减少噪声干扰的影响,使位同步性能有所改善。这种方案就是采用同相正交积分型鉴相器的数字锁相环。

图 2.19(a)示出了相同积分型鉴相器的原理。设接收的双极性不归零码元为图中波形 a 所示的波形,送入两个并联的积分器。积分器的积分时间都为码元周期 T,但加入这两个积分器作猝息用的定时脉冲的相位相差 $\dfrac{T}{2}$。这样,同相积分器的积分区间与位同步脉冲的区间重合,而正交积分器的积分区间正好跨在两相邻位同步脉冲的中点之间(这里的正交就是指两积分器的积分起止时刻相差半个码元宽度)。在考虑了猝息作用后,两个积分器的输出如波形 b 和波形 c 所示。

积分型鉴相器由于采用了积分猝息电路以及保持电路,它既充分利用了码元的能量,又有效地抑制了信道的高斯噪声,因而可在较低的信噪比条件下工作,性能上优于微分型鉴相器。

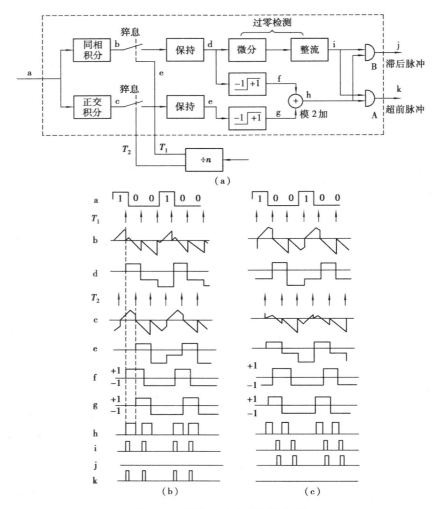

图 2.19　同相正交积分型鉴相器

2.4.3　群同步

载波同步和位同步实质上是对接收信号载波的相位与码元脉冲的到达时刻进行估计。而本节将讨论的群同步的任务则是对解调器解调输出的数据比特序列进行正确分组,它一般通过设计特殊的传输数据格式来完成。即为了实现传输系统的群同步,要在数据序列中插入特殊的同步码或同步字符,通过它们来描述系统群同步的方式和实现方法。这样,群同步的问题就变成了对同步码(同步标志)进行估计检测的问题。

一般说来,传输系统对群同步系统的基本要求是:

①正确建立同步的概率大,错误同步的概率小;

②初始捕获同步码(建立同步)的时间短;

③既要能迅速发现假锁或失步,以便及时恢复同步,又要能长期保持正确的同步;

④在传输信息流中实现群同步而且插入的冗余度要小。

（1）**起止式同步**

起止式同步是起止式数据传输系统的码组同步方式,起止式传输又称异步传输。在这种传输方式中,传输的单位是字符(码组),字符间是异步的,但在字符内是同步的。每一个字符通过在信码前后附加两个信号单元作为字符的起止标志来构成,一个表示字符的起始,另一个表示字符的终止。例如,采用国际 5 号码(IA5),通常每一个信码字符由 8 bit 组成,其中 7 bit 表示消息,1 bit 为奇偶校验码。利用起止式传输时,每一个字符的起信号为 1 bit,用"0"代表;止信号为 1.5 bit,用"1"表示。在不传送消息时,系统一起发送止信号,其字符结构和传输过程如图 2.20 所示。由图可见,在第一个由"1"向"0"转换时,表示第一个传输字符开始,起止同步是这样工作的:接收端检测到第一个由"1"向"0"的转换点后,控制位时钟(由起止式振荡器产生)输出如图 2.20(b)所示,由字符内位时钟对接收字符进行取样判决,恢复数据,振荡器控制输出 8 个时钟脉冲后就停止振荡,以待下一字符的到来。

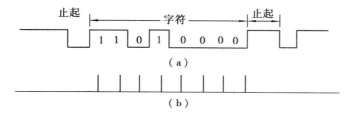

图 2.20　异步传输过程

起止式同步有以下特点:

①每隔一个字符的时间就可对收端时钟相位作一次校正,时钟误差无积累,因此,对收发时钟要求不高。

②止信号的长度可以不定,只要超过某一最小长度即可,这样它既能适应固定速率传输的情况,也能适应诸如人工按键等非均匀速率的字符传输。

③字符同步容易出错,例如,起信号由"0"错成"1",则可能引起一串字符错误,止信号出错时,也有可能发生类似情况。

④因为起止式同步字符内位时钟相位是由"止"向"起"转换的时刻决定的,所以,在有噪声干扰时,转换时刻可能滑动,导致位定时的精度下降。

⑤传输效率低,例如,前述的 IA5 码,采用起止式同步,为了同步目的而插入的冗余度已接近 $\frac{1}{4}$。

位定时精度低和冗余度大是起止式同步的根本性缺点,故在现代数据传输系统中已很少采用异步传输方式,当然有一些折中的方法还是可取的。例如,为了减小同步所需的冗余度,采用特殊信号来标志一个比特群(包含大量数据比特)起止的方法仍是可取的。

（2）**用特殊字符建立群同步**

在许多同步数据传输系统中,采用某些特殊字符(比特序列)来建立群同步,如图 2.21 所示。在这种群同步方式中,被传输的数据比特被编成帧,每帧包含一个码组群,其首部加一个特殊字符,称为帧的标志字,记作 U,其长度为 M(bit),帧内数据比特数为 D,接收端对接收的比特流进行搜索,一旦检测到标志字 U,就知道了帧的开始,并据此来划分帧内的码组。这样就建立起了系统的群同步(帧同步)。在考虑研究群同步时,主要需要研究的问题有:

图 2.21　数据帧格式及标志

1）怎样选择确定标志字

在选择标志字时,主要是通过分析数据流,要求所选择确定的标志字在数据码流中出现的可能性尽可能地小,且该标志码字产生误码的概率尽可能地小,也就是要求同步系统对标志码错判决、漏判决的概率最小。

2）如何搜索标志字

这是一个信号估计和检测的问题。首先是建立一个怎样的算法准则来确定标志字,这个算法既要满足同步建立时间短,又要满足假同步和假失步的概率小的要求。另外,怎样按照一定的准则实现搜索判决标志字等问题都应考虑在内。

关于群同步的这些问题均有一套理论和一些方法,在此就不详细讨论。

2.5　多路复用

为了提高传输媒介的利用率,降低成本,提高有效性,提出了复用问题。所谓多路复用,是指在数据传输系统中,允许两个或两个以上的数据源共享一个公共传输媒介,就像每个数据源都有它自己的信道一样。所以,多路复用是一种将若干个彼此无关的信号合并为一个能在一条共用信道上传输的复合信号的方法(见本书的第 3 章)。

2.6　数据传输信道

任何一个通信系统都可以看作是由发送设备、传输信道和接收设备三大部分组成。发送设备和接收设备是为了实现信号有效可靠地传输而设置的信号转换设备,它们通常是围绕信号形式和传输信道而实现的;而传输信道是指以传输物理媒质为基础,为发送设备和接收设备而建立的信号通路。具体地说,传输信道是由有线(明线、电缆、光缆等)或无线(中波、短波、微波及卫星等)线路(有时还要包括交换设备)提供的信号通路。抽象地说,传输信道是指定的一段频带,它既允许信号通过,又给信号以限制和损害。对于任意的传输物理媒质构成的信道,建模成传输频带后,对各种传输信号而言都是相同的,它规定了系统允许信号通过的频谱范围。而且无论什么物理媒质构成的信道,其允许信号通过(无损耗或损耗低于某规定值)的频段总是有限的,这种频段的有限性又限制了数据传输的有效性(速率)。另外,由于物理传输媒质的介入,不可避免地要引入噪声干扰,从而又给传输信号带来了损害,传输信道的特性对数据通信的质量有着重要的影响。

2.6.1　信道分类

信道可按不同方式来分类。从概念上可分为：广义信道和狭义信道；按传输媒体可分为：有线信道和无线信道。前者包括明线、对称电缆、同轴电缆、光缆；后者主要有地面微波、卫星、短波等信道。按信息复用形式，一般又可分为：频分制信道和时分制信道。前者包括载波信道、频分短波信道、频分微波信道和频分卫星信道等；后者主要有时分基带信道、时分短波信道、时分微波信道和时分卫星信道等。此外，信道还可按信道参数的时间特性分为恒参信道和变参信道等。

（1）狭义信道与广义信道

信道在概念上通常有两种理解：一是狭义信道，另一种是广义信道。

狭义信道是指传输信号的具体的传输物理媒介，如明线、电缆、光缆或短波、微波、卫星中继等传输线路。

广义信道是指相对某类传输信号的广义上的信号传输通路。它通常是将信号的物理传输媒介与相应的信号转换设备合起来看作是信道，常用的信道如调制信道、编码信道等，如图2.22所示。

广义信道在研究某些特殊问题时是很有意义的。例如，在研究调制和解调问题时，采用如图 2.22 所示的调制信道，将调制器和解调器之间的信道和设备看作是一广义信道。只研究调制器输出和解调器输入信号的特性，而不考虑其中间的变换过程。同理，根据需要还可定义其他广义信道，例如图 2.22 中的编码信道。

广义信道的概念和方法在理论研究中经常使用，但由于传输媒介（狭义信道）是广义信道的重要组成部分，它是影响信道特性的主要因素，所以在讨论信道时，物理传输媒介仍是重点。

后面关于信道的讨论，主要是对狭义信道的讨论。

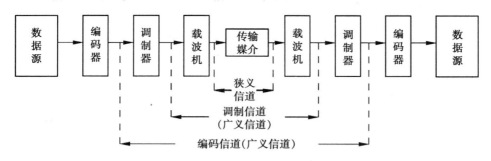

图 2.22　广义信道与狭义信道示意图

（2）按传输媒介的种类分类

1）有线信道

有线信道是利用明线、对称电缆、同轴电缆、波导、光缆等进行信号传输。有线信道具有性能稳定、外界干扰小、保密性强、维护便利等优点，在通信网中占有较大的比例。但是，一般而言，有线信道架设工程量大，一次性投资较大。目前，在有线信道中，明线、电缆等媒介的使用已逐渐减少，取而代之的是使用光缆。

2)无线信道

无线信道是利用无线电波在空间进行信号传输。按照无线电波频段和传输方式的不同,主要有中波、短波、超短波、微波、卫星等。无线信道无需敷设有形媒介,所以,一次性投资较低,而且其通信成本也低,通信的建立比较灵活,可移动性大,但一般而言,无线信道受环境气候影响较大,保密性较差。目前,在无线信道中,微波和卫星信道在通信网中所占的比重较大。

(3)按传输信息复用的形式分类

目前,在通信网上所采用的复用方式主要有频分复用(FDM)、时分复用(TDM)、码分复用(CDM)和混合复用等。

1)频分复用(FDM)信道

频分复用信道主要有载波、频分短波、频分微波、频分卫星等。目前在利用模拟通信网进行数据通信时,大量采用各种频分模拟话路作为数据传输信道。对于低速数据信号,可以按照类似的方法将一个话路频带再划分成若干子频带,将各路低速数据信号调制到不同的子频带上,实现信道的复用。

2)时分复用(TDM)信道

各路信号共用传输媒介的整个频带,而各路信号传输所占用信道的时间段不同。时分复用信道主要有时分基带、时分短波、时分微波和时分卫星等。时分复用数字通信与频分复用模拟通信相比,有众多的优越性,因此,采用数字通信方式是当今通信网的发展趋势。利用数字信道作为数据通信的传输信道,更有其明显的优越性。数据通信利用数字信道传输数据的速率系列与数字通信复用系列一致。在 64 Kbit/s 以下的多路数据也可采用类似的复用方式复用到 64 Kbit/s 数字话路信道上去。

3)码分复用(CDM)信道

每个用户在通信期间占有所有的频率和时间,但不同用户具有不同的正交码型,以区分不同用户信息,避免互相干扰。码分复用(CDM)信道具有很高的频率利用率,但复杂度稍高,正在成为第三代移动通信系统的主流制式。

4)混合复用信道

在现在和将来的新系统中,很少有单独采用以上任何一种方式的,基本上都是几种基本方式的组合,即混合复用信道。该种信道会随着技术的不断进步优越性越来越显著而得到广泛应用。

(4)按允许通过的信号类型分类

在目前通信系统中,传输的电信号可分为模拟信号和数字信号两大类。故按信道上通过的信号形式可以将信道分为模拟信道和数字信道。

1)模拟信道

信道上允许通过的是取连续值(在时间上和幅度上)的模拟信号,如模拟电话信道等。模拟信道的质量用信号在传输过程中的失真和输出信噪比来衡量。

模拟信道可以建模成一个四端网络,其特性可由该网络的传递函数 $H_c(f)$ 描述。模拟信道根据其传递函数 $H_c(f)$ 的不同,又可分为恒参信道和变参信道。$H_c(f)$ 的参数在一个相当长时间内保持恒定(或基本不变)的信道称为恒参信道,反之称为变参信道。有线信道一般都是恒参信道,其特性是稳定的。一部分无线信道(例如,电离层反射信道和超短波对流层散射信道等)是变参信道,其特性是随时间和环境气候等因素而变化。

2）数字信道

信道上允许通过的是取离散值（在时间上或幅度上）的数字信号，例如 PCM 数字电话信道。数字信道的特性是用通过信道的信号平均差错率和差错序列的统计特征来描述的。需要指出，传统的传输媒介的电特性一般都是模拟的，利用这些传输媒介，只有加某些设备（如调制解调器）才能构成数字信道。另外，也有一些传输媒介（比如光纤）的传输特性本身就适于传输数字信号。由于绝大部分数据信号都是数字的，故数字信道更便于传输数据，通常采用数字信道传输数据信号时，只需解决数据终端（DTE）与数字信道相匹配的接口即可。

（5）**按传输的工作方式分类**

数据通信可以有单工、全双工和半双工 3 种工作方式，与之相匹配，适应三种工作方式的信道也可分成三种：

1）单向（单工）信道

只能沿一个固定方向传输的信道，配合它使用的是单工传输方式。

2）双向（全双工）信道

可以同时沿两个方向双向传输的信道。全双工传输工作方式必须采用双向信道。

3）半双工信道

可以分时沿两个方向传输的信道。由半双工信道可以构成半双工传输工作方式的数据通信系统。

（6）**按信道的使用方式分类**

在通信网中，用户因数据量的多少与通信对象状态不同而对传输电路有不同要求，这客观上使通信网中的数据电路处于两种不同的使用状态：

1）专用信道

对于两用户间固定不变的数据电路，它可以由专门敷设的专用线路或通信网中固定路由（租用信道）提供。专用信道每次通信的传输路由固定不变，传输质量可以得到保证。一些特殊业务（如银行、证券交易等）网和大企业的区域网常采用专用信道。

2）公用（交换）信道

网中用户通信时由交换机随机确定的数据传输电路，这类电路由于其路由的随机性，其传输质量也相对不稳定。一般是在用户间数据传输量不大，而且通信时间不固定时采用。

2.6.2　信道特性

如前所述，可以将信道（包括传输媒介和一些终端设备）看作是一个四端网络，如图 2.23 所示。这样就可以用一个网络传递函数 $H_c(f)$ 来描述信道的特性。若要求信道是理想的，则其等效传递函数应满足：

$$H_c(f) = Ae^{-j2\pi ft_d} \tag{2.7}$$

式中，A 为反映幅度特性的常数，t_d 是信道所引起的固定延迟，也是常数。这样，信道的频率特性如图 2.24 所示。由式（2.7）和图 2.24 可知，理想信道的幅度-频率特性为一条与频率轴平行的平行线，其相位-频率特性是一条过零点的斜直线。

由信号分析理论可知，电信号可以分解成无穷多个正弦波（称为谐波）的叠加，因此，信号通过信道传输也可看作是无穷多个谐波分量分别通过信道传输后的叠加。一个理想的信道应该使信号通过它传输后不发生失真。所谓不失真，从时域看，传输后的信号波形应该与传输前

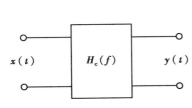

图 2.23　信道模型网络

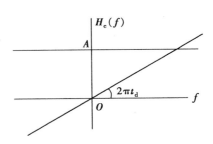

图 2.24　理想信道特性

的波形是相似形(即信号幅度可以变化,但形状应不变)。显然,任意频率的正弦波通过式(2.4)定义的信道后,除了幅度放大(或衰减)若干倍(各次谐波相同)和时间均延迟 t_d 外,它们的相对幅度(由 $H_e(f)$ 的幅度特性决定)和相对位置(由 $H_e(f)$ 的相位特性决定)均不变,所以,合成后所形成的信号的形状与传输前一致。也就是说,经传输后的信号与传输前除了幅度有变化和时间有延迟外,形状没有发生变化,即经传输后没有发生失真。因此,满足式(2.7)的信道是理想信道。

另外,理想信道也不引入任何形式的噪声干扰,所以,当信号 $x(t)$ 通过理想信道后,其输出 $y(t)$ 相对 $x(t)$ 将不产生任何失真。

2.6.3　传输损耗

(1)信道弥散

在实际信道中,其特性不可能是完全理想的,也就是说,信道不可避免地要给所传输的信号造成损害。造成这种损害的主要因素是信道不理想对传输信号造成的弥散现象和引入的噪声干扰。

弥散现象是信道的幅度频率特性和相移频率特性不理想而引起的,它们对传输信号的损害可以从以下两方面理解:

①从频域角度看,由于信道不理想,使得信道对传输信号的各频率成分表现出不同的衰减和不同的相移(群时延),从而使信号失真。

②从时域考虑,由于信道不理想,使得信道的单位脉冲响应向符号(码元)取样点两边产生时间弥散(不规则的扩散),从而影响相邻的符号,产生码间干扰。这就是信道的弥散现象,具有这种情况的信道称作弥散信道。

(2)噪声

对于任何实际的通信系统,噪声的产生是不可避免的。传输系统的任何部分都将可能产生噪声,但是相对而言,信道引入的噪声对信号影响更大。信道噪声一般是独立于信号的,它始终干扰着信号,对传输造成很大的危害。噪声的来源广泛,种类很多,但对数据通信而言,影响较大的是两种:高斯白噪声和脉冲噪声。大多数噪声都可以建模为这两种噪声。

高斯白噪声是一种起伏缓变持续性的噪声,它在很宽的频带内有均匀的功率谱,而且其幅度分布服从高斯分布。在实际系统中,很多噪声可以近似建模为高斯白噪声。高斯白噪声是限制信息信道传输速率的一个重要因素。

在实际的传输过程中,接收端得到的信号是由两部分组成的:其一,发送端送出的信号;其二,在传输过程中插入到数据信号中的不希望有的信号(即噪声)。根据产生原因不同,噪声可分为 4 类:热噪声、交调噪声、串音和脉冲噪声。

1)热噪声

热噪声是由带电粒子在导电媒体中进行的热运动引起的,它存在于所有在绝对零度以上的环境中工作的电平设备和传输媒介中。这种噪声是无法被消除的,它为通信系统的性能设置了上限。噪声功率密度可作为热噪声值的度量,它以瓦/赫(W/Hz)为单位。1 Hz 带宽内存在的热噪声值可由下式进行计算,即

$$N_o = kT \qquad (2.8)$$

式中,N_o 为噪声功率密度;k 为玻耳兹曼常数,其值是 $1.380\,5 \times 10^{-23}$ 焦/开(J/K);T 为热噪声源的热力学温度,其单位是开(K)。

例 2.3　若系统带宽为 ω Hz,试求在 40 ℃的温度下热噪声源的噪声功率。

解　首先根据式(2.8)求出噪声功率密度,即

$$N_o = kT = 1.380\,5 \times 10^{-23} \times (40+273)\ \text{W/Hz} \approx 4.23 \times 10^{-21}\ \text{W/Hz}$$

于是,当带宽为 ω Hz 时,噪声功率为:

$$P = \omega N_o = \omega \times 4.32 \times 10^{-21}\ \text{W}$$

热噪声是一种高斯白噪声。高斯噪声是指 n 维分布都服从高斯分布的噪声。白噪声是指功率谱密度在这个频率范围内分布均匀的噪声。于是,在服从高斯分布的同时,功率谱密度又是均匀分布的噪声称为高斯白噪声。热噪声恰恰具有这两项特性。

2)交调噪声

交调噪声是多个不同频率的信号共享一个传输媒介时可能产生的噪声。通常情况下,发送端和接收端是以线性系统模式工作,即输出为输入的常数倍。当通信系统中存在非线性因素时,则会出现交调噪声。非线性因素的出现将产生新信号,这些干扰信号的频率可能是多个输入信号频率的和或差,可能是某个输入信号频率的若干倍,也可能是上述情况的组合。例如,如果输入信号的频率为 f_1 和 f_2,那么非线性因素就可能导致频率为 f_1+f_2 这种信号的生成。传输系统中出现的非线性因素可能是元器件的故障引起的,可以通过一些人为方法对非线性因素进行校正。

3)串音

串音是一个信号通道中的信号对另一个信号通道产生干扰的现象,它又称串扰。这是相邻信号通道之间发生耦合所引起的,特别常见于双绞线之间,偶尔也会发生在同轴电缆之间。

4)脉冲噪声

脉冲噪声是一种突发性噪声,它的幅度远大于高斯噪声,但通常持续时间短,耦合到信号通路中的非连续尖峰脉冲引起的干扰,这种噪声是由电火花、雷电等原因引起的,它的出现是无法被预知的。一般情况下,脉冲噪声对模拟数据的传输不会造成明显的影响,但在数字数据传输中脉冲噪声是产生差错的主要来源。就以比特率 4 800 bit/s 传输的数据流为例,一个持续时间为 0.01 s 的尖峰脉冲就可能毁掉大约 50 bit。脉冲噪声造成的干扰是不易被消除的,必须通过差错控制手段来确保数据传输的可靠性。它也是影响数据传输的重要因素。

(3)衰损

信号在传输介质中传播时将会有一部分能量转化成热能或者被传输介质吸收,从而造成信号强度不断减弱,这种现象称为衰损。衰损将对信号传输产生很大的影响,若不采取有效措施,信号在经过远距离传输后其强度甚至会减弱到接收方无法检测到的地步,如图 2.25 所示。

因此,在通信系统的建设中,应在适当位置设立放大器或转发器,通过这些设备增加信号强度。当然,为了不使接收端的电路超负荷,也不能过度放大信号强度。

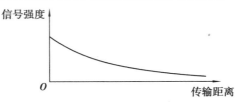

图 2.25　衰损对信号强度的影响

通常情况下,衰损是用分贝(dB)表示的,它是衡量两个功率电平之间差别的度量,其可被定义为:

$$D = 10\ \lg\left(\frac{P_1}{P_2}\right) \tag{2.9}$$

式中,P_1,P_2 为两个具有相同单位的功率。若 D 的取值为负,则说明从功率 P_2 到 P_1 出现了衰损;否则,说明从功率 P_2 到 P_1 出现了增益。

有时分贝也用于衡量电压之间和电流之间的差别。由于功率分别与电压和电流存在下述关系:

$$P = \frac{U^2}{R}\text{和 }P = I^2R$$

所以

$$D = 10\ \lg\left(\frac{P_1}{P_2}\right) = 10\ \lg\left(\frac{U_1^2/R}{U_2^2/R}\right) = 20\ \lg\left(\frac{U_1}{U_2}\right)$$

同理可得:

$$D = 20\ \lg\left(\frac{I_1}{I_2}\right)$$

当然,也可以使用分贝来计算整个系统的衰损或增益。

例 2.4　假设在传输系统上传输的信号具有 16 mW 的功率,而在一定距离远的某处测得功率为 8 mW,试求出这段线路上信号的衰损。

解　根据公式(2.5)可得

$$D = 10\ \lg\left(\frac{P_1}{P_2}\right) = 10\ \lg\left(\frac{8}{16}\right)\ \text{dB} = 10\times(-0.301)\ \text{dB} = -3.01\ \text{dB}$$

可见,这段线路上的衰损为 3.01 dB。值得注意的是,分贝是一种衡量相对差别的度量,也就是说从 1 600 mW 到 800 mW 的衰损也是 3.01 dB。

2.6.4　数据通信的信道标准

(1)模拟信道

如前所述,采用模拟信道传输数据仍是目前主要的手段,特别是利用模拟话音信道传输数据更是最为普遍,因此,在这里以模拟话音信道为例介绍模拟信道的信道标准。模拟电话网是为传输话音而设计的,所以利用模拟话音信道进行数据传输会受到一定的限制。要进行正常的数据通信,系统对信道要有一定的要求,这就是模拟话音信道进行数据通信的信道标准。

为了在话音信道上实现较高的数据传输速率,信道特性应满足一些较高要求,CCITTM.
1020 建议对此作了如下规定。

1)衰减与电平

对于数据传输,规定接收电平应不低于-13 dB,即在零测试点(一般在四线端)处的单音
(800 Hz)为 0 dB 时,该点测得的数据平均功率不低于-13 dB。线路最大净衰减不应超
过28 dB。

2)幅度-频率失真特性

由前可知,一个理想信道的特性是信道对任意频率成分的影响(幅度衰减和延迟)都相
同。而对于一个物理可实现的系统,其信道不可能是理想的。首先,其频带是有限宽的;第二,
在带宽内其幅频特性不可能是常数;第三,在带宽内其群时延特性不可能是常数。因此,必须
在这些方面对信道提出一定的要求,在 CCITTM.1020 建议中,这些要求是通过两个样板图(幅
频特性和相移特性)给出的。众所周知,任何一个现实的信号都占据某一频带,即它是由许多
不同频率分量构成的。通过传输后的接收信号可看作是这些不同的频率分量分别通过信道后
的叠加,如果这些不同频率的分量在通过信道时受到不同的衰减或不同的延时,就会引起信号
失真。由幅度衰减随频率的变化或信道单位脉冲响应不理想所引起的失真,称为衰减失真或
幅失真。

3)相位-频率失真特性

信道相位-频率特性的非线性(理想信道的相位-频率特性是线性的)给传输信号所造成的
损害,称为相位-频率失真。相位的非线性在时域上表现为不同频率的谐波的延时不一致,从
而造成传输信号失真,因此,相位特性对数字信号传输的影响通常是以群时延失真特性来表示
的。群时延特性定义为:

$$\tau(\omega) = \frac{\mathrm{d}\varphi(\omega)}{\mathrm{d}\omega} \qquad (2.10)$$

式中,$\varphi(\omega)$为信道的相位-频率特性。

显然,若相位特性是线性的,则群时延特性是一个常数,亦即信号的各频率分量都具有相
同的时延;反之,通频带内信号的各频率分量的时延不同,造成传输信号的失真,称为群时延失
真,它与相位-频率失真特性是一致的。

数据通信对信道输出信噪比的要求决定于调制方式、传输比特率及误码率的指标要求等。
一般而言,数据通信要求输出信噪比为 25 dB 左右,这与话音通信对信道信噪比的要求相近,
所以,一般说来,满足话音通信的信道也将满足进行数据传输的要求。

4)信噪比

随机噪声包括热噪声、互调噪声等起伏噪声,它们是决定噪声功率的主要部分,而影响数
据传输接收误码率的主要因素是信道输出端的噪声功率或信噪比。

信号在传输过程中不可避免地要受到噪声的影响,信噪比是用来描述在此过程中信号受
噪声影响程度的量,它是衡量传输系统性能的重要指标之一。它通常是指某一点上的信号功
率与噪声功率之比,可用下面的公式表示信噪比,即

$$\frac{S}{N} = \frac{P_s}{P_N} \qquad (2.11)$$

式中，$\dfrac{S}{N}$ 是信噪比，P_S 是信号的平均功率，P_N 是噪声的平均功率。

也可采用分贝（dB）来表示信噪比，即

$$\left(\frac{S}{N}\right)_{db} = 10\ \lg\left\{\frac{P_S}{P_N}\right\} = 10\ \lg\left(\frac{S}{N}\right) \tag{2.12}$$

实际上，信号在传输的过程中将相继遇到遍布沿途的各个噪声源，所以随着信号传输距离的增加新的噪声分量将不断叠加在信号上，从而使得信噪比逐渐下降。因此，信噪比一般是在接收端进行测量的，以便在恢复信号时有效地消除无用的噪声成分。

（2）数字信道

模拟电话网是为传输话音信号而设计的，采用模拟信道传输数据需要将数据信号转换成模拟信号进行传输，然后接收端又要将模拟信号还原成数据信号。这样，为了传输而进行的变换与反变换就必然给传输的数据信号带来了许多附加的损害，所以，从本质上看，数据信号应该更适宜在数字信道上传输。

从数据传输速率来看，话音模拟信道由于有带宽的限制（300～3 400 Hz），理论上其信息的传输速率极限大，约为 30 Kbit/s，而从目前的应用情况看，商用传输速率已经达到了28.8 Kbit/s，也就是说，已趋近它的极限，对于高速数据传输已无能为力了。相反，若采用数字信道来传输数据信号，每一数字话路的数据传输速率为 64 Kbit/s，比模拟话路所能达到的传输速率高得多。

另外，从传输质量来说，在传输距离较长时，数字信道不像模拟信道那样用增音设备来提升信号，而是采用再生中继设备消除该传输段的噪声并再生传输信号，从而使信道中引入的噪声和信号畸变不会造成积累，所以，大大提高了传输质量。在通常情况下，PCM 数字通信系统的平均误码率一般不大于 10^{-6}，比起利用模拟信道传输数据要优越得多。

综上所述，无论是从信道利用率、传输质量，还是从通信的发展方向来说，采用数字信道直接传输数据都具有很大的意义。

（3）纠错编码信道模型

如前所述，一般的信道用来传输数据时其误码率通常达不到要求（10^{-9} 以下），所以，在实际的数据通信系统中，总是要采用这样或那样的差错控制方法。传输系统中差错控制效果较好的方法是采用纠错编码来控制传输差错。

在研究纠错编码时通常习惯利用编码信道，它包含编码器到解码器之间的所有部分。在利用编码信道研究问题时，着重讨论的是信道噪声引起的影响，即输入数字序列通过信道传输后可能发生的差错情况。因此，纠错编码信道模型采用序列传输差错概率描述。由于假设编码信道的输入序列是二进制的（这种假设与实际情况是相符合的），常用的编码信道根据输出给解码器的信号状态通常可以模拟成下列几种信道模型。

1）二进制对称信道（BSC）

二进制对称信道是纠错编码中常用的信道。通常，多数物理媒介和一般用途的实际信道，可以模拟成二进制对称信道。

二进制对称信道可以定义如下：

①信道输入、输出的信号状态都是二元的（或称二电平的）；

②信道噪声的幅度分布是对称的（例如，高斯白噪声等）。

对于 BSC 信道,由于其噪声分布是对称的,所以,从统计的角度来说,信号通过信道后若发生差错,则由"0"状态错成"1"状态和由"1"状态错成"0"状态的概率应该相同。假设这种概率为 P_e,称它为信道的转移(注意,这时的转移不仅指从输入转移到输出,还包含从一种状态转移到另一种状态)概率。由 P_e 描述的 BSC 信道的模型如图 2.26 所示。从图可知,BSC 信道的输出只与当前时刻所传送的信号有关,而与任何以前

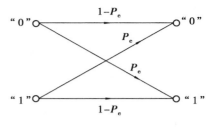

图 2.26　BSC 信道模型

所传送的信号无关,所以它是一种无记忆信道。另外,BSC 信道产生的传输差错是随机发生的,所以它又是一种随机信道。

2)二进制删除信道(BEC)

在 BSC 信道中,信道在输出传输信号时必须对输出信号作出明确的判决,即决定输出信号是"0"状态或"1"状态,称之为信道(大多数情况是解调器)的"硬判决"。信道设置一个门限,超过或低于该门限就判决为"1"或"0"状态。若信道对严重失真的符号(码元)暂不判决(例如,解调器这样工作:在判决门限上下划定一个区域,凡落入区域的信号暂不判决),而改输出一个称为删除符号的待定符号"X",则称用这种方法实现的对输出信号判决的信道为二进制删除信道。

在幅度分布为对称的噪声条件下,设 P_e 为信道的转移概率,q 为删除概率,则 BEC 的信道模型可抽象如图 2.27 所示。在通常情况下,设立了删除符号"X"后,信道判决错误(即由"0"判为"1"或由"1"判为"0")的机会大大减少。也就是说,信道的转移概率 P_e 一般很小,在大多数情况下将其忽略,对信道特性影响不大,并且可以大大简化信道模型。若将 P_e 忽略,则图2.27 模型可简化为图 2.28 所示模型,这种情况也是符合大多数实际情况的。采用 BEC 信道,由于解码器在对码元作删除处理时,该符号在码序列中的位置是确定已知的,仅需判定的是 X的值应取"1"或"0",因此,采用 BEC 信道实现纠错比采用 BSC 信道容易些。

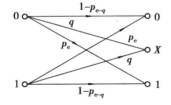

图 2.27　BEC 信道模型

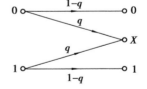

图 2.28　BEC 信道简化模型

3)离散无记忆信道(DMC)

前面讨论的纠错信道模型,信道在输出前已经根据信号信息作出了判决(或作出了基本判决,如删除符号),解码器在信道输出序列的基础上按某种方法(例如,某种纠错编码方式)进行纠错译码,这样做比较简单,但由于信号判决与纠错译码分开,未能充分利用信号中包含的信息,或未能综合利用信息,因此,其纠错效果相对差些。在差错控制传输中,另外有一种称为"软判决"的工作方式,在这种工作方式中,信道(例如解调器)不是输出已判决的序列,而是输出一种有关码元判决可靠性的信息。例如,输出关于判决相应码元为"0"或"1"的后验概率或者似然函数。

在实际应用中,为了表示信道输出码元的软判决可信信息,通常将信道输出(包含后验概

率的信号波形)进行量化输出,因此,这时信道输入的是二进制序列,输出的是 $Q(Q=2^m,m$ 为任意正整数)进制序列,这样的信道可用图 2.29 模型描述。图中的 $P(j/0)$ 和 $P(j/1)$($j=0$,$1,\cdots,Q-1$)称为信道的转移概率。这种信道模型称为离散无记忆信道。尽管采用 DMC 信道实现信号软判决输出会使解码器的实现难度增大,但分析和实验证明,由于采用了软判决,解码器在纠错译码时,能将信号信息与纠错编码的差错控制特性结合起来利用,更充分地利用了传输信道信息,使得软判决译码较硬判决译码在性能上有比较明显的改善(通常可以获得大约 3dB 的信噪比增益)。

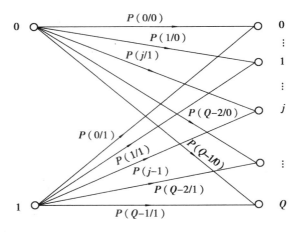

图 2.29 DMC 信道模型

前面介绍的信道模型是为了研究纠错编码问题方便而简化抽象的理想情况,它们分别反映了某些实际物理信道的主要特征。例如,卫星信道可以近似看作是 BSC 信道。但是,也有一些信道很难简单地归类到上述模型。比如,有的信道的主要干扰噪声引起的传输错误不是单个随机差错,而可能是一连串码元错误,这类错误称为突发错误,产生这种错误的信道称为起发信道(或称有记忆信道);另一些信道在传输信号时,信道噪声可能同时引起随机单个差错的突发差错,这类信道称为组合信道或复合信道。总之,这类信道就不能简单地抽象成上述模型,要反映出这些信道的特征,需用更复杂的信道模型来描述。

(4)几种典型物理信道的信道特性

1)明线

明线导线通常采用铜线、铝线或钢线(铁线),线径为 3 mm 左右。明线信道易受天气变化和外界电磁干扰,通信质量不够稳定,而且信道容量较小,不能传输视频信号和高速数字信号。

2)电缆

对称电缆芯线大都为软铜线,线径 0.4~1.4 mm。长途对称电缆采用四线制双缆传输,最高传输频率为 252 kHz,可复用 60 个话路,有时传输频率可达 552 kHz,可复用 132 个话路。市话中电缆上可传输脉码调制(PCM)数字电话,总码速率为 2.048 Mbit/s。

电缆信道通信容量大,传输质量稳定,受外界干扰小,可靠性高,在光缆大量使用之前,在有线传输中占有主要地位。

3)光缆

光缆信道由光纤组成。当纤芯直径小于 5 mm 时,光在光波导中只有一种传输模式,这样的光纤称为单模光纤。纤芯直径较粗时,光在光波导中可能有许多沿不同途径同时传播的模式,这种光纤称为多模光纤。光纤的主要传输特性为损耗和色散。损耗主要来源于瑞利散射和材料吸收。对于前者,当光传播过程中遇到不均匀或不连续点时,部分光能量向各方向散射而不能到达终点;对于后者,材料中含有某些杂质离子,在光波作用下发生振动而消耗部分能量。损耗就是光信号在光纤中传输时单位长度的衰减,其单位为 dB/km。色散又称频散。由于光载波占有一定的频谱宽度,而光纤材料的折射率随频率而变化,因此,光信号的不同频率分量具有不同的传播速度,即经过不同的时延到达接收端,从而使信号脉冲展宽,其单位为 ns/km。

光纤的损耗会影响传输的中继距离,而色散会影响传输的码率。

光纤传输的主要优点是:频带宽,通信容量大,不受外界电磁干扰影响,在很宽频带内光纤对各频率的传输损耗和色散几乎相等,一般不需要在接收端或中继站采取幅度和时延均衡等措施。由光纤构成的数字信道有频带宽,传输容量大,传输损耗低,不受电磁干扰,无串扰,以及成本低等一系列优点,所以,已经成为目前数字通信所采用的主要信道。

4)微波

微波中继通信是利用电磁波在对流层视距范围内传输的一种通信方式,其频率一般在 1~20 GHz 范围。由于受地形和天线高度的限制,两站间的通信距离一般为 30~50 km,故长距离传输时,必需建立多个中继站。

微波中继通信具有较高的接收灵敏度和较高的发射功率。系统增益高,传输质量比较平稳,唯一影响较大的因素是遇到雨雪天气时的吸收损耗,以及传播途径中通过不利地形或环境时造成的衰落现象,一般在系统设计时应预先加以考虑。微波中继通信和光纤通信可以互补,已成为两种主要的地面传输手段。

5)卫星信道

卫星通信实际上也是微波通信的一种方式,只不过它是依靠卫星来转发信号。卫星通信适用于远距离通信,尤其是当通信距离超过某一定范围,每话路的成本可低于地面微波通信,而且,一般其质量和可靠性都优于地面微波通信。

其他信道特性,这里不作介绍,读者可参阅有关资料。

2.6.5 信道容量

通信的目的在于可靠有效地传输信息。长期以来,人们围绕这个目的不断地寻找新的通信方式和新的通信系统。然而,通信的可靠性和有效性之间存在着矛盾。也就是说,在一定的物理条件下,提高了通信效率,通信的可靠性往往会下降。所以,对于通信工作者来说,如何在给定信道条件下尽可能提高信息传输量并减小传输的差错率,是值得探讨的课题,这实际上是信道容量的问题。

信息论提出并解决了这样一个问题,即对于给定的信道,当无差错传输(差错率趋于零)时,信道的信息传输量是否存在一个极限?如果存在,这个极限怎样求得?香农的信息论证明了这个极限的存在,并给出了其计算公式。这个极限就是信道的容量。信道容量是一个理想的极限值,它是一个给定信道在传输差错率趋于零情况下在单位时间内可能传输的最大信息量。信道容量的单位是比特/秒(bit/s),即信道的最大比特率。信息论中,对一些常见信道进行了建模,并根据这些模型,给出了它们的信道容量计算公式。

（1）数字信道的信道容量

1）无干扰数字信道

对于数字信道，假设信道的输入符号为 X，它有 M 种，即 $X \in \{x_1, x_2, \cdots, x_M\}$，其 x_r 的持续时间为 $t_r (r = 1, 2, \cdots, M)$。当信道无干扰时，信道输出也应是 X。也就是说，无干扰数字信道的容量实际上就是求用 X 既作输出信号又作输入符号的信道容量，这时信道容量的问题就转化为信号所能传载的最大信息量问题。

将上述 M 个符号排列起来，设其时间总长为 T，若有 $M(T)$ 种不同排列的序列，则这种由 M 个符号排列起来的序列能够传载的信息量为 $\log_2 M(T)$，这样该序列单位时间的最大平均信息量（bit/s）为：

$$C_0 = \lim_{T \to \infty} \frac{1}{T} \log_2 M(T) \tag{2.13}$$

由于 $M(T)$ 种不同的排列代表 $M(T)$ 种不同的信息输入，当它们出现的概率相等时，这样排列的序列包含的信息量将最大，即为 $\frac{1}{T} \log_2 M(T)$，所以，C_0 表示了单位时间的最大平均信息量，这也就是单位时间无干扰数字信道的信道容量。由信息论知，当 M 个符号等概率出现时，其单位时间的最大平均信息量（即信息容量）为：

$$C_0 = \frac{\log_2 M}{T_s}$$

式中，T_s 为码元周期。因此，每码元的最大平均信息量为 $\log_2 M$ bit。这样，一个带宽为 B Hz 的无干扰数字信道的信道容量，由奈氏准则可得：

$$C = 2B \log_2 M \tag{2.14}$$

由此可见，由于无干扰信道的输出信号就是信源的输出信号，所以，实际上计算信道容量的问题就转化成了计算信源的最大平均信息量的问题。

2）对称噪声干扰数字信道

对称噪声干扰数字信道也称对称离散信道。这是一种有噪声干扰信道，但其干扰噪声的幅度分布是对称的（例如，高斯白噪声等）。尽管这样的信道模型比较简单，但是它还是有其重要的实用价值。在实际的信道中，有许多信道可以近似建模为对称离散信道。

在对称离散信道中，若输入符号为 X，输出符号为 Y，则由信息论可以证明，当输入符号等概率出现时，信道的传输信息量将最大，这就是对称离散信道的信道容量：

$$C = H(X) - H(X/Y) \tag{2.15}$$

式中，$H(X) = \log_2 M$（M 为符号数）是输入信息量，$H(X/Y)$ 为信息在传播过程中由于受到干扰而丢失的信息量。式（2.15）表明信道实际传输的最大可能信息量比输入信息量小，也就是说，噪声干扰必然要使传输的信息量受到一定的损失。

例 2.5　设一个二进制对称离散信道的数学模型如图 2.26 所示，若图中转移概率 $P_e = 10^{-4}$，设输入符号（0，1）为等概率消息，即分布为 $P = (1/2, 1/2)$，试求在此条件下的信道容量。

解　由信息论知：

$$H(X) = - \sum_{j=0}^{1} P_j \log_2 P_j = -\frac{1}{2} \log_2 \frac{1}{2} - \frac{1}{2} \log_2 \frac{1}{2} = \frac{1}{2} + \frac{1}{2} = 1$$

由概率论容易算出 (X, Y) 的联合分布为：

$$P(0,1) = P(1,0) = \frac{1}{2}P_e, P(0,0) = P(1,1) = \frac{1}{2}(1 - P_e)$$

Y 的分布为 $G = (1/2, 1/2)$，所以，X 关于 Y 的条件分布为：

$$P(1/0) = P(0/1) = P_e, P(0/0) = P(1/1) = 1 - P_e$$

由信息论定义知：

$$H(X/Y) = \sum_x \sum_y P(X,Y) \log_2 P(X/Y) \tag{2.16}$$

将上述联合分布和条件分布代入式(2.16)得：

$$H(X/Y) = P_e \log_2 P_e - (1 - P_e) \log_2 (1 - P_e)$$

将 $P_e = 10^{-4}$ 代入得：

$$H(X/Y) = 0.011\ 4$$

由式(2.15)可得单位码元的信息量，即 BSC 信道在上述条件下的信道容量为：

$$C = H(X) - H(X/Y) = (1 - 0.011\ 4)\text{bit/码元} = 0.988\ 6\ \text{bit/码元}$$

由上例容易看出：若 $P_e = 0$，则 $H(X/Y) = 0$，这时 $Y = X$，信道变成无干扰信道；当 P_e 增大（信道噪声增强），$H(X/Y)$ 随之增大，而 C 减小，说明随着噪声的增强，信道所传送的信息量（传输信息的能力）减少；当 $P_e = 1/2$ 时，$H(X/Y) = 1$，$C = 0$，说明信道噪声太强，以至于信道不能传送信息。

（2）模拟信道的信道容量

模拟信道中有许多信道可以近似建模为高斯信道，这里仅以高斯连续信道为例介绍模拟信道的信道容量。

设输入信号 $x \in R = (-\infty, \infty)$，信道引入的叠加性噪声 n 是均值为零、方差为 σ^2 的高斯变量，则信道输出为：

$$y = x + n \tag{2.17}$$

当 x 为已知确定后，则 y 也是一个正态变量，其均值和方差与 x 的均值、方差相等。

信息论已经证明，当 y 是均值为零的正态分布随机变量时，信道传输的信息量最大。而要使 y 是这样的随机变量，条件是输入符号也是均值为零、方差为 P_i 的正态变量，此时的每符号信息量为高斯连续信道的单位符号容量(bit/s)：

$$c = \frac{1}{2} \log_2 \left(1 + \frac{P_i}{\sigma^2}\right) \tag{2.18}$$

式中，P_i 只是输入信号的平均功率。

由上述介绍的内容可知，无论采用何种通信设备，在数据传输的过程中都将出现多种损耗，最终导致信号质量不断下降。对数字数据而言，这些损耗对数据传输速率产生的影响有多大？数字数据究竟能以多快的速度在传输媒介上得到可靠的传输？数学家香农提出了他的理论，在这个理论中给出了一种计算传输速率上限的方法。

香农定理指出：在高斯白噪声干扰条件下，通信系统的极限传输速率为：

$$C = B \log_2 \left(1 + \frac{S}{N}\right) \tag{2.19}$$

式中，C 是极限传输速率，其单位是 bit/s；B 是信道带宽，其单位是 Hz；S/N 是信噪比，其中 S 为信号功率，N 为噪声功率。

上述公式说明了:若要增加传输系统的传输速率,则可以通过增加传输信号的带宽或提高信噪比这两种方法来实现。当传输速率为常数时,可以通过增加带宽来降低系统对信噪比的要求,也可以通过增加信号功率来降低信号的带宽。但值得注意的是,当带宽增加到一定程度后,传输速率不可能无限制地继续增加下去。因为噪声被假定为高斯白噪声,带宽越宽它所容纳的噪声就越多,这将导致信噪比随之下降。

下面通过两个例子来进一步说明高斯连续信道的信道容量。

例 2.6 假设一个音频电话线路支持的频率范围为 300~3 400 Hz,其信噪比是 25 dB,试求这个线路传输速率的上限。

解 由题可知,这条线路的带宽为:

$$B = (3\ 400 - 300)\,\text{Hz} = 3\ 100\ \text{Hz}$$

又因为信噪比为 25 dB,故由式(2.12)可得:

$$\frac{S}{N} \approx 316$$

根据式(2.19),线路传输速率的上限约为:

$$C \approx B\,\log_2\left(1 + \frac{S}{N}\right) = 3\ 100\ \log_2 317\ \text{bit/s} \approx 25\ 761\ \text{bit/s}$$

也就是说,这条线路传输速率的上限约为 26 Kbit/s。

值得注意的是,这个结果是理论上可达到的上限值,而在实际应用中所能实现的速率则要比这个上限值低。因为该公式将噪声假定为高斯白噪声,并没有考虑脉冲噪声,以及衰损和失真对信号传输所造成的影响。

例 2.7 设有一个带宽为 W Hz 的高斯连续信道,其噪声方差为 N,信道输入信号平均功率为 P_i。当传输无码间干扰时,数据传输系统的传输极限速率为 2 B/Hz,这样,该信道的容量可由式(2.18)求得:

$$C = W\,\log_2\left(1 + \frac{P_i}{N}\right) \tag{2.20}$$

用单位频带 bit/(s·Hz) 来表示,即:

$$C = \log_2\left(1 + \frac{P_i}{N}\right) \tag{2.21}$$

例 2.8 设有一话音信道,其概率特征近似满足高斯信道,带宽 $W = 3$ kHz,信道输入信噪比为 30 dB,则利用式(2.19)可以求出其信道容量为:

$$C = \left[3\ 000\ \log_2\left(1 + \frac{1\ 000}{1}\right)\right]\ \text{Kbit} \approx 30\ \text{Kbit/s}$$

上面介绍了信道容量的最基本的概念,并对典型而简单的对称离散信道和高斯连续信道的信道容量问题进行了讨论。当然,实际信道并不一定完全符合这些典型信道的条件。对于一些复杂的信道,例如非高斯干扰信道、非加性噪声信道、变参信道等,计算信道容量是一项非常困难的工作,目前尚无确切的方法,难以求出准确的信道容量,通常只能求出信道容量的上下限。尽管信道容量是一个理论上的极限参考值,但它对掌握信道的实际传输能力和可能的传输潜力、理解传输和信道的关系,以及研究评价实际传输系统及其可能达到的水平都很有意义。

2.7　数据通信中的几个主要指标

通信系统组成后,必然要提到通信的质量问题。通信质量是指整个通信系统的性能,而不是指局部。数据通信系统的基本指标是围绕传输的有效性和可靠性来制定的。这些主要指标包括以下 3 种:传输速率、频带利用率和差错率。

2.7.1　传输速率

用以衡量系统的有效性,它是衡量系统传输能力的主要指标。可以用前面介绍的 3 种速率(即比特率、波特率和数据传输速率)分别从不同的角度来说明传输的有效程度。

传输速率的 3 个定义,在实际应用上既有联系又有侧重。在讨论信道特性特别是传输频带宽度时,通常使用波特率;在研究传输数据速率时,采用数据传输速率;在涉及系统实际的数据传送能力时,则使用比特率。

CCITT 建议的标准化数据信号速率如下(参见 CCITT 电话网上的数据传输,V 系列建议):

1)在普通电话交换网中同步方式传输的比特速率

发信速率为:600、1 200、2 400、4 800、9 600 bit/s,其误差不能超过标准数值的 ±0.01%。

2)在电话型专线上同步方式传输的比特速率

数据发信速率的优先范围:600、1 200、2 400、3 600、4 800、7 200、9 600、14 400 bit/s。

数据发信速率的补充范围:1 800、3 000、4 200、5 400、6 000、6 600、7 200、7 800、8 400、9 000,10 200、10 800、12 000 bit/s,其误差不能超过标准值的 ±0.01%。

容许的数据比特速率范围:规定为 $600N$ bit/s,$1 \leqslant N \leqslant 18$,$N$ 为正整数。

在实际中,数据信号的发信速率通常为以下几种:200、300、600、1 200、2 400、4 800、9 600、48 000 bit/s。

3)公用数据网中的用户数据信号速率

异步传输数据信号速率:50~200、300 bit/s。

同步传输数据信号速率:600、2 400、4 800、9 600、48 000 bit/s。

2.7.2　频带利用率

频带利用率是单位频带内所能实现的码元速度(或者单位频带内的传输速度)。它是衡量数据传输系统有效性的重要指标,单位为波特/赫(B/Hz),或者比特/秒·赫(bit/s·Hz)。

在比较不同制式系统传输的有效性时,用比特率(bit/s)来比较较为恰当。然而,各种传输系统的传输带宽常常是不同的,单看它们的比特率显然是不够的,还要看所占用的频带宽窄。在一般情况下,通信系统占用频带越宽,传输信号能力越大。即使两个通信系统的比特率相同,占用频带不同,也认为传输效率不同。所以,真正衡量数据通信系统传输的有效性的指标应该是单位频带内的传输速度,即每赫每秒的比特数——比特/秒·赫(bit/s·Hz),或单位频带内码元速度——波特/赫(B/Hz)。

2.7.3　差错率

差错率是衡量数据通信系统可靠性的主要指标,表示差错率的方法常用以下 3 种:误码率(比特或码元差错率)、误字率和误组率。

(1)**误码率**

误码率 P_e 为:

$$P_e = \frac{N_e}{N} \quad (当 N \to \infty)$$

式中,N_e 为接收端错误码元数;N 为发送端发送码元总数。

误码率是指某一段时间内的平均误码率。对于同一条数据电路,由于测量的时间长短不同,误码率就不一样。在测量时间长短相同的条件下,而测量时间的分布不同(如上午、下午和晚上),测量的结果也不相同。所以,在设备的研制、考核、试验时,应以较长时间的平均误码率来评价。在日常的维护测试中,CCITT 规定测试时间,则误码率根据传输速率而不同。

在二进制传输中,误码率(码元差错率)就是比特差错率,而在多进制传输中,其误码率为:

$$P_e = \frac{2(M-1)}{M} P_{eb} \tag{2.22}$$

式中,P_{eb} 为比特差错率(B_p 二进制的误码率)。

单极性码:
$$P_{eb} = \frac{1}{2} \operatorname{erfc}\left(\frac{A}{\sigma\sqrt{2}}\right)$$

双极性码:
$$P_{eb} = \frac{1}{2} \operatorname{erfc}\left(\frac{A}{2\sigma}\right)$$

这里,A 是信号幅度;σ 是噪声电压的有效值;$\operatorname{erfc}(\cdot)$ 是互补误差函数,可查表。

显然,在 $M=2$ 时,$P_e = P_{eb}$;当 $M \gg 1$ 时,$P_e \approx 2P_{eb}$,它说明在 M 足够大时,多进制信号的误码率约为二进制时误码率的两倍。

(2)**误字率**

它的定义是指在传输字符的总数中发生差错字数所占的比例,即码字错误的概率。

在电报通信中,多用误字率来评价电报的传输质量。但由于表示一个字符代码的比特数有 5 单位、6 单位和 8 单位,一个字符串无论错一个比特或多个比特都算误一个字,因此,用误字率来评价数据电路的传输质量并不很确切。

(3)**误组率**

它的定义是指在传输的码组总数中发生差错的码组数所占的比例,即码组错误的概率。在某些数据通信系统中,以码组为一个信息单元进行传输,此时使用误组率更为直观。

由上述分析可见,采用误码率来评价传输质量较为合适,但从应用的角度看,则误字率和误组率易于理解,也便于从终端设备的输出来比较差错控制的效果。

表 2.5 列出了 CCITT 对电话线路传输数据时极限误码率的建议数值,若超过此值,就认为发生故障。要想获得高质量传输,就必须采用差错控制。

表 2.5　误码率的维护极限值

调制速度/(bit·s⁻¹)	接续系统	最大误码率
1 200	交换	10^{-8}
	专用	5×10^{-5}
600	交换	10^{-8}
	专用	5×10^{-5}
200	交换	10^{-4}
	专用	5×10^{-5}

除上述 3 种指标外,还有可靠度、适应性、使用维修性、经济性、标准性及通信建立时间等。

1)可靠度

可靠度是指在全部工作时间内传输系统正常工作时间所占的百分数。它是衡量机器正常工作能力的一个指标。影响可靠度的主要因素有:组成系统的设备的可靠性(故障率)、信道的质量指标和使用人员的素质。

2)适应性

适应性是指系统对外界条件变化的适应能力。例如,对环境温度、湿度、压力、电源电压波动以及震动、加速度等条件的适应能力。

3)使用维修性

使用维修性是指操作与维修简单方便的程度。应有必要的性能指标及故障报警装置,尽可能做到故障的自动检测,一旦发生故障,应能迅速排除。此外,还要求维修设备体积小、质量轻。

4)经济性

它是指通常所说的性能价格比指标。这项指标除了与设备本身的生产成本有关外,还和频带利用率、信号功率利用率等技术性能有关。

5)标准性

系统的标准性是缩短研制周期,降低生产成本,便于用户选购,便于维修的重要措施。

6)通信建立时间

通信建立时间是反映数据通信系统同步性能的一个指标,对于间歇式的数据通信或瞬间通信尤为重要。数据通信系统要正常工作,必须建立收、发端的同步(位同步、群同步),通信建立时间应尽可能短。

以上给出了一些数据通信系统的质量指标,但是,如何根据各种需求和条件,给出较为准确、综合和动态的评估指标和方法还在进一步研究之中。

2.8　允许的波特率误差

为了分析方便,假设传递的数据一帧为 10 位,若发送和接收的波特率达到理想的一致,那么接收方时钟脉冲的出现时间保证对数据的采样都发生在每位数据有效时刻的中点(图 1.5)。如果接收一方的波特率比发送一方大或小 5%,那么对 10 位一帧的串行数据,时钟脉冲相对数据有效时刻逐位偏移,当接收到第 10 位时,积累的误差达 50%,则采样的数据已是第 10 位数据有效与无效的临界状态,这时就可能发生错位,所以 5% 是最大的波特率允许误差。对于常用的 8 位、9 位和 11 位一帧的串行传送,其最大的波特率允许误差分别为 6.25%、5.56% 和 4.5%。

2.9　串行通信的过程及通信协议

2.9.1　串/并转换与设备同步

两个通信设备在串行线路上实现成功的通信必须解决两个问题:一是串/并转换,即如何把要发送的并行数据串行化,把接收的串行数据并行化;二是设备同步,即同步发送设备和接收设备的工作节拍相同,以确保发送数据在接收端被正确读出。

(1)串/并转换

串行通信是将计算机内部的并行数据转换成串行数据,将其通过一根通信线传送,并将接收的串行数据再转换成并行数据送到计算机中。

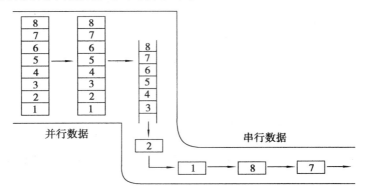

图 2.30　发送时的并/串转换

在计算机发送串行数据之前,计算机内部的并行数据被送入移位寄存器并一位一位地移出,将并行数据转换成串行数据,如图 2.30 所示。在接收数据时,来自通信线路的串行数据被送入移位寄存器,满 8 位后并行送到计算机内部,如图 2.31 所示。在串行通信控制电路中,串/并、并/串转换逻辑被集成在串行异步通信控制器芯片中。8051 单片机中的串行口和 PC 机中的 8250 芯片都可完成这一功能。

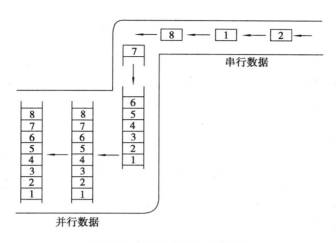

图 2.31　结束时的串/并转换

（2）**设备同步**

进行串行通信的两台设备必须同步工作才能有效地检测通信线路上的信号变化,从而采样传送数据脉冲。设备同步对通信双方有两个共同要求:一是通信双方必须采用统一的编码方法,二是通信双方必须能产生相同的传送速率。

采用统一的编码方法确定了一个字符二进制表示值的位发送顺序和位串长度,当然还包括统一的逻辑电平规定,即电平信号高低与逻辑"1"和逻辑"0"的固定对应关系。

通信双方只有产生相同的传送速率,才能确保设备同步,这就要求发送设备和接收设备采用相同频率的时钟。发送设备在统一的时钟脉冲上发出数据,接收设备才能正确地检测出与时钟脉冲同步的数据信息。

2.9.2　串行通信协议

通信协议是对数据传送方式的规定,包括数据格式定义和数据位定义等。通信方式必须遵从统一的通信协议。串行通信协议包括同步协议和异步协议两种。本书只讨论异步串行通信协议。异步串行协议规定字符数据的传送格式,前面已讲过,这里不再赘述。

要想保证通信成功,通信双方必须有一系列的约定,比如:

作为发送方,必须知道什么时候发送信息,发什么,对方是否收到,收到的内容有没有错,要不要重发,怎样通知对方结束等;作为接收方,必须知道对方是否发送了信息,发的是什么,收到的信息是否有错,如果有错怎样通知对方重发,怎样判断结束等。

这种约定就称为通信规程或协议,它必须在编程之前确定下来。要想使通信双方能够正确地交换信息和数据,在协议中,对什么时候开始通信,什么时候结束通信,以及何时交换信息等问题都必须作出明确的规定。只有双方都正确地识别并遵守这些规定,才能顺利地进行通信。

软件挂钩(握手)信号约定有以下内容:

（1）**起始位**

当通信线上没有数据被传送时,处于逻辑"1"状态。当发送设备要发送一个字符数据时,首先发出一个逻辑"0"信号,这个逻辑低电平就是起始位。起始位通过通信线传向接收设备,接收设备检测到这个逻辑低电平后,就开始准备接收数据位信号。起始位所起的作用就是使设备同步,通信双方必须在传送数据位前协调同步。

（2）数据位

当接收设备收到起始位后,紧接着就会收到数据位。数据位的个数可以是 5、6、7 或 8,PC 机中经常采用 7 位或 8 位数据传送,8051 串行口采用 8 位或 9 位数据传送。这些数据位被接收到移位寄存器中,构成传送数据字符。在字符数据传送过程中,数据位从最低有效位开始发送,依次在接收设备中被转换为并行数据。

（3）奇偶校验位

数据位发送完之后,便可以发送奇偶校验位。奇偶校验用于有限差错检测,通信双方应约定一致的奇偶校验方式。如果选择偶校验,那么组成数据位和奇偶位的逻辑"1"的个数必须是偶数;如果选择奇校验,那么逻辑"1"的个数必须是奇数。

（4）停止位约定

在奇偶位或数据位(当无奇偶校验时)之后发送的就是停止位。停止位是一个字符数据的结束标志,可以是 1 位、1.5 位或 2 位的低电平。接收设备收到停止位之后,通信线路上便又恢复逻辑"1"状态,直至下一个字符数据的起始位到来。

（5）波特率设置

通信线上传送的所有位信号都保持一致的信号持续时间,每一位的宽度都由数据传送速率确定,而传送速率是以每秒多少个二进制位来度量的,这个速率称为波特率。如果数据以每秒 300 个二进制位在通信线上传送,那么这个传送速率为 300 B。

小　结

（1）数据传输速率有 3 种定义:比特率、波特率和数据传输速率。波特率是每秒传输的信号码元个数,又称传码速率(码速、码率)、信号速率、符号速率等。比特率是每秒传输二进制比特数目,单位为比特/秒。波特与比特是两个不同的概念,在数值上有一定联系。当数据信号为二元信号(二进制)时,二者在数值上相同。比特率为波特率的 $\log_2 M$ 倍。数据传输速率是单位时间内传送的数据量。

（2）数字信号和模拟信号都可用于数据通信,不同的网络使用不同类型的信号,并且模拟数据和数字数据都可以用模拟信号和数字信号来表示。

（3）信息是怎样被编码成适合传输的格式是通信无法回避的基本问题。介绍了几种最为流行的数据编码。

（4）数字信号通过模拟信道必须要调制,调制是实现频带传输的重要手段。着重介绍了 3 种最基本调制方式的工作原理、特点、性能和实现方法,以及解调方法和常用的模数转换方法。

（5）传输信道是数据通信重要组成部分之一,它的特性直接影响数据通信质量,是设计数据通信系统的依据之一。通过学习信道特性、标准和容量等内容,从而了解影响传输质量的因素。

（6）介绍了数据通信中的几个关键技术,包括数据压缩、同步技术等。

（7）数据通信系统的质量指标仍然是围绕传输的有效性和可靠性制定的。传输速率、频率利用率以及差错率反映了数据通信系统的有效性及可靠性指标。还有可靠度、适应性、使用维修性、经济性、标准性及通信建立时间也是衡量数据通信系统的质量指标。

习　　题

2.1　区分比特率和波特率。

2.2　区分数字信号和模拟信号。

2.3　用一通信系统来传送 16 个可能的信号之一,设把信号编成二进制码进行传输。

①写出第 13 个脉冲序列及第 7 个脉冲序列。

②设传输每个二进制码需要 1 μs,求此系统在 8 μs 内传送的信息,假设各信号的出现是等概率的。

③如果不加编码而直接发送各符号,传输各个符号需要 3 μs,求此时的波特率。

2.4　某传输汉字的数字传真机要求消息速度是 50 汉字/s,当采用二进制和十进制时,该数传机的波特率及比特率各为多少?

2.5　某传输汉字的传输系统,当消息速率 R_m = 200 汉字/s 时,

①求采用二进制传输时系统的比特率。

②当 P_{eb} = 10^{-2} 时,1 min 内的误比特数为多少?

③当错误的比特数分散在每个汉字中,求误字率。若错误的比特数集中在一个汉字中,误字率又为多少?

2.6　分别画出使用 NRZ、曼彻斯特编码和差分曼彻斯特编码技术时比特串 0010100010 所对应的数字信号。假设信号的第一位比特前面是高电平。

2.7　可打印字符和控制字符的区别是什么?

2.8　ASCII 码和 EBCDIC 码的区别是什么?

2.9　在博多码中,字符 0(零)和字符 P 的代码是一样的,为什么会这样呢?

2.10　区分 NRZ、曼彻斯特编码和差分曼彻斯特编码等数字编码。

2.11　使用 NRZ 编码实现 10 Mbit/s 的数据速率需要多大的波特率?使用曼彻斯特编码呢?

2.12　传输 1 200 bit/s 数据信号,设中心频率 f_0 = 2 000 Hz,调频指数 m = 1,求 FSK 信号的 f_1 和 f_2。

2.13　设发送数据信号为 011010,分别画出 2ASK、2FSK、2PSK、2DPSK 的波形示意图。

2.14　使用相当简单的技术,比如让振幅或频率在两个指定值之间变化,就能把数字信号换成模拟信号。那么使用像 QAM 这样的复杂方案又有什么好处呢?

2.15　假设有一种 QAM 技术有 m 种相移和 n 种振幅,它的每个波特有多少个比特?

2.16　使用 QAM 技术,相同的比特是否总对应相同的模拟信号?

2.17　说明数据压缩的作用、方法和特点。

2.18　解释哈夫曼编码、游程编码、相关编码和 Lempel-Ziv 编码。

2.19　举出游程编码的效果比哈夫曼编码好(差)的一个例子。

2.20　简述传输信道的逻辑意义和物理含义。

2.21　若希望以 4.8 Kbit/s 的速率在 2.7 kHz 带宽的模拟话音信道上传输数据,则要求传

输信噪比至少为多少?

2.22　设有一无噪声离散信道,其信道带宽为 3 kHz,若传输系统无码间干扰,而且系统传输电平数为 4,试求此时该信道的信道容量(以 bit/s 为单位表示)。

2.23　设带宽为 3 000 Hz 的模拟信道,只存在加性高斯白噪声,如信噪比为 30 dB,试求这一信道的信道容量。

2.24　假设传输不受噪声的干扰,那是否意味着使用目前的设备所能达到的最大数据通信容量没有极限?

2.25　假设一家公司要在分处一个大城市不同区域的几个站点之间建立通信。用微波来进行连接好吗?为什么?

2.26　为什么数据通信系统要采取同步措施?有几种同步形式?

2.27　如何在群同步中防止假同步和漏同步?

2.28　说明位同步的插入导频法如何插入位定时导频信号?

2.29　为什么同步提取电路中要采用锁相环电路。

2.30　简述信息的复用方式、作用和特点。

2.31　一个二进制数字传输系统,码元速率为 10 000 B,连续发送 1 h 后,接收端收到的误码为 10 个,求误码率。

第 **3** 章

调制解调和多路复用技术

内容提要:本章将详细介绍通信数据的调制与解调,基带传输,频带传输,PSK、FSK、ASK 等调制解调器以及多路复用技术的基本原理等。

通信系统的可靠性和传输效率是衡量系统的重要指标。本章将详细介绍如何保证信息的正确传递,而解决通信效率的一个重要方面是信道的利用。一般来说,传输设施是昂贵的,然而信道的容量往往总是远未充分利用。例如,对于一对电话线来说,它的通信频带一般在 100 kHz 以上,而每一路电话信号的频带一般限制在 4 kHz 以下。因此,信道的容量远大于一路电话的信息传送量。这就允许采取适当措施,使多个信息共用一个信道,这种共享技术称为信道复用技术,或多路复用技术。它可以充分利用高速线路的信道容量,大大降低系统的成本。

3.1 调制和解调

在计算机与打印机之间的近距离数据传输,在局域网和一些城域网中计算机间的数据传输等都是基带传输。基带传输实现简单,但传输距离受限。

频带传输是指数据信号在送入信道前,要对其进行调制,实现频率搬移,随后通过功率放大等环节后再送入信道传输的一种传输方式。例如,目前普通家庭用户,通过调制解调器与电话线连接上网就是频带传输方式。

基带数据传输系统的模型如图 3.1 所示,它是由发送滤波器、信道、接收滤波器、抽样判决器及两端的 DTE 组成的。

①发送滤波器的作用是把来自 DTE 的数据脉冲序列变换成适应于信道传输的基带信号,同时对信号的频带加以限制。发送滤波器有时也称为信道信号形成器。

②信道是信号的通路,具体可以是双绞线、光纤及其他广义信道。

③接收滤波器是用来接收通过信道传来的信号,同时限制带外噪声进入接收端。

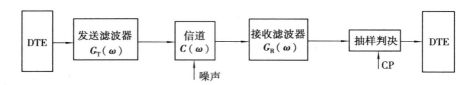

图 3.1 基带数据传输系统的模型

④抽样判决器的作用是把带有噪声的数据波形恢复成标准的数据基带信号。

理想基带传输系统的传输特性具有理想低通特性,其传输函数为:

$$H(\omega)=\begin{cases} 1 \text{ 或常数}, |\omega|\leqslant\dfrac{\omega_b}{2} \\ 0, |\omega|>\dfrac{\omega_b}{2} \end{cases} \tag{3.1}$$

(1)信号的远距离传输

在远程串行通信中,本应使用专用的通信电缆,但从成本角度考虑,通常使用电话线作为传输线。串行通信中,传输的数字信号(方波脉冲序列)要求通信媒介(如电缆、双绞线)必须有比方波本身频率更宽的频带,否则高频分量将被滤掉,使方波出现毛刺而变形。在短距离通信时(例如,同一房间中微机之间的通信),用连接电缆直接传送数字信号,问题还不十分严重,但在远距离通信时,通常是利用电话线传送信息,由于电话线频带很窄,为 30~3 000 Hz,如图 3.2所示。一般的数据信号并不能沿导线传输任意长的距离,因为信号功率在经过一段距离后会逐渐减弱。采用 EIA/TIA RS-232C 串行接口的连接方式在一间房间内工作得很好,但连接远方城市将导致电流减弱以至于接收器无法检测到电流,这种现象称为信号衰减。信号衰减是由导线的电阻引起的,在传输过程中,一部分信号功率转化成了热能。信号衰减对通信系统是一个严重的问题,因为这意味着像 RS-232C 那样的电压的简单变化不能用于远程通信。

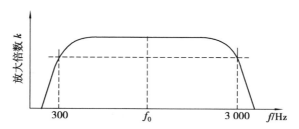

图 3.2 电话线的频带图

通信工作者很早就发现了长距离传输系统的一个有趣性质:一个正弦波信号能比其他信号传播得更远,这一性质形成了绝大多数长途通信系统的基础。将需要进行远距离传输的信号依附在一个正弦波信号上,比该信号直接在线路上传输的距离要远得多,这种正弦波信号称为载波,而将信号依附于载波进行远程通信的技术则称为载波通信技术。若用数字信号直接通信,经过传送线后,信号就会产生畸变,如图 3.3 所示。接收一方将因为数字信号逻辑电平模糊不清而无法鉴别,从而导致通信失败。

绝大多数的计算机通信,终端与计算机,以及计算机与磁盘间的数据传输都是使用数字信号,大多数的局域网也是建立在数字信号的基础之上。而很多人在家中用 PC 机上网则用模

图 3.3　数字信号通过电话线传送产生畸变

拟信号,该种解决方案是使用一种能够将 PC 机的数字信号转换成模拟信号的设备(调制解调器)。调制解调器安装在 PC 机和电话机之间如图 3.4 所示。PC 机向它的调制解调器端口发送一个数字信号,调制解调器截取该信号,并将它转换(调制)为一个模拟信号。接着,信号通过电话系统,并被当作普通的语音信号加以处理。在接收端,对送往 PC 的任何信号作相反的处理。模拟信号沿着电话线进入调制解调器。在那里,它被转换为数字信号,并经由调制解调器端口传给 PC 机。

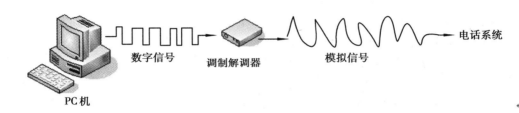

图 3.4　电话线传送的计算机数据

解决上述问题的办法是:利用调制手段,将数字方波信号变换成某种能在通信线上传输而不受影响的波形信号,正弦波正是最理想的选择。这不仅因为产生正弦波很方便,更重要的是正弦波不易受通信线(电话线)固有频率的影响。显然,最基本的调制信号应由其频率靠近图3.5 中频带中心的那些正弦波组成。

图 3.5　使用电话系统的拨号调制解调器示意图

调制解调器是一种计算机硬件,它能把计算机的数字信号翻译成可沿普通电话线传送的信号,而这些信号又可被线路另一端的另一个调制解调器接收,并译成计算机可识别的语言。这一简单过程完成了两台计算机间的通信。

(2)调制器和解调器

将信号依附于载波的技术称为调制,调制载波以进行传输的硬件设备称为调制器(Modulator);将信号由所依附的载波上分离出来的技术称为解调,而接收载波并重新获取信号的硬件设备称为解调器(Demodulator)。因此,远程数据传输要求在线路的一端有一个调制器,另一端有一个解调器。

实际上,绝大多数网络都允许按照全双工方式工作,为了支持这一全双工通信,每一站点需要一个调制器用于发送数据和一个解调器用于接收数据。为了降低成本以及更易于安装和操作,制造商将两个线路组合在单个设备中,并称其为调制解调器。

(3)拨号调制解调器

调制解调器是一个大家族,无论在模拟通信、数字通信以及光通信中都可以见到它们的身影,最常见的一个调制解调器应用是将 PC 计算机与拨号电话系统连接起来进行远距离通信,这种专用的调制解调器称为拨号调制解调器(Modem),被中国人亲切地称为"猫"。Modem 有多种形式,例如外置式的 Modem 和插入 PC 计算机总线插槽的 Modem,以及直接在计算机主板上固化的 Modem,但是,它们的工作原理都是一样的。图 3.5 是一个与普通电话线相连的外置式 Modem 的连接示意图。

拨号调制解调器在 3 个方面与上面讨论的调制解调器明显不同:

首先,除了发送数据所需的线路外,拨号调制解调器包含用以模拟一部电话的工作系统,调制解调器能仿真电话的摘机、拨号和挂断。

其次,因为电话系统用于传输声音,一个拨号调制解调器使用一个处于可听见范围内的频率作为载波。这样,拨号调制解调器必须包括能通过电话线接收和发送声音的设备(除发送和接收载波外,拨号调制解调器还能检测拨号音)。

第三,虽然一对 Modem 通过单个音频信道发送全部数据,它们还是能提供全双工通信的。也就是说,单一的电话连接通常允许数据双向流动。实际上,调制解调器必须使用不同的载波频率(全双工 Modem)或彼此协调以避免两端的调制解调器同时发送(半双工 Modem)。

总而言之,一对调制解调器是远程通信所必需的,每个调制解调器包含独立的系统,以发送和接收数字数据。发送数据时,调制解调器发出连续载波,并使用待发送数据调制载波。接收数据时,调制解调器检测到达的载波中的调制,并据此恢复数据。

3.1.1 调制

数据信号除可以进行基带传输外,还可以进行频带传输。

目前大量的信道是传输语音为主的模拟信道,不能直接传输基带数据信号,必须对信号加以变换(调制)才能传输,即要采用频带传输(收端采用相反的过程)。

频带传输系统的组成如图 3.6 所示,它主要由调制器、解调器、信道、滤波器和抽样判决器组成。

图 3.6 频带数据传输系统

在频带系统中,调制器、解调器是核心,调制解调技术也是通信学科中的关键技术和重要内容。在频带系统中,还有功率放大器、混频器、馈线系统、天线等部分,但这些部分从原理角度看,对信号不会产生本质变化,故不列于频带系统之中。

数据信号的调制是指利用数据信号来控制一定形式高频载波的参数,以实现其频率搬移的过程。

高频载波的参数有幅度、频率和相位,因此,就形成了频移键控(FSK)、幅移键控(ASK)和相移键控(PSK)3 种基本数字调制方式。

3.1.2　频移键控(FSK)

(1)频移键控(FSK)定义

频移键控(FSK,Frequency Shift Keying)是利用数字信号控制一定形式高频载波的频率参数,以实现调制的一种方法。它也称为频率调制(FM,Frequency Mod-ulation),它给数字"0"和"1"分别分配一个模拟信号频率。比如,假设"0"对应一个较高的频率,而"1"对应一个较低的频率,那么比特串 01001 所对应的模拟信号如图 3.7 所示。调制解调器在一个指定的时间周期内传输一个适当频率的信号。时间周期的长短不尽相同,信号循环的次数也各异。

若调制信号是二进制信号,则称为二进制频移键控(2FSK)。

若是 M 进制信号,则称为 M 进制频移键控(MFSK)。

频移键控与模拟调制的调频(FM)相对应,当 MFSK 的进制数 M→∞ 时,MFSK→FM。

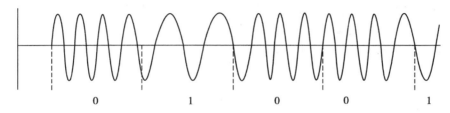

0　　　1　　　0　　　0　　　1

图 3.7　频移键控(两种频率),每波特一比特

只使用两个频率意味着信号频率每变化一次,就发送一个比特位的数据。这是波特率和比特率相等的一个特例。频率调制也可以使用更多的频率。比如,因为两个比特位就有四个可能的组合,所以可以为这四个组合分别分配一个频率。这样,每个频率变换将传送两个比特位的数据;也就是说,比特率将是波特率的两倍。

一般而言,n 个比特位可以有 2^n 个组合,每一个组合可以对应 2^n 个频率中的一个。这样比特率就是波特率的 n 倍。

(2)实现逻辑

2FSK 信号的实现逻辑如图 3.8 所示。原理同 2ASK 信号一样,数据信号控制开关 S。对"1"信号,S 接在载波 f_{c1} 端,让频率为 f_{c1} 的载波通过;对"0"信号,S 接在载波 f_{c0} 上,让其通过。这样,"1"和"0"信号用两个不同频率的载波来表征。

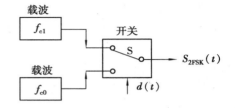

图 3.8　2FSK 信号的实现逻辑

(3)2FSK 信号的波形

2FSK 信号波形的特点是幅度恒定不变,在每一个码元周期内只有频率的变化,如图 3.9 所示。

(4)谱特性

2FSK 信号的时域表达式也有两种表示方法:

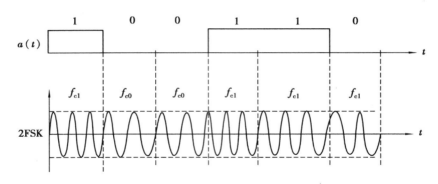

图 3.9　2FSK 波形

$$S_{2FSK}(t) = \begin{cases} A\cos\omega_{c1}t, & \text{"1"信号} \\ A\cos\omega_{c0}t, & \text{"0"信号} \end{cases} \tag{3.2}$$

$$= \left[\sum_n a_n g(t-nT_b)\right]\cos\omega_{c1}t + \left[\sum_n \overline{a_n} g(t-nT_b)\right]\cos\omega_{c0}t \tag{3.3}$$

式中，$g(t)$ 为宽度为 T_b 的矩形脉冲，$\overline{a_n}$ 表示 a_n 的非，(即 a_n 为 1 和 0 时，$\overline{a_n}$ 为 0 和 1)。为了方便，表达式中认为高频载波的起始相位为零。

2FSK 信号的功率密度如图 3.10 所示，其中 2FSK 信号系统频带利用率比较低。

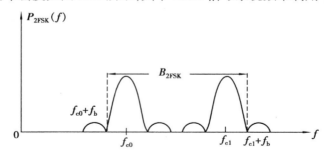

图 3.10　离散 2FSK 信号的功率谱密度

（5）信号的产生（调制）

2FSK 信号的产生（调制）有两种方法：一种是用模拟调制的方法，它是直接把数据信号 $d(t)$ 加到调频器上而产生 2FSK 信号。这种方法对 $d(t)$ 的要求是只要不归零，单、双极性信号都可以。另一种方法是键控法（也称为频率选择法），它是用数据信号来控制两个门电路，这两个门电路始终是一个打开时另一个关闭，都是高电平有效。因此，在"1"信号时，载频 f_{c1} 通过，在"0"信号时载频 f_{c0} 通过。键控法产生的一般是离散的 2FSK 信号。

产生 2FSK 信号的两种方法如图 3.11 所示。

（6）FSK 在应答式 Modem 的发送器

通常，低速 Modem 均采用 FSK 调制技术，即采用两种不同的音频信号来调制数字信号"0"和"1"。调制频率的分配为：

1 070 Hz 发送空号（逻辑 0）

1 270 Hz 发送传号（逻辑 1）

两个调制信号分别由两个振荡器产生，被调制数字信号由 RS-232C 总线送来。调制后的

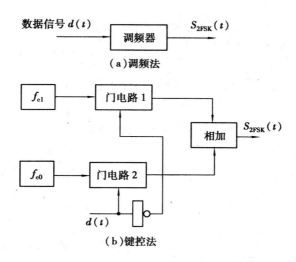

图 3.11　2FSK 信号的产生方法

模拟信号由运算放大器组合后沿着公用电话线发送出去,如图 3.12 所示。由图可见,当 RS-232C 的 TXD 线为-12 V(逻辑 1)时,电子开关 1 开启(电子开关 2 断开),故一串 1 270 Hz 脉冲便可经运算放大器 OA 后输出传号脉中(逻辑 1);当 RS-232C 的 TXD 线为 + 12 V(逻辑 0)时,电子开关 2 开启(电子开关 1 断开),振荡源 2 的一串空号脉冲(1 070 Hz)经过电子开关 2 被传送到 OA 输出端。

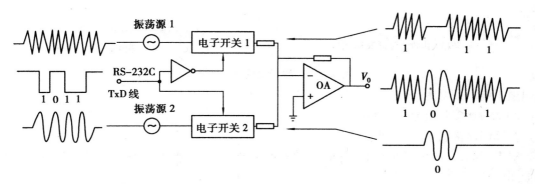

图 3.12　Modem 发送器的调制示意图

(7)信号的接收(解调)

2FSK 信号的解调方法比较多,有相干接收法、非相干接收法(包络检波法)、过零检测法和差分检波法等。下面简要介绍这些方法。

1)相干接收法

相干接收法的原理如图 3.13 所示,图中两个 BPF 起分路作用,其中心频率分别是 f_{c1} 和 f_{c0},其作用分别是让 $\cos \omega_{c1}t$ 和 $\cos \omega_{c0}t$ 形式的信号通过。工作过程可用各点表达式描述如下:

2)非相干接收法

非相干接收法的原理如图 3.14 所示。

3)FSK 在应答式 Modem 的接收器

始发端的应答式 Modem 在次通道上接收对方发来的模拟信号,该模拟信号的两种频率和

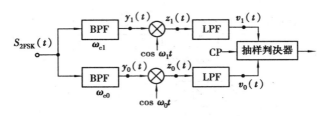

图 3.13　2FSK 相干接收法原理

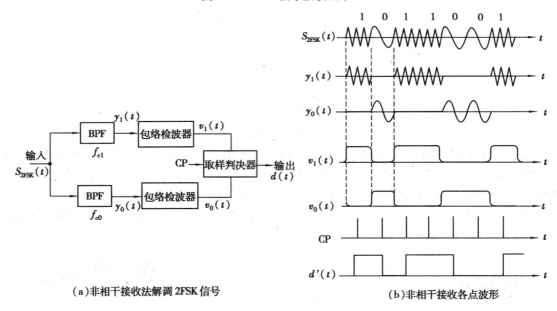

（a）非相干接收法解调 2FSK 信号　　　　　　　　　（b）非相干接收各点波形

图 3.14　非相干接收原理和波形

主通道不同。通常为：

2 025 Hz 接收空号（逻辑 0）

2 225 Hz 接收传号（逻辑 1）

对方 Modem 发来的由上述频率调制的模拟信号是由公用电话传输到接收器的,接收器电路如图 3.15 所示。

由图 3.15 可见,接收器解调电路由上下两个通道组成。上通道用于检测频率为 2 225 Hz 的传号脉冲,下通道用于检测频率为 2 025 Hz 的空号脉冲。两个通道内各有一个带通滤波器和带阻滤波器。2 225 Hz 的带阻滤波器对 2 225 Hz 为中心的频率呈现高阻抗,用于滤去 2 025 Hz 为中心的空号脉冲;2 225 Hz 的带通滤波器和带阻滤波器正好相反,它对 2 025 Hz 为中心的空号脉冲呈现高阻而让 2 225 Hz 的传号脉冲通过。同理,下通道让 2 025 Hz 的空号脉冲通过,2 225 Hz 的传号脉冲被滤掉。上下通道经检波器（两个检波器输出是互补的,即上通道检波输出为高电平,下通道检波输出必为低电平;反之亦然）检波后,在运算放大器中。组合成 RS-232C 电平信号（即+12 V 表示"0",-12 V 表示"1"）。至此,Modem 的接收宣告结束。

4）过零检测法

在码元周期内通过检测信号过零点的次数,就可衡量出频率的高低,从而恢复出"1"和"0"信息,这就是过零检测法的基本思想。它的实现原理及各点波形如图 3.16 所示。

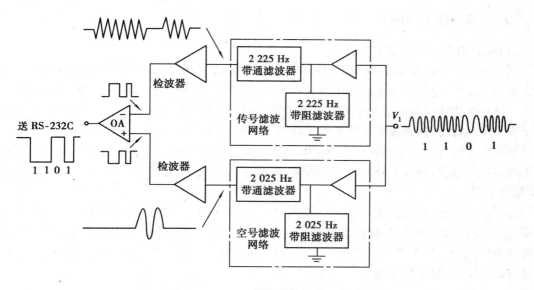

图 3.15　Modem 接收器的调节示意图

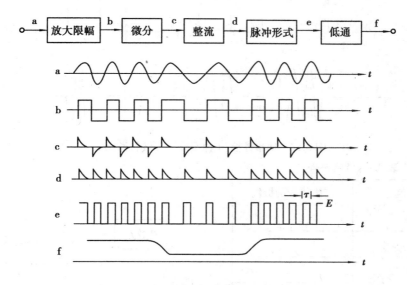

图 3.16　过零检测的实现框图及各点波形

5) 差分检波法

差分检波法原理如图 3.17 所示。输入信号经带通滤波器滤除带外噪声和无用信号分量后，被分成两路：一路直接进入乘法器，另一路经时延 τ 送到乘法器，相乘后再经 LPF 来提取信号。其解调原理说明如下：

2FSK 是一种广泛应用的方式，CCITT 推荐数据率低于 1 200 bit/s 时使用 2FSK 方式。2FSK 信号抗衰落性能比较好。

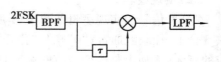

图 3.17　差分检波法原理

71

3.1.3 幅移键控(ASK)

(1)幅移键控(ASK)定义

幅移键控(ASK,Amplitude Shift Keying),也称为幅度调制(AM,Amplitude Modulation)。它又称幅度键控,是利用数字信号来控制一定形式高频载波的幅度参数,以实现其调制的一种方式。每一个比特组对应于一个给定大小的模拟信号。与FSK一样,每一个比特组可以包含一个或多个比特位,这将决定比特率和波特率之间的关系。

如果数字信号是二进制信号,则称为二进制幅移键控(2ASK);如果是多进制(M进制),则称为多进制幅移键控(MASK)。若进制数M趋于无穷大,则此时MASK数字信号就变成了AM模拟信号。

为了说明问题,假设设定4个大小级别:A_1、A_2、A_3和A_4。这些大小级别和两个比特位的对应关系见表3.1。图3.18给出了比特串00110100010所对应的模拟信号。在这里,比特率是波特率的两倍。两个比特位的每一个组合(从左向右)对应一个适当大小的信号。与FSK一样,每个信号的持续周期是固定不变的。

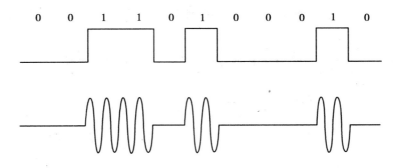

图3.18 幅移键控(4种振幅),每波特两比特

表3.1 调幅信号

比特值	产生信号的振幅
00	A_1
01	A_2
02	A_3
03	A_4

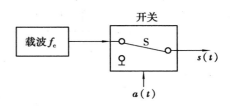

图3.19 2ASK信号的实现逻辑

(2)实现逻辑

2ASK信号的实现逻辑如图3.19所示。数据信号$d(t)$控制开关的通断。"1"信号时,开关S合上,让载波通过;"0"信号时,开关S断开,载波不能通过。这种通过开关的通断达到载波的有无(实质上是改变载波的幅度)所形成的信号也称为OOK(On-off Keying)信号。

(3)2ASK信号的波形

由定义和实现逻辑都可非常容易地画出2ASK信号的波形,如图3.20所示。

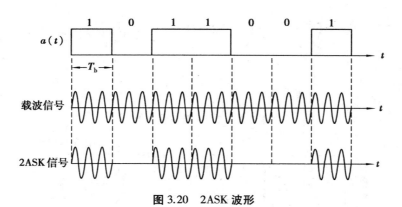

图 3.20　2ASK 波形

（4）谱密度

谱密度为：

$$P_{2ASK} = \frac{1}{4}\left[P_d(\omega + \omega_c) + P_d(\omega - \omega_c) \right] \tag{3.4}$$

二进制幅移键控信号功率谱密度如图 3.21 所示。从图中可以求出信号的频带宽度，数字信号的带宽度通常定义为谱幅度从最大值下降到第一个点处的宽度。因此，2ASK 的频带宽度为：

$$B_{2ASK} = 2f_b$$

式中，$f_b = \dfrac{1}{T_b}$ 是二进制数字信号的码元速率。

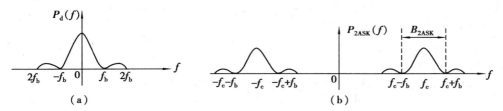

图 3.21　2ASK 信号的功率谱

由于系统的码元速率 $R_B = f_b = \dfrac{1}{T_b}$，因此，2ASK 系统的频带利用率为：

$$\eta_{2ASK} = \frac{R_B}{B} = \frac{f_b}{2f_b} = \frac{1}{2} \tag{3.5}$$

（5）信号的产生（调制）

2ASK 信号的产生（调制）有两种方法：一种是把数字信号看成是一种特殊的模拟信号，用模拟的方法实现；另一种用键控的方法实现。这两种方法的原理如图 3.22 所示。图中 BPF 是带通滤波器，其作用是让信号顺利通过，同时抑制谐波；方框 f_c 表示频率为 f_c 的载波源。

用模拟法产生 2ASK 信号时，必须注意数据信号一定要是单极性不归零形式的信号，否则不能产生出 2ASK 信号。

（6）产生 2ASK 信号的具体电路

图 3.23 为产生 2ASK 信号的电路，当基带脉冲为低电平时，调幅信号输出为零电平；当基带脉冲为高电平时，调幅信号输出为正弦波。

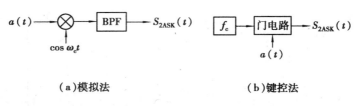

（a）模拟法　　　　　　　　　（b）键控法

图 3.22　2ASK 信号的产生

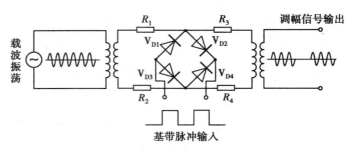

图 3.23　桥式调制器产生 2ASK 信号

（7）信号的接收（解调）

2ASK 信号的接收有两种方法：相干接收法和非相干接收法。其原理如图 3.24 所示，图中，LED 为线性包络检波器，输出的波形是输入高频信号的包络；BPF 常用匹配滤波器代替；LPF 为低通滤波器。

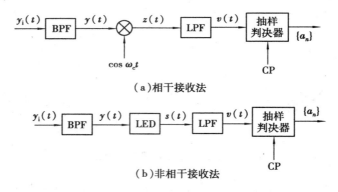

（a）相干接收法

（b）非相干接收法

图 3.24　2ASK 信号接收原理

（8）非相干接收法

包络检波法 $f \to \infty$ 和相干解调法是数字调制系统中通用的两种接收方法，（工作原理可以用各点波形加以描述），如图 3.25 所示。

由于 2ASK 信号是用幅度携带数字信号"1"和"0"的，振幅调制一般不容易抗衰落，传输距离受限制。2ASK 常用于数据传输速率较低的场合。

3.1.4　相移键控（PSK）

（1）相移键控（PSK）定义

相移键控（PSK，Phase Shift Keying）是利用数字信号来控制一定形式高频载波的相位参数，以实现其调制的一种方式。

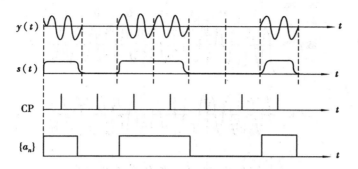

图 3.25　包络验波法各点波形

相位有绝对相位和相对相位之分,因此,相移键控也有绝对相移键控(记为 PSK)和相对相移键控(记为 DPSK)之分。

PSK 的相位变化是以未调载波的相位为参考基准的,它是利用载波相位的绝对值来表示数据信息的。规定已调载波的相位与未调载波(参考载波)相位相同表示"1"信号,不同表示"0"信号。当载波频率与码元速率之比为整数倍时,实质上就是用载波的初始相位表示数字信息,即

$$\varphi = \begin{cases} 0,\text{表示"1"信号} \\ \pi,\text{表示"0"信号} \end{cases} \tag{3.6}$$

相移键控,也称为相位调制(PM,Phase Modulation),也是和前面类似的一种技术。信号的差异在于相移,而不是频率或振幅。通常,一个信号的相移是相对于前一个信号而言的。因此,它也经常被称为差分相移键控(DPSK)。如前所述,n 个比特位的每一个组合可以对应于 2^n 个相移中的一个,从而使比特率 n 倍于波特率。

DPSK 是用载波的相对相位变化表示数字信息的。相对相位是指当前码元载波的初相与前一码之载波的初相(或者末相)之差 $\Delta\varphi$,当载频与码速之比 $f_c/f_b = n$(整数)时,初相与本相一致。通常规定:

$$\Delta\varphi = \varphi_i - \varphi_{i-1} = \begin{cases} 0,\text{表示"1"信号} \\ \pi,\text{表示"0"信号} \end{cases} \tag{3.7}$$

(2)2PSK 与 2DPSK 信号的波形

图 3.26 画出了 2PSK、2DPSK 信号的波形图,图中假定 $f_c/f_b = 2$。由图可以看出,2PSK 信号和 2DPSK 信号的幅度都保持恒定,用相位代表数据信息。2DPSK 信号由于与前一码元载波的相位有关,因此画出了两种形式:

①"1"变"0"不变:即"1"信号时,载波波形与前一波形相反(变化);"0"信号时,不变化(相同)。

②"0"变"1"不变。

(3)谱特性

2PSK 信号的时域数学表达式为:

$$S_{2PSK}(t) = \begin{cases} A\cos\omega_{c1}t,\text{"1"信号} \\ -A\cos\omega_{c0}t,\text{"0"信号} \end{cases} \tag{3.8}$$

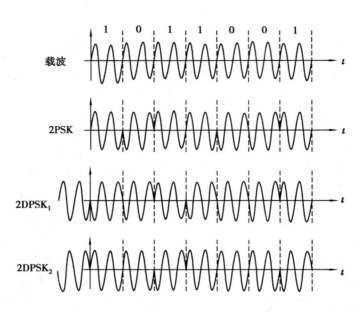

图 3.26 相移键控信号波形

也可以表达为：

$$S_{2PSK}(t) = \sum_n a_n g(t - nT_b) \cos \omega_c t$$

式中，$\sum_n a_n g(t - nT_b)$ 必须是双极不归零信号。

（4）2PSK 信号产生（调制）

2PSK 信号的产生有直接调相法和相位选择法（键控法）。直接调相法的原理如图 3.26 所示，要求信号 $d(t)$ 必须是双极性不归零信号。2PSK 信号（调制）相位选择法方框图如图 3.27 所示。

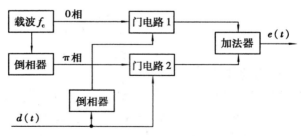

图 3.27 相位选择法方框图

（5）2PSK 信号的接收（解调）

PSK 信号是通过相位来携带信息的，故要用相干接收法解调（也称为极性比较法），其原理如图 3.28 所示。图中本地载波 $\cos \omega_c t$ 必须与发端载波同频同相，否则有误差或者出现反相工作情况。反相工作是指本地载波的相位由"0"相位变成"π"相位或"π"相位变成"0"相位，使恢复的数字信息就会发生"0"变"1"或者"1"变"0"的现象。

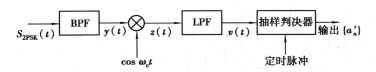

图 3.28　2PSK 信号的接收法原理

3.1.5　正交调幅

所有这些简单的技术可以胜任任何数量的信号模式。信号模式的数目越多,意味着比特率相对于波特率的倍数越大。问题是要提高比特率就必须增加信号的个数,从而也将减小信号间的差别。这将带来一个难题,因为必须拥有能够将各种频率、幅度或相移中相差极小的信号区分开来的设备。另外,噪声可能使信号发生畸变,从而导致两信号间的差别无法测量。

一种普遍的解决方案是结合使用频率、振幅和相移,这样不但可以增加合法信号的数目,也能让信号之间保持较大的差异。一种常用的技术称为正交调幅(QAM,Quadrature Amplitude Modulation),它为每个比特组合分配一个给定振幅和相移的信号。

例如,假设使用 2 种不同的振幅和 4 种不同的相移,把它们结合起来将允许定义 8 种不同的信号。表 3.2 显示了 3 位比特值和信号之间的对应关系,把振幅定义为 A_1 和 A_2,把相移定义为 0、$\frac{1}{4f}$、$\frac{2}{4f}$ 和 $\frac{3}{4f}$,这里的 f 代表频率。相移分别对应于 0、$\frac{1}{4}$、$\frac{2}{4}$、$\frac{3}{4}$ 个周期。

传输比特串 001—010—100—011—101—000—011—110 时的信号变化如图 3.29 所示(连字符不是传输的内容)。最前面的 3 个比特位 001,对应于一个振幅为 A_2,相移为“0”的信号。因此,如前所述,该信号从“0”比特开始在 $A_2 \sim -A_2$ 之间来回振荡。同样,其循环的次数取决于频率和信号传输的时间长度。为了简便起见,只画了一次循环。

表 3.2　正交调幅信号

比特值	产生信号的振幅	产生信号的相移
000	A_1	0
001	A_2	0
010	A_1	$\frac{1}{4f}$
011	A_2	$\frac{1}{4f}$
100	A_1	$\frac{2}{4f}$
101	A_2	$\frac{2}{4f}$
110	A_1	$\frac{3}{4f}$
111	A_2	$\frac{3}{4f}$

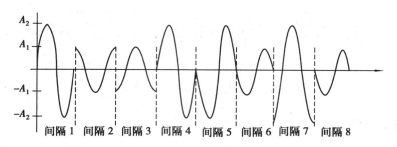

图 3.29 正交调幅

接下来的三个比特 010,对应于一个振幅为 A_1 相移为 $\frac{1}{4f}$ 的信号。因此,如图 3.29 所示,该信号在 $A_1 \sim -A_1$ 之间来回振荡。现在,如果没有相移的话,信号将从"0"开始逐步增大到 A_1。一个正的相移相当于曲线图上一个向左的水平移动。为了更好地理解问题,图 3.30 分别给出了一个没有相移的曲线(图 3.30(a))和一个相移为 $\frac{1}{4f}$ 的曲线(图 3.30(b))。

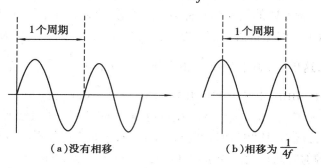

(a)没有相移   (b)相移为 $\frac{1}{4f}$

图 3.30 相移对信号的影响

为了理解图 3.30(b)中的曲线图,有一个公式:$T = \frac{1}{f}$,这里的 T 表示周期。换句话说,$\frac{1}{4f}$ 就相当于 $\frac{1}{4}$ 个周期,而图 3.30(b)中的曲线就是图 3.30(a)中的曲线向左移动 $\frac{1}{4}$ 周期。所以,它可以看成是从最大值开始,逐渐减小直到其最小值,然后再向其最大值攀升。实际上,可以把它的第 1 个 $\frac{1}{4}$ 周期(也就是它从"0"到最大值的那一部分)当作是被剪掉了,于是结果就成了在图 3.29 中第 2 个时段看到的那样。

第 3 个三比特位的组合 100,对应一个振幅 A_1 相移 $\frac{2}{4f}$ 的信号。在说明其效果之前,先检查一下第 2 个时段末的信号。它正位于其最大值 A_1。如果没有相移的话,信号将继续从 A_1 开始向 $-A_1$ 递减。但 $\frac{2}{4f}$ 的相移意味着必须剪掉半个周期。由于前面的信号终止于最大值,所以这半个周期就相当于从 $A_1 \sim -A_1$ 的那部分信号。因此,第 3 个时段的信号从其最小值开始。

现在,对如何由一个 3 比特位的组合产生一个信号作一个综述。由一个 3 比特位的组合产生的信号取决于前一个信号终止的位置。其相移是相对于前一个信号的终止位置而言的。

表 3.3 给出了作为相移和前一个信号位置函数的当前信号。注意第 1 列中的最小值或最大值都是对前一个信号而言,而第 2 到第 5 列中的最大值和最小值则是对当前的信号而言的。

接下来应用表 3.3 来说明图 3.29 中第 4 个时段的信号。前一个信号(时段 3)终止于其最小值,而且比特串 011 对应一个振幅 A_2、相移 $\frac{1}{4f}$ 的信号。因此,根据表中第 3 列的最后一行,它将从“0”开始向其最大值 A_2 递增,正如图 3.29 所显示的那样。

注意一个 3 比特位的值所产生的信号并不总是一样的。比如时段 4 和时段 7 都对应于 011,但它们的信号却不相同。当然,它们的振幅是一致的,但相移是相对于前一个信号的终止位置而言的。因此,尽管两者的相移都是 $\frac{1}{4f}$,它们开始的位置却不同。另外,还应注意到不同时段上的相同信号可能对应着不同的比特值。比如,时段 6 和时段 8 的信号相同,但比特值却不同。

表 3.3　正交调幅信号定义的规则

前一信号的位置	没有相移	$\frac{1}{4}$个周期相移	$\frac{2}{4}$个周期相移	$\frac{3}{4}$个周期相移
0,增大	从“0”开始增大	从最大值开始	从“0”开始减小	从最小值开始
最大值	从最大值开始	从“0”开始减小	从最小值开始	从“0”开始增大
0,减小	从“0”开始减小	从最小值开始	从“0”开始增大	从最大值开始
最小值	从最小值开始	从“0”开始增大	从最大值开始	从“0”开始减小

要提高比特率,可以增加每个波特的比特数,定义更多的信号模式。然而,使用的信号模式越多,它们之间的差异就越小,一点小小的噪声就能使信号相互混淆。如果发生这种情况,负责接收的调制解调器将对信号作出错误解释,并发送错误的比特数据。

处理错误的传输可以采用一种称为格架编码调制(TCM)的方法,它包含校正机制。格架编码调制向一个比特组合中添加比特位,使得只有某些特定的比特组合才是正确的。扩展后的比特组合使用一种类似 QAM 的调制技术定义一个相应的信号。信号的定义原则是:如果信号由于噪声干扰而相互混淆,那么畸变的信号将对应一个非法的比特序列。这样,接收方就能知道它所收到的信号是错误的。这里不详细地介绍 TCM 技术,但后续还将具体地讨论错误检测和校正方法。还有一个值得注意的问题是某些高比特率的调制解调器并不支持 TCM 技术。

3.1.6　模数转换

模数转换也称为解调,是从载波频段变换到基带。有一些模拟到数字的转换只不过是把刚才所讨论的处理过程反过来而已。调制解调器检查进来的信号的振幅、频率和相移,并产生相应的数字信号。大致有两种通用的方法:①直接检出包含在已调波中的相对变化成分;②把已调波与未调波进行比较后检出其差分成分。前者不需要与已调波的高频相位相对应的基准,这种方法称为非同步检波(非相干解调),如 FSK 信号采用的鉴频器检波,ASK 信号采用的包络线检波等;后者为了实现未调制状态,需要有相位已知的基准载波,这种解调方法也称为同步检波(相干解调)。如 PSK 信号的鉴相器检波等。

(1)三种信号的解调

1)FSK 信号解调

FSK 信号的解调一般采用非相干解调,即接收端不需要载波信号。原理是进行频-幅变换,将频率变换成相应电压的幅度,频率高对应输出的电压幅度大,频率低对应输出电压的幅度小,在一定范围内频率与电压为线性关系,其具体实现有鉴频法和过零点法。鉴频法是利用谐振的原理,分别设两个谐振回路对 f_1 和 f_2 频率谐振,再用幅度检波器恢复出基带数据信号;过零点法的原理是将过零点的疏密变换成数字"1"、"0"信号。

2)ASK 信号解调

可采用非相干和相干两种解调方法。若 ASK 信号含有载频项,采用非相干解调,否则采用相干解调。

3)PSK 信号解调

PSK 信号的频谱中不含载频项,所以解调时必须插入载频项。PSK 信号的解调使用调相器,即采用比相的方法。接收端的载波必须与发送端同频同相,这样的载波称为相干载波。相干载波的提取和恢复将在后面的同步技术中介绍。

(2)数字化模拟信号的方法

这里简要介绍数字化模拟信号的两种方法:

1)脉冲幅度调制

数字化模拟信号的方法之一是采用脉冲幅度调制(PAM,Pulse Amplitude Modulation)。其处理过程相当简单,按一定的时间间隔对模拟信号进行采样,接着产生一个振幅等于采样信号的脉冲。图 3.31 显示了定期采样的结果。

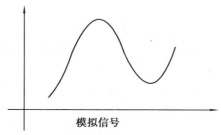 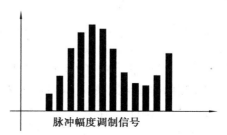

模拟信号   脉冲幅度调制信号

图 3.31 脉冲幅度调制

2)脉码调制

由 PAM 产生的信号看起来似乎是数字式的,但由于脉冲的振幅和采样信号一样,所以其取值是随意的。使脉冲真正数字化的一种方法是为采样信号分配一个预先确定的振幅,这种处理方法称为脉码调制(PCM,Pulse Code Modulation)。例如,假设将整个振幅范围划分成 2^n 个振幅,并让每一个振幅对应一个 n 比特的二进制数。图 3.32(a)给出了划分成 8 个值时的结果($n=3$)。

与前面一样,定期地对模拟信号进行采样,不过这一次从 2^n 个振幅中挑出最接近采样振幅的那一个,然后用它所对应的比特序列对这个脉冲进行编码。这样比特序列就能像其他的数字化通信一样被加以传输。若采样的频率为每秒 s 次,则比特速率将达到 $n×s$。图 3.32(b)显示了这一过程。第一个采样对应 001,第二个对应 010,依此类推。

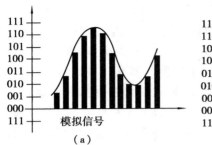

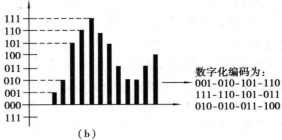

数字化编码为：
001-010-101-110
111-110-101-011
010-010-011-100

（a） （b）

图 3.32 脉码调制

接收端将比特串按每 n 个比特一组划分开来，并重建模拟信号。重建的精确度取决于两个因素，其一是采样的频率 s。采样频率小于信号频率将导致某些振荡完全丢失，如图 3.33 所示。因此，重建的信号可能会跟原始的信号相差很远，必须保持足够高的采样频率，以保留原始信号的所有特征。这样看来，似乎采样频率越高，效果越好。这一结论是对的，但仅限于某个范围之内。奈奎斯特定理指出，只要以两倍于信号频率的速度进行采样，就足以保留信号

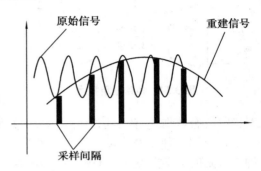

图 3.33 采样频率太低

的所有信息，现在可以充分地应用奈奎斯特定理。如果原始信号的最大频率为 f，无论 $s>2f$，还是 $s=2f$，其效果都是一样的。

第二个影响精确度的要素是可以选择的振幅的个数。图 3.33 给出的是只有简单的 8 个振幅时的效果。若采样信号和脉冲之间的幅度相对差距较大，重建的信号将出现畸变现象。减少相邻的脉冲振幅之间的差距，将有助于降低畸变程度。

还有另一个需要注意的问题：采样频率越快，脉冲振幅越多，传输的质量也就越高，但价格也更贵。因为它们都将增加每秒的比特流量，于是，比特速率也必须相应地提高，费用也随之上涨。还有其他的调制技术，这里就不一一介绍。比如，脉冲宽度调制是通过产生振幅相等而宽度变化的脉冲来对信息进行编码；差分脉冲编码调制测量连续采样之间的差分；增量调制是差分脉冲编码调制的一种变形，它的每个采样只用一个比特位。若想获得调制技术的更多信息，请参阅相关文献。

3.2 多路复用技术

从电信角度看，多路复用技术就是许多信号共用一个传输媒质的技术。在多路复用系统中，能把两个或多个信号组合起来，使它们通过一个物理电缆或无线信道发送。这些源信号可以是音频、电报、数据或其他形式的信号，它们在一个适当宽频带的信道上传送。简单地说，多路复用的作用是把单个传输信道划分为多个子信道。

从计算机的角度看，多路复用也用于其他数据处理系统的连接。例如，在计算机中的多路

通道,就是在同一个时间内能控制若干个外部设备进行操作。连接到多路通道的打印机、卡片机等输入输出设备的数据信息位,像沿着一个信道那样混合地发送或接收。所以,"多路复用"可以意味着使用一个装置同时地处理若干个单独的又相类似的操作;也可以用于一个计算机与多个终端或多个操作员之间的实时通信处理。多路复用器是一种设备,它同时在几个通信线路上接收、发送和控制收发过程,即复接多个数据流。实际使用时,在传输线路的两端对称地设置多路复用器,能相互同时发送和接收数据。发送数据需要复接多路数据流,而接收数据就要将复合的数据流分解成相互独立的数据流。因此,每个多路复用器都应具有复接和分解数据流的功能,以适应双向双工的传输。

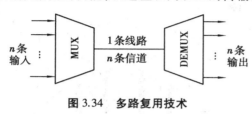

图 3.34 多路复用技术

图 3.34 表明一般的多路复用功能,包括复合、传输、分离 3 个过程。对于一个多路复用器(Multiplexer),有 n 个输入。多路复用器经单个传输媒质连到一个多路分配器(Demultiplexer)上。多路复用器组合(复合)来自 n 个输入线的数据,并经容量较高的传输媒质发送。多路分配器接收复合数据流,依照信道分离(分配)数据,并将它们送到对应的输出线上。

本章介绍 5 种类型的多路复用技术。第一种类型是频分多路复用(FDM),应用很广。第二种类型是时分多路复用(TDM)的一种,常称同步 TDM;这种技术常用于多路混合数字化话音流。第三种类型,通过增加多路复用器的复杂性,来寻求对同步 TDM 效率的改进,称作统计 TDM、异步 TDM 或智能 TDM,本书称为统计 TDM。第四种类型是码分复用(CDM)。第五种类型是空分复用技术。

3.2.1 频分多路复用

(1)概念

在媒质的可用带宽超过要传输信号所要求的总带宽时,频分多路复用才是可行的。如果每一信号调制到不同的载频,而且载频分得足够开,以使信号的带宽不会交错,则可以同时传送多个信号。

FDM 的一般概念示于图 3.35(a)。六个信号输进一个多路复用器,它将每一信号调制到不同的频率($f_1, f_2, \cdots, f_6$),每一调制的信号需要一定带宽(其中心是信号的载频),分别对应于某个信道,为了避免互相干扰,信道之间被保护带隔开,保护带是频谱中的未使用部分。

在 FDM 公共媒质上传输的复合信号是模拟的,然而,输入的信号可以是数字或模拟的。

FDM 的一般描述示于图 3.36。多个模拟或数字信号 $m_i(t)$($i=1,2,\cdots,N$),要混合进入同一传输媒质。每个信号 $m_i(t)$ 调制到一载频 f_i 上。由于使用了多个载频,每一个称为一个分载频。可以使用任何类型的调制,产生的模拟信号再被综合,以产生一个复合信号 $m_c(t)$,$m_c(t)$ 还可以进一步调制而迁移到其他频段。图 3.36(b)显示了复合信号的频谱。信号 $m_i(t)$ 的频谱迁移到中心频率为 f_i 的地方,必须选择 f_i 使得多个信号的频带不交错,否则,接收端就不能恢复原来的信号。复合信号具有总带宽 B,这里 $B > \sum_{i=1}^{N} B_i$。这一模拟信号经过满足这一带宽的媒质传输。在接收端,复合信号经过 n 个带通滤波器,每个滤波器中心频率为 f_i 且具有带宽 B_i。这样,信号被分解,分别解调以恢复其原来的信号。

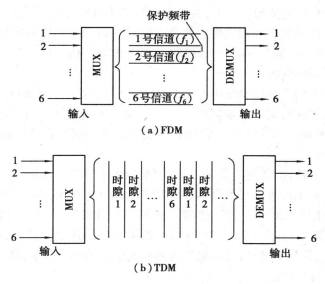

（a）FDM

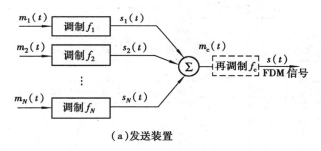

（b）TDM

图 3.35　FDM 和 TDM 示例

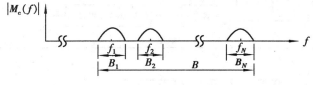

（a）发送装置

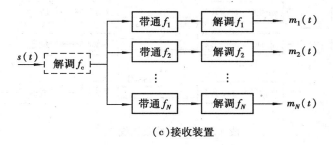

（b）复合信号的频谱（正频率部分）

（c）接收装置

图 3.36　FDM 系统原理

（2）载波系统

电话信号的频分多路复用——载波（Carrier）通信系统是 FDM 技术的典型例子。电话信号的频谱能量大部分集中在 4 kHz 以下,主要为 0.3~3.4 kHz。因此,把一路电话信号的频谱限制在 0.3~3.4 kHz,仍然能得到相当满意的话音质量。而一般的传输媒质(如双绞线、电缆、微波等)的频带远比 4 kHz 宽。所以,一条线路只用来传输一路电话,显然十分浪费。采用频分多路复用技术能改进传输效率。

各个通话人所发出的声音频率结构不完全相同,但总是处于大致相同的频带范围内。因此,如果用滤波器加以限制,就可以限制在 0.3~3.4 kHz。用电话信号对载波进行单边带调制来实现变频,这里取调制后的下边带。变频时,只要各路所调制的载波互相隔开 4 kHz 就可实现各路频谱互不重叠。

以一个在电话线上传输 12 路的载波系统为例来说明 FDM。首先将 12 路语音信号的频带各自限制在 0.3~3.4 kHz,然后分别用 64、68、72、76、80、84、88、92、96、100、104、108 kHz 的载波进行调幅变频,并分别取出它们的下边带。把 12 个下边带合并在一起,得到频谱限制在 60~108 kHz 的 12 路基群信号,如图 3.37 所示。如果需要的话,还可以进行二次调制。导频是发送的基准频率,这是与 12 路信号一起发送的载波信号频率,在接收端,利用此导频信号产生用于解调信号的各种定时信号。

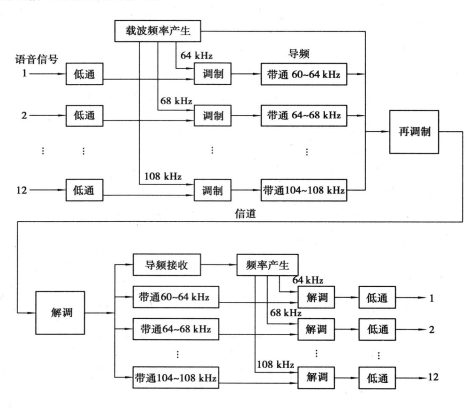

图 3.37　12 路载波系统

图 3.37 仅示出一个传输方向,对于两个方向传输通常采用四线制。如果使用二线制,则一个传输方向是利用 60 kHz 以上频带,而另一个传输方向利用 60 kHz 以下频带。

当需要传输 12 路以上的语音信号时,可以采取进一步的调制。CCITT 对频分多路复用信道群频体系规定了标准见表 3.4。1 个基群信号包含 12 路音频信道;1 个超群是 60 路音频信道,即由 5 个 12 路音频信道的基群组成;1 个主群是 300 路音频信道,即由 5 个超群组成。美国贝尔系统的标准稍有不同,它的一个主群是 600 路音频信道,即由 10 个超群组成,而 1 个巨群由 6 个主群组成。

频分多路复用系统效率较高,可使信道频带达到相当充分的利用。另外,一个再生器能放大许多信号,避免为每个信道设置一个再生器,减少了设备量。整个 FDM 系统原理简单,技术上较成熟,但也有如下缺点:其一,因为是多频信号,它对群频信道的线性和非线性要求非常严格,信道的非线性效应,可以产生别的信道频率成分,而引起严重的交流调制干扰噪声;其二,串音会存在于相邻信道的频谱有较大重叠时;第三,频分多路复用系统所需的载频量大且滤波电路多,设备庞杂,不易小型化。

表 3.4　北美和国际 FDM 载波标准

信道数量	带　宽	频　谱	AT&T	CCITT
12	48 kHz	60～180 kHz	基群	基群
60	240 kHz	312～552 kHz	超群	超群
300	1.232 MHz	812～2 044 kHz		主群
600	2.52 MHz	564～3 084 kHz	主群	
900	3.872 MHz	8.516～12.388 MHz		超主群
NX600			多路主群	
3 600	16.984 MHz	0.564～17.548 MHz	巨群	
10 800	57.442 MHz	3.124～60.566 MHz	多路巨群	

3.2.2　同步时分多路复用

(1)概念

如果传输媒质可达到的数据率超过要传输的数字信号总的数据率时,同步时分多路复用才是可行的。与 FDM 相比,TDM 更适合于传输数字信号。多个数字信号(或经数字化的模拟信号)可以通过在时间上交错发送每一信号的一部分,由一个传输路径传送。交错发送可在比特级或字节块或更大的数据块上进行。能够用于时分多路复用的数字信号脉冲之间有一定时间的空隙,正是利用这种空隙时间可以传输其他信号的比特。因此,在单个媒质上,可以传送多路信号。例如,图 3.35(b)的多路复用器有六路输入,其中每个输入如果是 9.6 Kbit/s,那么容量至少为 57.6 Kbit/s 的单个传输媒质就能接纳所有六个信号源。

同步 TDM 的一般描述示于图 3.38。多个信号 $m_i(t)$,$i=1,2,\cdots,N$,要被复合到同一传输媒质上,这些信号一般是数字信号。从每一个信息源送来的数据,短时间缓冲存储,每一个缓冲存储器通常长一比特或一个字符。顺序扫描每个缓冲存储器,以构成复合数字数据流 $m_c(t)$。扫描操作应该足够地快,以使每一个缓冲存储器能在后继数据到来之前排空。因此,$m_c(t)$ 的数据率必须至少等于 $m_i(t)$ 的数据率之和。复合的数字信号 $m_c(t)$ 可以直接传输,或通过调制解调器发出一模拟信号。

传输的数据可能具有某种类似于图 3.38(b)的格式,数据结合为帧。每一帧由多个时隙(timeslot,或称时间片)组成。在每一帧中,专用于某一数据源的是一个或多个时隙。专用于某一源的,从帧到帧的时隙的序列称为一个信道。时隙长度等于发送装置中缓冲器的长度,可以为一比特或一字符。字符交替发送技术用于异步信息源时,每一时隙包含一个数据字符。通常,多路复用器在将字符插入到多路复用帧之前,先去掉每一个字符的起始位和终止位,而在解除复用时,再添加起始位和终止位,重新形成一个起止式字符。比特交替发送技术既可用于同步信息源,又可用于异步信息源。这时,每一时隙仅包含一个比特。在接收端(如果用了调制,还需解调)有一个与发送端完全同步的扫描开关,交错的数据被分离开来,并送到相应的目的缓冲器中。对于每一个输入源 $m_i(t)$,存在一个相应的输出源,它以输入数据产生的相同速率来接收数据。

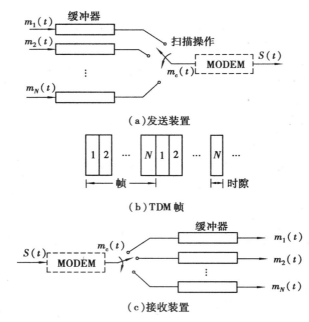

图 3.38　同步时分多路复用

同步 TDM 之所以称为同步,不是因为采用了同步传输,而是因为时隙是预先分配给信息源的,且是固定的。无论该信息源是否有数据送出,每一个信息源对应的时隙都要传送。当然,FDM 的情况也是这样的。在 FDM 和同步 TDM 中,为了容易实现,浪费了信道的容量。但是,当时隙采用固定分配时,同步 TDM 是有可能处理具有不同数据率的信息源。例如,最慢的输入设备在一帧中可以分给一个时隙,而最快的输入设备可以在一帧中分配多个时隙。

（2）同步技术

对于同步 TDM,一旦一帧的时隙数目固定,在多路复用通信线路上数据率是固定不变的,因此,没有信息流的控制问题。而对于每一个通信用户,多路复用器和多路分配器的操作是透明的,就好像它们各自都有专用通信信道一样。

多路复用器在构成千个传送帧时,需要有某种方法来保证帧同步。维持帧同步显然很重要,因为如果源点和终点对每帧中时隙对应的信道分配错位,那么所有的数据都将失去。一种非常通用的方法称为加位成帧技术。在这一技术中,通常是在每一个 TDM 帧中加进一个控制比特,在这个"控制信道"上,采用可以识别的比特组合,典型的一种组合为交变比特序列 101010……,显然,这是一种特殊的码型,它类似于同步传输中的同步字符。这样,为了同步,接收装置把接收帧中的控制比特与期望的码型相比较,如果码型不匹配,则继续逐次检索位单元,直到码型匹配。一旦帧同步建立,接收端需继续监视该控制信道。如果该码型中止了,接收装置必须再进入成帧比特搜索模式。这与点到点信道上的同步搜索过程相似,都是要获得数据位的起始位置。

另外,设计同步 TDM 最困难的问题可能是多个数据源的同步问题。如果每一个源有单独的时钟,那么时钟之间的任何变化可能造成失去同步。在某些情况下,输入数据流的数据率之间并不是一种简单的有理数关系。一种称为脉冲填充的技术可以解决这两个问题。当用了脉冲填充技术后,多路复用器的输出数据率(不包括成帧比特)要比最大的同时输入数据率之和更高。这些额外的容量,用来在输入信号中填进额外的比特或脉冲,直到其信号数据率上升到一个合适的值为止。填入的脉冲是加在帧格式的固定位置上的,所以它们可以在分解信号时去掉。

(3)模拟和数字信号源的 TDM

这里用例子来说明同步 TDM 如何用于数字和模拟信号源。假设有 11 个信号源要混合到一条线路上去:

①1 号源:模拟,2 kHz 带宽;

②2 号源:模拟,4 kHz 带宽;

③3 号源:模拟,2 kHz 带宽;

④4~11 号源:数字,7 200 bit/s 速率,同步。

首先,模拟信号源要用 PCM 转换为数字信号。脉冲编码调制 PCM 是基于取样定理的。取样定理指出,信号应以至少等于其带宽两倍的速度进行取样,才能正确恢复。因此,需要的取样率对于 1 号和 3 号源来说,是 4 000 次/s 取样,对 2 号源是 8 000 次/s 取样。这些样本就是脉冲振幅调制 PAM,它必须加以量化和编码。假定每一个模拟样本(已经量化)用 4 比特编码。为了方便起见,这 3 个模拟源先混合成一个源。扫描速度为 4 kHz 时,每一次扫描从 1 号和 3 号源各取一个 PAM 样本,而从 2 号源取两个 PAM 样本。这 4 个样本交错起来,转换成4 比特的 PCM 输出。因此,在 4 000 次/s 的扫描速度下,一次产生 16 比特的合成信号,4 000 次/s 就是 64 Kbit/s,即复合的比特率为 64 Kbit/s。

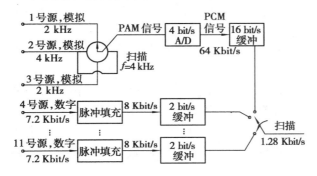

图 3.39 模拟和数字信号源的 TDM

对于数字信号源,使用脉冲填充技术把每个源升到 8 Kbit/s 的数据率,集中数据率为8×8＝64 Kbit/s。一帧可以由 32 比特(2×8+16)的循环时隙组成,每帧包含 16 个 PCM 比特和来自 8 个数字源中的每一个的 2 个比特。图 3.39 是相应的复用结果,最后复合的数据率为128 Kbit/s。

（4）程控数字交换复用

在程控数字交换系统中，为了提高交换容量，通常采用 PCM 复用方式。目前国际上有两种复用制式：30/32 路帧结构与 24 路帧结构，它们是 PCM 的基群系统。我国采用 30/32 路结构方式，即时分复用帧占 125 μs，分为 32 个时隙，它们是 TS0~TS31。每一帧只携带 30 路话音编码信息。

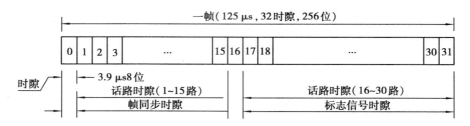

图 3.40　30/32 TDM 复用制式帧结构

由于 30/32 路制式的帧长为 125 μs，因此，帧频为（1/125）×10^6 kHz = 8 kHz，每个时隙为 8 比特，占 3.9 μs，那么每帧共 32×8 = 256 位码，每位码长为 3.9/8 μs = 0.487 5 μs，其中，$TS_1 \sim TS_{15}$，$TS_{17} \sim TS_{31}$ 时隙依次传送 1~30 路话音各自的 8 位编码组。TS_0 的低 7 位传送供接收端作帧同步用的帧同步码（0011011）。TS_{16} 传送各路控制、标志信息，如图 3.40 所示。显然，在一帧中传送 8 比特的每路信号源的数据率为：

$$8/125 \times 10^6 \text{ Kbit/s} = 64 \text{ Kbit/s}$$

复用码流的数据率为：　　　$$32 \times 64 \text{ Kbit/s} = 2 \text{ 048 Kbit/s}$$

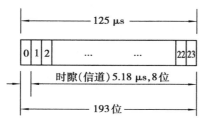

图 3.41　24 复用制式的帧格式

对于北美使用的 24 制式，采用如图 3.41 所示的格式。这种格式能容纳 24 条信道（时隙），每个信道占 8 位，而每帧包括 24×8+1 = 193 位。其中第 193 位是成帧位，作为同步用。对于话音传输，其带宽为 4 kHz，所以取样率为 8 000 次/s，因此，每个信道的时隙和每个帧每秒必须重复 8 000 次，才能跟上信号源的速率。这里，每个采样值用 8 位比特编码，每个时隙对应于 8 比特。具有 193 位长的帧，数据率应为 8 000×193 Mbit/s = 1.544 Mbit/s，而每一路的数据率 8 000×8 Kbit/s = 64 Kbit/s。

采用上述两种帧结构可以提供数据传输业务或者话音与数据混合的传输业务。如果每个帧中的每个时隙的低 7 位用于数据信息，而第 8 位用作标志或控制信息位，则因为每一个帧每秒重复 8 000 次，每一个信道能提供 7×8 000 Kbit/s = 56 Kbit/s 的速率。当用户的数据设备（例如计算机和终端）可以直接连到程控交换机的数字接口端，而不再需要调制解调器，就可以实现数据通信。

如同频分多路复用那样，TDM 复用设备也按复用路数和速率划分成群路等级，在各个复用等级上将数个低速率群路信号复接为一个高速率群路信号，以满足传输信道容量日益增大的要求，提高信道利用率。为此，CCITT 推荐了两类群路复用：一类是欧洲各国和我国采用的制式，另一类是北美和日本采用的制式（表 3.5）。其复用关系如图 3.42 所示。

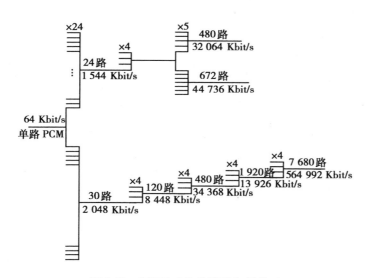

图 3.42　CCITT 建议的群路复用关系

表 3.5　CCITT 建议的 TDM 复用群路等级

制　式 群路等级	欧洲、中国		北美、日本	
	数据率	信道路数	数据率	信道路数
基　群	2 048 Kbit/s	30	1 544 Kbit/s	24
二次群	8 448 Kbit/s	120	6 312 Kbit/s	96
三次群	34 368 Kbit/s	480	32 064 Kbit/s 44 736 Kbit/s	480（日） 672（美）
四次群	139 264 Kbit/s	1 920	97 728 Kbit/s 274 176 Kbit/s	1 440（日） 4 032（美）
五次群	564 992 Kbit/s	7 680	397 200 Kbit/s	5 760（日）

3.2.3　统计时分多路复用

在同步时分多路复用器上,通常一帧中有很多的时隙是浪费的,如果把一些数据终端以 TDM 方式连到高速线路上去,即使所有终端都在工作,但对于任一终端,大部分时间没有数据传送。因此,一种称为统计(statical)TDM 的方式产生了,它又称为异步 TDM 或智能 TDM。统计多路复用是通过动态地按需分配时隙的方式来进行多路数据传输的。与同步 TDM 一样,统计多路时分复用器在一边有若干 I/O 线,而在另一边有一条高速复用线。每一 I/O 线有与之相应的缓冲器。对于统计 TDM,虽然有 4 条 I/O 线,但是,TDM 帧中可用的时隙只有 k 个,这里 $k<n$。对输入来说,复用器的功能是扫描输入缓冲器,收集数据,直到一帧填满为止,然后送出此帧。在输出端,分接器接收一帧,并将数据时隙分送到相应的输出缓冲器中。

由于统计 TDM 利用所接入设备并不是总是在传输数据,复用线路的数据率低于所接设备的数据率之和。因此,统计复用器可以使用较低的单媒质数据率,支持同步复用器同样多的装置。或者说,如果统计复用器和同步复用器使用同样数据率的线路,那么统计复用器可以支持较多的设备。

图 3.43 是统计 TDM 与同步 TDM 的比较。图中画出了 4 个数据源,并示出了 4 个信号时间(t_0、t_1、t_2、t_3)中产生的数据。在同步复用的情况下,复用器的有效输出数据率为任一输入设备的数据率的 4 倍(假设为 4 个相同的信号源)。在每一信号时间里,从所有 4 个源收集的数据发送出去。例如,第 t_0 时刻,信号 C 和 D 没有产生数据,因此,由复用器传送的 4 个时隙中有两个是空的。

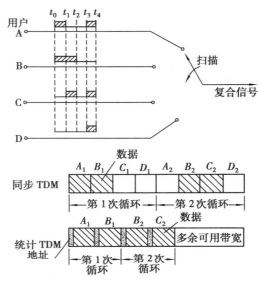

图 3.43 同步与统计 TDM 的比较

与此对照,统计复用器就不会送出空时隙。在 t_0 时刻,只有 A 和 B 的时隙送出去。然而,在统计 TDM 中,时隙的位置意义就失去了。由于数据所来和所去的 I/O 线不可预料,因此需要有地址信息,以保证正确地传送到相应的接收站。这样,对于统计 TDM,每个时隙中会有一些额外的开销,因为每一时隙除数据外,还有地址和控制等信息。

统计复用器使用的帧结构对传输性能具有影响,显然,为了改进总的处理能力,希望使管理开销比特最少。

前面已经指出,统计复用器的输出数据率比其输入数据率之和要小。之所以允许如此,是因为预期平均的输入总量比复用线路的容量要小。这只是平均的情况,但问题是存在输入超过容量的高峰时期。

这一问题的解决方法是:在复用器上加进缓冲器,以容纳临时超出的输入数据。表 3.6 给出了这种系统的运行状态的一个例子。假设有 10 个数据源,每一个容量为 1 000 bit/s,且假设每一个数据源的平均输入为其最大值的 50%,因此,平均输入负荷为 5 000 bit/s。表中示出了两种情况:输出容量为 5 000 bit/s 和 7 000 bit/s 的复用器。表中条目示出每一毫秒从 10 个装置中输入的比特数以及从复用器输出的比特数。当输入超过输出时,多余的比特放进缓冲器,形成积压。

从表 3.6 中看出,缓冲器的大小与复用线路的数据率之间有个权衡关系。为了使成本最小,应该使用尽可能小的缓冲器和尽可能小的数据率,但某一个值的减小换来的是另一个值的增加,因此,要根据实际情况来选择这两个参数。

3.2.4　码分多路复用

码分多路复用(CDM,Code-Division Multiplexing)多用在无线通信系统中,每一个用户在通信期间占有所有的频率和所有时间,但不同用户具有不同的正交码形,用以区分不同用户的信息,避免互相干扰。由于不同用户之间的信息传递是通过正交码来隔离的,因而在蜂窝系统中,相邻蜂窝可以使用相同的频率谱,具有最高的频率利用率。

3.2.5　空分复用

空分复用(SDM,Space-Division Multiplexing)也多用在无线通信系统中,每个用户在通信期间,可以占有所有或部分的频率、所有或部分时间、所有或部分码形,但只占有特定的空间(方向)。不过,也要认识到在现有的和将来新的系统中,很少有单独采用以上任何一种复用方式的,基本上都是几种基本方式的某种组合,这样也增加了系统的复杂度。

表 3.6　统计 TDM 运行的例子

输　入 (10 个数据源)	容量=5 000 bit/s		容量=7 000 bit/s	
	输出	积压	输出	积压
6	5	1	6	0
9	5	5	7	2
3	5	3	5	0
7	5	5	7	0
2	5	2	2	0
2	4	0	2	0
2	2	0	2	0
3	3	0	3	0
4	4	0	4	0
6	5	1	6	0
1	2	0	1	0
10	5	5	7	3
7	5	7	7	3
5	5	7	7	1
8	5	10	7	2
3	5	8	5	0
6	5	9	6	0
2	5	6	2	0
9	5	10	7	2
5	5	10	7	0

小 结

本章主要讨论的是基带数据传输系统主要由收发滤波器、抽样判决器组成,而频带传输系统主要由调制/解调器、收/发带通滤波器和抽样判决器组成。在频带传输系统中,基本的调制方式有 FSK、ASK 和 PSK 等。解调方法一般有相干接收法和非相干接收法。其性能也因采用不同解调方式而不同。

频率调制利用数字基带信号控制载波的频率来传递信息。常用的频率调制方式有二进制频移键控调制(2FSK)、多进制频移键控调制(MFSK)及最小频移键控(MSK)等。对于频率调制信号的解调方法,分为相干解调和非相干解调两类。非相干解调又包含最佳非相干解调法、分路滤波法、鉴频器法、过零检测法及差分检波法等多种方法。

幅度调制利用数字基带信号控制载波的幅度来传送信息。常用的幅度调制方式有二进制振幅键控调制(2ASK)、多进制振幅键控调制(MASK)、双边带抑制载波调制(DSBSC)及正交幅度调制(QAM)等。对于幅度调制信号的解调方法有两种:相干解调和非相干解调。

相位调制利用数字基带信号控制载波的相位变化来传递信息。常用的相位调制方式有绝对移相的相移键控(PSK)和相对移相的相移键控(DPSK)。对于 PSK 信号,采用相干解调方法,而 DPSK 信号的解调方法有极性比较法和相位比较法两种。

为了获得较好的频带利用率和功率利用率,可采用幅度相位混合调制(APK)方式,即对载波的振幅和相位同时进行数字调制的方式,适用于高效率的通信方式中。

信道传输中的复用技术,以时分和频分为主,兼顾码分技术及频分技术。在现在和将来的新系统中,很少有单独采用以上任何一种方式的,基本上都是几种基本方式的组合,即混合复用信道。该种信道会随着技术的不断进步,优越性越来越显著而广泛应用。

习 题

3.1 如果一条传送线使用双位信号,传送速度是 4 800 bit/s,其波特率是多少? 如果传送使用 3 位信号,其波特率又是多少?

3.2 如果一条数据传送线可以在 4 000～6 500 MHz 的范围内传送数据,其频带宽度是多少?

3.3 为什么要采用调制和解调?

3.4 如何区分调频、调幅和调相?

3.5 如何区分相干解调和非相干解调?

3.6 如何区分脉码调制和脉冲幅度调制?

3.7 设发送数字信息为 10110010,试分别画出 2FSK、2ASK、2PSK、2DPSK 波形示意图。

3.8 码元传输速率为 200 Baud 的八进制 ASK 系统的带宽和信息传输速率是多少? 若采用 2ASK 系统,信号带宽和速率又为多少?

3.9 8ASK 系统信号传输速率为 7 200 bit/s,则其码元传输速率和带宽是多少?

3.10 2FSK 调制系统的码元传输速率为 1 000 Baud,已调信号载频为 1 000 Hz 或 2 000 Hz,设发送数字信息为 011010。

①试画出 FSK 信号波形。

②试讨论这时的 FSK 信号应选择怎样的解调器,所需的最小传输带宽是多少?

3.11 一相位不连续的 2FSK 系统,为了节约频带并提高系统的抗干扰能力,采用动态滤波器进行解调,设码元速率为 1 200 Baud,求发送频率 f_1 和 f_2 之间的最小间隔及系统的带宽。

第 **4** 章
差错控制编码

　　内容提要:本章将主要介绍差错控制编码的基本方法,其内容包括:常用的差错校验方法、线性分组码、卷积码。

　　学习本章应具备线性代数和数字电路方面的基础知识,学习过程中应注重掌握用数学运算或数字逻辑电路完成编码和译码的方法,以及各种编译码方法的适用条件;另一方面,可通过计算机仿真验证编译码方法的检错、纠错的功能,加深对差错控制编码原理的理解。

4.1　引　　言

　　差错控制编码就是指用编码和译码的方法去控制数字通信系统的信息比特差错概率的大小,以便达到设计指标。差错控制编码又称为信道编码、纠错编码、抗干扰编码或可靠性编码,它是提高数字信息传输可靠性的有效方法之一。它产生于 20 世纪 50 年代,发展于 60 年代,70 年代趋于成熟。

4.2　基本概念

　　由于数字信号在传输过程中受到干扰的影响,使信号码元波形变坏,故传输到接收端后可能发生错误判决。由信道带宽受限引起的码间干扰,通常可以采用均衡的办法纠正,而加性干扰的影响则要从其他途径解决。通常,在设计数字通信系统时,首先应从合理地选择调制方式、解调方式以及发送功率等方面考虑。若采取上述措施仍难以满足要求,则就要考虑采用本章所述的差错控制措施。从差错控制角度看,按加性干扰引起的错码分布规律的不同,信道可以分为三类:随机信道、突发信道和混合信道。在随机信道中,错码的出现是随机的,而且错码之间是统计独立的。例如,由正态分布白噪声引起的错码就具有这种性质。因此,当信道中加

94

性干扰主要是这种噪声时,就称这种信道为随机信道。在突发信道中,错码是成串集中出现的,也就是说,在一些短促的时间区间内会出现大量错码,而在这些短促的时间区间之间却又存在较长的无错码区间。这种成串出现的错码称为突发错码。产生突发错码的主要原因之一是脉冲干扰,而信道中的衰落现象也是产生突发错码的另一主要原因。当信道中加性干扰主要是这种干扰时,便称这种信道为突发信道。把既存在随机错码又存在突发错码,且哪一种都不能忽略不计的信道称为混合信道。对于不同类型的信道,应采用不同的差错控制技术。常用的差错控制方法有以下几种:

(1)**检错重发法(ARQ)**

接收端在收到的信码中检测出错码时,即设法通知发送端重发,直到无错码为止。检测出错码是指只知道在若干个接收的码元中存在一个或多个错码,但不一定知道该错码的准确位置。采用这种差错控制方法需要具备双向信道。

(2)**前向纠错法(FEC)**

接收端不仅能在收到的信码中发现有错码,还能够纠正错码,对于二进制系统,如果能够确定错码的位置,就能够纠正它。这种方法不需要反向信道(传递重发指令),也不会由于反复重发而延误时间,实时性好,但是纠错设备要比检错设备复杂。FEC 系统框图如图 4.1 所示。

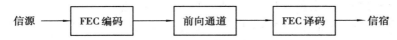

图 4.1　前向纠错(FEC)系统

(3)**混合纠错(HEC)方法**

混合纠错(HEC)方法是 FEC 和 ARQ 两种纠错方法的结合。在这种纠错方法中,发送端发出的是具有一定纠错能力和较高检错能力的码字,所以由信道编码而附加的监督码元并不多。典型的 HEC 系统框图如图 4.2 所示。由图可见,在 ARQ 系统中,包含一个 FEC 子系统。接收端检测数据码流,发现错误时,先由 FEC 子系统自动纠错,仅当错误较多超出纠错能力时,再发反馈信息要求重发,因此大大减少了重发次数。这种方法在一定程度上弥补了反馈重发和前向纠错两种方法的缺点,充分发挥了编码的检错、纠错能力,在较强干扰的信道中,仍可获得较低误码率,是实际通信中应用较多的纠错方法。

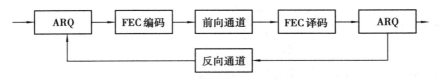

图 4.2　混合纠错(HEC)方法

(4)**反馈校验法**

接收端将收到的信码原封不动地转发回发送端,并与原发送信码相比较。如果发现错误,则发送端再进行重发。这种方法原理和设备都较简单,但需要有双向信道。因为每一信码都相当于至少传送了两次,所以传输效率较低。

上述几种差错控制方法可以结合使用,例如,检错和纠错结合使用。当出现少量错码并在接收端能够纠正时,即用前向纠错法纠正;当错码较多而超过纠正能力但尚能检测时,就用检错重发法。此外,在某些特定场合,可采用检错删除,即接收端将其中存在错误的部分码元删除,不送给输出端。此法适用于信息内容有大量多余度或多次重复发送的场合。在上述 3 种方法中,前两种方法的共同点都是在接收端识别有无错码。由于信息码元序列是一种随机序列,接收端是无法预知的(如果预先知道,就没有必要发送了),也无法识别其中有无错码。为了解决这个问题,可以由发送端的信道编码器在信息码元序列中增加一些监督码元。这些监督码和信码之间有一定的关系,使接收端可以利用这种关系由信道译码器来发现或纠正可能存在的错码。

在信息码元序列中,加入监督码元就称为差错控制编码,有时也称为纠错编码。不同的编码方法,有不同的检错或纠错能力,有的编码只能检错,不能纠错。一般说来,付出的代价越大,检错、纠错的能力就越强。这里所说的代价,就是指增加的监督码元多少,它通常用多余度来衡量。例如,若编码序列中,平均每两个信息码元就有一个监督码元,则这种编码的多余度为 $\frac{1}{3}$。也可以说,这种编码的编码效率为 $\frac{2}{3}$。可见,差错控制编码原则上是以降低信息传输速率为代价来换取传输可靠性的提高。本章的主要内容就是讨论各种常见的纠错编码和解码方法。

为了使读者对于具有差错控制能力的传输系统的组成有个概念,在讨论纠错编码原理之前,先简要介绍一种检错重发系统(自动要求重发系统)的组成。

自动要求重发系统通常简称为 ARQ 系统,其组成原理如图 4.3 所示。这种系统中应有双向信道。在发送端,输入的信息码元在编码器中被分组编码(加入监督码元)后,除立即发送外,尚暂存于缓冲存储器中。若接收端解码器检出错码,则由解码器控制产生一重发指令,经反向信道送至原发送端。这时,由发送端重发控制器控制缓冲存储器重发一次。接收端仅当解码器认为接收信息码元正确时,才将信码送给收信者,否则在输出缓冲存储器中删除掉。当接收端解码器未发现错码时,经反向信道发出不需重发指令。发送端收到此指令后,即继续发送后一码组,发送端的缓冲存储器中的内容也随之更新。

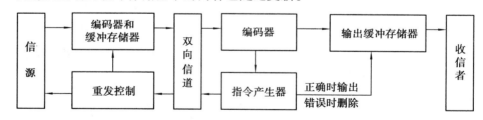

图 4.3　ARQ 系统组成原理

实际的 ARQ 系统又可分为 3 种类型:停止等待 ARQ(半双工)、连续 ARQ(全双工)和选择重发 ARQ(全双工)。

1)停止等待 ARQ(半双工)

停止等待 ARQ 是最简单的 ARQ 系统。在该系统中,发送端每发送一个码组就停止并等待接收端的应答信号。得到确认信号(ACK)后,发下一个码组;若收到否认信号(NAK),则重发此码组。图 4.4(a)为停止等待 ARQ 的原理示意图,图中第三和第五个码组出错,需要重发。

该方式为半双工,操作简单,所需缓冲存储器的容量小,但是等待应答浪费时间,使传输效率降低,仅适用于低速传输系统和信号往返延迟不大的情况。

2）连续 ARQ（全双工）

在该系统中，收、发两端可同时发送信息，发送端通过前向信道发送消息数据，接收端通过反向信道发送应答信号。工作时，发送端按顺序发送各码组，只在收到否认信号时，才返回并重发有错的码组及其后面顺序相接的各级。图 4.4（b）为连续 ARQ 原理示意图。图中收到否认应答信号的时间与需要重传码组之间相隔 4 个码组，即当发送端收到否认应答信号后，要退回 4 个码组重发。

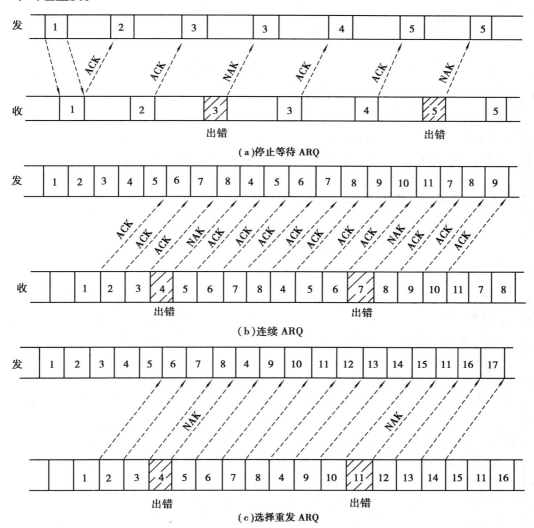

图 4.4 ARQ 系统的 3 种类型

该方式需要全双工连接。当信道较好，检测到的有错码组较少时，连续 ARQ 的传输效率很高。主要缺点是对缓冲存储器容量有要求（容量大小由传播延迟时间决定）。

3）选择重发 ARQ（全双工）

ARQ 方式的主要优点：

①只需要少量的多余码元（一般为总码元的 5%～20%）就能获得极低的输出误码率。

②要求使用的检错码基本上与信道的差错统计特性无关，也就是说，对各种信道的不同差

错特性有一定自适应能力。

③其检错译码器与前向纠错法中的纠错译码器相比,成本和复杂性均低得多。

这种方法的主要缺点:

①由于需要双向信道,故不能用于单向传输系统,也难以用于广播(一发多收)系统,并且实现重发控制比较复杂。

②当信道干扰增大时,整个系统可能处在重发循环中,因而通信效率降低甚至不能通信。

③不适于要求严格实时传输的系统。

4.3　纠错编码的基本原理

现在来讨论纠错编码的基本原理。为了便于理解,先通过一个例子来说明。一个由 3 位二进制数字构成的码组,共有 8 种不同的可能组合。若将其全部利用来表示天气,则可以表示 8 种不同的天气,例如:000(晴)、001(云)、010(阴)、011(雨)、100(雪)、101(霜)、110(雾)、111(雹)。其中任一码组在传输中若发生一个或多个错码,则将变成另一信息码组。这时接收端将无法发现错误。若在上述 8 种码组中只准许使用 4 种来传送信息,例如:

$$000 = 晴$$
$$011 = 云$$
$$101 = 阴$$
$$110 = 雨$$

这时,虽然只能传送 4 种不同的天气,但是接收端却有可能发现码组中的一个错码。例如,若 000(晴)中错了一位,则接收码组将变成 100 或 010 或 001。这 3 种码组都是不准使用的,称为禁用码组,故接收端在收到禁用码组时,就认为发现了错码。当发生 3 个错码时,000 变成 111,它也是禁用码组,故这种编码也能检测 3 个错码。但是,这种码不能发现两个错码,因为发生两个错码后产生的是许用码组。

上述这种码只能检测错误,不能纠正错误。例如,当收到的码组为禁用码组 100 时,在接收端无法判断是哪一位码发生了错误,因为晴、阴、雨三者错了一位都可以变成 100。若要能纠正错误,还要增加多余度。例如,若规定许用码组只有两个:000(晴)、111(雨),其余都是禁用码组。这时,接收端能检测两个以下错码,或能纠正一个错码。例如,当收到禁用码组 100 时,如果认为该码组中仅有一个错码,则可判断此错码发生在"1"位,从而纠正为 000(晴)。因为"雨"(111)发生任何一位错码都不会变成这种形式。若上述组中的错码数认为不超过两个,则存在两种可能性:000 错一位和 111 错两位都可为 100,因而只能检测出存在错码而无法纠正它。

从上面的例子中可以得到关于"分组码"的一般概念。如果不要求检(纠)错,为了传输 4 种不同的信息,用两位码组就够了,它们是:00、01、10、11。代表所传信息的这些码,称为信息位。

在图 4.5 中使用了 3 位码,多增加的那位称为监督位,表 4.1 示出了这种情况。这种将信息码分组为每组信码附加若干监督码的编码集合,称为分组码。在分组码中,监督码元仅监督本码组中的信息码元。后面将讨论的卷积码的监督位就不具备这一特点。

分组码一般用符号 (n,k) 表示,其中 k 是每组二进制信息码元的数目,n 是编码组的总位数,又称为码组长度(码长),$n-k=r$ 为每码组中的监督码元数目(或称监督位数目)。通常将

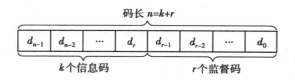

图 4.5　分组码的结构

分组码规定为具有如图 4.5 所示的结构,图中前面 k 位 $a_{n-1}, \cdots, a_r$ 为信息位,后面附加 r 个监督位 $a_{r-1}, \cdots, a_0$。在表 4.1 的分组码中,$n=3, k=2, r=1$。

表 4.1　分组码示意

	信息位	监督位
晴	00	0
云	01	1
阴	10	1
雨	11	0

（1）海明距离

海明(Hamming)距离,即两个不同的码组,其对应的码位的码元不同的个数,用 d 表示,可以写为:

$$d = \sum_{i=1}^{n} (a_{ji} \oplus a_{ki}) \tag{4.1}$$

式中,a_{ji}、a_{ki} 分别为第 j 码组和第 k 码组的第 i 位码元;n 为码组长度;$\oplus$ 表示模 2 加。

例如,码组(01)和(00)的海明距离为 1。(110)和(101)的海明距离为 2。

（2）最小距离

一个码组中,任何两个码组间海明距离的最小值称为该码组的最小码距,用 d_0 表示,即

$$d_0 = \min \sum_{i=1}^{n} (a_{ji} \oplus a_{ki}) \tag{4.2}$$

式中,a_{ji}、a_{ki} 的定义与式(4.1)相同。

从码距的概念出发,可知从 8 个码组中取出 4 个码组作为有用码组集合后,具有抗干扰能力。这是因为后者的海明距离增大了,原来 8 个码组都使用时,$d_0 = 1$;在 {(000),(011),(101),(110)} 4 个两组集合中,最小距离 $d_0 = 2$,而码组集合 {(000),(111)} 最小距离 $d_0 = 3$。由此可见,码组的最小距离越大,其抗干扰能力越强。

（3）最小码距 d_0 与编码的检错和纠错能力的关系

如上所述,差错控制编码的抗干扰能力与码的结构有关,而一种编码的结构可用该码的距离特性描述,所以,通过差错控制编码的距离可以反映该码的抗干扰能力。

对于 $n=3$ 的编码组,可以在三维空间中说明码距的几何意义。如前所述,3 位的码共有 8 种不同的可能码组。因此,在三维空间中它们分别位于一个单位立方体的各顶点上,如图 4.6 所示。每一码组的 3 个码元的值 (a_2, a_1, a_0) 就是此立方体各顶点的坐标,而上述码距概念在此图中则对应于各顶点之间沿立方体各边行走的几何距离。由此图可以直观看出,式(4.2)中

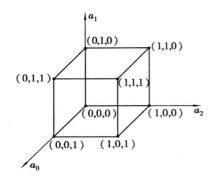

图 4.6　码距的几何意义

4 个许用码组之间的距离均为 2。

一种编码的最小码距 d_0 的大小直接关系着这种编码的检错和纠错能力。下面将具体加以说明：

1）检测

为检测 e 个错码,要求最小码距

$$d_0 \geqslant e+1 \tag{4.3}$$

这可以用图 4.7(a)简单证明如下:设一码组 A 位于 0 点。若码组 A 中发生一位错码,则可以认为 A 的位置将移动至以 0 点为圆心、以 1 为半径的圆上某点,但其位置不会超出此圆;若码组 A 中发生两位错码,则其位置不会超出以 0 点为圆心、以 2 为半径的圆。因此,只要最小码距不小于 3(如图中 B 点),在此半径为 2 的圆上及圆内就不会有其他码组。也就是说,码组 A 发生两位以下错码时,不可能变成另一任何许用码组,因而能检测错码的位数等于 2。同理,若一种编码的最小码距为 d_0,则将能检测 (d_0-1) 个错码,若要求检测 e 个错码,则最小码距 d_0 至少应不小于 $(e+1)$。例如,式 (4.1)的码,由于 $d_0=2$,故按式(4.3)它只能检测一位错码。

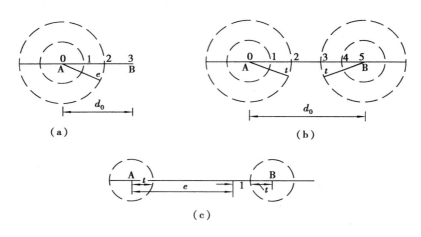

图 4.7　码距与检错和纠错能力的关系

2）纠错

为纠正 t 个错码,要求最小码距

$$d_0 \geqslant 2t+1 \tag{4.4}$$

上式可用图 4.7(b)来加以说明。图中画出码组 A 和 B 的距离为 5。码组 A 或 B 若发生不多于两位错码,则其位置均不会超出以原位置为圆心、以 2 为半径的圆。由于这两个圆的面积是不重叠的,故可以这样判决:若接收码组落于以 A 为圆心的圆上,就判决收到的是码组 A;若落于以 B 为圆心的圆上,就判决为码组 B,这样就能够纠正两位错码。若这种编码中除码组 A 和 B 外,还有许多种不同码组,但任两码组之间的码距均不小于 5,则以各码组的位置为中心、以 2 为半径画出的圆都不会互相重叠,这样每种码组如果发生不超过两位错码都将能纠正。因此,当最小码距 $d_0=5$ 时,能够纠正两个错码,且最多能纠正两个。若错码达到 3 个,就将落于另一圆上,从而发生错判。一般来说,为纠正 t 个错码,最小码距应不小于 $(2t+1)$。

3）纠错并检错

为纠正 t 个错码，同时检测 e 个错码，要求最小码距

$$d_0 \geq e+t+1 \quad (e>t) \qquad (4.5)$$

在解释此式之前，先来说明什么是"纠正 t 个错码，同时检测 e 个错码"（简称纠检结合）。在某些情况下，要求对于出现较频繁但错码数很少的码组，按前向纠错方式工作，以节省反馈重发时间；同时又希望对一些错码数较多的码组，在超过该码的纠错能力后，能自动按检错重发方式工作，以降低系统的总误码率，这种工作方式就是"纠检结合"。

在上述"纠检结合"系统中，差错控制设备按照接收码组与许用码组的距离自动改变工作方式。若接收码组与某一许用码组间的距离在纠错能力 t 范围内，则将按纠错方式工作；若与任何许用码组间的距离都超过 t，则按检错方式工作。现用图 4.7（c）来加以说明。若设码的检错能力为 e，则当码组 A 中存在 e 个错码时，该码组与任一许用码组（例如图中码组 B）的距离至少应有 $t+1$，否则将进入许用码组 B 的纠错能力范围内，而被错纠为 B。这样就要求最小码距满足式（4.5）所示的条件。

下面再用图 4.7（b）为例来说明，其最小码距 $d_0=5$。在按检错方式工作时，由式（4.3）可知，它的检错能力为 $e=4$；按纠错方式工作时，由式（4.4）可知，它的纠错能力为 $t=2$。但在按纠检结合方式工作时，若设计的纠错能力 $t=1$，则同时只能具有检错能力 $e=3$。因为当许用码组 A 中出现 4 个错码时，接收码组将落入另一许用码组的纠错能力范围内，从而转为按纠错方式工作并错纠为 B。

例 4.1 求码集合 $\{(000),(011),(101),(110)\}$ 和 $\{(000),(111)\}$ 最小距离 d_0 及纠（检）错的能力。

解 ①最小距离

第一组

$$
\begin{array}{cccc}
000 & 011 & 101 & 110 \\
\oplus 011 & \oplus 101 & \oplus 110 & \oplus 000 \\
\hline
11 & 11 & 11 & 11 \\
d=2 & d=2 & d=2 & d=2
\end{array}
$$

所以最小距离 $d_0=2$

第二组

$$
\begin{array}{c}
000 \\
\oplus 111 \\
\hline
111
\end{array}
$$

所以最小距离 $d_0=3$。

②对第一组集合，由式（4.3）求得：$e=d_0-1=2-1=1$，可检测出 1 个错。

③对第二组集合，由式（4.3）求得：$e=d_0-1=3-1=2$，可检测出 2 个错。

当用于纠错时，式（4.4）求得：

$$t=\frac{d_0-1}{2}=1 \qquad 能纠正 1 个错。$$

④对第二组集合，由式（4.5），可求出 $e+t=d_0-1=3-1=2$

所以 $e=1$，$t=1$，即纠错、检错各 1 个。

在简要讨论编码的纠（检）错能力之后，现在转过来分析采用差错控制编码的效用。假设

在随机信道中发送"0"时的错误概率和发送"1"时的相等,都等于 p,且 $p<1$,则容易证明,在码长为 n 的码组中恰好发生 r 个错码的概率为:

$$P_n(r) = C_n^r p^r (1-p)^{n-r} \approx \frac{n!}{r!\ (n-r)!} p^r \tag{4.6}$$

例如,当码长 $n=7$, $p=10^{-3}$ 时,则有

$$P_7(1) \approx 7P = 7 \times 10^{-3}$$
$$P_7(2) \approx 21P^2 = 2.1 \times 10^{-5}$$
$$P_7(3) \approx 35P^3 = 3.5 \times 10^{-8}$$

可见,采用差错控制编码,即使仅能纠正(或检测)这种码组中的 1~2 个错误,也可以使误码率下降几个数量级。这就表明,即使是较简单的差错控制编码,也具有较大的实际应用价值。

不过,在突发信道中,由于错码是成串集中出现的,故上述仅能纠正码组中 1~2 个错码的编码,其效用就不像在随机信道中那样显著。

4.4　常用的简单编码

先介绍几种常用的简单编码,这些编码都属于分组码一类,而且是行之有效的。

（1）奇偶监督码

奇偶监督码可分为奇数监督码和偶数监督码两种,两者的原理相同。在偶数监督码中,无论信息位有多少,监督位只有一位,它使码组中"1"的数目为偶数,即满足下式条件:

$$a_{n-1} \oplus a_{n-2} \oplus \cdots a_1 \oplus a_0 = 0 \tag{4.7}$$

式中,a_0 为监督位,其他为信息位。表 4.1 中的编码就是按照这种规则加入监督位的,这种码能够检测奇数个错码。在接收端,按照式(4.7)将码组中各码元相加(模 2),若结果为"1",就说明存在错码,若结果为"0",就认为无错。

奇数监督码与其相似,只不过其码组中"1"的数目为奇数,即满足条件:

$$a_{n-1} \oplus a_{n-2} \oplus \cdots a_1 \oplus a_0 = 1 \tag{4.8}$$

且其检错能力与偶数监督码一样。

（2）二维奇偶监督码（行列监督码）

二维奇偶监督码又称方阵码。它是把上述奇偶监督码的若干码组排列成矩阵,每一码组写成一行,然后再按列的方向增加第二维监督位,如图 4.8 所示。图中 $a_{01}, a_{02}, \cdots, a_{0m}$ 为 m 行奇偶监督码中的 m 个监督位;$C_{n-1}, C_{n-2}, \cdots, C_0$ 为按列进行第二次编码所增加的监督位,它们构成了一监督位行。

$$
\begin{array}{cccc}
a_{n-1}^1 & a_{n-2}^1 \cdots a_1^1 & a_0^1 \\
a_{n-1}^2 & a_{n-2}^2 \cdots a_1^2 & a_0^2 \\
& \vdots & \\
a_{n-1}^m & a_{n-2}^m \cdots a_1^m & a_0^m \\
c_{n-1} & c_{n-2} \cdots c_1 & c_0
\end{array}
$$

图 4.8　二维奇偶监督码

这种码可检测出奇数个码元错误和某些偶数个码元错误。因为每行的监督位 $a_{01}, a_{02}, \cdots, a_{0m}$ 虽然不能用于检测本行中的偶数个错码,但按列的方向可能由 $C_{n-1}, C_{n-2}, \cdots, C_0$ 等监督位检测出来。有一些偶数错码不可能检测出,例如构成矩形的 4 个错码就检测不出,例如图 4.8 中的 $a_{n-2}^2, a_1^2, a_{n-2}^m, a_1^m$。

这种二维奇偶监督码适于检测突发错码。因为这种突发错码常常成串出现，随后有较长一段无错区间，所以在某一行中出现多个奇数或偶数错码的机会较多，而这种方阵码正适于检测这类错码。前述的一维奇偶监督码一般只适于检测随机错误。

由于方阵码只是对构成矩形四角的错码无法检测，故其检错能力较强。一些试验测量表明，这种码可使误码率降至原误码率的 1%~0.01%。

二维奇偶监督码不仅可用来检错，还可用来纠正一些错码。例如，当码组中仅在一行中有奇数个错误时，则能够确定错码位置，从而纠正它。

例 4.2　以图 4.9 为例，有 28 个待发送的数据码元，将它们排成 4 行 7 列的方阵。方阵中每行是一个码组，每行的最后加上一个监督码元进行行监督，同样在每列的最后也加上一个监督码元进行列监督，然后按行（或列）发送。其基本原理与简单的奇偶监督码相似，不同点在于每一个码元都要受到纵、横两个方向的监督。

	码组							行监督位（偶监督）
	1	1	0	0	1	0	1	0
	0	1	0	0	0	0	1	0
	0	1	1	1	1	0	1	1
	1	0	0	1	1	1	0	0
列监督位（偶监督）	0	1	1	0	1	1	1	

图 4.9　行列监督码

接收端按同样行列排成方阵，发现不符合行列监督规则的判决有错。行列监督码在某些条件下还能纠错，观察第 3 行、第 4 列出错的情况（方阵中码元下面打点的位），假设在传输过程中第 3 行、第 4 列的“1”错成了“0”，由于此错误同时破坏了第 3 行、第 4 列的偶监督关系，所以接收端很容易判断是 3 行 4 列交叉位置上的码元出错，从而给予纠正。

需要特别指出的是，当差错个数恰为 4 的倍数，而且差错位置正好构成矩形的四个角时（如图 4.9 所示方阵码中标有“□”的码元），方阵码检查不出错误。

1	1	0	0	1	0	1	0
1	0	1	1	1	1	0	0
0	1	1	1	1	0	1	1
1	0	0	1	1	1	0	0
0	1	1	0	1	1	1	

图 4.10　含突发错码行列监督码

行列监督码也常用于检查或纠正突发差错。它可以检查出错误码元长度小于或等于码组长度的所有错码，并纠正某些情况下的突发差错。观察图 4.10（这是在图 4.9 基础上改第 2 行为错码的情况），此时，由于第 2 行的监督位以及 1~7 列监督位同时显示错误，可以推断是第 2 行的信息位出现了突发型的传输错误，只要将错误码元按位取反就完成了纠错工作。综上所述，行列监督码实质上是运用矩阵变换，把突发差错变成独立差错加以处理。因为这种方法比较简单，所以被认为是对抗突发差错很有效的手段。

（3）恒比码

在恒比码中，每一个码组含有“1”的数目与“0”的数目之比保持恒定，故得此名。这种码在检测时，只要计算接收码组中“1”的数目是否对，就知道有无错误。

在我国用电传机传输汉字电码时，每一个汉字用 4 位阿拉伯数字表示，而每一个阿拉伯数字又用 5 位二进制符号构成的码组表示。每一个码组的长度为 5,其中恒有 3 个"1",称为"5 中取 3"恒比码。这时可能编成的不同码组数目等于从 5 中取 3 的组合数 $C_5^3 = 5!$ /$(3! \times 2!) =$ 10。这 10 种许用码组恰好可用来表示 10 个阿拉伯数字,如表 4.2 所列的"保护电码"。表中还列入了过去通用的 5 单元国际电码中这 10 个阿拉伯数字的电码,以作比较。在老的国际电码中,数字"1"和"2"之间,"5"和"9"之间,"7"和"8"之间,"8"和"0"之间等,码距都为 1,容易出错。而在保护电码中,由于长度为 5 的码组共有 $2^5 = 32$ 种,除 10 种许用码组外,还有 22 种禁用码组,其多余度较高,实际使用经验表明,它能使差错减至原来的 $\frac{1}{10}$ 左右。具体来说,这种编码能够检测码组中所有奇数个码元的错误及部分偶数个码元错误,但不能检测码组中"1"变为"0"与"0"变为"1"的错码数目相同的那些偶数错码。

表 4.2　恒比码和 5 单元国际电码

阿拉伯数字	保护电码	国际电码	阿拉伯数字	保护电码	国际电码
1	01011	11101	6	10101	10101
2	11001	11001	7	11100	11100
3	10110	10000	8	01110	01100
4	11010	01010	9	10011	00011
5	00111	00001	10	01101	01101

在国际无线电报通信中,广泛采用的是"7 中取 3"恒比码,这种码组中规定总是有 3 个 "1"。因此,共有 $C_7^3 = 35$ 种许用码组,它们可用来代表 26 个英文字母及其他符号。恒比码的主要优点是简单和适于用来传输电传机或其他键盘设备产生的字母和符号。对于信源来的二进制随机数字序列,这种码就不适合使用。

4.5　线性分组码

从上节介绍的一些简单编码可以看出,每一种编码所依据的原理各不相同,其中奇偶监督码的编码原理利用了代数关系式。把这类建立在代数基础上的编码称为代数码。在代数码中,常见的是线性码。线性码中信息位和监督位是由一些线性代数方程联系着的,线性码也是按一组线性方程构成的。本节将以海明(Hamming)码为例引入线性分组码的一般原理。

为了纠正一位错码,在分组码中最少要增加多少监督位,编码效率能否提高,从这种思想出发进行研究,便导致海明码的诞生。海明码是一种能够纠正一位错码且编码效率较高的线性分组码。下面介绍海明码的构造原理:

先来回顾一下按式(4.7)条件构成的偶数监督。由于使用了一位监督位 a_0,故它就能和信息位 $a_{n-1},\cdots,a_1$ 一起构成一个代数式,如式(4.9)所示。在接收端解码时,实际上就是在计算

$$S = a_{n-1} \oplus a_{n-2} \oplus \cdots \oplus a_0 \tag{4.9}$$

若 $S = 0$,就认为无错;若 $S = 1$,就认为有错。式(4.9)称为监督关系式,S 称为校正子。由于校正子 S 的取值只有这样两种,它就只能代表有错和无错这两种信息,而不能指出错码的位

置。如果监督位增加一位,即变成两位,则能增加一个类似于式(4.9)的监督关系式。由于两个校正子的可能值有 4 种组合:00,01,10,11,故能表示 4 种不同信息。若用其中一种表示无错,则其余 3 种就有可能用来指示一位错码的 3 种不同位置。同理,r 个监督关系式能指示一位错码的 (2^r-1) 个可能位置。

一般说来,若码长为 n,信息位数为 k,则监督位数 $r=n-k$。如果希望用 r 个监督位构造出 r 个监督关系式来指示一位错码的 n 种可能位置,则要求

$$2^r-1 \geqslant n \text{ 或者 } 2^r \geqslant k+r+1 \tag{4.10}$$

下面通过一个例子来说明如何具体构造这些监督关系式。

设分组码 (n,k) 中 $k=4$。为了纠正一位错码,由式(4.10)可知,要求监督位数 $r \geqslant 3$。若取 $r=3$,则 $n=k+r=7$。用 $a_6,a_5,\cdots,a_0$ 表示这 7 个码元,用 S_1、S_2、S_3 表示 3 个监督关系式中的校正子,则 S_1、S_2、S_3 的值与错码位置的对应关系可以规定为如表 4.3 所列(也可以规定成另一种对应关系,这不影响讨论的一般性)。

表 4.3　错码位置示意

$S_1S_2S_3$	错码位置	$S_1S_2S_3$	错码位置
001	a_0	101	a_4
010	a_1	110	a_5
100	a_2	111	a_6
011	a_3	000	无错

由表中规定可见,仅当一错码位置在 a_2、a_4、a_5 或 a_6 时,校正子 S_1 为"1";否则 S_1 为"0"。所以,a_2、a_4、a_5 和 a_6 4 个码元构成偶数监督关系:

$$S_1=a_6 \oplus a_5 \oplus a_4 \oplus a_2 \tag{4.11}$$

同理,a_1、a_3、a_5 和 a_6 构成偶数监督关系:

$$S_2=a_6 \oplus a_5 \oplus a_3 \oplus a_1 \tag{4.12}$$

以及 a_0、a_3、a_4 和 a_6 构成偶数监督关系:

$$S_3=a_6 \oplus a_4 \oplus a_3 \oplus a_0 \tag{4.13}$$

在发送端编码时,信息位 a_6、a_5、a_4 和 a_3 的值决定于输入信号,因此它们是随机的。监督位 a_2、a_1 和 a_0 应根据信息位的取值按监督关系来确定,即监督位应使上三式中 S_1、S_2 和 S_3 的值为零(表示编成的码组中应无错码)。

$$\begin{cases} a_2=a_6 \oplus a_5 \oplus a_4 \\ a_1=a_6 \oplus a_5 \oplus a_3 \\ a_0=a_6 \oplus a_4 \oplus a_3 \end{cases} \tag{4.14}$$

由上式经移项运算,解出监督位:

$$\begin{cases} a_6 \oplus a_5 \oplus a_4 \oplus a_2=0 \\ a_6 \oplus a_5 \oplus a_3 \oplus a_1=0 \\ a_6 \oplus a_4 \oplus a_3 \oplus a_0=0 \end{cases} \tag{4.15}$$

给定信息位后,可直接按上式算出监督位,其结果见表 4.4。

接收端收到每个码组后,先按式(4.11)~式(4.13)计算出 S_1、S_2 和 S_3,再按表 4.3 判断错

码情况。例如,若接收码组为 0000011,按式(4.11)~式(4.13)计算可得:$S_1 = 0, S_2 = 1, S_3 = 1$。由于 $S_1 S_2 S_3$ 等于 011,故根据表 4.3 可知在 a_3 位有一错码。

表 4.4　(7,4)海明码

信息位	监督位	信息位	监督位
$a_6 a_5 a_4 a_3$	$a_2 a_1 a_0$	$a_6 a_5 a_4 a_3$	$a_2 a_1 a_0$
0000	000	1000	111
0001	011	1001	100
0010	101	1010	010
0011	110	1011	001
0100	110	1100	001
0101	101	1101	010
0110	011	1110	100
0111	000	1111	111

按上述方法构造的码称为海明码。表 4.4 中所列的(7,4)海明码的最小码距 $d_0 = 3$,因此,根据式(4.3)和式(4.4)可知,这种码能纠正一个错码或检测两个错码。由式(4.10)可知,海明码的编码效率等于 $k/n = (2^r - 1 - r)/(2^r - 1) = r - 1/(2^r - 1) = 1 - r/n$。当 n 很大时,则编码效率接近 1。可见,海明码是一种高效码。

现在再来讨论线性分组码的一般原理。上面已经提到,线性码是指信息位和监督位满足一组线性方程的码,式(4.13)就是这样一组线性方程的例子。

现在将它改写成:

$$\begin{cases} 1 \cdot a_6 + 1 \cdot a_5 + 1 \cdot a_4 + 0 \cdot a_3 + 1 \cdot a_2 + 0 \cdot a_1 + 0 \cdot a_0 = 0 \\ 1 \cdot a_6 + 1 \cdot a_5 + 0 \cdot a_4 + 1 \cdot a_3 + 0 \cdot a_2 + 1 \cdot a_1 + 0 \cdot a_0 = 0 \\ 1 \cdot a_6 + 0 \cdot a_5 + 1 \cdot a_4 + 1 \cdot a_3 + 0 \cdot a_2 + 0 \cdot a_1 + 1 \cdot a_0 = 0 \end{cases} \tag{4.16}$$

上式中已将"$\oplus$"简写为"+"。在本章后面,除非另加说明,这类式中的"+"都指模 2 加。式(4.16)可以表示成如下矩阵形式:

$$\begin{bmatrix} 1110100 \\ 1101010 \\ 1011001 \end{bmatrix} \begin{bmatrix} a_6 \\ a_5 \\ a_4 \\ a_3 \\ a_2 \\ a_1 \\ a_0 \end{bmatrix} = \begin{bmatrix} 0 \\ 0 \\ 0 \end{bmatrix} \quad (模\ 2) \tag{4.17}$$

上式还可以简记为:

$$\boldsymbol{H} \cdot \boldsymbol{A}^{\mathrm{T}} = \boldsymbol{O}^{\mathrm{T}} \ 或 \ \boldsymbol{A} \cdot \boldsymbol{H}^{\mathrm{T}} = 0 \tag{4.18}$$

其中

$$\boldsymbol{H} = \begin{bmatrix} 1110100 \\ 1101010 \\ 1011001 \end{bmatrix}$$

$$A = [a_6 a_5 a_4 a_3 a_2 a_1 a_0]$$
$$O = [000]$$

右上标"T"表示将矩阵转置。例如，H^T 是 H 的转置，即 H^T 的第一行为 H 的第一列，H^T 的第二行为 H 的第二列，等等。

将 H 称为监督矩阵。只要监督矩阵 H 给定，编码时监督位和信息位的关系就完全确定。由式(4.16)、式(4.17)都可看出，H 的行数就是监督关系式的数目，它等于监督位的数目 r。H 的每行中"1"的位置表示相应码元之间存在的监督关系。例如，H 的第一行 1110100 表示监督位 a_2 是由信息位 a_6、a_5、a_4 之和决定的。式(4.17)中的 H 矩阵可以分成两部分：

$$H = \begin{bmatrix} 1110 \vdots 100 \\ 1101 \vdots 010 \\ 1011 \vdots 001 \end{bmatrix} = [P I_r] \tag{4.19}$$

式中，P 为 $r \times k$ 阶矩阵，I_r 为 $r \times r$ 阶单位方阵，将具有 $[P I_r]$ 形式的 H 矩阵称为典型监督矩阵。

由代数理论可知，H 矩阵的各行应该是线性无关的，否则将得不到 r 个线性无关的监督关系式，从而也得不到 r 个独立的监督位。若一矩阵能写成典型矩阵形式 $[P I_r]$，则其各行一定是线性无关的。因为容易验证 $[I_r]$ 的各行是线性无关的，故 $[P I_r]$ 的各行也是线性无关的。

类似于式(4.16)改变成式(4.17)中矩阵形式那样，式(4.17)也可以改写成：

$$\begin{bmatrix} a_2 \\ a_1 \\ a_0 \end{bmatrix} = \begin{bmatrix} 1110 \\ 1101 \\ 1011 \end{bmatrix} \begin{bmatrix} a_6 \\ a_5 \\ a_4 \\ a_3 \end{bmatrix} \tag{4.20}$$

或者

$$[a_2 a_1 a_0] = [a_6 a_5 a_4 a_3] \begin{bmatrix} 111 \\ 110 \\ 101 \\ 011 \end{bmatrix} = [a_6 a_5 a_4 a_3] Q \tag{4.21}$$

式中，Q 为一 $k \times r$ 阶矩阵，它为 P 的转置，即

$$Q = P^T \tag{4.22}$$

式(4.21)表明，信息位给定后，用信息位的行矩阵乘矩阵 Q 就产生出监督位。

将 Q 的左边加上一 $k \times k$ 阶单位方阵就构成一矩阵 G，即

$$G = [I_k Q] = \begin{bmatrix} 1000111 \\ 0100110 \\ 0010101 \\ 0001011 \end{bmatrix} \tag{4.23}$$

G 称为生成矩阵，因为由它可以产生整个码组，即有

$$[a_6 a_5 a_4 a_3 a_2 a_1 a_0] = [a_6 a_5 a_4 a_3] \cdot G \tag{4.24}$$

或者

$$A = [a_6 a_5 a_4 a_3] \cdot G \tag{4.25}$$

如果找到了码的生成矩阵 G，则编码的方法就完全确定。具有 $[I_k Q]$ 形式的生成矩阵称为典型生成矩阵。由典型生成矩阵得出的码组 A 中，信息位不变，监督位附加于其后，这种码

称为系统码。

比较式(4.19)和式(4.23)可见,典型监督矩阵 $\boldsymbol{H}$ 和典型生成矩阵 $\boldsymbol{G}$ 之间由式(4.22)相联系。

与 $\boldsymbol{H}$ 矩阵相似,也要求 $\boldsymbol{G}$ 矩阵的各行是线性无关的。因为由式(4.25)可以看出,任一码组 $\boldsymbol{A}$ 都是 $\boldsymbol{G}$ 的各行的线性组合。$\boldsymbol{G}$ 共有 k 行,若它们线性无关,则可组合出 2^k 种不同的码组 $\boldsymbol{A}$,它恰是有 k 位信息位的全部码组;若 $\boldsymbol{G}$ 的各行有线性相关的,则不可能由 $\boldsymbol{G}$ 生成 2^k 种不同码组了。实际上,$\boldsymbol{G}$ 的各行本身就是一个码组。因此,如果已有 k 个线性无关的码组,则可以用其作为生成矩阵 $\boldsymbol{G}$,并由它生成其余的码组。

一般说来,式(4.25)中 $\boldsymbol{A}$ 为一 n 列的行矩阵。此矩阵的 n 个元素就是码组中的 n 个码元,所以发送的码组就是 $\boldsymbol{A}$。此码组在传输中可能由于干扰引入差错,故接收码组一般说来与 $\boldsymbol{A}$ 不一定相同。若设接收码组为一 n 列的行矩阵 $\boldsymbol{B}$,即

$$\boldsymbol{B} = [\, b_{n-1} b_{n-2} \cdots b_0\,] \tag{4.26}$$

则发送码组和接收码组之差为:

$$\boldsymbol{B} - \boldsymbol{A} = \boldsymbol{E} \quad (\text{模 2}) \tag{4.27}$$

它就是传输中产生的错码行矩阵,其中

$$\boldsymbol{E} = [\, e_{n-1} e_{n-2} \cdots e_0\,] \tag{4.28}$$

其中

$$e_i = \begin{cases} 0 & \text{当 } b_i = a_i \\ 1 & \text{当 } b_i \neq a_i \end{cases}$$

若 $e_i = 0$,表示该位接收码元无错;若 $e_i = 1$,则表示该位接收码元有错。式(4.27)也可以改写成:

$$\boldsymbol{B} = \boldsymbol{A} + \boldsymbol{E} \tag{4.29}$$

例如,若发送码组 $\boldsymbol{A} = [\,1000111\,]$,错码矩阵 $\boldsymbol{E} = [\,0000100\,]$,则接收码组 $\boldsymbol{B} = [\,1000011\,]$。错码矩阵有时也称为错误图样。

接收端译码时,可将接收码组 $\boldsymbol{B}$ 代入式(4.18)中计算。若接收码组中无错码,即 $\boldsymbol{E} = 0$,则 $\boldsymbol{B} = \boldsymbol{A} + \boldsymbol{E} = \boldsymbol{A}$,把它代入式(4.18)后,该式仍成立,即有

$$\boldsymbol{B} \cdot \boldsymbol{H}^{\mathrm{T}} = 0 \tag{4.30}$$

当接收码组有错时,$\boldsymbol{E} \neq 0$,将 $\boldsymbol{B}$ 代入式(4.18)后,该式不一定成立。在错码较多,已超过这种编码的检错能力时,$\boldsymbol{B}$ 变为另一许用码组,则式(4.30)仍能成立。这样的错码是不可检测的。在未超过检错能力时,上式不成立,即其右端不等于零。假设这时式(4.30)的右端为 $\boldsymbol{S}$,即

$$\boldsymbol{B} \cdot \boldsymbol{H}^{\mathrm{T}} = \boldsymbol{S} \tag{4.31}$$

将 $\boldsymbol{B} = \boldsymbol{A} + \boldsymbol{E}$ 代入式(4.31)中,可得

$$\boldsymbol{S} = (\boldsymbol{A} + \boldsymbol{E}) \cdot \boldsymbol{H}^{\mathrm{T}} = \boldsymbol{A} \cdot \boldsymbol{H}^{\mathrm{T}} + \boldsymbol{E} \cdot \boldsymbol{H}^{\mathrm{T}}$$

由式(4.18)知,$\boldsymbol{A} \cdot \boldsymbol{H}^{\mathrm{T}} = 0$,所以

$$\boldsymbol{S} = \boldsymbol{E} \cdot \boldsymbol{H}^{\mathrm{T}} \tag{4.32}$$

式中,$\boldsymbol{S}$ 称为校正子。它与式(4.9)中的 $\boldsymbol{S}$ 相似,有可能利用它来指示错码位置。这一点可以直接从式(4.32)中看出,式中 $\boldsymbol{S}$ 只与 $\boldsymbol{E}$ 有关,而与 $\boldsymbol{A}$ 无关,这就意味着 $\boldsymbol{S}$ 与错码 $\boldsymbol{E}$ 之间有确定的线性变换关系。若 $\boldsymbol{S}$ 和 $\boldsymbol{E}$ 之间一一对应,则 $\boldsymbol{S}$ 将能代表错码的位置。

线性码有一个重要性质,就是它具有封闭性。封闭性是指一种线性码中的任意两个码组之和仍为这种码中的一个码组。也就是说,若 A_1 和 A_2 是一种线性码中的两个许用码组,则 (A_1+A_2) 仍为其中的一个码组。这一性质的证明很简单,若 A_1、A_2 为码组,则按式 (4.18) 有:

$$A_1 \cdot H^T = 0, A_2 \cdot H^T = 0$$

将上两式相加,可得

$$A_1 \cdot H^T + A_2 \cdot H^T = (A_1+A_2) \cdot H^T = 0 \qquad (4.33)$$

所以,(A_1+A_2) 也是一码组。利用表 4.4 可验证这一结论。既然线性码具有封闭性,因而两个码组之间的距离必是另一码组的重量。故码的最小距离即是码的最小重量(除全"0"码组外)。

线性码又称群码,这是由于线性码的各许用码组构成代数学中的群。

4.6 循环码

4.6.1 循环码原理

在线性分组码中,有一种重要的码称为循环码。它是在严密的代数学理论基础上建立起来的。这种码的编码和解码设备都不太复杂,且检(纠)错的能力较强,目前在理论上和实践中都有了较大的发展。循环码除了具有线性码的一般性质外,还具有循环性,即循环码中任一码组循环移位一位(将最右端的码元移至左端,或反之)以后,仍为该码中的一个码组。在表 4.5 中给出一种 (7,3) 循环码的全部码组。由此表可以直观看出这种码的循环性。例如,表中的第 2 码组向右移一位即得到第 5 码组;第 6 码组向右移一位即得到第 7 码组。一般来说,若 $(a_{n-1}, a_{n-2}, \cdots, a_0)$ 是一个循环码组,则 $(a_{n-2}, a_{n-3}, \cdots, a_0, a_{n-1})$,$(a_{n-3}, a_{n-4}, \cdots, a_{n-1}, a_{n-2}) \cdots (a_0, a_{n-1}, \cdots, a_2, a_1)$ 也是该编码中的码组。

在代数编码理论中,为了便于计算,把这样的码组中各码元当作是一个多项式的系数,即长为 n 的码组表示为:

$$T(x) = a_{n-1}x^{n-1} + a_{n-2}x^{n-2} + \cdots + a_1 x + a_0 \qquad (4.34)$$

表 4.5 中的任一码组可以表示为:

$$T(x) = a_6 x^6 + a_5 x^5 + a_4 x^4 + a_3 x^3 + a_2 x^2 + a_1 x + a_0 \qquad (4.35)$$

表 4.5 (7,3)循环码

码组编号	信息位	监督位	码组编号	信息位	监督位
	$a_6 a_5 a_4$	$a_3 a_2 a_1 a_0$		$a_6 a_5 a_4$	$a_3 a_2 a_1 a_0$
1	000	0000	5	100	1011
2	001	0111	6	101	1100
3	010	1110	7	110	0101
4	011	1001	8	111	0010

*在代数中,将某种集合称为群,若此集合中的元素对于一种运算满足下列4个条件:

①封闭性:集合中任两元素经此运算后得到的仍为该集合中的元素。

②有单位元素:单位元素是指集合中的某一元素,它与集合中任一元素运算后仍等于后者。

③有逆元素:集合中任一元素与某一元素运算后能得到单位元素,则称该二元素互为逆元素。

④结合律成立。

例如,所有整数的集合对于加法构成群。因为:(a)任两整数相加仍为整数,具有封闭性;(b)单位元素为0,因0与任何整数相加均等于后者;(c)正整数 n 和负整数 $-n$ 互为逆元素,因为 $n+(-n)=0=$ 单位元素;(d)结合律成立,即有:$(m+n)+p=m+(n+p)$。

如果一个集合除满足上述4个条件外,又满足交换律,则称之为可交换群或阿贝尔(Abel)群。例如,在上例整数群中交换律也成立,即 $m+n=n+m$,所以,整数群是一种可交换群。

线性码对于模2加法构成可交换群,因为上述5个条件它都满足。线性码的封闭性上面已经证明过。线性码中的单位元素为 $A=0$,即全零码组。由于 $A=0$,可使式(4.17)成立,所以全零码组一定是线性码中的一个元素。线性码中一元素的逆元素就是该元素本身,因为 $A+A=0$。至于结合律和交换律,也容易看出是满足的,所以线性码是一种群码。

例如,表中的第7码组可以表示为:

$$T_7(x)=1 \cdot x^6+1 \cdot x^5+0 \cdot x^4+0 \cdot x^3+1 \cdot x^2+0 \cdot x+1=x^6+x^5+x^2+1 \tag{4.36}$$

在这种多项式中,7仅是码元位置的标记,例如,上式表示第7码组中 a_6,a_5,a_2 和 a_0 为"1",其他均为零,因此,并不关心 x 的取值。这种多项式有时称为码多项式。

(1)码多项式的按模运算

在整数运算中,有模 n 运算。例如,在模2运算中,有 $1+1=2=0$(模2),$1+2=3=1$(模2),$2×3=6=0$(模2)等。一般来说,若一整数 m 可以表示为:

$$\frac{m}{n}=Q+\frac{P}{n} \qquad P<n \tag{4.37}$$

式中,Q 为整数。

在模 n 运算下,有:

$$m \equiv p \qquad (模 n) \tag{4.38}$$

这就是说,在模 n 运算下,一整数 m 等于其被 n 除得之余数。

在码多项式运算中也有类似的按模运算。若一任意多项式 $F(x)$ 被一 n 次多项式 $N(x)$ 除,得到商式 $Q(x)$ 和一个次数小于 n 的余式 $R(x)$,即

$$F(x)=N(x)Q(x)+R(x) \tag{4.39}$$

则写为:

$$F(x) \equiv R(x) \qquad (模 N(x)) \tag{4.40}$$

这时,码多项式系数仍按模2运算,即只取值0和1。例如,x^3 被 (x^3+1) 除得余项1,所以有

$$x^3 \equiv 1 \qquad (模 x^3+1) \tag{4.41}$$

同理

$$x^4+x^2+1 \equiv x^2+x+1 \qquad (模 x^3+1) \tag{4.42}$$

且在模 2 运算中,用加法代替了减法,故以上余项不是 x^2-x+1,而是 x^2+x+1。

在循环码中,若 $T(x)$ 是一个长为 n 的许用码组,则 $x^i \cdot T(x)$ 在按模 x^n+1 运算下,亦是一个许用码组。即若

$$x^i \cdot T(x) \equiv T'(x) \qquad (模\ x^n+1) \tag{4.43}$$

则 $T'(x)$ 也是一个许用码组。其证明是很简单的,因为若

$$T(x) = a_{n-1}x^{n-1} + a_{n-2}x^{n-2} + \cdots + a_1 x + a_0 \tag{4.44}$$

则

$$x^i \cdot T(x) = a_{n-1}x^{n-1+i} + a_{n-2}x^{n-2+i} + \cdots + a_1 x^{1+i} + a_0 x^i$$
$$\equiv a_{n-1-i}x^{n-1} + a_{n-2-i}x^{n-2} + \cdots + a_0 x^i + a_{n-1}x^{i-1} + \cdots + a_{n-i} \quad (模\ x^n+1) \tag{4.45}$$

所以,这时有

$$T'(x) = a_{n-1-i}x^{n-1} + a_{n-2-i}x^{n-2} + \cdots + a_0 x^i + a_{n-1}x^{i-1} + \cdots + a_{n-i} \tag{4.46}$$

式(4.46)中,$T'(x)$ 正是式(4.43)中 $T(x)$ 代表的码组向左循环移位 i 次的结果。因为原已假定 $T(x)$ 为一循环码,所以 $T'(x)$ 也必为该码中一个码组。例如,式(4.36)中循环码:

$$T(x) = x^6 + x^5 + x^2 + 1$$

其码长 $i=7$。现给定 $i=3$,则

$$x^i T(x) = x^3(x^6 + x^5 + x^2 + 1) = x^9 + x^8 + x^5 + x^3$$
$$= x^5 + x^3 + x^2 + x \quad (模\ x^n+1) \tag{4.47}$$

其对应的码组为 0101110,它正是表 4.5 中第 3 码组。

由上述分析可见,一个长为 n 的循环码,它必为按模 x^n+1 运算的一个余式。

(2)循环码的生成矩阵 G

由式(4.24)可知,有了生成矩阵 C,就可以由是个信息位得出整个码组,而且生成矩阵 G 的每一行都是一个码组。例如,在式(4.24)中,若 $a_6 a_5 a_4 a_3 = 1000$,则码组 A 就等于 G 的第一行;若 $a_6 a_5 a_4 a_3 = 0100$,则码组 A 就等于 G 的第二行;等等。由于 G 是 k 行 n 列矩阵,因此,若能找到 k 个已知码组,就能构成矩阵 G。如前所述,这 k 个已知码组必须是线性无关的,否则,给定的信息位与编出的码组就不是一一对应的。

在循环码中,一个 (n,k) 码有 2^k 个不同码组。若用 $g(x)$ 表示其中前 $(k-1)$ 位皆为"0"的码组,则 $g(x)$,$xg(x)$,$x^2 g(x)$,$\cdots$,$x^{k-1}g(x)$ 都是码组,而且这 k 个码组是线性无关的。因此,它们可以用来构成此循环码的生成矩阵 G。

在循环码中除全"0"码组外,再没有连续 k 位均为"0"的码组,即连"0"的长度最多只能有 $(k-1)$ 位,否则,在经过若干次循环移位后将得到一个 k 位信息位全为"0",但监督位不全为"0"的码组,这在线性码中显然是不可能的。因此,$g(x)$ 必须是一个常数项不为"0"的 $(n-k)$ 次多项式,而且,这个 $g(x)$ 还是这种 (n,k) 码中次数为 $(n-k)$ 的唯一的一个多项式。因为如果有两个,则由码的封闭性,把这两个相加也应该是一个码组,且此码组多项式的次数将小于 $(n-k)$,即连续"0"的个数多于 $(k-1)$。显然,这是与前面的结论矛盾的,故是不可能的。称这唯一的 $(n-k)$ 次多项式 $g(x)$ 为码的生成多项式,一旦确定 $g(x)$,则整个 (n,k) 循环码就被确定。

因此,循环码的生成矩阵 G 可以写成:

$$\boldsymbol{G}(x) = \begin{bmatrix} x^{k-1}g(x) \\ x^{k-2}g(x) \\ \vdots \\ xg(x) \\ g(x) \end{bmatrix} \tag{4.48}$$

例如,在表 4.5 所给出的循环码中,$n=7$,$k=3$,$(n-k)=4$。可见,唯一的一个 $(n-k)=4$ 次码多项式代表的码组是第二码组 0010111,相对应的码多项式(即生成多项式)$g(x)=x^4+x^2+x+1$。将此 $g(x)$ 代入上式,得到:

$$\boldsymbol{G}(x) = \begin{bmatrix} x^2g(x) \\ xg(x) \\ g(x) \end{bmatrix} \tag{4.49}$$

或

$$\boldsymbol{G} = \begin{bmatrix} 1011100 \\ 0101110 \\ 0010111 \end{bmatrix} \tag{4.50}$$

由于上式不符合式(4.23)所示的 $\boldsymbol{G}=[I_k Q]$ 形式,所以此生成矩阵不是典型的。不过,将此矩阵做线性变换,不难化成典型矩阵。

类似式(4.24),可以写出此循环码组,即

$$\boldsymbol{T}(x) = [a_6 a_5 a_4] \, \boldsymbol{G}(x) = [a_6 a_5 a_4] \begin{bmatrix} x^2g(x) \\ xg(x) \\ g(x) \end{bmatrix} = (a_6 x^2 + a_5 x + a_4)g(x) \tag{4.51}$$

式(4.51)表明,所有码多项式 $T(x)$ 都可被 $g(x)$ 整除,而且任一次数不大于 $(k-1)$ 的多项式乘 $g(x)$ 都是码多项式。

(3)如何寻找任一 (n,k) 循环码的生成多项式

由式(4.51)可知,任一循环码多项式列 $T(x)$ 都是 $g(x)$ 的倍式,故可以写成:

$$T(x) = h(x) \cdot g(x) \tag{4.52}$$

而生成多项式 $g(x)$ 本身也是一个码组,即

$$T'(x) = g(x) \tag{4.53}$$

由于码组 $T'(x)$ 为一 $(n-k)$ 次多项式,故 $x^k T'(x)$ 为一 n 次多项式。由式(4.43)可知,$x^k T'(x)$ 在模 (x^n+1) 运算下亦为一码组,故可以写成:

$$\frac{x^k T'(x)}{x^n+1} = Q(x) + \frac{T(x)}{x^n+1} \tag{4.54}$$

上式左端分子和分母都是 n 次多项式,故上式 $Q(x)=1$。因此,上式可化成:

$$x^k T'(x) = (x^n+1) + T(x) \tag{4.55}$$

将式(4.52)和式(4.53)代入上式,并化简后可得:

$$x^n + 1 = g(x) [x^k + h(x)] \tag{4.56}$$

式(4.56)表明,生成多项式 $g(x)$ 应该是 (x^n+1) 的一个因式。这一结论为寻找循环码的生成多项式指出了一条道路,即循环码的生成多项式应该是 (x^n+1) 的一个 $(n-k)$ 次因式。例如,(x^7+1) 可以分解为:

$$x^7+1=(x+1)(x^3+x^2+1)(x^3+x+1) \tag{4.57}$$

为了求 $(7,3)$ 循环码的生成多项式 $g(x)$，要从上式中找到一个 $(n-k)=4$ 次的因子。不难看出，这样的因子有两个，即

$$(x+1)(x^3+x^2+1)=x^4+x^2+x+1 \tag{4.58}$$

$$(x+1)(x^3+x+1)=x^4+x^3+x^2+1 \tag{4.59}$$

以上两式都可作为生成多项式用。不过，选用的生成多项式不同，产生出的循环码码组也不同。用式(4.58)作为生成多项式产生的循环码即为表 4.5 所示。

4.6.2　循环码的编、解码方法

(1)循环码的编码方法

在编码时，首先要根据给定的 (n,k) 值选定生成多项式 $g(x)$，即从 (x^n+1) 的因子中选一 $(n-k)$ 次多项式作为 $g(x)$。

由式(4.51)可知，所有码多项式 $T(x)$ 都可被 $g(x)$ 整除，根据这条原则，就可以对给定的信息位进行编码：设 $m(x)$ 为信息码多项式，其次数小于 k。用 x^{n-k} 乘 $m(x)$，得到的 $x^{n-k}m(x)$ 的次数必小于 n。用 $g(x)$ 除 $x^{n-k}m(x)$，得到余式 $r(x)$，$r(x)$ 的次数必小于 $g(x)$ 的次数，即小于 $(n-k)$。将此余式 $r(x)$ 加于信息位之后作为监督位，即将 $r(x)$ 与 $x^{n-k}g(x)$ 相加，得到的多项式必为一码多项式。因为它必能被 $g(x)$ 整除，且商的次数不大于 $(k-1)$。

根据上述原理，编码步骤可归纳如下：

①用 x^{n-k} 乘 $m(x)$。这一运算实际上是把信息码后附加上 $(n-k)$ 个"0"。例如，信息码为 110，它相当 $m(x)=x^2+x$。当 $n-k=7-3=4$ 时，$x^{n-k}m(x)=x^4(x^2+x)=x^6+x^5$，它相当于 1100000。

②用 $g(x)$ 除 $x^{n-k}m(x)$，得到商 $Q(x)$ 和余式 $r(x)$，即

$$\frac{x^{n-k}m(x)}{g(x)}=Q(x)+\frac{r(x)}{g(x)} \tag{4.60}$$

例如，若选定 $g(x)=x^4+x^2+x+1$，则

$$\frac{x^{n-k}m(x)}{g(x)}=\frac{x^6+x^5}{x^4+x^2+x+1}=(x^2+x+1)+\frac{x^2+1}{x^4+x^2+x+1} \tag{4.61}$$

式(4.61)相当于

$$\frac{1100000}{10111}=111+\frac{101}{10111} \tag{4.62}$$

③编出的码组 $T(x)$ 为：

$$T(x)=x^{n-k}m(x)+r(x) \tag{4.63}$$

在上例中，$T(x)=1100000+101=1100101$，它就是表 4.5 中第 7 码组。

上述三步运算，在用硬件实现时，可以由除法电路来实现。除法电路的主体由一些移存器和模 2 加法器组成。例如，上述 $(7,3)$ 码的编码器组成示于图 4.11 中。图中有 4 级移存器，分别用 a、b、c、d 表示，另外，有一双刀双掷开关 S。当信息位输入时，开关 S 转向下，输入信码一方面送入除法器进行运算，另一方面直接输出。在信息位全部进入除法器后，开关转向上，这时输出端接到移存器，将移存器中存储的除法余项依次取出，同时切断反馈线。此编码器的工作过程见表 4.6。用这种方法编出的码组，前面是原来的 k 个信息位，后面是 $(n-k)$ 个监督位，因此它是系统分组码。

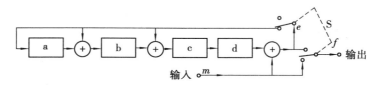

图 4.11 （7,3）码编码器

顺便指出,由于微处理器和数字信号处理器的应用日益广泛,目前已多采用这些先进器件和相应的软件来实现上述编码。

表 4.6 （7,3）码编码器的工作过程

输　入	移　存　器	反　馈	输　出
m	abcd	e	f
0	0000	0	0
1	1110	1	1
1	1001	1	1 $\}$ $f=m$
0	1010	1	0
0	0101	0	0
0	0010	1	1 $\}$ $f=e$
0	0001	0	0
0	0000	1	1

（2）循环码的解码方法

接收端解码的要求有两个:检错和纠错。达到检错目的的解码原理十分简单。由于任一码组多项式 $T(x)$ 都应能被生成多项式 $g(x)$ 整除,所以在接收端可以将接收码组 $R(x)$ 用原生成多项式 $g(x)$ 去除。当传输中未发生错误时,接收码组与发送码组相同,即 $R(x)=T(x)$,故接收码组 $R(x)$ 必定能被 $g(x)$ 整除;若码组在传输中发生错误,则 $R(x) \neq T(x)$, $R(x)$ 被 $g(x)$ 除时可能除不尽而有余项,即

$$R(x)/g(x)=Q'(x)+r'(x)/g(x)$$

因此,就以余项是否为零来判别码组中有无错码。根据这一原理构成的解码器如图 4.12（a）所示。由图可见,解码器的核心就是一个除法电路和缓冲移存器,而且这里的除法电路与发送端编码器中的除法电路相同。在此除法器中进行 $R(x)/g(x)$ 运算,若运算结果余项为零,则认为码组 $R(x)$ 无错,这时就将暂存于缓冲移存器中的接收码组送出到解码器输出端;若运算结果余项不等于零,则认为 $R(x)$ 中有错,但错在何位不知,这时,就可以将缓冲移存器中的接收码组删除,并向发送端发出一重发指令,要求重发一次该码组。

需要指出,有错码的接收码组也有可能被 $g(x)$ 整除,这时的错码就不能检出,这种错误称为不可检错误。不可检错误中的错码数必定超过了这种编码的检错能力。

在接收端为纠错而采用的解码方法自然比检错时复杂。为了能够纠错,要求每个可纠正的错误图样必须与一个特定余式有一一对应关系。这里,错误图样是指式（4.27）中错码矩阵 E 的各种具体取值的图样,余式是指接收码组 $R(x)$ 被生成多项式 $g(x)$ 除所得的余式。因为

只有存在上述一一对应的关系时,才可能从上述余式唯一地确定错误图样,从而纠正错码。因此,原则上纠错可按下述步骤进行:

①用生成多项式 $g(x)$ 除接收码组 $R(x) = T(x) + E(x)$ 得 $r(x)$。

②按余式 $r(x)$ 用查表的方法或通过某种运算得到错误图样 $E(x)$。例如,通过计算校正子 S 和利用类似表 4.3 的关系,就可确定错码位置。

③从 $R(x)$ 中减去 $E(x)$,便得到已纠正错误的原发送码组 $T(x)$。

上述第①步运算与检错解码时的相同,第③步也很简单,只是第②步可能需要复杂的设备,并且在计算余式和决定 $E(x)$ 的时候需要把整个接收码组 $R(x)$ 暂时存储起来。第②步要求的计算,对于纠正突发错误或单个错误的编码还算简单,但对于纠正多个随机错误的编码却是十分复杂的。

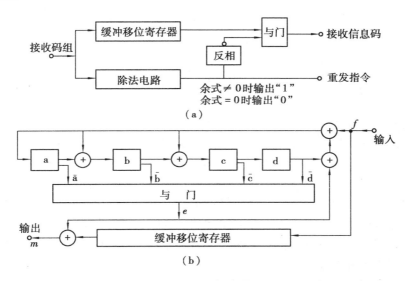

图 4.12　解码器

上例中的 (7,3) 码,由表 4.5 可以看出,其码距为 4,因此,它有纠正一个错误的能力。这里仍以此码为例给出一种用硬件实现的纠错解码器的原理方框图,如图 4.12(b) 所示。图中上部为一 4 级反馈移位寄存器组成的除法电路,它和图 4.11 中编码器的组成基本一样。接收到的码组,除了送入此除法电路外,同时还送入一缓冲寄存器暂存。假定现在接收码组为 $10^{×}00101$,其中右上角打"×"号者为错码。此码组进入除法电路后,移位寄存器各级的状态变化过程列于表 4.7 中。当此码组的 7 个码元全部进入除法电路后,移位寄存器的各级状态自右向左依次为 0100。其中移位寄存器 c 的状态为"1",它表示接收码组中第 2 位有错(接收码组无错时,移位寄存器中状态应为全"0",即表示码组可被生成多项式整除)。在此时刻以后,输入端使其不再进入信码,即保持输入为"0",而将缓冲寄存器中暂存的信码开始逐位移出。在信码第 2 位(错码)输出时刻,反馈移位寄存器的状态(自右向左)为 1000。"与门"输入为 abcd,所以,仅当反馈移位寄存器状态为 1000 时,"与门"输出为"1"。这个输出"1"有两个功用:一是与缓冲寄存器输出的有错信码模 2 相加,从而纠正错码;二是与反馈移位寄存器 d 级输出模 2 相加,达到清除各级反馈移位寄存器的目的。

表 4.7 （7,3）码纠错示意

输　入	移位寄存器	"与门"输出
f	abcd	e
0	0000	0
1	1110	0
$0^{\times}$	0111	0
0	1101	0
0	1000	0
1	1010	0
0	0101	0
1	$001^{\times}0$	0
0	0001	1
0	0000	0

　　在实际使用中,一般情况下码组不是孤立传输的,而是一组组连接传输的。但是,由以上解码过程可知,除法电路在一个码组的时间内运算求出余式后,尚需在下一码组时间中进行纠错。因此,实际的解码器需要两套除法电路(和"与门"电路等)配合一个缓冲寄存器,这两套除法电路由开关控制交替接收码组。此外,在解码器输出端也需有开关控制只输出信息位,删除监督位,这些开关图中均未示出。目前,解码器也多采用微处理器或数字信号处理器实现。

　　这种解码方法称为捕错解码法。通常,一种编码可以有不同的几种纠错解码法。对于循环码,除了用捕错解码、多数逻辑解码等外,根据其判决方法有硬判决解码与软判决解码。在此只举例说明了捕错解码方法的解码过程,说明错码是可以自动纠正以及是如何自动纠正的。至于循环码解码原理的详细分析,已超出本书范围,故不再讨论。

4.6.3　缩短循环码

　　在循环码的研究中发现,并不是在所有长度 n 和信息位数 k 上都能找到相应的满足某纠错能力的循环码。但在系统设计中,码长 n、信息位数 k 和纠错能力常常是预先给定的,这时若将循环码缩短,即可满足 n、k 和纠错码能力的要求,且拥有循环码编译码简单的特点。

　　给定一 (n,k) 循环码组集合,使前 $i(0<i<k)$ 个高阶信息数字全为零,于是得到有 2^{k-i} 个码组的集合,然后从这些码组中删去这 i 个零信息位数字,最终得到一新的 $(n-i,k-i)$ 的线性码,称这种码为缩短循环码。缩短循环码与产生该码的原循环码至少具有相同的纠错能力,缩短循环码的编码和译码可用原循环码使用的电路完成。例如,若要求构造一个能够纠正一位错误的 $(13,9)$ 码,则可以由 $(15,11)$ 海明码挑出前面两个信息位均为零的码组,构成一个码组集合。然后在发送时,这两个零信息位皆不发送,即发送的是 $(13,9)$ 缩短循环码。因校验位数相同,$(13,9)$ 码与 $(15,11)$ 循环码具有相同的纠错能力。原循环码可纠正一位错,所以 $(13,9)$ 码也可纠正一位错,满足要求。

4.6.4 交织技术

交织技术是利用纠随机错误的码字,以交织的方法来构造新的码字,从而达到纠突发错误的目的。把纠随机错误的(n,k)线性分组码的m个码字,排成m行的一个矩阵,这个矩阵称为交织码。交织码的每一行称为交织码的子码。行数m称为交织度。下面是一个交织度为4的$(28,16)$交织码,其子码为能纠单个随机错误的$(7,4)$线性分组码。

$$a_{61} \quad a_{51} \quad a_{41} \quad a_{31} \quad a_{21} \quad a_{11} \quad a_{01}$$
$$a_{62} \quad a_{52} \quad a_{42} \quad a_{32} \quad a_{22} \quad a_{12} \quad a_{02}$$
$$a_{63} \quad a_{53} \quad a_{43} \quad a_{33} \quad a_{23} \quad a_{13} \quad a_{03}$$
$$a_{64} \quad a_{54} \quad a_{44} \quad a_{34} \quad a_{24} \quad a_{14} \quad a_{04}$$

发送时按列的顺序进行,因此送入信道的码字为$a_{61},a_{62},a_{63},a_{64},a_{51},a_{52},\cdots,a_{01},a_{02},a_{03},a_{04}$。在传输过程中,如果发生长度小于4的单个突发错误,那么无论从哪一位开始,至多只影响交织码中每个子码中的一个码元。接收端将接收到的码字重新按照交织方式进行排列,然后逐行进行译码,由于每一行码能纠正一个错误,故译完后,就可把突发错误纠正过来。

一般来说,一个(n,k)线性分组码能纠正t个随机错误,按照上述方法进行交织,交织度为m,则可得到一个(m_n,m_k)交织码。该交织码能纠正长度小于m_t的单个突发错误。可以证明,如果(n,k)线性分组码是一个循环码,它的生成多项式为$g(x)$,那么(m_n,m_k)交织码也是一个循环码,其生成多项式为$g(x^m)$,且码率与其子码相同。

4.7 卷积码

4.7.1 基本概念

卷积码又称连环码,是1955年提出来的一种纠错码,它与分组码有明显的区别。(n,k)线性分组码中,本组$r=n-k$个监督元仅与本组的k个信息元有关,与其他各组无关,也是说分组码编码器本身并无记忆性。卷积码则不同,每个(n,k)码段(也称子码)内的n个码元不仅与该码段内的信息元有关,而且与前面m段的信息元有关。通常称m为编码存储。卷积码常用符号(n,k,m)表示。图4.13是卷积码$(2,1,2)$的编码器。它由移位寄存器、模2加法器及开关电路组成。

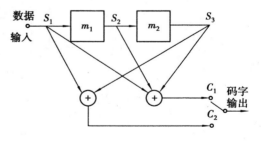

图4.13 卷积码$(2,1,2)$编码器

起始状态,各级移位寄存器清零,即$S_1S_2S_3$为000。S_1等于当前输入数据,而移位寄存器状态S_2S_3存储以前的数据,输出码字C由下式确定:

$$\begin{cases} C_1 = S_1 \oplus S_2 \oplus S_3 \\ C_2 = S_1 \oplus S_3 \end{cases} \tag{4.64}$$

当输入数据 $D=[11010]$ 时,输出码字可以计算出来,具体计算过程见表4.8。另外,为了保证全部数据通过寄存器,还必须在数据位后加3个"0"。

从上述的计算可知,每一位数据影响$(m+1)$个输出子码,称$(m+1)$为编码约束度。每一个子码有 n 个码元,在卷积码中有约束关系的最大码元长度则为$(m+1) \cdot n$,称为编码约束长度。$(2,1,2)$卷积码的编码约束度为3,约束长度为6。

表4.8　(2,1,2)编码器的工作过程

S_1	1	1	0	1	0	0	0	0
S_3S_2	00	01	11	10	01	10	00	00
C_1C_2	11	01	01	00	10	11	00	00
状态	a	b	d	c	b	c	a	a

4.7.2　卷积码的描述

卷积码同样也可以用矩阵的方法描述,但较抽象。因此,采用图解的方法直观描述其编码过程。常用的图解法有3种:状态图、树图和格状图。

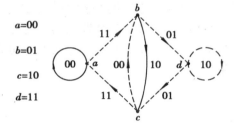

(1) 状态图

图4.14 是$(2,1,2)$卷积编码器的状态图。在图中有4个节点 a、b、c、d,同样分别表示S_3S_2的4种可能状态:00、01、10 和 11。每个节点有两条线离开该节点,实线表示输入数据为"0",虚线表示输入数据为"1",线旁的数字即为输出码字。

(2) 树图

树图描述的是在任何数据序列输入时码字所有可能的输出。对应于图4.13所示的$(2,1,2)$卷积码的编码电路,可以画出其树图如图4.15所示。

$a=00$
$b=01$
$c=10$
$d=11$

图 4.14　(2,1,2)码的状态图

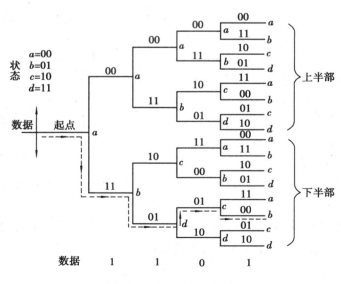

图 4.15　(2,1,2)码的树图

以 $S_1S_2S_3=000$ 作为起点。若第一位数据 $S_1=0$,输出 $C_1C_2=00$,从起点通过上支路到达状态 a,即 $S_1S_2=00$;若 $S_1=1$,输出 $C_1C_2=11$,从起点通过下支路到达状态 b,即 $S_3S_2=01$;以此类推,可得整个树图。输入不同的信息序列,编码器就走不同的路径,输出不同的码序列。例如,当输入数据为[11010]时,其路径如图中虚线所示,并得到输出码序列为[11010100…],与表4.8 的结果一致。

(3) 格状图

格状图也称网络图或篱笆图,它由状态图在时间上展开而得到,如图4.16 所示。图中画出了所有可能数据输入时状态转移的全部可能轨迹,实线表示数据为"0",虚线表示数据为"1",线段上的数字为输出码字,节点表示状态。

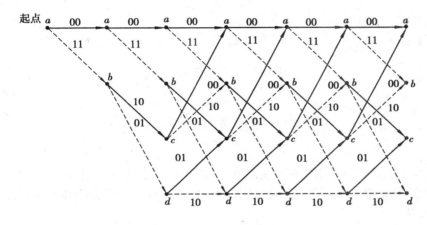

图4.16 (2,1,2)码的格状图

以上的3 种卷积码的描述方法,不但有助于求解输出码字,了解编码工作过程,而且对研究译码方法也很有用。

4.7.3 卷积码的译码

卷积码的译码可分为代数译码和概率译码两大类。代数译码是利用生成矩阵和监督矩阵来译码,最主要的方法是代数逻辑译码。概率译码比较实用的有两种:维特比译码和序列译码。目前,概率译码已成为卷积码最主要的译码方法。本节将简要讨论维特比译码。

维特比译码是一种最大似然译码算法。最大似然译码算法的基本思路是把接收码字与所有可能的码字比较,选择一种码距最小的码字作为译码输出。由于接收序列通常很长,所以维特比译码时作了简化,即它把接收码字分段处理。每接收一段码字,计算和比较一次,保留码距最小的路径,直至译完整个序列。

现以上述(2,1,2)码为例说明维特比译码过程。设发端的信息数据 $D=[11010000]$,由编码器输出的码字 $C=[1101010010110000]$,收端接收的码序列 $B=[0101011010010010]$,有4 位码元差错。下面参照图4.16 的格状图说明译码过程。

如图4.17 所示,先选前3 个码作为标准,对到达第3 级的4 个节点的8 条路径进行比较,逐步算出每条路径与接收码字之间的累计码距。累计码距分别用括号内的数字标出,对照后保留一条到达该节点的码距较小的路径作为幸存路径。再将当前节点移到第4 级,计算、比较、保留幸存路径,直至最后得到到达终点的一条幸存路径,即为译码路径,如图4.17 中实线所示。根据该路径,得到译码结果。

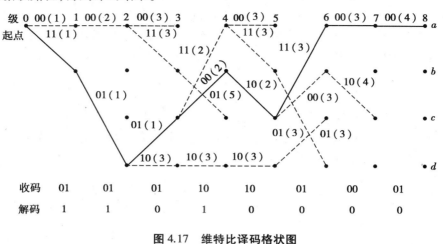

图4.17 维特比译码格状图

4.8 其他差错控制方式

除了上面介绍的各种差错控制方法之外,人们还研究了许多其他方法。特别是随着计算机在通信中的应用,将会有更多、更有效的差错控制方法出现。下面介绍几种差错控制方法:

(1)冗余法

冗余法的基本思想是,发送端发送两份完全相同的文件,接收端接收完两份文件后,首先进行比较,如果两份文件完全相同,则接受此文件;否则,接收端将要求发送端再重发。其原理图如图4.18所示。

图4.18 冗余法原理图　　　　　　　图4.19 多数表决法原理图

(2)多数表决法

多数表决法也称为重复码。最简单的能纠正错误的办法是将有用信息重复传送几次,只要正确的次数多于传错的次数,就用少数服从多数的原则排除差错,这就是简单的重复码的原理。多数表决法如图4.19所示。

重复的方式有以下两种:

1)逐位重复

逐位重复,即每个信息连续传几次。例如,若原始信息为 10110100… 则三重码为11100011111100011000000…

2)分段重复

分段重复,即所传信息按固定位数分段,每段信息连续传几次。例如,若四位为一段,那么对上述同样的信息 10110100…可得三重码为:1011,1011,1011,0100,0100,0100,…逐位重复的方式,设备省些,但分段重复可抗成群差错。因为当成群差错的长度小于一段的长度时,任一位信息最多破坏一次,而正确传输次数至少有两次,故一表决就把错误排除了。

重复次数一般需取奇数,以避免出现一半"对"与一半"错误"的僵局。很明显,重复码的编码效率比较低,对于 n 重码,其效率仅为 $\frac{1}{n}$,这是重复码的缺点,但从纠错及检错能力来看,重复码是相当好的。例如,三重码可以纠正一位差错,发现两位差错,五重码可以纠正两位差错,发现四位差错。至于分段重复码,它的纠错能力还取决于每段长度。

（3）**反正码**

反正码是一种能简单纠正错码的编码,多用于 10 单位电码的前向自动纠错设备中,5 单位电码的重复,能纠正一位差错,发现大部分两位以上的差错。

每一个这样的码组由 10 个码元组成,$n=10$,其中信息位 $k=5$,监督位 $r=5$,编码规则为:

①当信息码中"1"的个数是奇数时,监督码与信息码相同,这种情况称监督码为信息码的"正码"。

②当信息码中的"1"是偶数个时,监督码是信息码的反码,即"0"和"1"互换,正反码的名称即由此而来。

例如,若信息码为 11010,则监督码为 11010 构成的码组为 1101011010;若信息码为 10100,则监督码为 01011,构成的码组为 1010001011。

接收端解码的方法是:先将接收到的码组中的信息与监督码按相应的码位模 2 加,得到一个新的 5 位码组;然后,根据接收码组的信息码中"1"的个数,如果"1"的个数为奇数,就取上述相加所得的新 5 位码组作为检验码组。若"1"的个数为偶数,则取上述相加结果的反码作为检验码组。最后可按表 4.9 根据检验码组中"1"的个数进行判决及纠正可能发现的错码。

例如,发送码组为（1101011010）,若无传输差错,则收到的仍为（1101011010）,合成码组应为:

$$11010 \oplus 11010 = 00000$$

又由于接收码中信号码（前 5 位）"1"的个数为奇数,故检验码组即为 00000,按表 4.9 判决无错码。

若传输过程出现差错,收到的码组为（1001011010）,则合成码组应为:

$$10010 \oplus 11010 = 01000$$

由于接收码组中信息码有偶数个"1",故检验码组应是合码的反码,即 10111,按表 4.9 判决,信息码有一位错码,差错位置即为检验码的"0"所对应位置,即信息码第二位为错码。

若收到的码组为（1101001010）,此时合成码组为:

$$11010 \oplus 01010 = 10000$$

由于接收码组中信息码有奇数个"1",故检验码组就是 10000。按表 4.9 判决,监督码第一位为错码。

又若接收的码组为（1000011010）,则合成码组为:

$$10000 \oplus 11010 = 01010$$

因接收码中信息有奇数个"1",故检验码组即为 01010。按表 4.9 检验码组中出现两个"1"属其他情况,判决差错个数大于 1 个,不能自动纠正。只能通过其他办法来改正这个差错。

表 4.9　正反码的判决

	检验码线的组成	差错情况的判决
1	全为"0"	无错码
2	有 4 个"1",一个"0"	信息码中有一位出错,差错位置就是检验码中"0"所对应的位置
3	有 4 个"0",一个"1"	监督码中有一位出错,差错位置就是检验码中"1"所对应的位置
4	其他	差错个数>1,不能自动纠正,只能通过其他方法改正

小　结

差错控制编码是提高数字信息传输可靠性的一项重要技术,当然,它是以牺牲数字信息传输的有效性为代价的。为了进行差错控制,不得不增加额外比特,这就是所谓的"冗余"技术。海明距离是判断码组检错、纠错能力的重要依据。

本章主要是讲述差错控制的基本原理,主要包括:差错控制的 3 种控制方式(即前向纠错(FEC)、自动请求重传(ARQ)以及混合纠错方式)和几种常用的差错控制编码的方法(检错码、线性分组码、卷积码)。

常用的差错校验方法:
①奇偶校验;
②方阵校验;
③循环冗余校验(CRC);
④恒比码校验;
⑤卷积码校验。

习　题

4.1　纠错码能够检错或纠错的根本原因是什么?

4.2　差错控制的基本工作方式有哪几种? 各有什么特点?

4.3　什么是分组码? 其结构特点如何?

4.4　分组码的检(纠)错能力与最小码距有什么关系? 检、纠错能力之间有什么联系?

4.5　二维监督码检测随机错误和突发错误的能力如何? 是否能够纠错?

4.6　海明码有哪些特点?

4.7　系统分组码的监督矩阵、生成矩阵各有什么特点? 相互之间有什么关系?

4.8　循环码的生成多项式、监督多项式各有什么特点?

4.9　已知码集合中有 8 个码组为(000000)、(001110)、(010101)、(011011)、(100011)、(101101)、(110110)和(111000),求该码集合的最小码距。

4.10　(4,1)重复码若用于检错,能检出几位错码? 若用于纠错,能纠正几位错码? 若同时用于检错和纠错,各能检测、纠正几位错码?

4.11　已知 $(7,3)$ 分组码的监督关系式为:

$$\begin{cases} x_6+x_3+x_2+x_1=0 \\ x_6+x_2+x_1+x_0=0 \\ x_6+x_5+x_1=0 \\ x_6+x_4+x_0=0 \end{cases}$$

求其监督矩阵、生成矩阵、全部码字及纠错能力。

4.12　码长 $n=15$ 的海明码,监督位 r 应为多少?编码效率为多少?试写出监督码元与信息码元之间的关系。

4.13　已知 $(15,11)$ 循环海明码的生成多项式为:

$$g(x)=x^4+x^3+1$$

试求其生成矩阵和监督矩阵。

4.14　已知 $x^{15}+1=(x+1)(x^4+x+1)(x^4+x^3+1)(x^4+x^3+x+1)(x^2+x+1)$,试问由它共可构成多少种码长为 15 的循环码?请列出它们的生成多项式,并选择其中的一种画出其编码电路和译码电路。

第 **5** 章
串行通信接口

内容提要:本章将主要从总线标准、接口信号、电气特性、抗干扰能力、通信速度和距离等方面介绍 RS-232C（RS-232A、RS-232B）、RS-449、RS-422、RS-423、RS-485 等标准接口,以及 USB 通用接口和 IEEE1394 等串行通信总线标准接口。

　　随着计算机应用技术的不断发展,计算机应用领域的不断延拓,计算机应用的体系结构已从早期的单机模式向多机互连合作模式发展,后者实现的关键在于计算机之间的信息传递,这种信息传递是通过数字信号来实现的。一般情况下,数字信号在线路上的传输,随着传输距离的增加和传输速率的提高,其在传输线路上的反射、噪声、衰减和串扰等将引起信号的畸变,从而限制了通信的速度和距离。因而,必须借助接口电路,提高普通的数字电路的传输速度,延长数据传输距离。

　　串行通信接口（Serial Communication Interface）按国际标准化组织提供的电气标准及协议划分为 RS-232、RS-485、USB、IEEE 1394 等。RS-232 和 RS-485 标准只对接口的电气特性作出规定,不涉及接插件、电缆或协议。USB 和 IEEE 1394 是近几年发展起来的新型接口标准,主要应用于高速数据传输领域。

5.1　串行标准接口及分类

　　标准异步串行通信接口有以下几类:
①RS-232C（RS-232A、RS-232B）
②RS-449、RS-422、RS-423 和 RS-485
③USB 通用接口
④IEEE 1394
　　所谓标准接口,就是明确定义若干信号线,使接口电路标准化、通用化。借助串行通信标准接口,不同类型的数据通信设备可以很容易实现它们之间的串行通信连接。

124

采用标准接口后,能方便地把各种计算机、外部设备、测量仪器等有机地连接起来,进行串行通信。RS-232C 是由美国电子工业协会(EIA)正式公布的且在异步串行通信中应用最广的标准总线。它包括了按位串行传输的电器和机械方面的规定。适合于短距离或带调制解调器的通信场合,为了提高数据传输速率和通信距离,EIA 又公布了 RS-422、RS-423 和 RS-485 串行总线接口标准。20 mA 电流环是一种非标准的串行接口电路,但由于它具有简单和对电器噪声不敏感的优点,因而在串行通信中也得到广泛使用。为了保证通信的可靠性要求,在选择接口标准时,必须注意两点:一是通信速度和通信距离,二是抗干扰能力。

(1)**通信速度与距离**

通常的标准串行接口标准,其电气特性都具有可靠传输时的最大通信速度和传送距离两方面指标,但这两方面指标之间具有一定的相关性。通常情况下,适当地降低通信速度,可提高通信距离,反之亦然。例如,采用 RS-232C 标准进行单向数据传输时,最大数据传输速率为 20 Kbit/s,最大传送距离为 15 m;而改用 RS-422 标准时,最大传输速率可达 10 Mbit/s,最大传送距离为 300 m;在适当降低数据传输速率情况下,传送距离可延伸到 1 200 m。

(2)**抗干扰能力**

串行通信接口标准的选择,在保证不超过其使用范围情况下,还要考虑其抗干扰能力,以保证信号的可靠传输。但工业测控系统运行环境往往十分恶劣,因此,在通信介质和接口标准选择时要充分注意其抗干扰能力,并采取必要的抗干扰措施。例如,在长距离传输时,使用 RS- 422 标准,能有效地抑制共模信号干扰。

在高噪声污染环境中,使用带有金属屏蔽层、光纤介质,以减少电磁噪声的干扰;采用光电隔离,以提高通信系统的安全性等,这些都是行之有效的办法。

5.2　串行通信总线标准及其接口

在计算机测量控制系统中,设备(包括各种计算机、外部设备、测量仪器)之间的数据通信主要采用异步串行通信方式。在设计一个计算机测量控制系统的通信接口时,应根据具体需要选择接口标准,同时还要考虑传输介质、电平转换等问题。采用标准接口后,能很方便地把各种设备有机地连接起来,构成一个完整的系统。

5.2.1　RS-232C 接口

RS-232 是微型计算机与通信工业中应用最广泛的一种串行通信接口标准。RS-232 采取不平衡传输方式,即所谓的单端通信。RS-232C 串行接口总线适用于:设备之间的通信距离不大于 15 m,传输速率最大为 20 Kbit/s。

RS-232C 总线标准接口。目前最常用的串行通信总线接口是美国电子工业协会(EIA)1969 年推荐的 RS-232C。

RS-232C 标准接口的全称是"使用二进制进行交换的数据终端设备(DTE)和数据通信设备(DCE)之间的接口"。计算机、外设、显示终端等都属于数据终端设备,而调制解调器则是数据通信设备。RS-232C 在通信线路中的连接方式如图 5.1 所示。

图 5.1　RS-232C 在通信线路中的连接方式

（1）**接口信号**

一个完整的 RS-232C 接口有 22 根线，采用标准的 25 芯插头座。表 5.1 给出了 RS-232C 串行标准接口信号的定义以及信号的分类。

表 5.1　RS-232C 串行标准接口信号的定义

引脚号	信号名称	简　称	方　向	信号功能
1	保护地	—	—	接设备外壳，安全地线
2	发送数据	TxD	→DCE	DTE 发送串行数据
3	接收数据	RxD	DTE←	DTE 接收串行数据
4	请求发送	RTS	→DCE	DTE 请求切换到发送方式
5	清除发送	CTS	DTE←	DCE 已切换到准备接受（清除发送）
6	数传设备就绪	DSR	DTE←	DCE 准备就绪
7	信号地	—	—	信号地
8	载波检测（RLSD）	DCD	DTE←	DCE 已接受到远程信号
20	数据终端就绪	DTR	→DCE	DTE 准备就绪
22	振铃指示	RI	DTE←	通知 DTE，通信线路已妥

通常使用 25 芯的接插件（DB25 插头和插座）来实现 RS-232C 标准接口的连接。RS-232C 标准接口（DB25）连接器的机械性能与信号线的排列如图 5.2 所示。

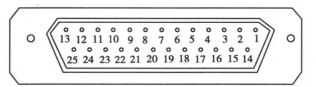

图 5.2　DB25 连接器机械结构图

（2）**电气特性**

RS-232C 采用负逻辑，即逻辑"1"为−5～−15 V，逻辑"0"为+5～+15 V。RS-232C 接口主要电气特性如表 5.2 所示。

表 5.2　RS-232C 接口主要电气特性表

项　目	指　标
带 3~7 kΩ 负载时驱动器的输出电平	逻辑"1"为−5~−15 V 逻辑"0"为+5~+15 V
不带负载时驱动器的输出电平	−25~+25 V
驱动器通断时的输出阻抗	大于 300 Ω
输出短路电流	小于 0.5 A
驱动器转换速率	小于 30 V/μs
接收器输入阻抗	3~7 kΩ
接收器输入电压的允许范围	−25~+25 V
输入开路时接收器的输出	逻辑"1"
输入经 300 Ω 接地时接收器的输出	逻辑"1"
+3 V 输入时接收器的输出	逻辑"0"
−3 V 输入时接收器的输出	逻辑"1"
最大负载电容	2 500 pF

5.2.2　用 RS-232C 总线标准连接系统

用 RS-232C 总线连接系统时,有近程通信方式和远程通信方式之分。近程通信是指传输距离小于 15 m 的通信,这时可以用 RS-232C 电缆直接连接。15 m 以上的长距离通信需要采用调制解调器(Modem)。

（1）远程通信

图 5.3 为最常用的采用调制解调器的远程通信连接。

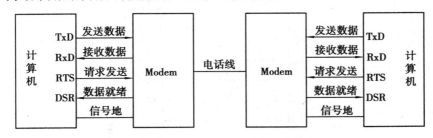

图 5.3　采用调制解调器的远程通信连接

（2）近程通信

当两台 PC 系列机进行近距离点对点通信,或 PC 机与外部设备进行串行通信时,可将两个 DTE 直接连接,而省去作为 DCE 的调制解调器 Modem,这种连接方法称为零 Modem 连接。

图 5.4 是 PC 机间异步串行通信较完整的连接示意图,在这种连接方式中,对方的"请求发送"与己方的"清除发送"相连,使得当向对方请求发送同时,通知己方的"清除发送",表示对方已经响应。"请求发送"还连接到对方的"载波检测",这是因为"请求发送"信号的出现类似于通信通道中的载波检测。"数据设备就绪"是一个接收端,与对方的"数据终端就绪"相连,以便得知对方是否已经准备好。"数据设备就绪"端收到对方"准备好"的信号,类似于通

127

信中收到对方发出的"振铃指示"的情况,因此,可将"振铃指示"与"数据设备就绪"并连在一起。

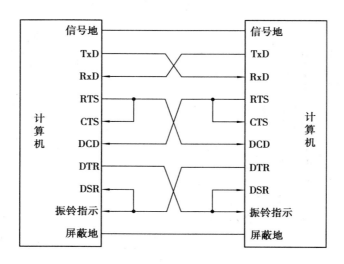

图 5.4 异步串行通信的较完整连接形式

图 5.5 给出了两种最简单的应用接法,仅将"发送数据"与"接收数据"交叉连接,其余的信号均不使用。图 5.5(a)为其余信号都不连接的形式。在图 5.5(b)中,同一设备的"请求发送"连到自己的"清除发送"及"载波检测","数据终端就绪"连到自己的"数据设备就绪"。

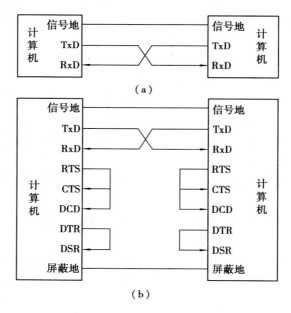

图 5.5 异步串行通信的最简单连接形式

图 5.5(a)的连接方式不适用于需要检测"清除发送"、"载波检测"、"数据设备就绪"等信号状态的通信程序;对于图 5.5(b)的连接,程序虽然能够运行,但并不能真正检测到对方状态,只是程序受到该连接方式的欺骗而已。在许多场合下只需要单向传送时,例如,计算机向单片机开发系统传送目标程序,就采用图 5.5(a)的连线方式进行通信。

5.2.3　接口的实现及电平转换

（1）ICL232 单电源双 RS-232 发送/接收器芯片及接口

Intersil 公司的 ICL232 是单片集成双 RS-232 发送/接收器,采用单一+5 V 电源供电,外接 4 只电容、2 只电阻便可以构成标准的 RS-232 通信接口。该器件完全符合 EIA RS-232 标准规范,下面简单介绍有关特性及其使用情况。

1）ICL232 特点

①符合所有的 RS-232C 技术规范。

②只要求单一+5 V 电源供电。

③片载电荷泵,具有升压、电压极性转换能力。

④低功耗,陶瓷封,典型值为 500 mW;塑封典型值为 375 mW。输出无负载,供电电流典型值 5 mA。

⑤ESD 保护大于 2 000 V。

⑥ 2 个驱动器:

+5 V 信号输入,具有典型值±9 V 的输出摆动。

⑦ 2 个接收器:

输入信号电压范围为±30 V;

输入阻抗为 3~7 kΩ,典型值为 5 kΩ;

输入滞后,典型值为 0.5 V,以帮助噪声抑制。

2）引脚及其功能

ICL232 功能框图及引脚如图 5.6（a）所示,其内部逻辑图如图 5.6（b）所示。

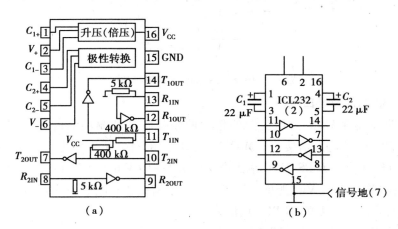

图 5.6　ICL232 逻辑功能及引脚图

ICL232 的主要组成为:电荷泵部分,可产生±9 V 的双极性电压;一个双重发送部分和一个双重接收部分。

3）技术指标

① V_{CC} 端相对地 GND,最大+6 V。

②V_+端相对地 GND，最大+12 V。

③V_-端相对地 GND，最小−12 V。

④输入电压：

T_{1IN}、T_{2IN}为−0.3 V～(V_{CC}+0.3 V)；

R_{1IN}、R_{2IN}为±30 V。

⑤输出电压：

T_{1OUT}、T_{2OUT}为(V_++0.3V)～(V_-−0.3V)；

R_{1OUT}、R_{2OUT}为−30V～(V_{CC}+0.3V)。

4）RS-232 标准接口电路

图 5.7 为用 ICL232 单电源电平转换芯片构成的一个双通道 RS-232 标准总线接口，具有 CTS/RTS 硬件握手信号能力。

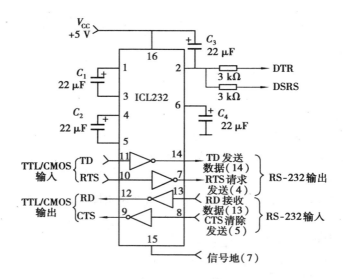

图 5.7　硬件 CTS/RTS 硬件握手信号图

（2）MAX232 芯片及接口电路

MAX232 芯片是 MAXIM 公司生产的包含两路接收器和驱动器的 IC 芯片，适用于各种 RS-232C 和 V.28/V.24 的通信接口。MAX232 芯片内部有一个电源电压变换器，可以把输入的+5 V 电源电压变换成为 RS-232C 输出电平所需的±10 V 电压。所以，采用此芯片接口的串行通信系统只需单一的+5 V 电源就可以了。对于没有±12 V 电源的场合，其适应性更强。加之其价格适中，硬件接口简单，所以被广泛采用。

MAX232 芯片的引脚结构如图 5.8 所示。

从图 5.8 中可以看出，MAX232 系列由三部分组成：两个充电泵、DC-DC 变换器、RS-232 驱动器和 RS-232 接收器。其他芯片收发性能与 MAX232 基本相同，只是收发器路数不同。

MAX232 典型应用见图 5.9。

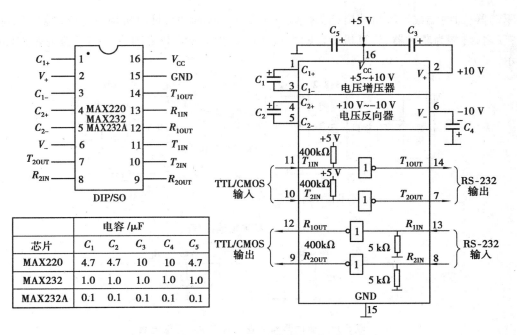

图 5.8 MAX220/232/232A 管脚分配及应用电路

芯片	电容 /μF				
	C_1	C_2	C_3	C_4	C_5
MAX220	4.7	4.7	10	10	4.7
MAX232	1.0	1.0	1.0	1.0	1.0
MAX232A	0.1	0.1	0.1	0.1	0.1

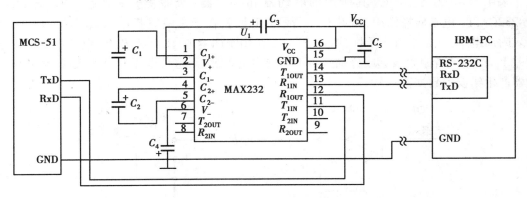

图 5.9 采用 MAX232 接口的串行通信电路图

5.3 远距离串行通信接口标准

由于 RS-232C 标准推出较早,虽然应用很广,但随着现代计算机应用技术的不断发展,已暴露出明显的缺点:

①数据传输速率慢;

②通信距离短;

③未规定标准的连接器;

④接口处各信号间易产生串扰。

如图 5.10 所示,采用 Modem 时,终端或计算机接口为驱动器,Modem 为负载;反之,Modem

131

为驱动器,而终端或计算机接口则为负载。不采用 Modem 时,计算机接口为驱动器,终端为负载;反之,终端为驱动器,计算机接口则为负载。驱动器和负载之间连线的等值电路如图 5.11 所示。

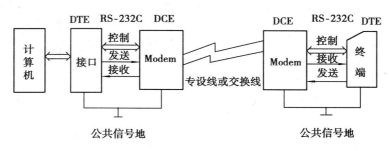

图 5.10　串行通信连接框图

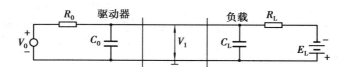

图 5.11　驱动器和负载之间连线的等值电路

采用 RS-232C 标准时,其所用的驱动器和接收器(负载侧)分别起 TTL/RS-232C 和 RS-232C/TTL 电平转换作用,如图 5.12 所示。问题就在于这两类芯片均采用单端电路,易于引入附加电平:一是来自于干扰,用 e_n 表示;二是由于两者地(A 点和 B 点)电平不同引入的电位差 V_s,如果两者距离较远或分别接至不同的馈电系统,则这种电压差可达数伏,从而导致接收器产生错误的数据输出。

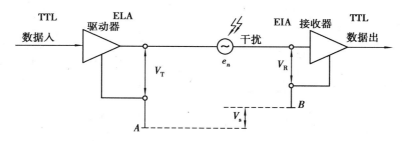

图 5.12　单端驱动非差分接收电路(RS-232C)

由于这种原因,EIA 制定出了新的标准 RS-449。该标准除了兼容 RS-232C 外,还在提高传输速率、增加传输距离、改进电气性能方面作了很大努力。

5.3.1　RS-449 接口标准

1977 年 EIA 公布了电子工业标准接口 RS-449 标准,该标准在很多方面可代替 RS-232C。

RS-449 与 RS-232C 之间主要差别是信号在传输线路上的传输方法不同。RS-232C 是利用传输信号线与公共地之间的电压差,而 RS-449 接口是利用信号导线之间的信号电压差,可在约 1 220m 长的 24#AWG 双绞线上进行数字通信,速率可达 90 000 波特率。

RS-449 规定了两种标准接口连接器:一种为 37 脚,一种为 9 脚。两种连接器的管脚排列顺序见表 5.3 和表 5.4。

表 5.3　37 脚 RS-449 连接器输出管脚

引脚号	信号名称	引脚号	信号名称
1	屏蔽	19	信号地
2	信号速率指示器	20	接收公共端
3	空脚	21	空脚
4	发送数据	22	发送数据(公共端或参考点)
5	发送同步	23	发送同步(公共端或参考点)
6	接收数据	24	接收数据(公共端或参考点)
7	请求发送	25	请求发送(公共端或参考点)
8	接收同步	26	接收同步(公共端或参考点)
9	允许发送	27	允许发送(公共端或参考点)
10	本地回测	28	终端正在服务
11	数据模式	29	终端就绪(公共端或参考点)
12	终端就绪	30	接收就绪(公共端或参考点)
13	接收设备就绪	31	备用选择
14	远距离回测	32	信号质量
15	来话呼叫	33	新信号
16	信号速率选择/频率选择	34	终端定时(公共端或参考点)
17	终端同步	35	备用指示器
18	测试模式	36	发送公共端

表 5.4　9 脚 RS-449 连接器输出管脚

引脚号	信号名称	引脚号	信号名称
1	屏蔽	6	接收器公共端(用于次信道)
2	次信道接收就绪	7	次信道发送请求
3	次信道发送数据	8	次信道发送就绪
4	次信道接收数据	9	发送公共端(用于次信道)
5	信号地		

与 RS-232C 相比,在不使用调制解调器的情况下,RS-449 传输速率更高,通信距离更长。由于 RS-449 接口采用平衡信号差电路传输高速信号,所以噪声更低。与此同时,能够实现多台通信设备共享公用线路通信,即两台以上的设备可与 RS-449 通信电缆连接。

5.3.2　RS-423A 标准接口

RS-423A 标准是 EIA 公布的"非平衡电压数字接口电路的电气特性"标准,这个标准是为改善 RS-232C 标准的电气特性,又考虑与 RS-232C 兼容而制订的。它采用非平衡发送器和差分接收器,电平变化范围为 12 V(±6 V),允许使用比 RS-232C 串行接口更高的波特率且可传送到更远的距离(1 200 m)。图 5.13 所示为单端驱动差分接收电路。一方面由于两条传输线通常扭在一起,受到的干扰基本相同,因而差分接收器的输入信号电压 $V_R = V_1 - V_2 = (V_T + e_n) - e_n = V_T$,大大削弱了干扰的影响;另一方面,$A$ 点地电平连到差分电路的一个输入端,也可忽略如图 5.13 所示两者共地的影响。采用 RS-423A 标准,其速率可达 300 Kbit/s。

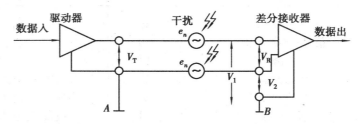

图 5.13　单端驱动差分接收电路(RS-423A)

5.3.3　RS-422A 接口标准

为了改进 RS-232 通信距离短、速度低等缺点,由 RS-232 发展进而发展了 RS-422 接口标准。RS-422 是一种单机发送、多机接收的单向、平衡传输规范。RS-422 定义了一种平衡通信接口,将传输速率提高到 10 Mbit/s,并允许在一条平衡总线上最多可连接 10 个接收器。

RS-422A 规范中给出了在 RS-449 应用中对电缆、驱动器和接收器的要求,规定了双端电气接口标准。概括地说,在 RS-422A 标准中,通过传输线驱动器,把逻辑电平变换成电位差,完成发送端的信息传送,通过传输线另一端的接收器,把电位差转变成逻辑电平,实现终端的信息接收。

RS-422A 比 RS-232C 传输距离更长、速度更快。RS-422A 的最大传输率为 10 Mbit/s,在该速率下通信电缆长度可达到 120 m。如果采用较低的数据传输速率,如 90 000 波特率时,最大距离可达 1 200 m。

（1）平衡传输

RS-422 接口电路由发送器、平衡连接电缆、电缆终端负载、接收器几部分组成。每个通道要求用两条信号线,其中一条是逻辑"1"状态,另一条就为逻辑"0"。按照 RS-422 标准规定,在某一时刻电路中只允许有一个发送器发送数据,但可以同时有多个接收器接收数据,因此,通常采用点对点通信方式。该标准允许驱动器输出的电压范围为 ±2～±6 V,接收器能够检测到的输入信号电平最低可达到 200 mV。

图 5.14 所示为平衡驱动差分接收电路。平衡驱动器的两个输出端分别为 $+V_T$ 和 $-V_T$,故差分接收器的输入信号电压 $V_R = +V_T - (-V_T) = 2V_T$,两者之间不共地,这样既可削弱干扰的影响,又可获得更长的传输距离及允许更大的信号衰减。采用 RS-422A 标准,其位速率可达 10 Mbit/s。

RS-422 数据信号传输采用差分方式,也称作平衡传输。具体地说,使用一对双绞线,将其中一线定义为 A,另一线定义为 B。通常情况下,发送驱动器 AB 之间的正电平在 +2～+6 V,是一个逻辑状态,负电平在 −2～−6 V,是另一个逻辑状态。另有一个信号地 C。

接收器端的规定与发送端的规定相同,收、发端通过平衡双绞线将 AA 与 BB 对应相连,当在收发两端 AB 之间有大于 +200 mV 的电平时,输出正逻辑电平,小于 −200 mV 时,输出负逻辑电平。接收器接收平衡线上的电平范围通常为 200 mV～6 V。

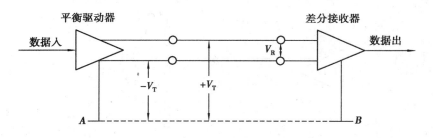

图 5.14　平衡驱动差分接收电路（RS-422A）

（2）RS-422 **电气特性**

RS-422 标准全称是"平衡电压数字接口电路的电气特性"。典型的 RS-422 通信电缆有 5 根线，其中 4 根线用于数据传输，另一根线是信号地。与 RS-232 接口标准相比，RS-422 的接收器采用高输入阻抗，这样发送驱动器的驱动能力更强，所以允许在相同传输线上连接多个接收节点，最多可接 10 个节点。即一个主设备（Master），其余为从设备（Slave），从设备之间不能通信。因此，RS-422 支持一对多点的双向通信。此外，RS-422 的四根传输线接口采用单独的发送和接收通道，所以不必控制数据方向，各装置之间任何信号交换均可以按照软件方式（XON/XOFF 握手）或硬件方式（一对单独的双绞线）实现。

（3）RS-422 **标准接口的实现及电平转换**

目前 RS-422 与 TTL 的电平转换最常用的芯片是传输线驱动器 SN75174 和传输线接收器 SN75175，其内部结构及引脚如图 5.15 所示。

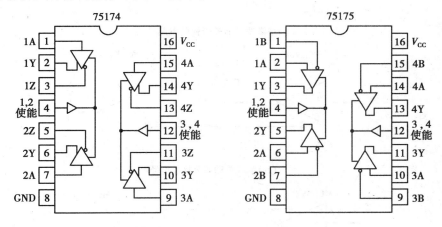

图 5.15　RS-422 电平转换芯片

SN75174 是一具有三态输出的单片四差分线驱动器，其设计符合 EIA 标准 RS-422A 规范。适用于噪声环境中长总线线路的多点传输，采用 +5 V 电源供电，功能上可与 MC3487 互换。

SN75175 是具有三态输出的单片四差分接收器，其设计符合 EIA 标准 RS-422A 规范，适用于噪声环境中长总线线路上的多点传输，该片采用 +5 V 电源供电，功能上可与 MC3486 互换。

图 5.16 是 RS-422A 接口电路示意图，发送器 SN75174 将 TTL 电平转换成标准的 RS-422A 电平，接收器 SN75175 将 RS-422A 接口信号转换成 TTL 信号。

（4）**关于 RS-422 接口最大传输距离的说明**

虽然按照 RS-422 标准，其最大传输距离约 1 219 m，最大传输速率为 10 Mbit/s，但其平衡

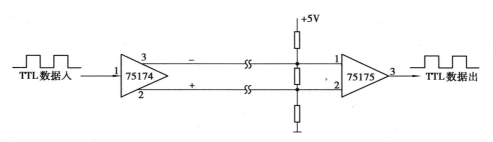

图 5.16   RS-422A 接口电平转换电路

双绞线的长度与传输速率成反比,在 100 Kbit/s 速率以下,才可能达到最大传输距离。只有在很短的距离下才能获得最高速率传输。一般长为 100 m 的双绞线上所能获得的最大传输速率仅为 1 Mbit/s。

通常情况下,采用 RS-422 接口公共线路的另一端要求安装一个终接电阻,其阻值约等于传输电缆的特性阻抗。在短距离传输时可不使用终接电阻,即一般在 300 m 以下无需终接电阻。

图 5.17 为 RS-232C/RS-423A/RS-422A 电气接口电路。

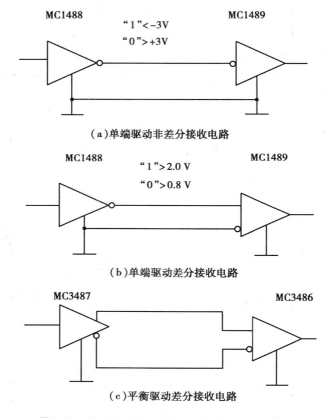

图 5.17   RS-232-C/RS-423-A/RS-422-A 接口电路

5.3.4   RS-485 标准接口

EIA 在 RS-422 的基础上制订了 RS-485 标准,用以扩展串行异步通信的应用范围。在 RS-485规范中,增加了多点、双向通信以及抗共模干扰等能力。

　　RS-485 收发器分别采用平衡发送和差分接收,即在发送端驱动器将 TTL 电平信号转换成差分信号输出,在接收端接收器将差分信号变成 TTL 电平。因此,具有较强的抑制共模干扰的能力。与此同时,提高了接收器的灵敏度,能检测低达 200 mV 的电压,所以,数据传输可达 1 km 以外。RS-485 许多电气规定与 RS-422 相仿。如都采用平衡传输方式、都需要在传输线上连接终接电阻等。

　　RS-485 实际就是 RS-422 总线的变型,二者不同之处在于:①RS-422 为全双工,而RS-485为半双工;②RS-422 采用两对平衡差分信号线,RS-485 只需其中的一对。RS-485 更适合于多站互连,一个发送驱动器最多可连接 32 个负载设备。负载设备可以是被动发送器、接收器和收发器。电路结构是在平衡连接电缆两端有终端电阻,在平衡电缆上挂发送器、接收器或组合收发器。两种总线的连接方法如图 5.18 所示。

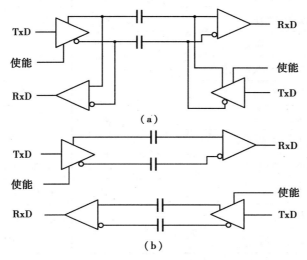

图 5.18　RS-485/RS-422 接口连接方法

　　图 5.18(a)为 RS-485 连接电路。在此电路中,某一时刻只能有一个站可以发送数据,而另一个站只能接收。因此,其发送电路必须由使能站加以控制。而图 5.18(b)由于是双工连接方式,在任一时刻两站都可以同时发送和接收。

　　最简单的 RS-485 通信线路电缆由两条信号线路组成,通信电缆必须接大地参考点,这样的线路连接能支持 32 对发送/接收器。每个设备一定要接大地,另外,通信电缆应包括第三信号参考线,连接到每个设备的电缆地。若用屏蔽电缆,屏蔽应接到电缆设备的外壳。

　　RS-485 可采用二线或四线连接方式。二线连接方式能实现真正的多点双向通信。采用四线连接方式时,与 RS-422 一样只能实现一对多点的通信,即只能有一个主设备,其余为从设备,但它比 RS-422 有改进。无论采用哪种连接方式,总线上均可连接多达 32 个设备。

　　RS-485 与 RS-422 的共模输出电压是不同的。RS-485 共模输出电压为−7 ~ +12 V,RS-422为−7~ +7 V;RS-485 接收器最小输入阻抗为 12 kΩ,RS-422 是 4 kΩ;RS-485 满足所有RS-422 的规范,所以,RS-485 的驱动器可以用在任何使用 RS-422 的场合。但不能用 RS-422来替代全部使用 RS-485 的应用。

　　与 RS-422 一样,RS-485 最大传输速率为 10 Mbit/s。当波特率为 1 200 bit/s 时,最大传输距离理论上可达 15 km。平衡双绞线的长度与传输速率成反比,在 100 Kbit/s 速率以下,才可能使用规定最长电缆长度。各接口电路特性见表 5.5。

RS-485 需要两个终接电阻,接在传输总线的两端,其阻值要求等于传输电缆的特性阻抗。在短距离(300 m 以下)传输时可以不使用终接电阻。

表 5.5　RS-232/422/485 接口电路特性比较

规　定	RS-232	RS-422	RS-485
工作方式	单端	差分	差分
节点数	1 收 1 发	1 发 10 收	1 发 32 收
最大传输电缆长度	50 ft.	400 ft.	400 ft.
最大传输速率	20 Kbit/s	10 Mbit/s	10 Mbit/s
最大驱动输出电压	±25 V	−0.25～+6 V	−7～+12 V
驱动器输出信号电平(负载最小值)	±5～±15 V	±2.0 V	±1.5 V
驱动器输出信号电平(空载最大值)	±25 V	±6 V	±6 V
驱动器负载阻抗	3～7 kΩ	100 Ω	54 Ω
摆率(最大值)	30 V/μs	N/A	N/A
接收器输入电压范围	±15 V	−10～+10 V	−7～+12 V
接收器输入门限	±3 V	±200 mV	±200 mV
接收器输入电阻	3～7 kΩ	4 kΩ(最小)	≥12 kΩ
驱动器共模电压		−3～+3 V	−1～+3 V
接收器共模电压		−7～+7 V	−7～+12 V

注:1ft.＝0.304 8 m。

与 RS-232C 标准总线一样,RS-422 和 RS-485 两种总线也需要专用的接口芯片完成电平转换。下面介绍一种典型 RS-485/RS-422 接口芯片。

MAX481E、MAX488E 是低电源(只有 +5 V)RS-485/RS-422 收发器。每一个芯片内都含有一个驱动器和一个接收器,采用 8 脚 DIP/SO 封装。除了上述两种芯片外,与 MAX481E 相同的系列芯片还有 MAX483E、485E、487E、1487E 等,与 MAX488E 相同的有 MAX490E。这两种芯片的主要区别是前者为半双工,后者为全双工。它们的管脚分配及原理如图 5.19 所示。

图 5.20 为 MAX481E、488E 连接电路图。从图中可以看出,两种电路的共同点是都有一个接收输出端 RO 和一个驱动输入端 DI。不同的是,图(a)中只有两个信号线,即 A 和 B。A 为同相接收器输入和同相驱动器输出,B 为反相接收器输入和反相驱动器输出。而在图(b)中,由于是双工的,所以信号线分开,即 A、B、Z、Y。这两种芯片由于内部都含有接收器和驱动器,所以每个站只用一片即可完成收发任务。

MAX481E、483E、485E、487E、491E 和 MAX1487E 是为多点双向总线数据通信而设计的。如图 5.21 和图 5.22 所示,也可以把它们作为线路中继站,其传送距离超过 1 200 m。

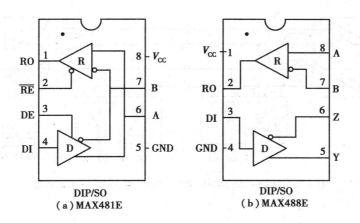

图 5.19　MAX481E、488E 结构及管脚图

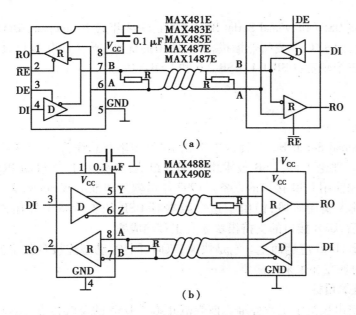

图 5.20　MAX481E、488E 连接电路图

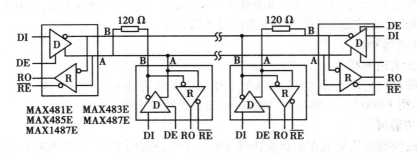

图 5.21　MAX481E、483E、485E、487E、1487E 典型 RS-485 半双工网络

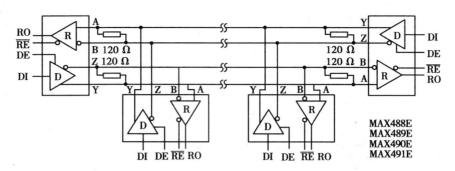

图 5.22　MAX488E、489E、490E、491E **全双工** RS-422 **网络**

5.4　通用串行总线 USB

通用串行总线 USB(Universal Serial Bus),是在 1994 年底由 Compaq,IBM,Microsoft 等多家公司联合制订的。由于 USB 支持热插拔,即插即用的优点,所以 USB 接口已经成为外设的标准接口。USB 有三个规范:USB 1.1、USB 2.0 和 USB 3.0。

5.4.1　概述

(1)USB **定义**

USB 即"Universal Serial Bus",译成中文就是"万用串行总线"。这是 PC 领域广为应用的较新型接口技术。理论上讲,USB 技术由三部分组成:具备 USB 接口的 PC 系统、能够支持 USB 的系统软件和使用 USB 接口的设备。1997 年微软公司推出 Windows 95 和 Windows 97 之后,USB 就开始进入实用阶段,但由于这个版本对 USB 的支持属于外挂式模块,因此直到 Windows 98 推出后,USB 接口的支持模块才真正日趋成熟。

在这种背景下,USB 应运而生。它是快速、双向、同步、动态连接且价格低廉的串行接口,满足 PC 机发展的现在和未来的需要。

(2)USB **规范的目标**

USB 规范的推出规范了工业标准。该规范介绍了 USB 的总线特点、协议内容、事务种类、总线管理、接口编程的设计,以及建立系统和制造外围设备所需的各方面标准。

USB 规范主要面向外设开发商和系统生产商,通过该接口向操作系统/BIOS/设备驱动平台、IHVS/ISVS 适配器提供了许多关于连接设备的信息。

(3)USB **总线特点**

1)数据传输速率高

USB 标准接口传输速率为 12 Mbit/s,USB 2.0 支持最高速率达 480 Mbit/s。与串行端口比,USB 大约快 1 000 倍;与并行端口比,USB 端口大约快 50%。

2)数据传输可靠

USB 总线控制协议要求在数据发送时含有 3 个描述数据类型、发送方向和终止标志、USB 设备地址的数据包。USB 设备在发送数据时支持数据侦错和纠错功能,增强了数据传输的可靠性。

3）同时挂接多个 USB 设备

通过菊花链的形式，USB 总线上可同时挂接多个 USB 设备，理论上可达 127 个。

4）USB 接口能为设备供电

USB 电缆中包含有两根电源线及两根数据线。耗电比较少的设备可以通过 USB 接口直接供电。USB 接口供电功能又分低电量模式和高电量模式，前者最大可提供 100 mA 的电流，而后者则是 500 mA。

5）支持热插拔

在通电的情况下，可以安全地连接或断开设备，达到真正的"即插即用"。

另外，USB 还具有一些其他新的特性：

①实时性：可以实现和一个设备之间有效的实时通信。

②动态性：可以实现接口间的动态切换。

③联合性：不同的而又有相近的特性的接口可以联合起来。

④多能性：各个不同的接口可以使用不同的供电模式。

5.4.2　USB 总线的体系结构

USB 规范定义了一种电缆总线，支持在主机和多种不同的"即插即用"外设之间进行数据传输。在主机规定的协议下，各种设备分享 USB 总线的带宽，当其他设备和主机在运行时，总线上允许添加、设置、使用以及拆除外设。

一个 USB 系统主要被定义为三个部分：

①USB 的互连；

②USB 的设备；

③USB 的主机。

其中，USB 的互连是指 USB 设备与主机之间进行连接和通信方面的技术指标，主要包括以下几方面：

①总线的拓扑结构：USB 设备与主机之间的各种连接方式。

②内部层次关系：根据性能叠置，USB 的任务被分配到系统的每一个层次。

③数据流模式：描述了 USB 系统中数据从产生方到使用方的流动方式。

④USB 的调度：USB 提供了一个共享的连接。对可以使用的连接进行调度以支持同步数据传输，避免了优先级判别的开销。

5.4.3　总线布局技术

USB 总线连接了 USB 设备和 USB 主机，USB 的物理连接是有层次的星型结构。每个网络集线器是在星型的中心，每条线段采用点点连接方式。从主机到集线器或其功能部件，或从集线器到集线器或其功能部件，从图 5.23 中可看出 USB 的拓扑结构。

（1）USB 的主机

在任何 USB 系统中，只有一个主机。USB 和主机系统的接口称作主机控制器，主机控制器可由硬件、固件和软件实现。根集线器是由主机系统整合的，用来提供更多的连接点。

（2）USB 的设备

USB 的设备包括：

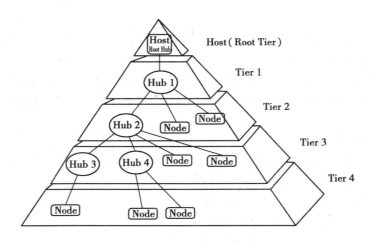

图 5.23　总线的拓扑结构

①网络集线器：向 USB 提供了更多的连接点。

②功能器件：为系统提供具体功能，如 ISDN 的连接、数字的游戏杆或扬声器。

USB 设备提供的 USB 标准接口的主要依据：

①对 USB 协议的运用。

②对标准 USB 操作的反馈，如设置和复位。

③标准性能的描述性信息。

（3）电气特性

USB 传送信号和电源是通过一种四芯电缆，两根线用于电源的+5 V 和地，另外两根线是用于发送信号。存在两种数据传输率：

①USB 的高速信号的波特率为 12 Mbit/s。

②低速信号传送的模式为 1.5 Mbit/s。

两种模式可在用同一 USB 总线上自动地动态切换。由于低速模式的使用将降低总线利用率，低速模式只支持有限数量的低带宽设备（如鼠标、键盘等）。

电缆中的 VBUS、GND 两条线，为连接到总线上需要供电的设备提供电源。VBUS 使用+5 V电源。USB 对电缆最长可为 5 米。为了保证足够的输入电压和终端阻抗，重要终端设备应连接到电缆尾部。在每个端口都可检测终端是否连接或分离，并区分是高速还是低速设备。

（4）机械特性

所有设备都有一个上行的连接。上行连接器和下行连接器是不能简单互换的，这样就避免了集线器之间非法循环往复连接。电缆中有四根导线：一对互相缠绕的标准规格线，一对符合标准的电源线，连接器有 4 个方向，具有屏蔽层，以避免外界干扰，并有易拆装的特性。

（5）电源

电源分配是指 USB 的设备如何通过 USB 分配得到由主计算机提供的电源。每个 USB 单元可以利用电缆上提供的电源，也可以使用自己独立的电源。完全依靠电缆提供能源的设备称作"总线供能"设备，可选电源来源的设备称作"自供电"设备。集线器也可由与之相连的USB 设备提供电源。

电源管理就是通过电源管理系统、USB 的系统软件和设备如何与主机协调工作。USB 主机与 USB 系统有相互独立的电源管理系统。USB 的系统软件可以与主机的电源管理系统共同管理各种电源子件,这就是 USB 设备特有的电源可管理特性。

5.4.4　USB 的信号

USB 数据收发器包含了发送数据所需的差模输出驱动器和接收数据用的差模输入接收器。

USB 输出信号时,差模输出驱动器向 USB 电缆传送 USB 信号。在信号的低输出状态,驱动器稳态输出值必须小于 0.3 V,且要承担 1.5 kΩ 的负载加到 3.6 V 电源的灌电流。在信号的高输出状态,驱动器稳态输出值必须大于 2.8 V,且要承担 15 kΩ 的负载到地的拉电流。

在传输数据时,驱动器的输出是两个相差 180° 的信号。即一个输出为高电平时,另一个则为低电平。接收器检测到两条线之间的电压差,当 D_+ 比 D_- 高时,信号被定义为差模"1";当 D_- 比 D_+ 高时,信号被定义为差模"0"。

驱动器输出还要支持三态输出,以保证可以进行双向半双工通信。同时还需高阻抗来将那些正在进行热插入操作或已经连接了但电源却没有接通的下游设备的端口隔离开来。

接收 USB 数据信号时,利用一个差模输入接收器进行接收。当两个差模数据输入,以地电位为参考,D_+ 和 D_- 至少为 0.8~2.5 V(此为允许的共模电压范围)时,接收器具有的灵敏度大于 200 mV。在没有损坏,并以地电位为参考的条件下,接收器所能承受的稳态输入电压为 −0.5~3.8 V。每一条信号线都必须有一个单端接收器,这些接收器必须有一个位于 0.8~2.0 V 之间(TTL 电平)的开关阀值电压(称为接收器阀值电压 V_{SE})。

数据传输是由差模信号来实现的。在接收器看来,如果数据线的 D_+ 至少比 D_- 高 200 mV 就代表一个差模"1",而一个差模"0"则由 D_- 至少比 D_+ 高 200 mV 来表示。

5.4.5　USB 设备

USB 设备分为集线器、分配器或文本设备等种类。

（1）设备特性

当设备连接、编号后,该设备就拥有一个独占的 USB 地址,主机和其他设备就是通过这个 USB 地址操作该设备的。每一个 USB 设备通过一个或多个通道与主机通信,其中在零号端口上建立的通道,即是每个 USB 设备的控制通道。通过控制通道,所有的 USB 设备都列入一个共同的准入机制,以获得控制操作的信息。

在零号端口上,控制通道中的信息应完整地描述 USB 设备、此类信息主要有以下几类:

1）标准信息

这类信息是对所有 USB 设备的共同性的定义,包括一些如厂商识别、设备种类、电源管理等方面的项目。设备设置、接口及终端的描述在此给出。

2）类别信息

此类信息给出了不同 USB 的设备类的定义,主要反映其不同点。

3）USB 厂商信息

USB 设备的厂商可自由地提供各种有关信息,其格式不受该规范制约。此外,每个 USB 设备均提供 USB 的控制和状态信息。

（2）**设备描述**

主要分为两类设备:集线器和功能部件。只有集线器可以提供更多的 USB 的连接点,功能部件为主机提供了具体的功能。

USB 总线的物理传输介质由一根 4 线的电缆组成,如图 5.24 所示。其中两条(V_{BUS},GND)用于提供设备工作所需电源。V_{BUS} 在源端的标称电压值为 +5 V,GND 为其对应地线。另两条(D_+、D_-)为绞线形式的信号传输线,90 Ω 的阻抗。12 Mbit/s 传输时,电缆为屏蔽线,允许的电缆最大长度为 5 m;1.5 Mbit/s 传输时,电缆的信号线允许是廉价的非屏蔽非双绞线,此时允许的电缆最大长度为 3 m。信号以差模方式送入信号线,接收端的灵敏度可以达到200 mA 以上。

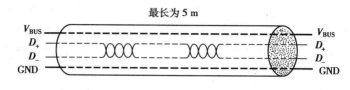

图 5.24 USB 连接电缆

5.4.6 USB 部分应用实例

如果把 CPU 比作微机的大脑,那么声卡、音箱就是微机的喉舌,麦克风是微机的耳朵,可微机还差一件很重要的器官,那就是眼睛。有了眼睛,微机才能"看",才能把各种图像输入微机。现在给微机增添视觉功能的产品越来越多,这类产品主要有 4 种:

（1）**扫描仪**

扫描仪可扫描静态的平面物体或较小的立体物体,能够扫描的物体受扫描仪幅面的大小制约。扫描仪精度非常高,主要用于将静态的图片、文字或小件物体的图像输入微机。

（2）**数码相机**

数码相机的用法与传统相机相似,不同之处在于拍摄的图像直接以数字方式储存为图形文件,并直接输入电脑而不是采用胶片,目前数码相机已普及。

（3）**视频捕获卡+视频设备**

视频捕获卡可以把视频设备的模拟视频信号转换为数字信号,主要用于动态视频输入,专业设备价格昂贵。目前有一些普通显卡上也具有基本的视频输入功能,可以配合摄像机等模拟视频设备实现视频输入。USB 常见接口如图 5.25 所示。

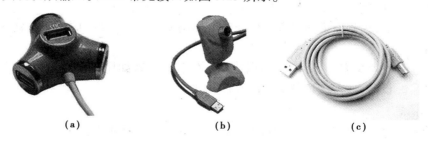

(a)　　　　　　　　　(b)　　　　　　　　　(c)

图 5.25 USB 集线器、摄像头和 A 转 B 口

（4）**数字摄像头**

数字摄像头直接把光学信号转换为视频信号输入到电脑,不需要视频捕获卡,通常价格便宜,精度不高,使用简单,一般用于娱乐及非专业用途,如视频电话等。

5.4.7　USB 2.0 及 USB 3.0 技术

（1）**USB 2.0 技术**

USB 2.0 兼容所有 USB 1.0 外部设备;线缆与连接件,支持原来只能利用 PCI 等总线的高性能外部设备,数据速率达 480 Mbit/s。USB 2.0 不仅使 USB 大提速,而且使更多设备可以经由 USB 连接到 PC,诸如高清晰数字会议视频设备、新的彩色扫描仪和彩色打印机、快速存储设备、高速刻录机、宽带 xDSL 和 Cable MODEM。USB 2.0 版继承了 USB 1.0 的 1.5 Mbit/s 低速模式和 12 Mbit/s 全速模式,建立了 480 Mbit/s 的 HS 高速模式(High Speed)。

USB 2.0 不仅需要主板的 USB 2.0 接口,也需要操作系统的支持。微软已在 Windows Me 中支持 USB 2.0,且 Windows 2000 和 Windows XP 及以上版本也支持 USB 2.0。

对于当前支持 USB1.0 的外设产品并不需要在 USB 2.0 系统中作任何改变。许多人机交互设备,比如鼠标、键盘和游戏杆等,只要简单地拿过来就能使用。而更高速度的 USB 2.0 将为开发更多的新外设创造可能。比如,支持视频会议的摄像机等将通过 USB 2.0 获得更高的带宽。而下一代更高速和更高分辨率的打印机和扫描设备,也能够体现高速的优势。获益的还包括了高密的存储设备像 CD-R/W、DVD、CD-ROM 等,这些设备稍微改变外设接口部分,就能够重新定义到 2.0 规范上来了。

（2）**USB 3.0 技术**

USB 3.0 将是第一个支持通用 I/O 的接口,并将其进行优化,以降低能耗,同时改善计算机、消费者产品和移动产品领域的协议效率的产品,理论最高传输速度可达 5 Gbit/s。

USB 3.0 支援全双工,新增了 5 个触点,两条为数据输出,两条数据输入,采用发送列表区段来进行数据发包,新的触点将会并排在目前 4 个触点的后方。USB 3.0 暂定的供电标准为 900 mA,将支持光纤传输,一旦采用光纤其速度更有可能达到 25 Gbit/s。

USB 3.0 的设计兼容 USB 2.0 与 USB 1.1 版本,并采用了三级多层电源管理技术,可以为不同设备提供不同的电源管理方案。

5.5　IEEE 1394

IEEE 1394 规范,最早是由 Apple 公司开发的,又称为火线(FireWire),是在 USB 1.1 传输标准之后研发出来的。IEEE 1394 是一个高速、实时串行标准的规范。它支持不经集线器的点对点连接,最多允许 63 个相同速度的设备连接到同一总线上,1 023 条总线相互连接。因为支持点对点连接,所以各连接节点上设备都是在相同位点,也就相当局域网络拓扑结构中的"对等网"一样。

5.5.1　IEEE 1394 标准的特点

（1）高速的数据传送

应用于 IEEE 1394 标准的 LSI 电路支持 400 Mbit/s 数据传输速度，IEEE 1394 标准 b 版本中能够实现 G 位（最高为 1.6 Gbit/s）传输速率。

（2）高度的实时性

IEEE 1394 标准接口具有高速性和实时性，可以支持异步传送和等时传送两种模式，而等时传送模式专用于实时地传送视频和音频数据。

（3）高自由度连接/拓扑结构

IEEE 1394 标准接口允许接点菊花链（Node Daisy Chain）和接点分枝，实现混合连接。尽管 IEEE 1394 标准接口规范允许 Daisy Chain，但以一线串珠方式的连接，最多只能连接 16 台设备；只有采取混合连接才能实现额定的 63 台设备连接。

（4）支持带电插拔/即插即用

IEEE 1394 标准接口的通信协议已明确规定，当网络上附加结构和撤销节点时，能够自动地实现网络重构和自动分配 ID。

（5）传输距离长

IEEE 1394 的规格允许两节点间的距离最大为 4.5 m。当用户在连接过程中节点超过规定长度时，就不能再使用廉价的 6 芯电缆布线了，必须改用新产品 POF（Polymer Optical Fiber）。IEEE 1394b 标准可以实现 100 m 范围内的设备互连。

（6）对等支持

两台设备无需连接到个人计算机，即可实现共连。例如，可以把配备 IEEE 1394 端口的数字照相机直接连接到其他支持 IEEE 1394 的设备上。

（7）支持同、异步传输

在传输方式上，IEEE 1394 可同时支持同步与异步传输模式，这对于一些需要视频流传输的用户来说是非常重要的，因为要保证在 IEEE 1394 互联网络中所传输的视频数据不间断，就必须保证数据带宽的稳定，而异步传输方式是无法实现的。

5.5.2　IEEE 1394 的组成

物理层周边设备（PHY）和链路层控制器（LLC）是 IEEE-1394 的组成模组。PHY 可将 PC、工作站和周边设备连接到 IEEE-1394 电缆上且能实现资料传输中的"握手"。除了连接埠外，PHY 还规定了传输率。

IEEE 1394 是一项高速资料传输标准，IEEE 1394 为个人电脑提供了即插即用的扩展接口，由于此接口采用了高带宽设计，同时支持异步及同步传输，支持 isochronous 即时传输，保证在一定的时间内传输完毕影像和声音的资料，因此，为音频/视频（A/V）制作、外部存储设备以及便携设备提供了较快的资料传输模式。

IEEE 1394 端子方面，可分为小型 4 针和标准 6 针两种型号，如图 5.26 所示。两者不同之处在于是否有专门的电源线。DV 相机由于机身尺寸的原因采用 4 针端子，4 针接口不提供电源线，也就没有提供电源的功能，DV 相机电源由相机本身电池提供。采用 6 针端子的设备可以通过 IEEE 1394 供电，因此，在没有 AC 电源适配器的情况下接驳硬盘及 CD-RW 光驱较方便。在 6 芯线电缆中,两条为屏蔽线,一条双绞线用于数据的传输,另外两条中一条作为地线,另一条用于电源供应。在 IEEE 1394 技术标准中,数据是通过双绞线以数据包的方式进行传送的,其中数据包包含了传送的数据信息和相应设备的地址信息。由于现在有 4 针转 6 针的连接线,因此即使端子不同也可以作为相同的 IEEE 1394 端子使用。IEEE 1394 协议是通过减弱缆线中的噪声实现高速的数据传输速率,为了保证数据的实际传输速率,电缆线的长度最好不要超过 4.5 m。

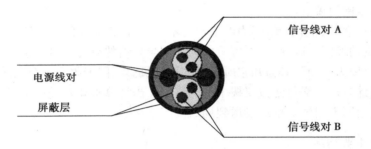

图 5.26　IEEE 1394 剖面示意图

5.5.3　IEEE 1394 的数据传输模式

IEEE 1394 的传输模式主要有"Backplane"和"Cable"两种,其中"Backplane"模式最小的速率分别为 12.5 Mbit/s、25 Mbit/s、50 Mbit/s。可以用于多数的带宽要求不是很高的应用环境,如 Modem(包括 ADSL、Cable Modem)、打印机、扫描仪等。而"Cable"模式是高速模式,分为 100 Mbit/s、200 Mbit/s 和 400 Mbit/s 几种,在 200 Mbit/s 下可以传输不经压缩的高质量数据电影,这主要应用于一些数码设备中,因为这些设备通常要进行数码视频流实时传输。

5.6　网卡简介

计算机与外界局域网的连接是通过主机箱内插入一块网络接口板(或在笔记本电脑中插入一块 PCMCIA 卡)。网络接口板又称为通信适配器或网络适配器(network adapter)或网络接口卡 NIC(Network Interface Card),简称"网卡",如图 5.27 所示。

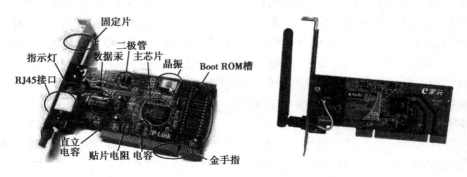

图 5.27　台式计算机通用网卡(右为无线网卡)

147

网卡上面装有处理器和存储器(包括 RAM 和 ROM)。网卡和局域网之间的通信是通过电缆或双绞线以串行传输方式进行的。而网卡与计算机之间的通信则是通过计算机主板上的 I/O 总线以并行传输方式进行,网卡的一个重要功能就是要进行串行/并行转换。由于网络上的数据率和计算机总线上的数据率并不相同,因此在网卡中必须装有对数据进行缓存的存储芯片。

在安装网卡时必须将管理网卡的设备驱动程序安装在计算机的操作系统中。这个驱动程序以后就会告诉网卡,应当从存储器的什么位置将局域网传送过来的数据块存储下来。网卡还要能够实现以太网协议。

网卡并不是独立的自治单元,因为网卡本身不带电源,而是必须使用所插入的计算机的电源,并受该计算机的控制。因此,网卡可看成为一个半自治的单元。当网卡收到一个有差错的帧时,它就将这个帧丢弃而不必通知它所插入的计算机。当网卡收到一个正确的帧时,它就使用中断来通知该计算机并交付给协议栈中的网络层。当计算机要发送一个 IP 数据包时,它就由协议栈向下交给网卡组装成帧后发送到局域网。

5.6.1 网卡主要功能

(1)数据的封装与解封

发送时将上一层交下来的数据加上首部和尾部,成为以太网的帧。接收时将以太网的帧剥去首部和尾部,然后送交上一层。

(2)链路管理

主要是 CSMA/CD(Carrier Sense Multiple Access with Collision Detection,带冲突检测的载波监听多路访问)协议的实现。

(3)编码与译码

编码与译码,即曼彻斯特编码与译码。

(4)属性设置

分低级网卡属性设置和高级网卡属性设置。在设置完本地连接的属性后,需检查网卡是否开始正常工作,即依次将各网卡连接到网络中,检查该网卡是否开始正常工作。

5.6.2 网卡接口

1)RJ-45 接口

这是最为常见的一种网卡,也是应用最广的一种接口类型网卡,这主要得益于双绞线以太网应用的普及。因为这种 RJ-45(图 5.28 及表 5.6)接口类型的网卡就是应用于以双绞线为传输介质的以太网中,它的接口类似于常见的电话接口 RJ-11,但 RJ-45 是 8 芯线,而电话线的接口是 4 芯的,通常只接 2 芯线(ISDN 的电话线接 4 芯线)。在网卡上还自带两个状态指示灯,通过这两个指示灯颜色可初步判断网卡的工作状态。标准中规定了两种线序:568A 与 568B。为达到最佳兼容性,制作直通线一般采用 568B。

2)BNC 接口

这种接口网卡应用于用细同轴电缆为传输介质的以太网或令牌网中,这种接口类型的网卡较少见,主要因为用细同轴电缆作为传输介质的网络就比较少。

3)AUI 接口

这种接口类型的网卡应用于以粗同轴电缆为传输介质的以太网或令牌网中,这种接口类型的网卡更是很少见。

4）FDDI 接口

这种接口的网卡是适应于 FDDI（光纤分布数据接口）网络中，这种网络具有 100 Mbit/s 的带宽，但它所使用的传输介质是光纤，因此，这种 FDDI 接口网卡的接口也是光纤接口的。随着快速以太网的出现，它的速度优越性已不复存在，但它需采用昂贵的光纤作为传输介质的缺点并没有改变，因而也非常少见。

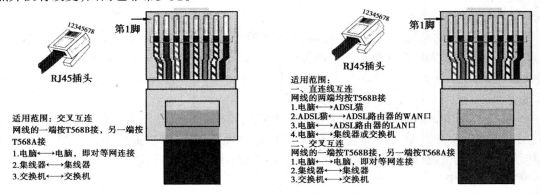

图 5.28 RJ-45 型网线插头的 T568A 和 T568B（右）线序

表 5.6 RJ-45 型插头互连的 568A 及 568B 标准

序 号	568A 颜色	568B 颜色	序 号	568A 颜色	568B 颜色	备 注
1	绿白	橙白	5	蓝白	蓝白	三五互换
2	绿	橙	6	橙	绿	
3	橙白	绿白	7	棕白	棕白	
4	蓝	蓝	8	棕	棕	

5）ATM 接口

这种接口类型的网卡是应用于 ATM（异步传输模式）光纤（或双绞线）网络中。它能提供的物理传输速度达 155 Mbit/s。

5.6.3 网卡分类

根据网卡所支持的物理层标准与主机接口的不同，网卡可以分为不同的类型，如以太网卡和令牌环网卡等。根据网卡与主板上总线的连接方式、网卡的传输速率和网卡与传输介质连接的接口的不同，网卡可分为不同的类型。

按照网卡支持的计算机种类分类，主要分为标准以太网卡和 PCMCIA 网卡。标准以太网卡用于台式计算机连网，而 PCMCIA 网卡用于笔记本电脑。

按照网卡支持的传输速率分类，主要分为 10 Mbit/s 网卡、100 Mbit/s 网卡、10/100 Mbit/s 自适应网卡和 1 000 Mbit/s 网卡四类：根据传输速率的要求，10 Mbit/s 和 100 Mbit/s 网卡仅支持 10 Mbit/s 和 100 Mbit/s 的传输速率，在使用非屏蔽双绞线 UTP 作为传输介质时，通常 10 Mbit/s 网卡与 3 类 UTP 配合使用，而 100 Mbit/s 网卡与 5 类 UTP 相连接。10/100 Mbit/s 自适应网卡是由网卡自动检测网络的传输速率,保证网络中两种不同传输速率的兼容性。随着局域网传输速率的不断提高,1 000 Mbit/s 网卡大多被应用于高速的服务器中。

按网卡所支持的总线类型分类,主要可以分为 ISA、EISA、PCI 等:由于计算机技术的飞速发展,ISA 总线接口的网卡的使用越来越少。EISA 总线接口的网卡能够并行传输 32 位数据,数据传输速度快,但价格较贵。PCI 总线接口网卡的 CPU 占用率较低,常用的 32 位 PCI 网卡的理论传输速率为 133 Mbit/s,因此,支持的数据传输速率可达 100 Mbit/s。

(1)有线网卡

光纤网卡,指的是光纤以太网适配器,简称光纤网卡,传输的是以太网通信协议,一般通过光纤线缆与光纤以太网交换机连接。按传输速率可以分为 100 Mbit/s、1 Gbit/s、10 Gbit/s,按主板插口类型可分为 PCI、PCI-X、PCI-E（x1/x4/x8/x16）等,按接口类型分为 LC、SC、FC、ST 等。

SFP 光纤网卡,顾名思义,就是一种小型可热拔插模块的光纤网卡。在网卡集成 SFP 插槽,用户可根据实际需要,插入多模或单模 SFP 光模块,而且可以根据实际传输距离,插入不同传统距离的光模块;而不需要根据网卡本身,这就给用户很大的选择空间。

(2)无线网卡

所谓无线网络,就是利用无线电波作为信息传输的媒介构成的无线局域网（WLAN）,与有线网络的用途十分类似,最大的不同在于传输媒介的不同,利用无线电技术取代网线,可以与有线网络互为备份,只可惜速度太慢。

无线网卡的工作原理是微波射频技术,笔记本有 WIFI、GPRS、CDMA 等几种无线数据传输模式来上网,后两者由中国移动和中国电信来实现,前者电信和联通有所参与,但大多主要是自己拥有接入互联网的 WIFI 基站（其实就是 WIFI 路由器等）和笔记本用的 WIFI 网卡。要说基本概念是差不多的,通过无线形式进行数据传输。无线上网遵循 802.1q 标准,通过无线传输,由无线接入点发出信号,用无线网卡接收和发送数据。

按照 IEEE 802.11 协议,无线局域网卡分为媒体访问控制（MAC）层和物理层（PHY Layer）。在两者之间,还定义了一个媒体访问控制-物理（MAC-PHY）子层（Sublayers）。MAC 层提供主机与物理层之间的接口,并管理外部存储器,它与无线网卡硬件的 NIC 单元相对应。

物理层具体实现无线电信号的接收与发射,它与无线网卡硬件中的扩频通信机相对应。物理层提供空闲信道估计 CCA 信息给 MAC 层,以便决定是否可以发送信号,通过 MAC 层的控制来实现无线网络的 CCSMA/CA 协议,而 MAC-PHY 子层主要实现数据的打包与拆包,把必要的控制信息放在数据包的前面。

IEEE 802.11 协议指出,物理层必须有至少一种提供空闲信道估计 CCA 信号的方法。无线网卡的工作原理如下:当物理层接收到信号并确认无错后提交给 MAC-PHY 子层,经过拆包后把数据上交 MAC 层,然后判断是否是发给本网卡的数据。若是,则上交;若否,则丢弃。

如果物理层接收到的发给本网卡的信号有错,则需要通知发送端重发此包信息。当网卡有数据需要发送时,首先要判断信道是否空闲。若空,随机退避一段时间后发送;若否,则暂不发送。由于网卡为时分双工工作,因此,发送时不能接收,接收时不能发送。

无线网卡标准:

①IEEE 802.11a：使用 5 GHz 频段，传输速度 54 Mbit/s，与 802.11b 不兼容。

②IEEE 802.11b：使用 2.4 GHz 频段，传输速度 11 Mbit/s。

③IEEE 802.11g：使用 2.4 GHz 频段，传输速度 54 Mbit/s，可向下兼容 802.11b。

④IEEE 802.11n(Draft 2.0)：用于 Intel 新的迅驰 2 笔记本和高端路由上，可向下兼容，传输速度 300 Mbit/s。

无线网卡可以根据不同的接口类型来区分，第一种是 USB 无线上网卡，是最常见的；第二种是台式机专用的 PCI 接口无线网卡；第三种是笔记本电脑专用的 PCMCIA 接口无线网卡；第四种是笔记本电脑内置的 MINI-PCI 无线网卡。

综上所述，仅有无线网卡是无法连接无线网络的，还必须有无线路由器或无线 AP。无线网卡就好比是接收器，无线路由相当于发射器。其实还是需要有线的 Internet 线路接入到无线猫上，再将信号转化为无线的信号发射出去，由无线网卡接收。一般的无线路由器可以支持 2~4 个无线网卡，工作距离在 50 m 以内效果较好，远了通信质量很差。

无线网卡主流的标准是 IEEE 802.11n，它大幅度地提升了无线局域网的竞争力，无线局域网标准、技术快速发展，产品逐渐成熟，无线局域网的应用也日益丰富。越来越多的家庭用户开始使用无线网络，许多企业也纷纷在自己的办公大楼内布设无线局域网，同时，电信运营商对无线局域网也给予了极大关注，国内外各大运营商都积极在机场、酒店、咖啡厅等公共区域铺设公众无线网络，给广大用户提供方便的无线上网。

小　结

美国电子工业协会(EIA)公布的一些主要的串行通信规范，主要有 RS-232、RS-449、RS-422、RS-423 和 RS-485 串行总线接口标准。RS-232C 是在异步串行通信中应用最广的标准总线，包括了按位串行传输的电气和机械方面的规定，适合于短距离或带调制解调器的通信要求。为了提高数据传输率和通信距离，相继推出了 RS-449、RS-422、RS-423 和 RS-485 串行总线接口标准。常用的串行通信接口芯片有 Intel 8250(具备中断功能)和 Intel 8251A。

USB 规范提供了快速、双向、同步、动态连接且价格低廉的串行接口，满足 PC 机发展的现在和未来的需要。该规范介绍了 USB 的总线特点、协议内容、事务种类、总线管理、接口编程的设计，以及建立系统、制造外围设备所需的各方面标准，使不同厂家所生产的设备可以在一个开放的体系下广泛使用。

IEEE 1394 是一种与平台无关的串行通信协议。与 USB 一样，也是一种高效的串行接口标准。

网卡是工作在链路层的网络组件，是局域网中连接计算机和传输介质的接口，不仅能实现与局域网传输介质之间的物理连接和电信号匹配，还涉及帧的发送与接收、帧的封装与拆封、介质访问控制、数据的编码与解码以及数据缓存的功能等。

习　题

5.1　为什么说串行通信中控制时钟作用是至关重要的？

5.2　串行通信方式有几种？每种工作方式的特点是什么？

5.3　串行通信中为什么要用 Modem？Modem 在接收和发送中的作用是什么？

5.4　说明 RS-232C、RS-422、RS-485、USB 以及 IEEE 1394 的电气特性和传输距离。

5.5　RS-232C 电平和 TTL 电平之间有什么区别？如何将 RS-232C 电平与 TTL 电平接口？

5.6　对于 USB，可用电缆的长度是多少？

5.7　USB 能代替 RS-232C 和 ISA 总线吗？为什么？

5.8　RS-232C 总线最重要的接线是哪些？其功能是什么？

5.9　RS-422 和 RS-485 总线为什么比 RS-232C 总线传送距离长？

5.10　RS-232-C，RS-422 和 RS-485 3 种总线电气接口电路有什么区别？

5.11　为什么对称的电气接口比非对称的电气接口能允许较大的噪声？

5.12　MAX232 与 MC1488、MC1489 这两类芯片在使用中有什么特点？

5.13　平衡接口和非平衡接口有什么区别？

5.14　USB 接口有什么特点？USB 使用的数据传输速率是多少？

5.15　USB 如何扩展？最多可连接多少个 USB 设备？

5.16　IEEE 1394 与 USB 两种串行总线有什么区别？

5.17　USB 数据有几种传送方式？它们各有什么特点？

5.18　网卡是怎么分类的？其工作原理如何？

5.19　RJ-45 型网线插头有几种类型？内部接线有几条？功能是什么？

第**6**章
计算机网络及局域网技术

内容提要:本章主要将介绍计算机网络的基本概念、网络协议与网络体系结构、开放系统互连参考模型、TCP/IP 参考模型和它的改良参考模型、面向连接服务和无连接服务、电路交换技术和分组交换技术、计算机网络的分类、常用的传输介质、局域网的 IEEE 802 标准、流行最广泛的局域网——以太网、无线局域网等各种联网设备以及它们使用时的区别。

计算机网络是随着电子数字计算机的诞生而逐步发展起来的,其基础概念在 1969 年 ARPANET 投入运行时就已基本建立。进入 20 世纪 90 年代以来,计算机网络有了长足的发展,其发展势头至今尚未停止。

6.1　计算机网络概述

6.1.1　计算机网络的历史

(1)联机系统阶段

本阶段始于 20 世纪 50 年代,它的基本结构是一台中央计算机连接大量的、在地理位置上分散的终端。50 年代初,美国建立的半自动地面防空系统 SAGR 将远距离的雷达和其他测量控制设备的信息通过通信线路汇集到一台中心计算机进行集中处理,从而开创了把计算机技术和通信技术相结合的尝试。

20 世纪 60 年代初,美国航空公司建成由一台计算机和分布在全国的 2 000 多个终端组成的航空订票系统,是一种典型的计算机与数据通信相结合的产物。

这时的联机系统的结构是终端—通信线路—计算机。从现代意义上来说,这还不能算作计算机网络,只能看作计算机网络的雏形或先驱。

联机系统的示意如图 6.1 所示。

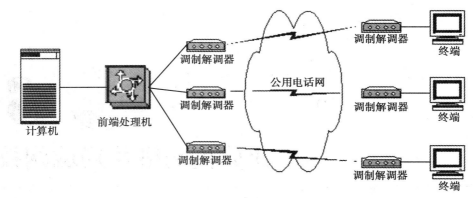

图 6.1　联机系统示意图

（2）计算机互联网络阶段

20 世纪 60 年代中期,英国国家物理实验室 NPL 的戴维斯(Davies)提出了分组的概念,并建立了一个实验性的网络系统。1969 年 12 月,由美国国防部高级研究计划局 ARPA (Advanced Research Projects Agency)提供经费,联合计算机公司和大学共同研制而发展起来的分组交换网 ARPANET 投入运行,标志着计算机网络的通信由终端与计算机之间的通信,发展到计算机与计算机之间的直接通信,从此计算机网络的发展进入了一个崭新的时代。

（3）标准化网络阶段

计算机网络是非常复杂的系统,计算机之间的通信涉及许多复杂的技术问题。1974 年,美国 IBM 公司公布了它研制的系统网络体系结构 SNA(System Network Architecture)。不久,各种不同的网络体系结构相继出现。

对各种体系结构来说,同一体系结构的网络产品互连是非常容易实现的,而不同体系结构的产品却很难实现互连。社会的发展迫切需要不同体系结构的产品都能够很容易地得到互连,人们希望建立一系列的国际标准,得到一个"开放"的系统。为此,国际标准化组织 ISO (International Standards Organization)于 1977 年成立了专门的机构来研究该问题,在 1984 年正式颁布了"开放系统互连基本参考模型"(Open System Interconnection Basic Reference Model) 的国际标准 OSI,从此产生了第三代计算机网络。

（4）网络互连与高速网络

1993 年,美国宣布建立国家信息基础设施 NII(National Information Infrastructure)即通常所说的"信息高速公路"后,许多国家纷纷制定和建立本国的 NII,从而极大地推动了计算机网络技术的发展,使计算机网络进入了一个崭新的阶段。目前,全球以 Internet 为核心的高速计算机互联网络已经形成,成为第四代计算机网络。

6.1.2　计算机网络的定义

（1）计算机网络的定义

在计算机网络发展的不同阶段,人们对计算机网络提出了不同的定义,不同的定义反映出当时人们对网络的不同认识。这些定义可以分成 3 类:广义的观点、资源共享的观点和用户透明性的观点。目前获得大多数学者认同的是资源共享的观点。

按照资源共享的观点,计算机网络的定义为:以能够相互共享资源的方式互连起来的自治计算机系统的集合。

（2）**计算机网络与分布式系统的差别**

计算机网络（Computer Network）和分布式系统（Distributed System）是两个比较容易混淆的概念。在计算机网络中，这种统一性、模型以及其中的软件都不存在，用户看到的是实际的机器。

对用户来说，分布式系统只有一个模型，在操作系统之上有一个中间件（Middleware）负责实现这个模型。实际上，分布式系统是建立在网络之上的软件系统，具有高度的内聚性和透明性。因此，计算机网络与分布式系统之间的区别更多地在于软件而不是硬件。

6.1.3　计算机网络的组成与结构

计算机网络要完成数据处理与数据传输两大基本功能，也就是说，计算机网络技术是现代通信技术和计算机技术的结合。所以，计算机网络在结构上也可分成两大部分：负责数据传输的部分，则称为通信子网；而负责数据处理的部分，称为资源子网。

（1）**通信子网**

通信子网由通信控制处理机 CCP（Communication Control Processor）、通信线路及其他通信设备构成，负责完成网络数据传输、数据转发等业务，通信子网是计算机网络的内层。随着计算机网络的发展，网络之间的互连逐渐改由路由器实现，从而演变成了现代的计算机网络。

（2）**资源子网**

资源子网由主计算机系统、终端、终端控制器、联网外设、各种软件与信息资源组成。资源子网负责全网的数据处理业务，向网络用户提供各种网络资源与网络服务。资源子网是计算机网络的外层。

需要说明的是：广域网可以明确地划分出资源子网和通信子网，而局域网不易明确地划分出子网的结构。

现代计算机网络的结构如图 6.2 所示。

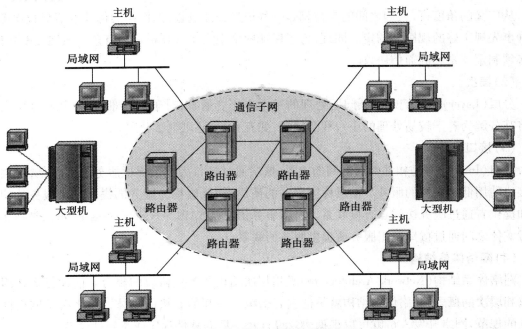

图 6.2　现代计算机网络结构示意图

6.2　网络协议与网络体系结构

6.2.1　网络协议

协议是指通信双方必须共同遵守的约定和通信规则,它是通信双方关于通信如何进行所达成的共识。比如,用什么样的格式表达、组织和传输数据,如何校验和纠正信息传输的错误,以及传输信息的时序组织与控制机制等。

现代网络都是层次结构,协议规定了分层原则、层间关系、执行信息传递过程的方向、分解与重组等约定。在网络上通信的双方必须遵守相同的协议,才能正确地交流信息。就像人们谈话要说同一种语言,否则将无法进行交流。在计算机网络中,通信双方可能相距很远,如果不能在事前对一系列问题的解决方案达成共识,出现问题时也很难进行协商。因此,协议在计算机网络中是至关重要的。

协议的实现是由计算机软件和硬件分别或配合完成的,有的部分由联网设备来承担。

6.2.2　协议、层次、接口与网络体系结构

（1）协议

在计算机网络中,协议（Protocol）的定义是:计算机网络中实体之间有关通信规则约定的集合。

协议有三个要素,即语法、语义和时序。

从广义的角度讲,人们之间的交往就是一种信息交互过程,人们做的每件事情都必须遵循一种事先规定好的规则与约定。同理,为了保证网络中大量计算机之间有条不紊地交换数据,就必须制定一系列的通信协议。

（2）层次

分层（Layer）是人们对复杂问题处理的基本方法。通常,对于一些难于处理的问题,人们会将其分解为若干较易处理的小一些的问题,如有必要,还可继续分解。

（3）接口

接口（Interface）是相邻两层之间的边界,低层通过接口为上层提供服务。也就是,上层通过接口使用低层提供的服务。上层称为服务的使用者,低层称为服务的提供者。服务的使用者和提供者通过服务访问点直接联系。所谓服务访问点 SAP（Service Access Point）,是指相邻两层实体之间通过接口调用服务或提供服务的联系点。

（4）网络体系结构

网络体系结构（Network Architecture）是指层次结构与各层协议的集合。前面已经介绍了协议和层次的概念,网络体系结构就是把它们组织在一起的有机的整体。由于有了网络体系结构的规范,网络开发人员就可以根据协议设计每一层的软件程序或是硬件设备。

6.3　OSI 参考模型

6.3.1　开放系统互连/参考模型

OSI 参考模型的全称是开放系统互连参考模型,是由国际标准化组织 ISO 在 20 世纪 80 年代初提出来的。ISO 自从 1946 年成立以来,已经提出了多个标准,而 ISO/IEC 7498,这个关于网络体系结构的标准定义了网络互连的基本参考模型。当时,网络界出现了以 IBM 的 SNA 为代表的若干个网络体系结构,这些体系结构的着眼点往往是各公司内部的网络连接,没有统一的标准,因而它们之间很难互连起来。在这种情况下,ISO 提出了 OSI 参考模型,它最大的特点是开放性。不同厂家的网络产品,只要遵照这个参考模型,就可以实现互连、互操作和可移植性。也就是说,任何遵循 OSI 标准的系统,只要物理上连接起来,它们之间都可以互相通信。

OSI 参考模型定义了开放系统的层次结构和各层所提供的服务。OSI 参考模型的一个成功之处在于,它清晰地分开了服务、接口和协议这 3 个容易混淆的概念。服务描述了每一层的功能,接口定义了某层提供的服务如何被高层访问,而协议是每一层功能的实现方法。通过区分这些抽象概念,OSI 参考模型将功能定义与实现细节区分开来,概括性高,使它具有普遍的适应能力。

应用层
表示层
会话层
传输层
网络层
数据链路层
物理层

OSI 参考模型是具有 7 个层次的框架,自底向上的 7 个层次分别是物理层、数据链路层、网络层、传输层、会话层、表示层和应用层。开放系统互连参考模型如图 6.3 所示。

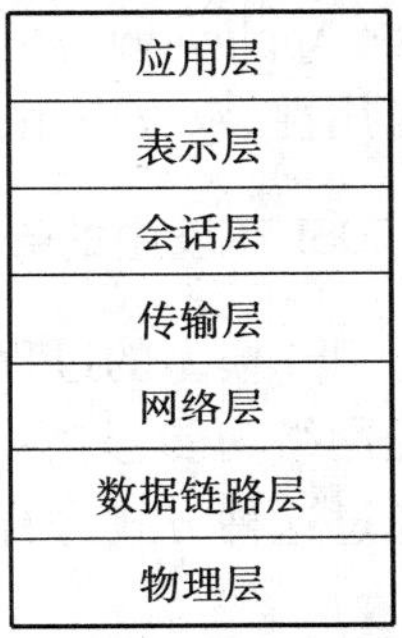

图 6.3　开放系统互连参考模型

6.3.2　各层功能简介

（1）物理层

物理层(Physical Layer)的核心功能是在相邻的两个节点间传输二进制比特流。为了保证完成这一功能,需要对通信双方的发送/接收电平、信号编码、传输模式、接口特性、连接方式等一系列问题作出规定,这些都是在物理层完成的。

（2）数据链路层

数据链路层(Data Link Layer)的核心功能是在数据链路间正确地传输帧("链路"指的是连接相邻两个节点间的物理线路,而"数据链路"则是在链路上建立的逻辑链路。在一条链路上可以建立一条或多条逻辑链路)。为了完成这一功能,需要解决对帧格式作出规定、完成帧(Frame)的封装与解封、帧的检测/重发机制、流量控制等问题。

（3）网络层

网络层(Network Layer)的核心功能是在端到端两节点间正确地传输分组(Packet)。为了完成这个功能,需要解决分组的封装与解封、分组的差错控制、拥塞控制、路由选择等问题。注意该层的传输是"端到端"的。也就是说,一个分组在由发送方到达接收方之前可能需要经过多个节点转发。

（4）传输层

传输层（Transport Layer）的主要功能是在端到端两节点间正确地传输报文（Message）。需要解决的问题是:报文的分割/重组、分组的排序、差错检测与重传、流量控制等。该层的功能颇类似于网络层,二者的主要区别是:一方面,网络层只要保证每一个分组由一端正确地到达另一端就可以了,而传输层还需要负责将这些分组重组成一篇完整的报文;另一方面,网络层功能可能是由运营商提供的,而传输层存在于发送方和接收方的节点内,提供其功能的设备是自己拥有的。

（5）会话层

会话层（Session Layer）的主要功能是会话进程的管理。包括两个节点之间会话连接的建立、管理和终止,以及数据的交换。

（6）表示层

表示层（Presentation Layer）的主要功能是处理在两个通信系统间交换信息的表示方式。包括数据格式变换、数据加密与解密、数据压缩与解压缩等。

（7）应用层

应用层（Application Layer）的主要功能是为应用程序提供网络服务。包括识别并保证通信对方的可用性、双方应用程序之间的同步以及保证数据完整性机制。

6.3.3　OSI 环境中的数据传输过程

在建立 OSI 模型的过程中,设计者将传输数据的过程归结为一些基本的元素,确定了具有相关用途的网络功能,并将这些功能归类到一些独立的功能组,这些不同的功能组就形成了各个层次。通过这种方式进行功能定义和局部化,使设计者能够建立一个既全面又有灵活性的体系结构。

（1）对等过程

在单台机器中,每一层调用下层的服务,同时向上一层提供服务。在两台机器之间,一台机器上的第 x 层与另一台机器的第 x 层进行通信,这种通信由一系列称为协议的规则和约定控制。两台机器间特定层次的通信过程因而被称为对等过程。

（2）层间接口

发送端将数据和网络信息从高层向低层传递,而在接收端将这些信息由低层向高层传递,这个过程是通过相邻两层间的接口来实现的。每一层接口都定义了该层必须向上一层提供的信息和服务,定义良好的接口和层功能使网络模块化。也就是说,只要某层可以继续为上层提供其所期望的服务,该层内功能的具体实现就可以在不改变周围层次的基础上进行修改和替换。

（3）层次组织

OSI 的 7 个层次可以分成 3 部分:低层（包括物理层、数据链路层、网络层）、高层（包括会话层、表示层、应用层）和传输层。

低层是网络支持层,它们处理设备间数据传输的物理方面的问题。多数情况下,低层的设备由运营商提供,用户并不拥有这些设备。也就是说,用户只能依赖于运营商的服务,而不可能对这些服务提出异议。高层是用户支持层,它们保证不相关的软件系统间的互操作。传输层则将低层和高层连接起来,起到上通下达的作用。传输层和高层都处于用户节点上,是可以自行控制的。

(4)数据传输过程

若主机 A 需发送数据到主机 B,其数据是应用进程 A 提交的,要求将数据传输给主机 B 的应用进程 B,其传输过程如下。

在主机 A 上:

①应用层将数据增加一个应用层报头(这个过程称为封装),然后传递给表示层。

②表示层将所收到的带有应用层报头的数据看作一个整体,再增加一个表示层报头,然后传递给会话层。

③会话层重复该过程,增加了一个会话层报头,再传递给传输层。

④传输层也重复该过程,增加一个传输层报头(这时的数据称为报文),再传递给网络层。

⑤网络层再增加一个网络层报头,这样封装好的数据段被称为分组。然后传递给数据链路层。

⑥数据链路层也对收到的分组进行封装,根据不同的系统,某些时候不仅增加报头,同时还增加报尾,这样封装好的数据段被称为帧,传递给物理层。

⑦在物理层,帧被转换成电磁信号,送到传输介质上传送到主机 B。

在主机 B 上:

⑧物理层将收到的电磁信号转换回计算机可以识别的比特形式,传递给数据链路层。

⑨数据链路层将收到的帧拆除帧头和帧尾,还原成分组的形式(这个过程称为解封),然后传递给网络层。

⑩网络层、传输层、会话层、表示层、应用层逐层解封所收到的数据,并向上一层传递。

⑪最后,由应用层将解封后的数据(即由应用进程 A 提交的数据)交给应用进程 B。

数据传输过程如图 6.4 所示。

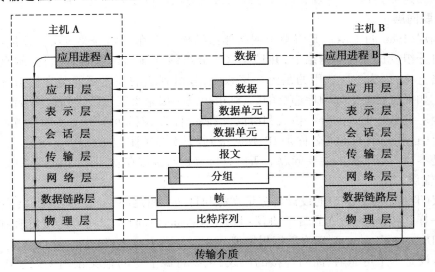

图 6.4　OSI 环境中的数据传输过程

6.4 TCP/IP 参考模型

6.4.1 各层功能简介

TCP/IP 参考模型如图 6.5 所示。

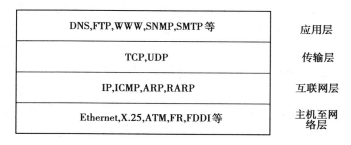

DNS,FTP,WWW,SNMP,SMTP 等	应用层
TCP,UDP	传输层
IP,ICMP,ARP,RARP	互联网层
Ethernet,X.25,ATM,FR,FDDI 等	主机至网络层

图 6.5 TCP/IP 参考模型

从图 6.5 中很容易看出,TCP/IP 参考模型只有 4 层,其中主机至网络层对应了 OSI 模型的数据链路层和物理层,而应用层对应了 OSI 模型的会话层、表示层和应用层。事实上,TCP/IP模型中几乎没有涉及会话层和表示层的内容,这两层的功能基本上是空白。下面简单介绍一下各层的功能:

（1）**主机至网络层**

主机至网络层(Host to Network Layer)的内容是空白,TCP/IP 参考模型并未明确规定这里应该有哪些内容。它只是指出,主机必须通过某个协议连接到网络上,以便可以将分组发送到网络上。参考模型没有定义这样的协议,而且不同的主机、不同的网络使用的协议也不尽相同。也正因为这样,所以几乎现有的所有低层通信协议都可以放在这一层。

（2）**互联网层**

互联网层(Internet Layer)是将整个网络体系结构贯穿在一起的关键层。该层的任务是,允许主机将分组发送到任何网络上,并且让这些分组独立地到达目的端(目的端有可能位于不同的网络上)。因为该层选用的是无连接系统,分组到达的顺序可能与它们被发送时候的顺序不同。如果有必要保证顺序递交的话,则由更高一层来负责重新排列这些分组。

互联网层定义了正式的分组格式和协议,该协议称为 IP(Internet Protocol),互联网层的任务是将分组(这些分组的正式名称是 IP 数据报)投递到它们该去的地方。显然,分组路由和避免拥塞是本层需要解决的主要问题。所以,可以认为,该层在功能上类似于 OSI 的网络层。

（3）**传输层**

传输层(Transport Layer)的设计目标是在源和目的主机之间传输报文,实际上与 OSI 传输层的情况一样。传输层定义了两个协议:TCP(Transport Control Protocol,传输控制协议)和 UDP(User Datagram Protocol,用户数据报协议)。

TCP 协议是一个可靠的、面向连接的协议,可以将源节点的报文正确无误地传送到目的节点。在源节点,它先把报文分段,并交给互联网层。在目的节点,它将由互联网层提交的报文分段重新组装成完整的报文。同时,传输层还负责流量控制,以保证源节点发出的报文不多于目的节点的处理能力。

UDP 协议是一个不可靠的无连接的协议。主要用于那些"只需要用一次"的应用程序,如客户—服务器类型的请求/应答;以及"快速递交比精确递交更加重要"的应用场合,如语音和视频的传输。

(4)应用层

应用层(Application Layer)在传输层上面,它们之间没有会话层和表示层,对大多数应用来说,这两层没有什么用处。

应用层包含了所有的高层协议,常用的协议是:文件传输协议(FTP)、域名系统(DNS)、简单邮件传送协议(SMTP)、超文本传送协议(HTTP)、远程登录协议(Telnet)等。

6.4.2　TCP/IP 参考模型与 OSI 参考模型的比较

二者有许多共同点。首先,它们都以协议栈的概念为基础,并且协议栈中的协议互相独立;其次,各层的功能基本相似。例如,在传输层及以上各层中都提供了一种端到端的、与网络无关的服务。

对于 OSI 模型,有 3 个概念是它的核心,即:服务、接口和协议。OSI 模型的最大贡献是使这 3 个概念的区别变得更加明确。每一层都为它的上一层提供一些服务,服务的定义指明了该层做些什么。每一层的接口告诉上面的进程应该如何访问本层。它规定了有哪些参数,以及结果是什么。每一层上用到的对等协议是本层内部的事情,它可以使用任何协议,只要能够完成任务就行。

而 TCP/IP 模型并没有明确地区分服务、接口和协议三者之间的差异。对 TCP/IP 而言,是协议先出现,模型仅仅是对已有协议的描述。

因此,OSI 模型可以适用于任何新的网络的设计,而 TCP/IP 不适用除 TCP/IP 协议栈外的任何其他协议栈。

6.5　改良的 TCP/IP 参考模型

总而言之,虽然 OSI 模型存在很多问题,但事实证明它对讨论计算机网络是十分有用的工具。而 TCP/IP 协议栈正好相反,模型本身实际上不存在,但协议却被广泛地使用着。为了方便讨论,计算机科学家们提出了以下经过改良的 TCP/IP 模型。

图 6.6 所示的模型很类似 OSI 的七层模型,只是少了会话层与表示层,但实际上二者所关心的内容是不同的。该模型主要关心的是与 TCP/IP 协议栈以及相关的协议的内容,或者更新一些的协议,如 IEEE 802、SDH/SONET、蓝牙等。

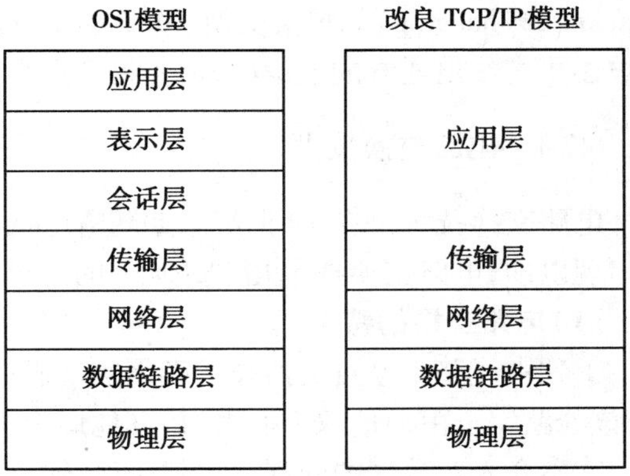

OSI模型	改良 TCP/IP 模型
应用层	应用层
表示层	
会话层	
传输层	传输层
网络层	网络层
数据链路层	数据链路层
物理层	物理层

图 6.6　改良的 TCP/IP 参考模型

6.6　面向连接服务与无连接服务

在通信过程中,服务可分为两类:面向连接的服务和无连接的服务。下面分别介绍这两类服务,以及它们的差异。

6.6.1　面向连接服务

面向连接服务(Connection-Oriented Service)在数据传输开始前必须先建立通信双方之间的连接,然后才能开始传输数据,数据传输完毕还要拆除连接。这个过程与打电话十分相似。打电话需要先拨号,双方接通后才开始通话,通话完毕挂机就中断了双方的连接。

6.6.2　无连接服务

无连接服务(Connectionless Service)在通信时直接将数据传输给接收方,不需要在传输信息前在通信双方建立连接,传输完成后自然也不用拆除连接。这种方式比较类似于寄信。人们寄出信后,由邮政系统一站一站传递,直到到达目的地。在这个过程中,寄信方并未和收信方直接发生联系,只有间接的联系。

6.6.3　适用范围

根据以上特点,可以归纳出两类服务的适用范围。

面向连接服务适用于要求较高的场合,因为它比较可靠,同时,它比较适用于大数据量的传输,这时系统额外开销的比例就大大缩小了。

无连接服务适用于要求相对较低的场合,适用于数据量较小的传输,这时显得比较经济。

6.7　数据交换技术的分类

在传统上,有 3 种交换方法是十分重要的:电路交换(Circuit Exchanging)、分组交换(Packet Exchanging)和报文交换(Message Exchanging)。前两个在今天被普遍使用,第三种方法被逐步淘汰出通常的通信中,但仍有应用。本书只介绍前两种交换技术。

6.7.1　电路交换技术

电路交换技术是在 19 世纪末期随着电话技术的出现而开始逐步普及的。在分组交换技术出现以前,电路交换技术几乎是唯一的选择。

(1)电路交换的特点

①独占线路。电路交换技术必须实现通信双方的物理连接,否则无法进行通信。在通信时,该线路完全由通信双方所占有,其他用户不能同时使用。

②不介入对数据的处理。也就是说,输入的信息是什么格式、内容,输出时完全一样。整个传输过程中,传输设备并不关心所传输的内容,即不存储数据,也不对其进行任何处理。如

果需要进行某种性质的数据识别或处理,由通信双方自行解决。

③无差错检测功能。电路交换并不能保证所传输的信息绝对正确,如发生差错,也不予纠正。如需要进行差错检测或纠正,由双方用户自备设备进行。

(2)电路交换的优缺点

电路交换的突出优点是实时性好。由于电路交换在信息传输过程中独占线路,保证了通信线路的畅通。同时,在信息传输过程中不作任何处理,使得时延尽可能的小,从而保证了通信的实时性。

电路交换的缺点也很多,主要是系统效率低(由于独占线路的缘故),不适应突发性数据的传输,不具备差错检测能力等。

所以,电路交换比较适用于交互性的通信,以及对实时性要求较高的通信,而对于计算机数据通信则不十分适合。

6.7.2 分组交换技术

分组交换技术是一种在最近几十年才发展起来的技术。分组交换技术由于特别适合于数据传输,在计算机网络上得以迅猛的发展。

(1)分组交换技术的特点

①数据分段传输。分组交换技术将数据分成一段段的固定长度的数据段,在每段前面加上必要的信息(主要包括源地址、目的地址和控制信息),然后再进行传输。

②存储转发。分组在传输过程中,每经过一个节点都将先保存在缓冲区里面,顺序排队,然后进行差错检测、路由选择等一系列处理,最后才转发出去。

③不需要独占线路。分组交换技术只是利用通信线路进行分组的传输,并不要求该线路为通信双方所独占。也就是说,其他用户可以同时利用该线路进行通信。

(2)分组交换的优缺点

分组交换的优点很多。首先是通信线路的利用率高,因为它不需要独占通信线路,可以与其他用户共享一条通信线路;其次,由于采用了路由选择技术,所以可以选择通信不太繁忙的线路进行转发,达到平滑通信量的结果,提高工作效率;再次,由于在每个节点都进行差错检测,可以保证通信的正确性和可靠性;最后,在各个通信节点可以进行通信速率、数据格式的转换,提高了灵活性。

分组交换的缺点正好是电路交换的优点,与电路交换相比较,实时性相对较差。

分组交换技术适用于数据的传输尤其是突发性数据的传输,特别适用于对数据精确度的要求高于实时性要求的场合。因此,在计算机网络中得到了广泛的应用。

6.7.3 虚电路和数据报

分组交换技术可以选用两种不同的传输服务类型:即面向连接的服务和无连接的服务。采用面向连接服务时,称为"虚电路";而采用无连接服务时,称为"数据报"。

(1)虚电路

1)虚电路的工作原理

虚电路(VC,Virtual Circuit)在发送分组以前,需要在收发双方之间建立一条逻辑连接的电路,因为是逻辑连接而不是物理连接,所以称为"虚"电路。

虚电路的通信过程分为 3 个阶段:

①虚电路连接建立阶段。

②数据传输阶段。

③虚电路连接拆除阶段。

虚电路的工作原理如图 6.7 所示。主机 A 要与主机 B 通信,先要在双方之间建立连接。连接建立后,完成了由主机 A→节点 A→节点 B→节点 C→节点 D→主机 B 的虚电路。由主机 A 发送给主机 B 的所有分组都将沿着这条虚电路传送到主机 B。数据传输完成后,拆除该虚电路。

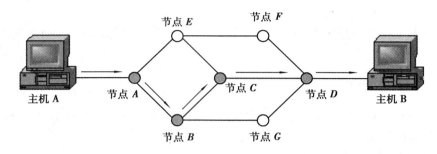

图 6.7　虚电路工作原理

2)虚电路的特点

①分组发送之前,必须在发送方与接收方之间建立一条逻辑连接。

②本次通信的所有分组信息都将通过这条虚电路按照发送顺序传送,因此分组不必携带目的地址、源地址等辅助信息。分组到达目的节点时不会出现丢失、重复与乱序的现象。

③因为虚电路已经规定了传输路径,所以当分组通过虚电路上的每个节点时,节点只需要作差错检测,而不需要再作路由选择。

④网络中每个节点可以和任何节点建立多条虚电路连接。

(2)数据报

1)数据报的工作原理

数据报(DG,Data Gram)在传输数据时不需要先在收发双方之间建立连接,直接将数据传输出去就可以了。数据报的工作原理如图 6.8 所示。

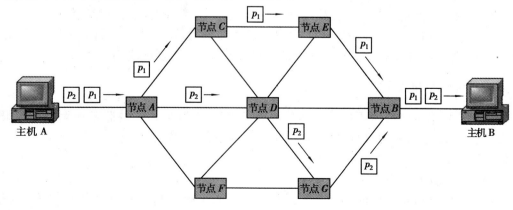

图 6.8　数据报工作原理

在数据传输过程中,分组每经过一个节点,就需要作一次路由选择。由于每个分组到达节点的时间不同,节点周围线路状况也可能不同,所作出的路由选择就有可能不同。所以,当一系列分组发送往同一个目的地时,每个分组经过的路径可能不相同,途中的延迟也不一样。最终到达目的节点时,分组原有的顺序可能被打乱,也就是出现乱序现象。

2)数据报的特点

①同一报文的不同分组可以经由不同的传输路径到达目的节点。

②因为传输路径的不同,同一报文的不同分组到达目的节点时可能出现乱序、重复与丢失现象。

③每一个分组在传输过程中都必须带有目的地址与源地址。

（3）**虚电路与数据报的适用性**

虚电路在传输数据前后需要建立和拆除连接,增加了系统的开销,但每个分组中携带的额外数据较少;而数据报不需连接就可以传输数据,系统开销小,但每个分组中必须携带源地址、目的地址等信息,分组中的额外信息量增加。所以,虚电路适用于较大数据量的传出,而数据报较适用于少量数据的传输。

6.8　计算机网络的分类

6.8.1　按照拓扑结构分类

网络拓扑结构是计算机网络节点和通信链路所组成的几何图形。根据图论的概念,拓扑结构只与网络节点和通信链路的连接关系有关,而与链路的长短和所处的位置无关。计算机网络有很多种拓扑结构,最常用的网络拓扑结构有如下几种。

（1）**总线型结构**

总线型结构采用一条单根的通信线路（总线）作为公共的传输通道,所有的节点都通过相应的接口直接连接到总线上,并通过总线进行数据传输,如图6.9所示。

总线型网络使用广播式传输技术,总线上的所有节点都可以发送数据到总线上,数据沿总线传播。但是,由于所有节点共享同一条公共通道,所以,在任何时候只允许一个站点发送数据。当一个节点发送数据,并在总线上传播时,数据可以被总线上的其他所有节点接收。各站点在

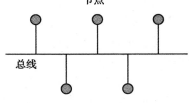

图6.9　总线型拓扑结构

接收数据后,分析目的物理地址再决定是否接收该数据。粗、细同轴电缆以太网就是这种结构的典型代表。

（2）**环型结构**

环型结构是各个网络节点通过环接口连在一条首尾相接的闭合环型通信线路中,如图6.10所示。环型结构有两种类型,即单环结构和双环结构。令牌环（Token Ring）是单环结构的典型代表,光纤分布式数据接口（FDDI）是双环结构的典型代表。

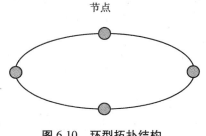

图 6.10　环型拓扑结构

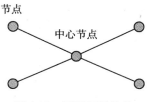

图 6.11　星型拓扑结构

（3）星型结构

星型结构的每个节点都由一条点到点链路与中心节点（公用中心交换设备，如交换机、Hub 等）相连，如图 6.11 所示。信息的传输是通过中心节点的存储转发技术实现的，并且只能通过中心站点与其他站点通信。

以上 3 种拓扑结构在局域网里经常使用。除以上 3 种网络拓扑外，在广域网中还经常会用到树型、网状、全互连等网络拓扑结构。

6.8.2　按照地理覆盖范围分类

（1）局域网

局域网（LAN，Local Area Network）覆盖范围一般从几米到几千米，通常位于一个建筑物内或一个校园、一个企业内。

局域网的主要特点如下：

①覆盖的地理区域比较小，仅工作在有限的地理区域内（0.1～20 km）。

②传输速率高，可达 1 Mbit/s～1 Gbit/s。

③误码率低。

④拓扑结构简单，常用的拓扑结构有总线型、星型、环型等。

（2）广域网

广域网（WAN，Wide Area Network）覆盖范围从几十千米到几千千米，它可以覆盖一个国家、地区、几个洲甚至覆盖全球，形成国际性的网络。

广域网的主要特点如下：

①覆盖的地理区域大，通常在几千米至几千千米、甚至几万千米，网络可跨越市、地区、省、国家甚至全球。

②广域网连接常借用公用网络。

③传输速率比较低，一般在 64 Kbit/s～2 Mbit/s，最高可达到 45 Mbit/s，但随着广域网技术的发展，广域网的传输速率正在不断地提高。

④网络拓扑结构复杂。

（3）城域网

城域网（MAN，Metropolitan Area Network）介于局域网与广域网之间，覆盖范围从几千米到几十千米，大概是一个城市的规模，所以称为城域网（也称为都市网）。

6.8.3　按照传输技术分类

在通信技术中，通信信道有两种类型：广播通信信道和点对点通信信道。不同的计算机网络采用了不同的传输技术(也就是采用了不同的通信信道),因此,根据网络所采用的传输技术对网络进行区分是一种很重要的分类方法。

(1)广播通信信道

这类信道中多个节点共享一个通信信道,一个节点发出的信息必然为其他所有节点收到,采用这种技术的网络称为广播式网络(Broadcast Networks)。

在广播式网络中,网络上的所有节点都共享一个公共通信信道,当一台计算机发出报文分组时,其他所有计算机都会收到这个分组。由于发送的分组中包含有目的地址,接收到该分组的计算机将检查目的地址是否与本节点的地址相同。如果相同,则接收该分组;否则,就丢弃该分组。显然,发送分组的目的地址可以有三类:单一节点地址、多节点地址和广播(即所有节点)地址。

采用广播通信信道的网络主要是局域网,城域网也有部分采用了该技术。由于广播式网络共享传输介质的特点,决定了这类网络只能在有限距离内传输,所以该技术不适用于广域网。

(2)点对点通信信道

这类信道中一条通信线路只能连接一对节点,如果两个节点之间没有直接连接的线路,它们只能通过中间节点转接。采用这种技术的网络称为点对点式网络。(Point-to-Point Networks)。

在点对点式网络中,每条物理线路只连接一对计算机。假如两台计算机之间没有直接连接的线路,它们之间的分组传输就要经过中间节点的接收、存储、转发(也许要经过多个中间节点),直至目的节点。

点对点通信信道的特点决定了它可以无限延伸传输距离,所以广域网只采用点对点通信技术,城域网同时使用两种传输技术,而局域网主要使用广播通信信道,但是,随着网络技术的发展,局域网采用点对点技术也多了起来。

多数情况下,计算机网络使用的是非屏蔽双绞线。UTP 分为 6 类,其中:3 类线的带宽为 16 MHz,可用于 10 Mbit/s 及以下的数据传输;5 类线的带宽为 100 MHz,可用于 100 Mbit/s 的高速数据传输;另外,常用的还有超过 5 类、6 类等 UTP。

6.9 IEEE 802 标准

6.9.1 介质访问控制子层和逻辑链路控制子层

局域网的地理覆盖的范围较小,涉及的问题较少,技术也相对较简单。如果从 OSI 参考模型的角度看,局域网技术主要涉及的是物理层和数据链路层。数据链路层分成两个子层:逻辑链路控制(LLC, Logical Link Control)子层和介质访问控制(MAC, Media Access Control)子层,这样各层的功能划分将更加明确。逻辑链路控制子层负责逻辑地址、控制信息和数据的处理,所有符合 IEEE 802 标准的局域网的 LLC 子层均相同。介质访问控制子层负责解决共享介质的竞争问题,包括了同步、标志、流量控制和差错控制的规范,节点的物理地址也在这一层中。

介质访问控制子层对于一个局域网有着至关重要的影响。一般来说,局域网有 3 个要素:网络拓扑、传输介质和介质访问控制方法。这 3 个要素决定了局域网的基本性能。

6.9.2　IEEE 802 参考模型

1980 年,IEEE 成立了局域网标准委员会(亦称 802 委员会)。该委员会专门从事局域网的标准化工作,并且制定了 IEEE 802 标准。

IEEE 802 标准主要包括:

IEEE 802.1,定义了局域网体系结构、网络互联、网络管理和性能测试。

IEEE 802.2,定义了逻辑链路控制子层的功能与服务。

IEEE 802.3,定义了 CSMA/CD 总线介质访问控制子层与物理层规范。

IEEE 802.4,定义了令牌总线介质访问控制子层与物理层规范。

IEEE 802.5,定义了令牌环介质访问控制子层与物理层规范。

IEEE 802.6,定义了城域网介质访问控制子层与物理层规范。

IEEE 802.7,定义了宽带网络规范。

IEEE 802.8,定义了光纤传输规范。

IEEE 802.9,定义了综合语音与数据局域网规范。

IEEE 802.10,定义了可互操作的局域网安全性规范。

IEEE 802.11,定义了无线局域网规范。

IEEE 802.12,定义了 100VG-AnyLAN 规范。

IEEE 802.14,定义了电缆调制解调器标准。

IEEE 802.15,定义了近距离个人无线网络标准。

IEEE 802.16,定义了宽带无线局域网标准。

IEEE 802 标准之间的关系如图 6.12 所示。

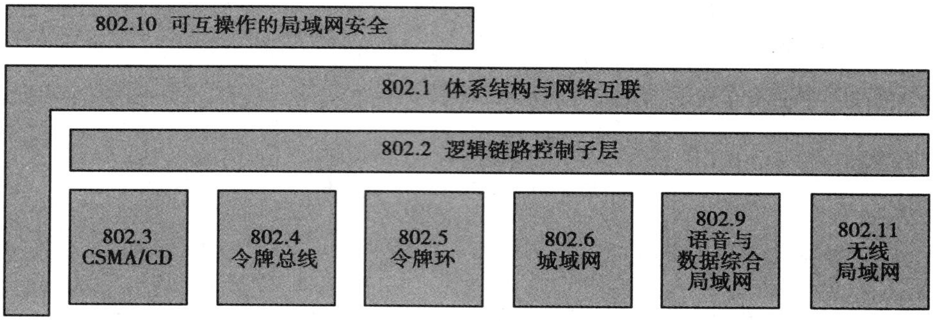

图 6.12　IEEE 802 标准之间的关系

在图 6.12 中,IEEE 802.1 是整个体系结构的总论。IEEE 802.2 定义了逻辑链路控制子层,所有符合该标准的局域网其内容均相同。而 IEEE 802.3～IEEE 802.16 涵盖物理层和介质访问控制子层,不同的局域网主要是这部分的标准不同。

6.10　以太网

6.10.1　以太网历史的简介

1969 年开始投入运行的 ARPANET 是一个广域网,广域网的结构复杂,涉及的单位和部门众多,并不适合一个单位内部使用。于是,一些专家和学者开始探讨和研究能否开发出一种小型的网络,规模不需太大,只要满足本单位的需求即可。

1970 年,夏威夷大学设计了一个局域网,采用的是无线技术的广播式网络,根据它的介质访问控制方法,称为 ALOHA 网。

1974 年,英国剑桥大学研制了一种分槽式环形基带局域网络,称为剑桥环。该网络有 36 个节点,线路长度 1 000 m,数据传输速率 10 Mbit/s。

以太网(Ethernet)技术是 1973 年由 Xerox 公司开发,后来由 DIX 联盟(由 DEC、Intel、Xerox 三家公司组成)于 1982 年推出了 Ethernet Verson2(简称 EV2)规格,1983 年,IEEE 802 委员会将 EV2 规格稍加修改,正式公布了 IEEE 802.3 标准。

6.10.2　以太网的帧结构

IEEE 802.3 标准中以太网的帧结构如图 6.13 所示。

前导码	帧定界符	目的地址	源地址	帧长度	数据	填充	帧校验
7 B	1 B	2/6 B	2/6 B	2 B	0~1 500 B	0~46 B	4 B

图 6.13　以太网的帧结构

以太网帧的开始是 7 字节的前导码,其内容是交替出现的"1"和"0",即:10101010…101010。随后是 1 字节的帧定界符,其内容是 10101011。前导码和帧定界符并不是以太网帧的正式内容,其目的仅仅是通知接受方做好接收信息的准备。这 8 个字节接收后不予保留,也不计入帧的长度中。

6.11　以太网的介质访问控制方法

以太网是总线型网络,多台计算机共享单一的传输介质。当一台计算机向另一台计算机传输帧时,其他所有计算机必须等待。以太网不使用中央控制器来通知每台计算机怎样按顺序使用共享电缆,相反,所有连接在以太网上的计算机都参与一种称为 CSMA/CD(Carrier Sense Multiple Access With Collision Detection,带有冲突检测的载波侦听多路访问)的分布协调方案。这种方案使用电缆上的电子信号来确定状态。当没有计算机发送帧时,以太网中不含有电子信号。为了确定电缆当前是否被使用,计算机应该检测载波。如果当前没载波,计算机就能传输一帧。如果当前有载波,计算机必须等待其他计算机发送完成。

(1)CSMA/CD **的发送流程**

CSMA/CD 的发送流程可以概括为:先听后发,边听边发,冲突停止,延迟重发。也就是说,在信息传输的全过程中,发送节点必须始终进行监听;如果发生冲突,就需要延迟一段时间后再重发。

一个节点发送信息的具体的过程如下:

第一步,发送信息前先对线路进行侦听。如果线路上没有信号,就可以进行数据的发送。

第二步,在信息传输的全过程中,发送方必须始终进行监听,直到信息发送完成。如果在整个过程中没有发生冲突,则认为发送信息成功,停止监听。如果监听到发生冲突,进行第三步。

第三步,在监听到发生冲突的情况下,先发送一段较强的信号以加强冲突,然后进行第四步。

第四步,停止发送信号,等待一个随机时间 τ,然后回到第一步重新开始。

CSMA/CD 的信息发送流程如图 6.14 所示。

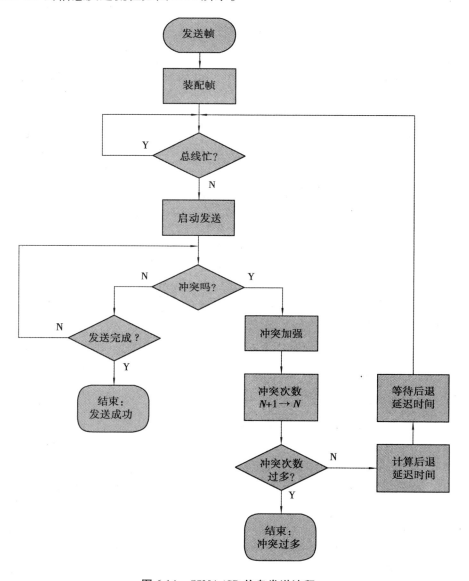

图 6.14 CSMA/CD 信息发送流程

（2）**随机延迟重发机制**

如果第一次发送信息时发生碰撞,而第二次发送信息时再次发生碰撞,出现这种情况时延迟的时间要加倍。根据 CSMA/CD 协议,最多可以重发 16 次,但每次重发前的延迟都要再加一倍。用公式表示即

$$\tau = \tau_0 \cdot 2^k$$

式中,τ_0 是一个随机数,是由系统给出的延迟初始值;k 则是一个特定的值,取值为 0~10。该值是由重发的次数来决定的,如果重发次数小于或等于 10,则 k 的值与重发次数相同;如果重发次数大于 10,则 $k = 10$。

（3）**CSMA/CD 的接收流程**

网络上的节点只要不是处在发送状态,则都处在接收状态。只要传输介质上有信息传输,所有处在接收状态的节点都会予以接收。

一个节点的信息接收流程如下:

第一步,接收信息。无论传输的内容是什么,一律予以接受。

第二步,判断接收到的信息是否为碎片(即发生冲突后丢弃的无用信息)。若是,则丢弃;否则,进行第三步。

第三步,识别目的地址。判断帧中的目的地址与本节点的地址是否符合。不符合则丢弃;符合,则进行第四步。

第四步,差错校验。根据帧校验字段的内容对整个帧进行差错校验,如无差错进行第五步。

第五步,接收成功。将接收到的帧解封,取出数据字段的内容,提交给 LLC 子层。

（4）**碰撞槽时间及其对以太网的影响**

碰撞槽时间(Slot Time)是 CSMA/CD 机制中极为重要的一个参数。因为它确定了以太网的许多基本特性。

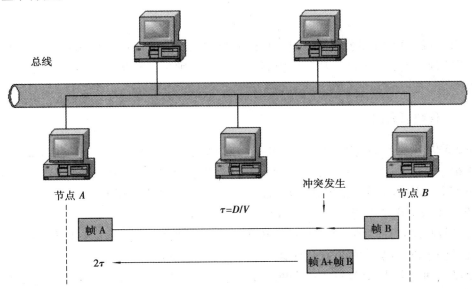

图 6.15　碰撞槽的概念

171

在图 6.15 中,处于以太网最远两端的是节点 A 和节点 B,它们之间的距离称为网络直径,以字母 D 表示,而网络中电磁波的传播速度以字母 V 表示。显然,从节点 A 发送信号到节点 B 收到信号所需的时间:

$$\tau = D/V$$

这个时间 τ 称为碰撞槽时间。

当节点 A 准备向节点 B 发送信息时,网络上是无信号的。节点 A 发送信号后,根据规定,一直在监听其信号传输情况。就在信号即将到达节点 B 的时候,节点 B 也开始发送信号,碰撞就在节点 B 的附近发生。节点 B 立即就知道发生了碰撞,但节点 A 还不知道,它要等到发生碰撞的信号返回才能知道,这需要时间。从图 6.15 很容易看出,信号从节点 A 到达节点 B 再返回节点 A 所需的时间是 2τ。

下面对以太网进行一个简单的计算。早期的以太网数据传输速率是 10 Mbit/s,同轴电缆的电磁波传播速度是 2×10^8 m/s,最小的以太网帧长度是 64 B 即 512 bit。

用电磁波传播速度除以以太网数据传输速率,可以得到:

$$\frac{2 \times 10^8 \text{m/s}}{10 \times 10^6 \text{bit/s}} = 20 \text{ m/bit}$$

再用最小帧长度与上述结果相乘,考虑到实际上要计算往返的时间,可以得到:

$$512 \text{ bit} \times 20/2 \text{m/bit} = 5\ 120 \text{ m}$$

这就是以太网能够达到的理论上最大的直径。实际上的情况要复杂得多,沿途还有中继器等设备的延迟也占用了时间,所以,实际以太网设计时的最大直径只有这个值的一半:2 500 m。这也就是为什么局域网不能无限延伸的根本理由。

6.12　以太网家族

曾经有一段时间,许多公司都推出了自己的局域网。这些局域网使用各种不同的网络拓扑,也使用各种不同的介质和介质访问控制方法。如令牌总线网络、令牌环网络,以及使用光纤的 FDDI 等。但从目前的情况来看,人们首选的局域网只有一种,就是以太网。

6.12.1　传统以太网

10Base5 仍然沿用总线型网络,而 10BaseT 的网络拓扑则改成了星型,但它们的介质访问控制方法都一样。如果有必要,这三种网络可以互相混合连接。10BaseT 的示意图如图 6.16 所示。事实上,10Base2 价格低廉,但可靠性很差。自从出现了以 UTP 为传输介质的 10BaseT 以后,10Base2 的用户越来越少,逐渐被淘汰了。

随着计算机运行速度的提高,以太网 10 Mbit/s 的数据传输速率渐渐显得不能满足需要。于是出现了快速以太网,它的数据传输速率达到了 100 Mbit/s。

快速以太网与上述 10 Mbit/s 以太网完全兼容,它的型号是 100BaseTX。快速以太网采用 5 类 UTP 和光纤,不再使用同轴电缆。而网络拓扑也不再使用总线型,只使用星型一种了,但介质访问控制方法仍然未改变。最初的快速以太网不能直接与 10 Mbit/s 的以太网连接,因为

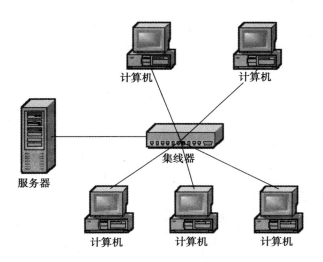

图 6.16　10BaseT 示意图

它们的数据传输速率不一致。随后出现了 10/100 Mbit/s 自适应的快速以太网,可以和 10 Mbit/s系统连接。

6.12.2　交换式以太网

交换式以太网的核心部件是以太网交换机(Ethernet switched)。交换机是一种由多个在端到端基础上连接局域网各网段或各独立设备的高速端口组成的设备,它可以为每一个独立的端口提供全部的局域网传输介质带宽。交换机通过计算 MAC 帧中的目的地址,并将这些帧转交至正确的端口来完成上述操作。同一时刻,它可以对多个网段间的帧进行交换。因此,使用交换机可以提高网络的工作效率,或者说,增加网络带宽。一般来说,如果交换机有 N 个端口,则它的网络带宽是相同端口数的集线器的 $N/2$ 倍。

交换机的端口可以再次连接集线器,以增加网络用户。随着交换机价格的下降,集线器已经有被交换机全面取代的趋势。

6.12.3　千兆以太网

1995 年,IEEE 802.3 委员会成立了高速网络研究组,开始研究千兆以太网的标准。1998 年2 月,IEEE 802.3z 标准正式公布,主要内容是多模光纤和屏蔽双绞线的物理层标准。而 IEEE 802.3ab 标准也已经推出,内容是单模光纤和非屏蔽双绞线的物理层标准。

IEEE 802.3z 仍然使用 IEEE 802.2 的 LLC 子层标准,所以,以太网的基本特性不会改变。千兆网主要使用全双工的工作方式,以摆脱 CSMA/CD 介质访问控制方法对传输距离的限制。当然,也可以使用 CSMA/CD,这时的传输距离大为缩短。

千兆网的协议结构如图 6.17 所示。

2002 年,IEEE 又推出了 IEEE 802.3ae 标准。这是一个万兆(10 Gbit/s)网的标准,只使用全双工的工作方式,具体情况不再赘述。

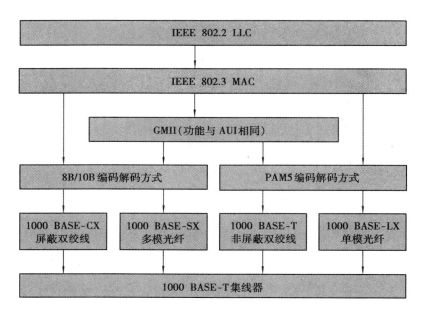

图 6.17　千兆网的协议结构

6.12.4　以太网主要种类

以太网家族的种类繁多,以太网的发展从 1972 年起 30 多年间,已经有不少规格的以太网处于被淘汰的地位,但又不断有新的成员加入进来。

下面简单介绍以太网家族的主要成员:

①100BaseFX　使用光纤,星型拓扑结构,单模光纤最大传输距离 40 km,多模 2 km,数据传输速率 100 Mbit/s。

②1000BaseT　使用 UTP 的千兆网,最大传输距离 100 m,数据传输速率 1 000 Mbit/s。

③1000BaseCX　使用短屏蔽铜缆,最大传输距离 25 m,数据传输速率 1 000 Mbit/s。

④1000BaseLX　使用 1 300 nm 波长激光的光纤以太网,半双工状态最大传输距离 330 m,全双工状态时多模光纤 550 m,单模光纤 3 000 m,最大数据传输速率 1 000 Mbit/s。

⑤1000BaseSX　使用 850 nm 波长激光的光纤以太网,半双工状态时最大传输距离 330 m,全双工时 550 m,最大数据传输速率 1 000 Mbit/s。

6.13　无线局域网简介

无线局域网的传输技术可分为两大类:光学传输和无线电波传输。以光为传输媒体的技术有红外线(IR,Infrared)和激光(Laser),利用无线电波传输的技术包括窄带微波(Narrowband Microwave)、直接序列展频(DSSS,Direct Sequence Spread Spectrum)、跳频式展频(FHSS, Frequency Hopping Spread Spectrum)、家用射频(HomeRF)和蓝牙(Bluetooth)等技术。

无线局域网主要用于以下几个方面:

①传统局域网的补充　使得移动的和不易布线的节点可以通过无线网接入。

②建筑物间的互连 通过点对点的无线网络,连接相邻的建筑物中的局域网。特别是一些无法布线的建筑物间,比如一条大街两边的建筑物。

③漫游 比如笔记本电脑可以方便地随时连接入网。

④特殊网络 主要指一些临时搭建的、使用期限不长的网络,完成使用后就拆除。这类网络布线很不合算,使用无线网络就较合适。

6.13.1 802.11 协议栈

IEEE 802.11 是 1997 年 6 月正式发布的,其内容为无线局域网的标准,并规范了 3 种传输技术,它们是直接序列展频、跳频式展频和红外线。

1999 年,IEEE 又提出了 IEEE 802.11 的补充内容:IEEE 802.11a 和 IEEE 802.11b。新标准的出现,大大提高了无线网络的传输速率,增强了实用性。下面简单介绍无线局域网所采用的技术:

(1)**直接序列展频**

使用 2.4 GHz 的工业、科学与医药专用的 ISM 频段,频率范围 2.400 0~2.483 5 GHz,数据传输速率为 1 Mbit/s 或 2 Mbit/s。直接序列展频的原理是:发送方通过展频码将原来的窄频高能量的信号扩展为宽频低能量的信号,再发送出去;接收方使用相同的展频码可以还原出原来的窄频信号。

直接序列展频的优点是:抗干扰能力强,保密性好。

(2)**跳频式展频**

同样使用 2.4 GHz 的 ISM 频段,数据传输速率为 1 Mbit/s 或 2 Mbit/s。跳频式展频的原理是:将一个很宽的频带分割成几十个子频带,发送方的数据轮流使用其中的一个子频带发送,每隔一小段时间就变换一个子频带;接收方使用与发送方完全相同的顺序在相应的子频带上接收数据,就可以收到完整的数据。

(3)IEEE 802.11a

使用 5 GHz 的频带,该频带理论上也属于不需申请的频段,但并非每个国家都开放,目前支持该协议的无线设备较少。

(4)IEEE 802.11b

使用高速直接序列展频技术,利用 2.4 GHz 的频带。根据调制技术的不同,有 4 种数据传输速率:1 Mbit/s、2 Mbit/s、5.5 Mbit/s 和 11 Mbit/s。

6.13.2 802.16 协议栈

IEEE 802.16 是宽带无线网络的标准,与 IEEE 802.11 比较,该标准更适合于建筑物的无线网络连接,而 IEEE 802.11 比较适合移动设备的无线网络连接。

IEEE 802.16 支持全双工通信,每个单元中所支持的用户数量也较多,所以需要的带宽也大得多。因此,它使用了 10~66 GHz 的频率范围。简单地说,IEEE 802.11 的设计目的是为小型的、移动中的、对数据流量要求不太高的用户服务;而 IEEE 802.16 是为固定位置的、有语音和视频等需求的高端网络用户服务而设计的高质量的无线网络。

6.14　联 网 设 备

联网设备分成四类,分别处于 OSI 参考模型的一至四层。它们为:
①物理层互连设备　中继器和集线器。
②数据链路层互连设备　网桥和交换机。
③网络层互连设备　路由器。
④高层互连设备　网关。

6.14.1　中继器和集线器

物理层设备是中继器(Repeater)和集线器(Hub)。

中继器的功能是将一个网段上的二进制比特流复制到另一个网段上。由于中继器本身并不对二进制比特流进行任何识别,所以无论是有用的信号还是无用的信号(如帧的碎片、错帧等)一律转发。

集线器可以看作多口的网桥,目前在计算机网络上中继器已经很少使用,所以本节主要介绍集线器。

集线器是网络中最通用的网络互连设备之一,它用来对通信设备(如 PC、服务器和其他网络互连设备等)进行物理连接。集线器不仅具有中继器的功能,而且可以提供物理线路连接,是一种使线路集中连接的网络设备。集线器最初是一种线路集中器,但后来发展为复杂的交换中心。

图 6.18 表明了集线器的工作原理。当设备向集线器发送数据时,集线器只是将数据发送到每个端口。集线器也可以与另外的集线器连接以形成更大的网络。

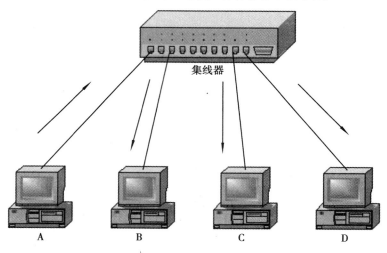

图 6.18　集线器的工作原理

6.14.2 网桥和交换机

数据链路层的网络互连设备是网桥(Bridge)和交换机(Switch)。

(1)网桥

因为网桥是数据链路层设备,所以它们对帧进行操作,其功能是将某个网段上符合转发条件的帧转发到另一个网段,它并不对帧的内容进行操作,而只作用于帧头和帧尾。网桥一般用来连接各个网段以形成更大、更复杂的网络,或者用来扩展物理上相互独立的网络的距离。

符合网桥转发条件的帧有两种:跨网段的帧和广播帧。网桥不转发的帧是本网段的帧和出错的帧。网桥首先要确定收到的帧的目的地址设备是否在这个帧本身网段上。如果在这个网段上,网桥就不会将这个帧发送到其他网桥端口。如果 MAC 目的地址在另一个网段上,网桥就将其发送到相应的网段上,这就称为转发。

网桥工作在 OSI 模型的数据链路层,它对于网络和上层是完全透明的,因此,可以适用于多种网络结构的环境。网桥的工作原理如图 6.19 所示。

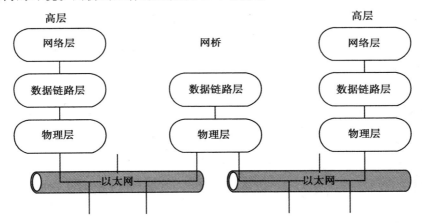

图 6.19 网桥工作原理图

网桥比中继器复杂得多。中继器只是低级的硬件设备,它只是将信号从一个网段传输到另一个网段,一般不包含软件操作,而网桥的操作则既需要软件也需要硬件的支持。

1)网桥和通信量隔离

随着局域网节点的增加,局域网的负荷也越来越重,网络性能随之下降,网络用户会发现需要花费过多的时间来等待访问该局域网。然而,局域网的通信越来越趋于本地化,与本部门的节点通信要比与其他部门节点通信多得多。一般认为,与本部门的通信大约占通信量的80%,而与其他部门的通信量只占20%,这就是著名的"80/20"原则。如果一个局域网被划分为两个子网,每个子网的负荷大约将变为原来的一半,可以用网桥来连接这两个子网。这样只有相当少的一部分网络通信量需要流经网桥。这种网络划分的作用就称为"通信量隔离",并且它是控制网络负荷的重要工具,如图 6.20 所示。

2)广域网网桥

网桥的另一个重要用途就是连接相距遥远的局域网,这就是广域网网桥,如图 6.21 所示。广域网网桥也称为半网桥,它们成对地在一起工作。每个网桥的一个端口连接在租用的线路

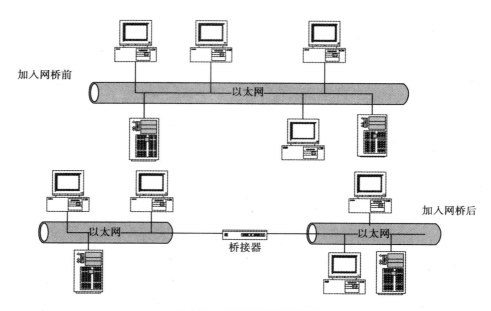

图 6.20 网桥与通信量隔离

上或者与一个 X.25 网络相连。各个网桥相互协作,通过使用类似于 HDLC 的协议经过点到点链路来路由帧,或通过使用 X.25 经过公共网络路由帧。

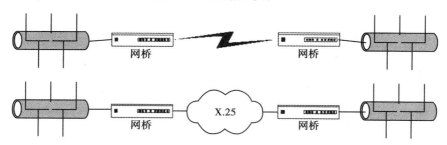

图 6.21 广域网网桥

3)以太网网桥

图 6.22 包含两个相互独立的、由网桥连接的网段,它可以用来提高以太网的带宽。使用网桥隔离以太网网段的结果使性能提高,因此,当通信量被隔离到单个网段上时,每个网段都拥有 10 Mbit/s 的带宽。由于通过网桥的通信量增加,网络的总吞吐量就减少。

4)生成树算法

生成树是一种逻辑树形结构,这种结构的网络中不包含环路。首先需要选择一个网桥作为生成树根,它由网桥本身进行自动维护。如有必要,也可以选择其他网桥作为生成树根重新定义生成树。

可以对网络中利用生成树的效果进行多次观察:

①在网络中两个节点间最多有一条路径。如果不是这样,则肯定有潜在的环路。

②当一个帧被广播时,每一个子网最多只能接收到一个此帧的拷贝。

③当一个帧被广播时,只有与其子网数目相同的帧拷贝生成。

生成树的创建消除了某些并行数据流的可能,但也引起了网络通信中一些并非最佳的路

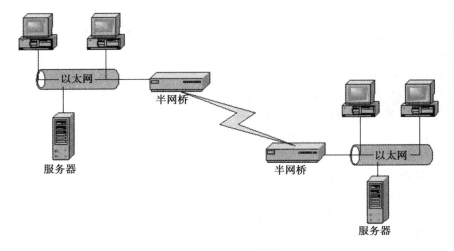

图 6.22　以太网网桥

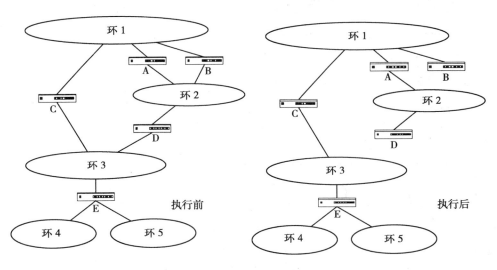

图 6.23　生成树算法

由选择,这是消除广播帧中的循环所必须付出的代价。图 6.23 表明了生成树算法执行前后的示范网络的逻辑连通性。

采用生成树算法是为了保证网络在逻辑上连通的唯一性,同时保存网络在物理上连通的冗余性,以便在网络发生故障时可以选用迂回线路。

5)网桥的局限

网桥具有迅速、自适应的特点,而且比起工作在高层的网络互连设备,它使用和安装起来相对简单。但是,它也存在问题,特别是在与广播帧相关的应用上。

网桥在异构环境中进行网络互连也受到限制,因为它不能连接使用不同数据链路层协议(不同于前面所提到的,用网桥连接使用 IEEE 802 协议的网络)的网络。例如,网桥不能把局域网连接到点到点广域网。这些限制将通过使用位于 OSI 模型高层的网络互连设备如路由器和网关而得到解决。

（2）**交换机**

如今，在网络中交换机是一种常见的设备。它通常工作在数据链路层上，在网络中提供各网段间的帧交换。从功能上讲，交换机可以看作多口的网桥。

1）交换机功能概览

交换机是实现多节点之间数据的并发传输的高速端口组成的设备。交换机的类型很多，每一类都支持不同的速率和以太网、令牌环网、FDDI、ATM 等不同的局域网类型。交换机为每一个独立的端口提供全部的局域网介质带宽（如 10 Mbit/s 以太网）。

交换机通过计算 MAC 帧中的目的地址，并将这些帧转交至正确的端口来完成上述操作。由于交换机在数据链路层起作用，所以也称为第二层交换设备。

同一时刻，交换机可以对多个段间的帧进行交换。例如，若图 6.24 中的交换机接收到一个来自节点 E 至节点 G 的帧，而同时，又接收到来自节点 A 至节点 D 的帧，交换机会同时对这两个帧进行交换。其网络效应是相应的局域网拓扑的标准局域网带宽得以加倍。

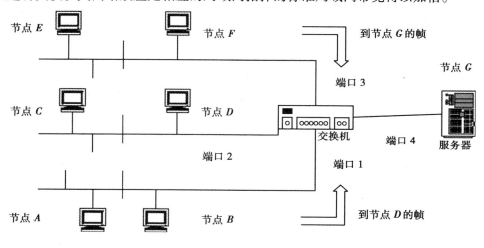

图 6.24　帧交换

2）以太网交换机

以太网交换机在帧到帧基础上将两个互连的网段的帧连接起来。在以太网交换技术中，MAC 层地址决定分组所要到达的集线器或交换机端口。由于其他端口并不知道某站点分组的存在，所以在分组向集线器或交换机传送时，站点不必考虑其分组是否与来自其他站点的数据发生冲突。在该技术中，发送端口与接收端口之间建立了一个虚拟连接。这个虚拟连接长度只需能在发送站与接收站间传递分组即可。

所用的这些技术与其他的一些技术及端口交换机一起增强了网络的总体性能。在消除出现在共享以太网络中的竞争问题过程中，为带宽密集型网络或运行实时应用程序如多媒体提供了一个较为理想的解决办法。可将图 6.25 中的标准集线器与交换式集线器实现的以太局域网作一比较。

3）交换机与集线器可用带宽的差异

注意连至集线器的设备与连至交换机的设备可用带宽的差异。这是集线器与交换机间的最基本的不同点。交换机是能在网段间交换数据的高性能设备，每一网段都能达到 10 Mbit/s 的速率。集线器为连至集线器的所有设备分配 10 Mbit/s 带宽。

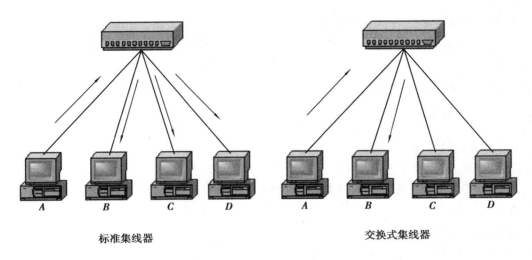

图 6.25 标准集线器与交换式集线器

一般来说,如果一个交换机有 N 个端口,则可以认为与相同端口数的集线器相比,交换机拥有的带宽是集线器的 $\frac{1}{2}N$ 倍。

4)交换机和网桥

交换技术产品的普及可以看作是在一种较简单、较低消耗、较高性能和较高端口密度的设备中的网桥技术的复苏。像网桥一样,交换机根据包含在每一帧里的目的 MAC 地址来作出相对简单的转发决定。该转发决定没有考虑封装在该帧中的其他信息。与网桥不同,交换机能够以很低的等待时间来转发数据,提供的性能比基于网桥的局域网的性能更接近于单一局域网的性能。

5)交换技术

交换机以 3 种交换模型之一为基础转发通信:

①刺穿(Cut-Through)交换技术 刺穿交换机在接收到整个帧之前就开始了转发进程。由于交换机在转发一个帧之前只需要读取目的 MAC 地址,所以分组处理得很快,并且无论短分组还是长分组,等待时间都很低且是同一个级别的。刺穿交换技术的最大缺点:是那些不正确的帧,如超时帧、过小的帧和有帧检查序列(FCS)错误的帧,也被交换机转发了。

②改良刺穿交换技术 为了避免上述缺点,对刺穿技术进行了改进。在读取目的地址之前,先对帧的长度进行判断。如果帧长度小于 64 B,显然是一个以太网帧的碎片,无须进行转发,所以丢弃这个帧。只有帧长度大于 64 B 的帧才进行下一步操作。事实上,以太网帧因传输出错的概率是很小的,主要的错帧都是因冲突而产生的碎片。经过这个改良,交换机转发出错帧的几率大为减小。

③存储转发交换技术 存储转发交换机在启动转发进程之前要读取和验证整个帧,这样,不正确的帧将被放弃。此外,也允许网络管理员自定义帧过滤器来控制经过该交换机的通信量。存储转发交换技术的缺点是等待时间随分组数量的增加而增加。

以太网交换机的类型直接影响帧的时延的长短。即自读帧的第一个字节始至该字节发送出去止所用的时间。每一种模式下,在决定帧是否正确、是否应发送出去之前,都会读取帧的若干字节。这就产生了一个在延时、冲突、与检错之间的折中方案。读取的字节数越多,时延就越大,而冲突数却越少。刺穿模式下,一旦目的节点位置确定,就立即发送所有分组。存储转发模式下,在发送分组之前,要对分组进行检查,这就导致了性能的降低,但另一方面,却在最大限度上完成了错误检测。

6.14.3 路由器简介

(1)路由器的特点

网络层的互连设备是路由器(Router)。

路由器工作在 OSI 参考模型的第三层(见图 6.26),而且比交换机有更多的软件特征。路由器在比交换机高的层中起作用,它能够区分不同的网络层协议,如 IP、IPX、AppleTalk、DECnet等。

路由器可以完成两个基本功能。第一,路由器负责为每一个网络层协议创建和维护一张路由表。这些路由表可以通过手工配置来静态地创建,也可以使用距离矢量或链路状态协议来动态地创建。在路由表建立以后,路由器负责识别包含在每一个分组中的协议,抽取网络层的目的地址,并根据包含在特定协议路由表中的数据作出转发决定。

路由器能够根据多个因素而不是仅仅一个目的 MAC 地址来选出最优的转发路径。这些因素可以包括步跳数、线路速度、传输费用、延迟和通信条件。路由器能增加数据的安全,提高带宽的利用率,实现网络操作上的更多控制。不利之处是,路由器处理附加帧时,与简单的交换机结构相比,会增加等待时间,降低其本身的性能。

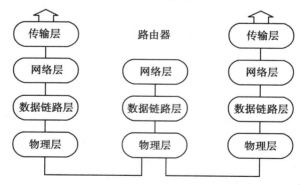

图 6.26　路由器与 OSI 分层

顾名思义,"路由器"必然具有"路由"功能,也就是为每一个分组在网络中选择一条正确的传输路径,以保证它们到达目的地。由于路由器是网络层设备,它们作用于数据分组。路由器检查分组的头部信息,并且把该分组沿一条路径路由到它的最终目的地,如图 6.27 所示。

网络层的头部信息中包含了路由器用来决定目的地的网络地址。路由器查询自己的路由表来决定应该为分组选择哪条路径。路由器利用路由表来作出路由决定。例如,在图 6.27 中,要从左下方的工作站发送 4 个分组到右上方的工作站,有多条路线可以选择。其中的每一个路由器都必须检查分组的网络层地址并决定应该选择哪一条路线。

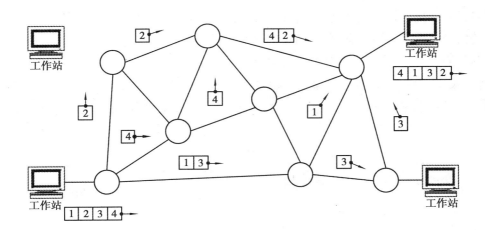

图 6.27　路由器与分组交换

（2）**路由器和交换机**

交换机和路由器是目前网络中使用最广泛的设备。它们在网络环境中所起的作用为：

①交换机是一个专用设备，用来解决由带宽不足引起的局域网性能问题。在以太网中，交换机把网络分割成较小的冲突域，能够向每一个终端站点都提供较高的带宽百分比。

②路由器是一个通用设备，它将根据单个广播域之间的有限广播通信、提供的安全性、控制和冗余度等目标来分割网络。路由器工作在 OSI 参考模型中的较高层，区分网络层协议，并作出智能转发分组的决定。它还提供防火墙服务和经济的广域网访问。

当网络应用要求有限的广播通信、支持冗余路径、智能的分组转发或广域网访问时就需要用到路由器。如果应用只要求增加带宽来减少通信瓶颈，则交换机可能是更好的选择。路由器和交换机是互补的设备。允许网络改变规模，同时使用两者的结果远远超过那些只采用其中之一所能达到的结果。与其在路由和交换技术之间作出选择，网络设计者还不如结合这两种技术来建立一个高性能的、可伸缩的网络。

（3）**Internet 上的路由器**

工作在 Internet 上的路由器只使用 IP 地址，支持 TCP/IP 协议栈，有其特殊性。

6.14.4　集线器、交换机、路由器的差异

集线器、交换机和路由器容易混淆的最大区域之一是它们分割网络的能力。由于集线器、交换机和路由器工作在 OSI 参考模型的不同层，每一个设备都根据不同的应用需求实现唯一类型的分段。集线器是简单的中继设备，仅仅能够延长网络的距离，而不能够分割网段。交换机是一个专用设备，它以提供附加带宽为特殊目标来分割一个局域网。路由器是一个通用设备，以限制广播通信、提供安全性、控制及在单个广播域之间的冗余等为目标来分割一个网络。

（1）**集线器构成的网络**

图 6.28 中举例说明了由传统的集线器组成的网络是如何由一个冲突域和一个广播域组成的。为了方便起见，假定该网络的带宽是 10 Mbit/s。

在图 6.28 中，任何一个节点发出信息，都将以广播的形式发送到其他所有节点，每个节点

根据所发送的信息的目的地址是否与自己的地址相符合决定是否读取该信息。换句话说,无论发送的信息是否为广播信息,在本网络中都不允许同时发送其他信息。也就是说,该网络的带宽是共享的。所以,该网络拥有一个广播域,也只有一个冲突域。

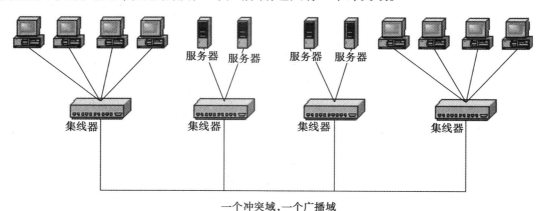

一个冲突域,一个广播域

图 6.28　集线器组成的网络

（2）交换机构成的网络

图 6.29 举例说明了交换机是怎样把图 6.28 的一个大的冲突域分割成较小冲突域的。在安装交换机之前,所有局域网冲突域的节点共享 10 Mbit/s 带宽。安装交换机以后,这个大冲突域被分割成了 4 个较小的冲突域,每个冲突域的带宽仍为 10 Mbit/s。这样,4 个冲突域共有 40 Mbit/s 的带宽。显然,通过安装交换机向用户提供聚集的 40 Mbit/s 的带宽,从而大大提高了网络的性能。

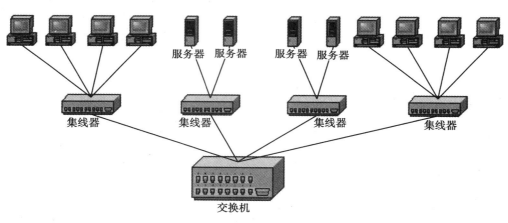

4个冲突域,1个广播域

图 6.29　交换机分段网络

需要注意的是,由交换机创建的单个冲突域仍然是同一个广播域的成员,或者说,它们还是同一个网络的成员。一个冲突域最初发送的广播通信仍然可以被转发到其他冲突域中。

（3）路由器构成的网络

路由器用来互连和定义广播域的边界,由路由器连接的各个网络部分不能被称为网段,因为它们已经不属于同一个广播域了,所以只能称为网络或子网。

图 6.30 显示了一个已经被交换机分割成较小冲突域的大型广播域。在这个交换环境中,一个冲突域最初发送的广播通信被转发到了所有其他冲突域。也就是说,它们同属于一个广播域,或者说,属于同一个网络。

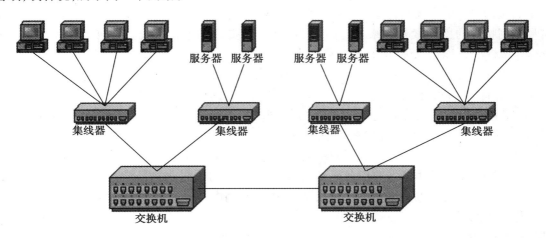

4个冲突域,1个广播域

图 6.30 交换广播网

图 6.31 说明了一个网络被一个路由器分成两个不同的广播域后的情况。在一个路由环境中,每一个广播网中产生的广播通信不能通过路由器而扩散到其他广播域中。因此,该网络中的通信总量作为一个整体就减少了。或者说,该网络被分割成了两个子网。

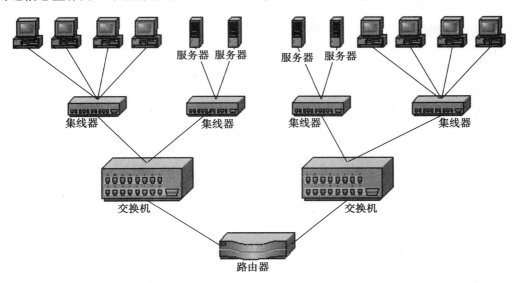

4个广播域,4个冲突域

图 6.31 路由器分割的网络

小　结

局域网设计的主要目标是覆盖一个公司、一所学校、一幢办公楼的"有限地理范围"。决定局域网特性的三要素是网络拓扑、传输介质和介质访问控制方法。局域网的标准主要是 IEEE802 标准，目前广泛使用的局域网是以太网。

以太网的介质访问控制方法是 CSMA/CD，使用的传输介质有双绞线、同轴电缆和光纤，网络拓扑结构则有总线型和星型两种。目前流行的是数据传输速率为 100 Mbit/s 及 1 000 Mbit/s、采用双绞线或光纤作传输介质、网络拓扑结构为星型的以太网。随着网络技术的发展，无线局域网的使用也越来越广泛。

联网设备主要有工作在物理层的中继器和集线器，工作在数据链路层的网桥和交换机，以及工作在网络层的路由器。它们各有各的用途，合理选用联网设备将使网络获得较高的性价比。目前实有较普遍的联网设备是集线器、交换机和路由器。

计算机网络是由地理位置不同的自治计算机系统互连而成的，以实现资源共享为目的的计算机系统的集合。为完成各节点间的通信，计算机网络内部通信双方必须遵守通信协议。为保证不同结构的计算机网络可以实现互连，ISO 制定了 OSI/RM 标准。除了这类标准外，还有先推出了产品以后才制定出的标准，TCP/IP 就属于这一类标准。上述两类标准都是分层的，而各层协议的集合就构成了计算机网络的体系结构。

通信服务可以分成两类：面向连接的服务和无连接的服务，前者是可靠的服务，但系统开销较大，而后者虽然不可靠，但结构简单而且系统开销较小。数据交换技术也可以分成两类：电路交换技术和分组交换技术。分组交换技术又可以分为虚电路和数据报，前者采用了面向连接的服务，后者则采用了无连接服务。

计算机网络常用的传输介质有双绞线、同轴电缆和光纤。如果按照地理覆盖范围区分，计算机网络可以分成局域网、城域网和广域网；若按照传输技术区分，则可以分为采用共享介质、使用广播技术的局域网技术和采用独占带宽、点对点通信的广域网技术。

对于各台计算机的地理位置都不相同的计算机网络来说，标准是特别重要的，本章最后介绍了一些主要的国际标准化组织。

习　题

6.1　计算机网络的定义是什么？

6.2　计算机网络采用层次结构有什么好处？

6.3　ISO 在制订 OSI 参考模型是对层次划分的主要原则是什么？

6.4　请描述在 OSI 参考模型中数据传输的基本过程。

6.5　TCP/IP 协议的主要特点是什么？

6.6　比较面向连接和无连接服务的异同点。

6.7　通过比较说明双绞线、同轴电缆和光纤各自的特点。

6.8　数据交换技术主要有几种类型？各自有什么特点？

6.9　比较局域网、城域网和广域网各自的特点。

6.10　什么是标准化组织？主要的国际标准化组织有哪些？

6.11　局域网的基本拓扑结构主要分为哪三类？它们有哪些异同点？

6.12　结合以太网的帧结构，分析 CSMA/CD 的发送与接收工作流程。

6.13　以太网帧的最小长度是多少？最大长度是多少？

6.14　为什么以太网帧应该有一个最小数据长度？

第7章
Internet 技术

内容提要：本章将简单介绍 Internet 上的各种技术，包括 IP 地址，网络层协议（IP、ARP 和 ICMP），IP 数据报在网络中的传输过程，传输层协议（TCP 和 UDP），以及一些应用层的主要协议。

Internet 是覆盖范围最广的、国际性的网络。最近的 10 年，是 Internet 发展最为迅速的10年。

7.1　IP 地址和子网掩码

7.1.1　IP 地址

（1）为什么要编制 IP 地址

因特网的目标是提供一个无缝的通信系统。事实上，因为各种原因，通信网络是各不相同的。为了达到这个目标，因特网协议必须屏蔽物理网络的具体细节，并提供一个虚拟网络的功能。虚拟互联网在操作上与其他网络一样，允许计算机发送和接收信息包。因特网和物理网的主要区别是因特网仅仅是设计者想象出来的抽象物，完全由软件产生。设计者可在不考虑物理硬件细节的情况下自由选择地址、分组格式和发送技术。

编址是因特网抽象的一个关键组成部分。为了以一个单一的统一系统形式而出现，所有主机必须使用统一的编址方案。但是，物理网络地址并不能满足这个要求，因为一个因特网可包括多种物理网络技术，每种技术定义了自己的地址格式。而每种技术采用的地址因为长度不同或格式不同而不兼容。

为了保证主机统一编址，协议软件定义了一个与底层物理地址无关的编址方案。统一编址使整个通信系统看起来像是一个大的、无缝的单一网络，因为它屏蔽了下层物理网络地址的细节。两个应用程序的通信不需知道对方的硬件地址。

（2）IP **地址的分层**

目前采用的 IP 地址有两种版本：IPv4 和 IPv6，在因特网上通行的是 IPv4 版本，这里主要介绍这一版本的 IP 地址。

IPv4 的地址由 32 位二进制数构成，每个 32 位 IP 地址被分割成两部分：前缀和后缀。地址前缀部分确定了计算机从属的物理网络，后缀部分确定了网络上一台单独的计算机。也就是说，互联网中的每一物理网络分配了唯一的值作为网络号。网络号在从属于该网络的每台计算机地址中作为前缀出现。更进一步说，同一物理网络上每台计算机被分配了唯一的地址后缀，也就是通常所说的主机号。

IP 地址分层保证了两个重要性质：

①每台计算机分配一个唯一地址。

②虽然网络号分配必须全球一致，但主机号可本地分配，不需全球一致。

（3）IP **地址的分类**

选择了 IP 地址的长度并决定把地址分为两部分后还必须决定每部分包含多少位，其基本原则如下：

①前缀部分需要足够的位数以允许分配唯一的网络号给互联网上的每一个物理网络。

②后缀部分也需要足够位数以使从属于一个网络的每一台计算机都分配到一个唯一的后缀。这不是简单的选择就可行的，因为一部分增加一位就意味着另一部分减少一位。

③选择大的前缀适合于大量的网络，但限制了每个网络的大小。

④选择大的后缀意味着每个物理网络能包含大量计算机，但限制了网络的总数。

因为一个因特网可包括任意的网络技术，所以一个互联网可由一些大的物理网络构成，同时另外一个互联网也可能由一些小的网络构成。更重要的是，单个互联网能包含大网络和小网络的混合网。因此，设计者们选择了一个折中的编址方案，它能满足大网和小网的组合。这个方案将 IP 地址空间划分为 3 种基本类型，每类有不同长度的网络号和主机号。

地址的前四位决定了地址所属的类别，并且确定如何将地址剩余部分划分网络号和主机号。图 7.1 表示了五类地址，前几位用来决定类别和网络号及主机号的划分法。按照 TCP/IP 协议惯例，以"0"作为第一位，从左到右计数。

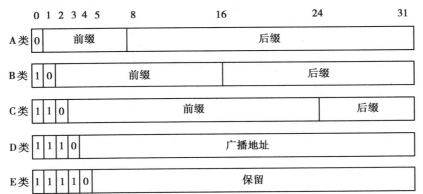

图 7.1　IP 地址编址方案

A、B 和 C 类称为基本类，因为它们用于主机地址。D 类用于组播，允许发送到一组计算机。E 类地址目前只在实验中使用。

以"0"开头的地址对应于 A 类,以 10 开头的对应于 B 类,以 110 开头的对应于 C 类,1110 开头的地址属于 D 类,最后,以 11110 开头的地址属于 E 类。

如图 7.1 所示,基本类将地址划分为网络号和主机号。A 类的网络号为 8 bit,主机号为 24 bit;B 类的网络号为 16 bit,主机号为 16 bit;C 类的网络号为 24 bit,主机号为 8 bit。

(4)点分十进制表示法

IP 地址是 32 位二进制数,用户很难记忆。为了方便用户的记忆和使用,采用了一种称为点分十进制的表示法。具体方法是以 32 位数中的每 8 位为一组,改用十进制表示,并利用句点分隔各个部分。图 7.2 表示了一些二进制数和等价十进制形式的例子。

二进制表示法	点分十进制表示
10000001　00110100　00000110　00000000	129.52.6.0
11000000　00000101　00110000　00000011	192.5.48.3
00001010　00000100　00001000　00100100	10.4.8.36
10000000　00001010　00000010　00000011	128.10.2.3
10000000　10000000　11111111　00000000	128.128.255.0

图 7.2　IP 地址的二进制表示与点分十进制表示

点分十进制表示法把每一组作为无符号整数处理。每组最小可能值为"0",(当组内所有位都为"0"时);最大可能值为 255(当组内所有位都为 1 时),这样,点分十进制地址范围为 0.0.0.0 到 255.255.255.255。

因为点分十进制表示法使得地址中用以表示类别的各位无法直接见到,所以地址类别必须从第一个 8 bit 组的十进制值中重新识别。图 7.3 表示了每类地址的十进制值的范围。

类	数值范围
A	0~127
B	128~191
C	192~223
D	224~239
E	240~255

图 7.3　点分十进制第一个 8 bit 组与类别的关系

IP 分类方案把 32 位地址空间划分为大小不等的类,各类包含网络的数目也并不相同。图 7.4 显示了每类中所包含的网络的数目和每类网络中所包含的主机数目。注意这里网络号的长度是类别与前缀之和。

类	前缀位数	网络数	后缀位数	主机数
A	7	128	24	16 777 216
B	14	16 384	16	65 536
C	21	2 097 152	8	256

图 7.4　三类 IP 地址包含的网络数和主机数

7.1.2　特殊 IP 地址

IP 定义了一套特殊地址格式,称为保留地址。这些特殊地址从不分配给主机,而且每个特殊地址只限于某种用途。特殊 IP 地址共有 6 个。

（1）**网络地址**

网络地址是网络号部分为某个网络、主机号部分全为"0"的地址,它用来表示一个网络。例如,地址 128.211.0.0 表示网络分配了 B 类网络号 128.211。

网络地址是指网络本身而不是连到那个网络的主机的地址。因此,网络地址不应作为目标地址在 IP 数据报中出现。

（2）**直接广播地址**

IP 为每个物理网络定义一个直接广播地址。在网络号后面跟一个所有位全为"1"的主机号便形成了网络的直接广播地址。为了确保每个网络可以直接广播,IP 保留包含所有位全为"1"的主机地址。管理员不能分配全"0"或全"1"的主机地址给一个特定计算机,否则会导致软件功能失常。

（3）**有限广播地址**

有限广播是指在本地物理网上的一次广播。在系统启动时,计算机还不知道网络号,便可使用有限广播。这种地址的所有位都是"1"。这样,IP 可在本地网上将任意 IP 数据报广播到所有地址。

（4）**本机地址**

所有位都为"0"的地址。计算机需要知道它的 IP 地址来发送或接收 IP 数据报,因为每个数据报均包含了源地址和目的地址。TCP/IP 协议系列包含了这样的协议,当计算机启动时,计算机能通过本机地址获得自己的 IP 地址。

（5）**环回地址**

网络号为 127,主机号为任意的地址。环回地址（Loopback Address）用于测试网络应用程序。在产生一个网络应用程序后,程序员经常使用环回测试来进行预调试。要实现一个环回测试,程序员必须有两个能通过网络通信的应用程序。每个应用程序包含了同 TCP/IP 协议软件交流所需要的代码。程序员不是在一个单独的计算机上执行每个程序,而是在一台计算机上运行两个程序,并指示它们在通信时使用环回 IP 地址。当一个应用程序发送数据给另一个应用程序时,数据向下穿过协议栈到达 IP 软件,IP 软件把数据向上转发通过协议栈到达第二个程序。因此,程序员无须两台计算机,也无须通过网络发送包,便可很快地测试程序逻辑。

（6）**本网特定主机地址**

网络号为全"0",主机号为某指定主机。其功能是向本物理网络上的某台主机发送数据,主机号即为该台主机所拥有的主机号。

图 7.5 概述了特殊 IP 地址格式。

前　缀	后　缀	地址类型	用　途
全"0"	全"0"	本机	启动时使用
网络	全"0"	网络	标识一个网络
网络	全"1"	直接广播	在指定网络上进行广播
全"1"	全"1"	有限广播	在本物理网络上进行广播
127	任意	环回	模拟两台联网计算机进行测试
全"0"	主机号	本网特定主机	发给本物理网络上的指定主机

图 7.5　特殊 IP 地址

由于特殊地址的影响,A 类网络中的"0"和"127"两个网络号的地址不能够再分配,所以 A 类网络实际上只有 126 个。

7.1.3　子网掩码

IP 地址是一个两层结构的地址,即 32 位的地址分成了网络号和主机号两部分。但是,一个网络中拥有的主机,根据使用部门的不同或其他的需要,有可能需要进一步分成几个部分,以便更加容易管理。在这种情况下,就有必要对主机号的归属进行进一步的划分。从另一方面来说,由于目前 IP 地址的资源已经非常的紧张,也不可能每个部分都分配一组不同的 IP 地址;同时,像 A 类和 B 类地址中的主机号都非常多,单独的一个网络几乎不可能用完,如不加以充分利用,将造成 IP 地址资源的巨大浪费。

出于这两方面的原因,专家们认为应该允许将原有的主机号资源进行进一步的划分,这就是子网的概念。子网的划分就是将原有的主机号部分再分成两部分:子网号部分和主机号部分。也就是说,原来的两层结构变成了三层结构,一个完整的 IP 地址将由网络号、子网号、主机号构成。

由于用户的需要不同,对子网如何进行分割的考虑也不同。换句话说,子网号所占用的位数也不同。如何确定子网号的位数呢? 为此,引入了子网掩码的概念。子网掩码也是由 32 位二进制数字构成,与 32 位 IP 地址形成一一对应的关系。

具体来说,子网掩码中取值为"1"的位表示它对应的 IP 地址位属于网络号的部分,取值为"0"的位对应的 IP 地址位属于主机号的部分。由于子网掩码与默认的 A、B、C 三类 IP 地址关于网络号和主机号的划分并不一致(也允许一致,但就失去了使用子网掩码的意义),事实上等于引入了第三个层次。也就是说,IP 地址的层次结构由原来的网络号、主机号两个层次变成了网络号、子网号、主机号 3 个层次。其变化情况如图 7.6 所示。

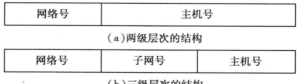

网络号	主机号

（a）两级层次的结构

网络号	子网号	主机号

（b）三级层次的结构

图 7.6　引入子网掩码前后 IP 地址层次结构的变化

因为引入了子网号这个层次,原来的网络被进一步分割成若干个子网,每个子网的主机号都减少了,但是,子网的个数增加了(未分割前的网络可以理解为只有一个子网)。子网分割

前后网络地址和主机号的变化如图 7.7 所示。

10111111	10000101	00000111	00100011	IP 地址 191.133.7.35
11111111	11111111	00000000	00000000	子网掩码 255.255.0.0
10111111	10000101	00000000	00000000	网络地址 191.133.0.0

（a）没有划分子网

10111111	10000101	00000111	00100011	IP 地址 191.133.7.35
11111111	11111111	11111111	00000000	子网掩码 255.255.255.0
10111111	10000101	00000111	00000000	网络地址 191.133.7.0

（b）划分子网

图 7.7　划分子网前后网络地址的变化

在图 7.7 中,当子网掩码为默认值,即 255.255.0.0 时,该网络是一个 B 类网络,拥有 65 536 个主机号,网络地址是 191.133.0.0;当选用 255.255.255.0 的子网掩码时,该网络被分割成 256 个子网,每个子网拥有 256 个主机号,其中第一个子网的地址是 191.133.7.0。

7.2　网络层协议

7.2.1　IP 协议

IP 协议是网络层最重要的协议,它承担了 TCP/IP 协议栈中传输数据的基本功能,所有的数据都是经过 IP 数据报提供给网络接口层后在网络上传输的。

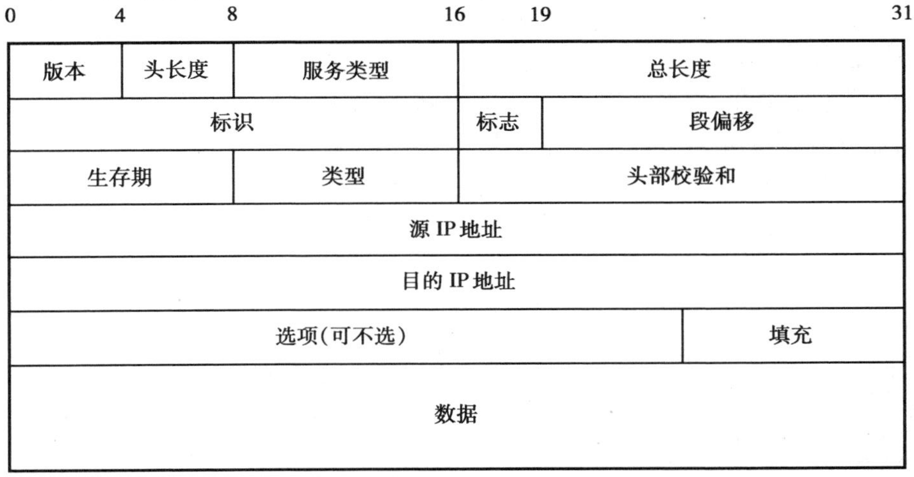

0　　　4　　　8　　　　　　16　　19　　　　　　　　　　31

版本	头长度	服务类型	总长度	
标识		标志	段偏移	
生存期	类型	头部校验和		
源 IP 地址				
目的 IP 地址				
选项(可不选)			填充	
数据				

图 7.8　IP 数据报格式

图 7.8 给出了 IP 数据报的格式,包括头部和数据两部分。头部包含的各个字段,包括了源 IP 地址、目的地 IP 地址和类型字段。源 IP 地址字段含有发送方的 IP 地址,目的地址字段含有接收方的 IP 地址,类型字段指明数据的类型。

7.2.2　ICMP 协议

TCP/IP 协议栈包含了一个专门用于发送差错报文的协议,这一协议称为 Internet 控制报文协议(ICMP,Internet Control Message Protocol)。这一协议对一个完全标准的 IP 是不可少的,而且两个协议是相互依赖的。IP 在需要发送一个差错报文时要使用 ICMP,而 ICMP 利用 IP 来传递报文。

ICMP 定义了 5 种差错报文和 4 种信息报文,在看到每种报文类型之后,将明白它们是怎样使用的。

（1）ICMP 差错报文

5 种 ICMP 差错报文分别是:

1）源抑制(Source Quench)

当一个路由器收到太多的 IP 数据报以至于用光了缓冲区,就发送一个源抑制报文。也就是说,一个路由器临时用光了缓冲区,就必须丢弃后来的 IP 数据报,因此,在丢弃一个 IP 数据报时,路由器就会向创建该 IP 数据报的主机发送一个源抑制报文。当一台主机收到源抑制报文时,就需要降低传送速率。

2）超时(Time Exceeded)

有两种情况会发送超时报文:当一个路由器将一个 IP 数据报的生存期字段减到零时,路由器会丢弃这一 IP 数据报,并发送一个超时报文;另外,在一个 IP 数据报的所有段到达之前,如果重组计时器到时了,则主机会发送一个超时报文。

3）目的不可达(Destination Unreachable)

当一个路由器检测到 IP 数据报无法传递到它的最终目的地时,就向创建这一 IP 数据报的主机发送一个目的不可达报文。这种报文会告知是特定的目的主机不可达还是目的主机所连的网络不可达。换句话说,这一差错报文能区分是某个网络暂时不在互联网上(如由于一个路由器出错),还是某一特定主机临时断线(如由于主机关闭)。

4）重定向(Redirect)

当一台主机创建了一个 IP 数据报发往远程网络,主机先将这一 IP 数据报发给一个路由器,由路由器将 IP 数据报转发到它的目的地。如果路由器发现主机错误地将应发给另一路由器的 IP 数据报发给了自己,则使用一个重定向报文通知主机应改变它的路由。一个重定向报文能指出一台特定主机或一个网络的变化,后者更为常见。

5）要求分段(Fragmentation Required)

一台主机产生了一个 IP 数据报时,可以在头部中设置某一位,以规定这一 IP 数据报不允许被分段。如果一个路由器发现这个 IP 数据报比它要去的网络的数据传输单元大时,路由器向发送方发送一个要求分段报文,然后丢弃这一 IP 数据报。

（2）ICMP 信息报文

除了差错报文,ICMP 还定义了两类信息报文:

1）回应请求/应答（Echo Request/Reply）

一个回应请求报文能发送给任何一台计算机上的 ICMP 软件。对收到的一个回应请求报文，ICMP 软件要发送一个回应来应答报文。应答携带了与请求一样的数据。

2）地址掩码请求/应答（Address Mask Request/Reply）

当一台主机启动时，会广播一个地址掩码请求报文，路由器收到这一请求就会发送一个地址掩码应答报文，其中包含了本网使用的 32 位的子网掩码。

（3）ICMP 报文的传送

ICMP 使用 IP 数据报来传送每一个差错报文。当路由器有一个 ICMP 报文要传递时，它会创建一个 IP 数据报并将 ICMP 报文封装其中。也就是说，ICMP 报文被置于 IP 数据报的数据区中，然后这一数据报像通常一样进行转发，即整个数据报被封装进帧中进行传递。图 7.9 说明了封装的两个层次。

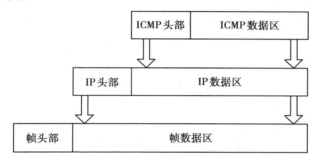

图 7.9　发送 ICMP 报文时的两层封装

7.2.3　ARP 协议

地址解析协议 ARP（Address Resolution Protocol）负责完成将一台计算机的 IP 地址转换成相应的硬件地址的过程。

在因特网系统中，软件利用 IP 地址转发包时，下一跳地址和包的目的地址都是 IP 地址。但是，通过物理网络硬件传送帧时，不能使用 IP 地址，因为硬件并不懂 IP 地址，因而通过物理网络传送帧时必须使用硬件的帧格式，即帧中的硬件地址。因此，在传送帧之前，必须将下一跳的 IP 地址转换成相应的硬件地址。

（1）几种不同的地址解析技术

地址解析算法可分为 3 种：

①查表　地址绑定信息存储在内存当中的一张表里，当软件要解析一个地址时，可在其中找到所需结果。

②相近形式计算　仔细地为每一台计算机挑选它的 IP 地址，使得每台计算机的硬件地址可以由它的 IP 地址通过简单的布尔运算和算术运算得出。

③报文交换法　为了解析一个地址，计算机通过网络交换报文。一台计算机发出某个地址绑定的请求报文之后，另一台计算机发送一个应答报文，其中包含了所需的信息。

1）查表法地址解析

查表方法需要一张包含地址绑定信息的表。表中的每一项是一个二维数组（P，H），P 是 IP 地址，H 是指等价的物理地址。图 7.10 给出了一个地址绑定的例表。

IP 地址	硬件地址
197.15.3.2	0A:07:4B:12:82:36
197.15.3.3	0A:9C:28:71:32:8D
197.15.3.4	0A:11:C3:68:01:99
197.15.3.5	0A:74:59:32:CC:1F
197.15.3.6	0A:04:BC:00:03:28
197.15.3.7	0A:77:81:0E:52:FA

图 7.10　一个地址绑定的例子

图 7.10 中的每一项都对应于网络中的一个站。每项包含两个字段:一个是站的 IP 地址,另一个是站的硬件地址。

2)相近形式计算地址解析

尽管很多网络使用静态的物理地址,仍有一些技术要求使用动态的物理地址,即网络接口部件可以被指定为一个特定的硬件地址。对于这些网络,使用相近形式计算就成为可能。使用相近形式方法的解析软件会将 IP 地址经过计算得到相应的物理地址。如果 IP 地址和对应硬件地址之间的关系较简单,则计算只需使用很少的几次操作。

3)报文交换法地址解析

前面提到的地址解析机制能由单独的计算机独立计算而得:计算所需的指令和数据保存在计算机的操作系统中。与这种集中式计算相对的是一种分布式的方法,即当某台计算机需要解析一个 IP 地址时,会通过网络发送一个请求报文,之后会收到一个应答。发送出去的报文包含了对指定 IP 地址进行解析的请求,应答报文包含了对应的硬件地址。

(2)**地址解析协议**

在 TCP/IP 中,可以使用 3 种地址解析方法中的任何一种,为一个网络所选的方法依赖于网络底层硬件所使用的编址方案。查表法通常用于广域网,相近形式计算常用于可配置的网络,而报文交换常用于静态编址的局域网。

为了使所有计算机在地址解析报文的精确格式和含义上达成一致,TCP/IP 协议系列含有一个地址解析协议 ARP。ARP 标准定义了两类基本的报文:一类是请求,另一类是应答。一个请求报文包含一个 IP 地址和对相应硬件地址的请求;一个应答报文既包含发来的 IP 地址,也包含相应的硬件地址。

(3)**ARP 报文的传递**

ARP 协议规定了 ARP 报文怎样在网上传递。协议规定:一个 ARP 请求报文被放入一个硬件帧后,广播给网上的所有计算机,每台计算机收到这个请求后都会检测其中的 IP 地址,与 IP 地址匹配的计算机发送一个应答,而其他的计算机则会丢弃收到的请求,不发送任何应答。

当一台计算机发送一个 ARP 应答时,这个应答并不是向全网广播的,而是被放进一个帧中直接发回给请求者。图 7.11 说明了在一个以太网上,一次 ARP 交换是怎样进行的。

图 7.11 说明,尽管 ARP 请求报文发给了所有的计算机,但应答报文并不是这样。协议在广播的请求报文中还提供了一些信息,所有计算机在处理请求时也会收到这些信息。

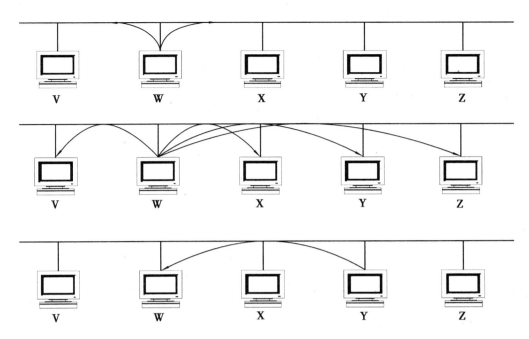

图 7.11　一次 ARP 报文交换

（4）ARP **缓存技术**

尽管报文交换可以用于绑定地址,但为每一个绑定发送一个报文的方法效率很低,可以考虑 ARP 所产生的网络通信量。如图 7.11 所示,当计算机 W 需要向计算机 Y 传递一个包,就得先广播一个 ARP 请求去寻找 Y 的硬件地址,之后,Y 发出一个应答,W 才能将包传给 Y。因而,每次 ARP 传输要在网上传 3 个包。另外,大部分的计算机通信往往包含一系列的包,因此,W 就很可能重复进行这种交换很多次。

为了减少网络通信量,ARP 软件应能提取并保存应答中的信息,以便用于以后的包。事实上,软件并不会把这些绑定信息放在永久的存储器中,也不会永久保存它们。相反,ARP 在内存中维护一个小的绑定表。ARP 把这张表当作高速缓存(Cache)来管理,即无论何时一个应答来到,表中某一项会被替代出去。当表已满或某一项已很久(例如,20 min)未被更新时,则表中最老的一项被移走。

当 ARP 要执行地址绑定时,它会先在高速缓存中搜索,如果需要的绑定已在其中,ARP 就不必再传送一个请求。如果所需绑定不在高速缓存中,ARP 才广播一个请求,等待应答,更新高速缓存,并用所得绑定继续工作。

（5）**分层、地址解析和协议地址**

TCP/IP 的分层模型中,最底一层对应于物理网络硬件,上面一层对应于收发包的网络接口软件,地址解析就是与网络接口层有关的一个功能。地址解析软件隐藏了物理寻址的细节,允许高层软件使用协议地址,因而在网络接口层和所有高层之间有一个非常重要的概念上的界线:应用程序和高层软件都是建立在协议地址之上。

下一节将解释使用协议地址完成相应功能的优点,如路由功能。到现在为止,已经知道物理寻址的细节隐藏在什么地方,图 7.12 说明了这一寻址界线。

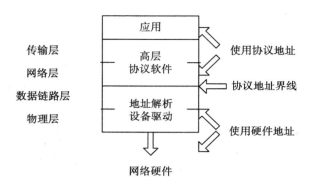

图 7.12　物理地址与协议地址的分界

7.3　路由器和路由算法

7.3.1　概述

一个 IP 数据报沿着从源到目的地的一条路径穿过互联网,中间会经过很多路由器。路径上的每个路由器收到这个 IP 数据报时,先从头部取出目的地址,根据这个地址决定数据报该发往的下一跳节点,并将此 IP 数据报转发给它。下一跳节点可能就是最终目的地,也可能是另一个路由器。

为了使路由器对下一跳的选择高效而且便于理解,每个路由器在一张路由表(Routing Table)中保存有很多路由信息。当一个路由器自举时,需对路由表进行初始化,而当网络的拓扑发生变化或某些硬件发生故障时,必须更新路由表。

7.3.2　路由器编址规则

(1)基本规则

理论上说,路由表中的每一项都指定了一个目的地和为到达这个目的地所要经过的下一跳节点。图 7.13 显示了 R_1、R_2、R_3 3 个路由器将 4 个网络连接成为一个互联网时路由器 R_2 的路由表。

如图 7.13 所示,路由器 R_2 直接连接到网络 2 和网络 3。因此,R_2 能将数据报直接发往连在这两个网络上的任何目的地。当一个数据报的目的地在网络 4 中,R_2 就需要将数据报发往路由器 R_3。路由表列出的目的地是网络,而不是一个单独的主机,这个差别非常重要,因为一个互联网中的主机数可能是网络数的 1 000 倍以上。因而,使用网络作为目的地可以使路由表的尺寸变得较小。

(2)实际上的路由表

实际中的 IP 路由表比图 7.13 复杂一些。首先,每一项的目的地址字段只包含目的网络的网络地址;第二,每项中有一个附加字段包含了一个地址掩码(Address Mask),这个掩码决定了目的地址中的哪些位对应着地址的网络部分;第三,当下一跳字段指的是一个路由器时,将使用一个 IP 地址。图 7.13 的路由表只是一个原理示意图,在实际当中是以图 7.14 的形式出现的。

目的地	下一跳
网络 1	R_1
网络 2	直接传送
网络 3	直接传送
网络 4	R_3

图 7.13　路由器所连接的 4 个网络及 R_2 的路由表

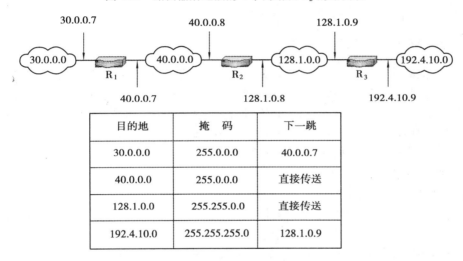

目的地	掩　码	下一跳
30.0.0.0	255.0.0.0	40.0.0.7
40.0.0.0	255.0.0.0	直接传送
128.1.0.0	255.255.0.0	直接传送
192.4.10.0	255.255.255.0	128.1.0.9

图 7.14　实际的网络连接及其 R_2 的路由表

在图 7.14 的表中,头两个网络是 A 类网络,第三个网络是 B 类网络,第四个网络则是 C 类网络。每个路由器被指定了两个 IP 地址,一个地址对应一个路由器端口。例如,连接网络 30.0.0.0 和网络 40.0.0.0 的路由器 R1 被指定了地址 30.0.0.7 和 40.0.0.7。尽管路由器的两个端口有同样的主机号,其实 IP 并不要求这种统一,一个网络管理员可以自由地为每个端口指定不同的值。

（3）目的地和下一跳地址

IP 数据报头部的目的地址与其被转发地址之间关系是:IP 数据报中的目的地址字段包含了最终目的地的地址,当路由器收到一个数据报,会取出其目的地址,用它来计算数据报将发往的下一跳节点的地址。尽管这个 IP 数据报直接发往下一跳节点地址,但头部中仍保持着目的地址。也就是说:一个 IP 数据报头部中的目的地址总是指向最终目的地,当一个路由器将这个 IP 数据报转发给另一个路由器时,下一跳节点的地址并不在 IP 数据报头部里出现。

（4）尽最大努力传递

除了定义互联网的数据报格式,IP 协议还定义了通信的语义,并使用"尽最大努力"

（Best-Effort）这个词来描述所提供的服务。这就说明，尽管 IP 协议会努力地尝试传递每个 IP 数据报，但并不保证能处理以下问题：

①数据报重复；

②延迟传送或无序传送；

③数据的损坏；

④数据报的丢失。

以上问题都需要上层协议软件加以处理。

IP 协议会出现这些问题有一个重要的原因：每一层的协议软件各自只负责通信的某些方面，IP 协议并不负责处理以上问题。因而，当底层硬件出现以上的这些问题时，使用 IP 协议的任何软件都必须自己设法解决。也就是说，因为在设计 IP 协议时是为了操作各种类型的网络硬件，所以这些硬件可能工作得并不太好，因此，IP 数据报也会发生丢失、重复、延迟、乱序或损坏等问题，这些问题都需靠高层协议软件来解决。

7.3.3 信息在网络中的传输过程

当一个主机或路由器处理一个 IP 数据报时，首先选择并确定 IP 数据报发往的下一跳节点，然后通过物理网络将数据报传送给该节点。但是，网络硬件并不了解 IP 数据报格式，相反，每种硬件技术定义了自己的帧格式和物理寻址方案，硬件只接收和传送符合特定帧格式以及使用特定的物理寻址方案的包。另外，由于一个互联网可能包含异构网络技术，穿过当前网络的帧格式与前一个网络的帧格式可能不同。

（1）IP 数据报在互联网中的传输

1）IP 数据报的封装与解封

在物理网络不了解 IP 数据报格式的情况下，数据报在网络中传送是利用一种技术：封装（Encapsulation）。当一个 IP 数据报被封装进一个帧中时，整个数据报被放进帧的数据区。网络硬件像对待普通帧一样对待包含一个 IP 数据报的帧。事实上，硬件并不检测或改变帧的数据区内容，图 7.15 说明了这一概念。

图 7.15　IP 数据报的封装

接收方怎样知道传来的帧的数据区中含有一个 IP 数据报还是其他数据呢？发送方和接收方必须就帧类型字段中使用的值达成一致。当发送方将一个 IP 数据报放入帧中，就必须在帧类型字段内放入代表 IP 数据报的特定值。当这样一个帧到达接收方，接收方就能根据它的类型字段知道帧中含有一个 IP 数据报。

同样，携带了一个 IP 数据报的帧也要有一个目的地址。因此，封装除了将 IP 数据报放入帧的数据区，还要求发送方提供数据报去往的下一跳节点的物理地址。为了得到这个物理地址，发送方节点上的 ARP 协议将执行 7.2.3 节所述的地址绑定过程，将下一跳的 IP 地址转换成相应的物理地址，也就是帧头部中的目的地址。

2）IP 数据报在不同网络中的传输

发送方在选好下一跳节点之后,将 IP 数据报封装到一个帧当中,并通过物理网络传给下一跳节点。帧到达下一跳节点时,接收软件从帧中取出 IP 数据报,然后丢弃这一帧。如果数据报必须通过另一个网络转发,就会产生一个新的帧。图 7.16 说明了这种情况,当一个 IP 数据报要从源主机去往目的主机,中间通过 3 个网络和两个路由器,于是被多次封装和解封,产生不同帧的表现形式。这是因为每个网络可能使用一种不同于其他网络的硬件技术,因此也就意味着帧的格式也不相同。

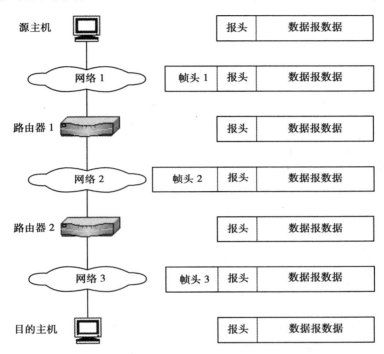

图 7.16　一个 IP 数据报通过 3 个网络进行传输

如图 7.16 所示,主机和路由器只在内存中保留了整个 IP 数据报而没有附加的帧头信息。当 IP 数据报通过一个物理网络时,会被封装进一个合适的帧中。帧头的大小依赖于该网络所采用的网络技术。例如,如果网络 1 是一个以太网,帧 1 有一个以太网头部;类似地,如果网络 2 是一个 FDDI 环,则帧 2 有一个 FDDI 头部。

在通过互联网的整个过程中,帧头并没有累积起来,只有在 IP 数据报要通过一个网络时,才被封装。当帧到达下一跳节点时,IP 数据报将从输入帧中取出来,然后才被路由和重新封装到一个输出帧中。当数据报到达它的最终目的地时,携带 IP 数据报的帧被丢弃,使得数据报的大小与其最初发送时是一样的。

（2）**最大传输单元及其对 IP 数据报的影响**

1）最大传输单元

每一种硬件技术都规定了一帧所能携带的最大数据量,这个最大数据量称为最大传输单元（MTU,Maximum Transmission Unit）。对于 MTU 的限制不存在例外,网络硬件在设计时已规定不允许传输数据量大于 MTU 允许范围的帧,因而一个 IP 数据报必须小于或等于一个网络的 MTU,否则无法进行传输。

在一个互联网中,包含各种异构的网络,特别是一个路由器可能连着具有不同 MTU 值的多个网络,能从一个网上接收 IP 数据报并不意味着一定能在另一个网上发送该数据报。例如,图 7.17 中,一个路由器连接了两个网络,这两个网络的 MTU 值分别为 1 500 B 和 1 000 B。

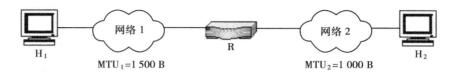

图 7.17　不同网络的 MTU

在图 7.17 中,主机 H_2 连着 MTU 值为 1 000 B 的网络 2。因此,H_2 能传送的数据报的尺寸小于等于 1 000 B。然而,主机 H_1 连着 MTU 值为 1 500 B 的网络 1,因此,能传送最多到 1 500 B 的数据报。如果 H_1 将一个 1 500 B 的数据报发送给 H_2,路由器 R 收到数据报后却不能在网络 2 上发送它。

2)IP 数据报的分段

IP 数据报使用分段(Fragmentation)技术来解决这一问题。当一个数据报的尺寸大于将发往的网络的 MTU 值时,路由器会将数据报分成若干较小的部分,称为段(Fragment),然后再将每段独立地进行发送。

每一小段与其他的数据报有同样的格式,只是头部的标志字段中有一位标识了一个 IP 数据报是一个段还是一个完整的数据报。段的头部中的其他字段包含有其他一些信息,以便用来重组这些段,以重新生成原始数据报。另外,头部的段偏移字段指出该段在原始数据报中的位置。

在对一个数据报分段时,路由器使用相应网络的 MTU 和数据报头部尺寸来计算每段所能携带的最大数据量以及所需段的个数,然后生成这些段。路由器先为每一段生成一个原数据报头部的副本作为段的头部,然后单独修改其中的一些字段。例如,路由器会设置标志字段中的相应位,以指示这些数据报是一个段。最后,路由器从原数据报中复制相应的数据到每个段中,并开始传送。图 7.18 表明了这一过程。

在图 7.18 中,原始的 IP 数据报携带 2 200B 的数据,由于 MTU 的影响,需将其分为 3 段,每段的数据量不大于 800 B。首先,这 3 段都复制了一个 IP 数据报的报头,除了标志字段以外,其内容基本相同,而标志字段的内容则根据不同的分段情况而决定。随后在每段的报头后面附上相应的数据段,就完成了分段的工作。

3)分段后的重组

在所有的段的基础上重新产生原数据报的一个副本的过程称为重组(Reassembly)。由于每个段都以原数据报头部的一个副本作为开始,因而都有与原数据报相同的目的地址。另外,含有各块数据的这些段在头部都设置有一个特别的位。因此,接收方能否进行重组就在于所有的段是否都能成功地到达。IP 协议规定只有最终目的主机才会对段进行重组,如图 7.19 所示。

图 7.19 中,如果主机 H_1 发送一个 1 500 B 的 IP 数据报,路由器 R_1 将会把数据报分为两

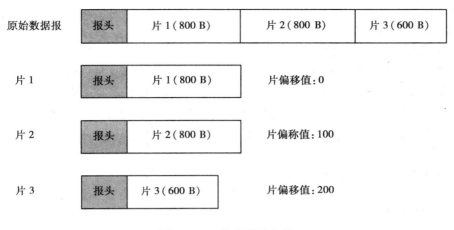

图 7.18　IP 数据报的分段

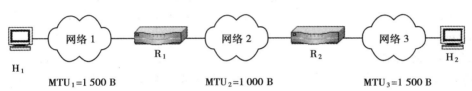

图 7.19　分段与重组

段,转发给路由器 R_2；R_2 并不进行段的重组,只是直接转发这些段。最终目的主机 H_2 搜集了这些段之后,将它们重组,以生成原 IP 数据报。

只由最终目的地主机重组段有两大好处:首先,减少了路由器中状态信息的数量;当转发一个数据报时,路由器不需要知道它是不是一个段;其次,允许路径动态地变化。如果一个中间路由器要进行重组,则所有的段都须到达这个路由器才行。而且通过把重组过程延迟到目的主机,IP 协议就可以自由地将 IP 数据报的不同段沿不同的路径分发。

4)段的进一步分解

当 IP 数据报被分段之后,路由器将每一段转发给它的目的地。如果某段遇到一个 MTU 值更小的网络时,路径上的另一个路由器会将段分成更小的一些段。

IP 协议对源段与子段并不加以区分,接收方也并不知道收到的是一个第一次分段后形成的段还是一个已经被多个路由器多次分段后形成的段。同等对待所有段的优点在于,接收方并不需要先重组子段后才能执行重组过程。这样就节省了 CPU 时间,减少了每一段的头部中所需的信息量。

7.3.4　路由协议

(1)广域网中的路由

为了使广域网能正确地运行,路由器必须有一张路由表,路由表中的数据必须符合以下条件:

①完整的路由　每个路由器的路由表必须包含所有可能目的地的下一跳路由。

②路由优化　路由器内路由表中下一跳的值对于一个给定的目的地而言必须是指向目的

地的最短路径。

（2）**路由表的计算**

对于路由表的构造,小型网络中可通过人工计算完成,但对于大型网络却是不现实的,必须用软件来计算完成。有两种方法:

①静态路由选择(Static Routing)　路由器启动时由程序计算和设置路由,此后路由不再改变。主要优点是:简单,开销小。主要缺点是:缺乏灵活性,静态路由不易改变。

②动态路由选择(Dynamic Routing)　路由器启动时由程序建立初始路由,当网络变化时随时更新。

大多数网络采用动态路由选择,因为它能使网络自动适应变化。

7.3.5　路由算法简介

无论是静态路由选择还是动态路由选择,路由表的建立都依赖于路由算法。常用的路由选择算法有两种:距离矢量路由(Distance Vector Routing)和链路状态路由(Link State Routing)。

（1）**距离矢量路由**

路由算法中最著名的是距离矢量算法。该算法是以 IP 数据报的跳数(hop),也就是以 IP 数据报所经过的路由器的个数为计算基础的。

在距离矢量路由中,路由器之间的信息交换基于这样一个准则:每隔一定的时间(大约为 30 s),路由器与自己的邻居交换自己的所有信息。

显然,这样的信息交换量较小,但是对于距离较远(即跳数较多)的路由器的信息,需要经过多次交换才能够传输到达。每个路由器根据自己所获得的信息,分别计算出自己的路由表。

（2）**链接状态路由**

路由算法的另一种方法称为链路状态路由。该路由算法是以权值(Weight)作为计算路由的基础的。所谓权值,是各种情况的综合考虑,主要包括路径长度(即跳数)、可靠性、路由延迟、带宽、负荷、通信代价(即营运费用)等。

与距离矢量路由不同,链路状态路由的信息交换准则是:每隔一定时间(大约是 30 min),与所有的路由器交换自己邻居的信息。

很容易看出,因为要与所有的路由器交换信息,所以这种路由算法的通信量很大。这也是该路由算法交换信息的间隔较大的原因。但是,该路由算法的优点是一次性可以获得网络上所有路由器的信息,而不需要逐点传递。同时,因为该算法是以权值为基础的,在计算路由时考虑了多种因素,所以优于距离矢量路由算法。在获得了所有路由器的信息后,每个路由器分别采用 Dijkstra 算法以得出它到每个路由器的最短路径。

一般来说,距离矢量路由算法适用于比较简单的网络,而链路状态路由算法更加适合复杂程度较高的网络。

7.4　传输层协议

传输层的核心功能是保证报文从一端正确无误地传送到另一端。与网络层不同之处是，传输层不仅要保证每一段数据的正确，还要保证整个报文的正确。由于数据段在传输过程中有可能出现重复、丢失和乱序，所以，在传输层的接收方还要完成报文的重组。在重组的过程中，必须完成对所接收到的数据段的重新排序、删除重复的数据段，以及发送方重发丢失的数据段等功能。

7.4.1　TCP 协议

保证可靠性是传输层协议的责任，传输控制协议 TCP（Transmission Control Protocol）提供面向连接的可靠的传输服务。TCP 协议得以广泛应用是因为其很好地解决了一个困难的问题：底层使用 IP 提供的不可靠的数据报服务，但却为应用程序提供了一个可靠的数据传输服务。同时，TCP 协议还解决了互联网中数据报丢失和延迟问题，以提供有效的数据传输，而且保证不让底层的网络和路由器过载。尽管其他协议早已出现，但没有哪个通用的传输协议比 TCP 工作得更好。因此，大部分互联网应用都建立在 TCP 协议的基础之上。

（1）概述

TCP 实现了看起来不太可能的一件事：底层使用 IP 提供的不可靠的数据报服务，但却为应用程序提供了一个可靠的数据传输服务。TCP 还必须解决互联网络中的数据报丢失和延迟问题，以提供有效的数据传输，同时还不能让底层的网络和路由器过载。

1）TCP 为应用层提供的服务

从应用程序的角度来看，TCP 提供的服务有如下主要特征：

①面向连接　TCP 提供的是面向连接的服务，一个应用程序必须首先请求一个到目的地的连接，然后使用这一连接来传输数据。

②完全可靠　TCP 确保通过一个连接发送的数据能按发送时一样正确地传递，而且不会发生数据丢失或乱序。

③全双工通信　一个 TCP 连接允许数据在任何一个方向流动，并允许任何一个应用程序在任何时刻发送数据。TCP 能够在两个方向上缓冲输入和输出数据，这就使得一个应用程序在发送数据后，可以在数据传输的时候继续自己的计算工作。

④可靠的连接建立　TCP 要求当两个应用创建一个连接时，两端必须遵从新的连接，前一次连接所用的重复的包是非法的，也不会影响新的连接。

⑤从容关闭　一个应用程序能打开一个连接，发送任意数量的数据，然后请求终止连接。TCP 确保在关闭连接之前传递的所有数据的可靠性。

2）端到端服务和数据报

TCP 是一个端到端协议，这是因为它提供一个直接从一台计算机上的应用层到另一远程计算机上的应用层的连接。应用层能请求 TCP 构造一个连接，发送和接收数据，以及关闭连接。

由 TCP 提供的连接称为虚连接，因为它们是由软件实现的。事实上，底层的互联网络系统并不对连接提供硬件或软件支持,只是两台机器上的 TCP 软件模块通过交换消息来实现连接的假象。

TCP 使用 IP 来携带报文,每一个 TCP 报文封装在一个 IP 数据报后通过互联网络。当数据报到达目的主机,IP 将数据报的内容传给 TCP。请注意,尽管 TCP 使用 IP 来携带报文,但 IP 并不阅读或干预这些报文。因而 TCP 只把 IP 看作一个分组通信系统,这一通信系统负责连接主机作为一个连接的两个端点,而 IP 只把每个 TCP 报文作为数据来传输。

图 7.20 包含了一个互联网络,其中的两台主机和一个路由器说明了 TCP 和 IP 的关系。

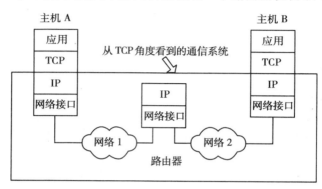

图 7.20　TCP 和 IP 的关系

如图 7.20 所示,在一个虚连接的每一端都要有 TCP 软件,但中间的路由器不需要。从 TCP 的角度来看,整个互联网络是一个通信系统,这个系统能够接收和传递报文,但不会改变和干预报文的内容。

3)端口号和 Socket 地址

从图 7.20 可以看出,若主机 A 的某软件 a 需要与主机 B 的某软件 b 通信,则 a 软件将向主机 A 的应用层提出请求。该应用层把这一请求记录在案,称这个请求为进程,并赋予它一个标记,这个标记称为端口号。同样,主机 B 的应用层也将赋予一个端口号给 b 软件,以标识这次通信的接收方进程。显然,端口号指定了通信的发送方进程和接收方进程,在主机 A 和 B 上它们是唯一的。

在互联网中,主机 A 和主机 B 都拥有唯一的 IP 地址,而端口号在它们各自的主机上也是唯一的。将这两个标识连接起来,就可以唯一地指定某台主机上的某个进程。IP 地址+端口号称为 Socket(套接字)地址,它可以唯一地指定互联网中的某个进程。

端口号共 65 536 个,编号为 0~65 535。其中,0~1 023 是系统保留地址,不得乱用,其他端口号的使用则没有限制。

(2)TCP 包格式

TCP 协议对所有的报文采用了一种简单的格式,包括携带数据的报文、确认以及三次握手中用于创建和终止各连接的报文。TCP 使用段来指明一个报文,图 7.21 说明了段格式。

各字段的内容如下:

①源端口号　16 bit,报文发送方应用进程的端口号,标识应用进程的来源。

②目的端口号　1 6bit,报文接收方应用进程的端口号,标识应用进程的去向。

③序号　32 bit,TCP 包的编号,要求在相当长一段时间内不会重复,使得该 TCP 包得以

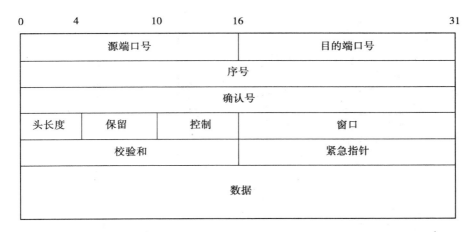

图 7.21　TCP 段格式

唯一的确认。

④确认号　32 bit,用以确认对方发送来的、已正确接受的 TCP 包。其规定是:小于确认号的所有 TCP 包均已正确接收。

⑤头长度　4 bit,表示 TCP 报头部的长度。与 IP 数据报的规定相同,也是用 4 B 乘以该字段的值来表示头部的实际长度。

⑥保留　6 bit,未使用。

⑦控制　6 bit,每个 bit 分别表示一种控制状态,平时值为 0,选择某项功能则将该位置 1,可以同时选择多个。它们依顺序分别是:URG(紧急)、ACK(确认)、PSH(弹出)、RST(复位)、SYN(同步)、FIN(终止)。

⑧窗口大小　16 bit,用以定义滑动窗口的大小。

⑨校验和　16 bit,对 TCP 包的头部进行差错校验用的校验码。

⑩紧急指针　16 bit,只有当 URG＝1 时,紧急指针才有效。

(3)**滑动窗口机制**

TCP 协议使用滑动窗口机制来进行流量控制。当一个连接建立时,给连接的每一端分配一个缓冲区来保持输入的数据,并将缓冲区的尺寸发送给另一端。当数据到达时,接收方发送确认,其中包含了自己剩余的缓冲区尺寸,剩余的缓冲区空间的数量称为窗口,规定这一尺寸的一种表示方法称为窗口通告,接收方在发送的每一确认中都含有一个窗口通告。由于窗口的大小是在不断变化之中的,所以称这一机制为滑动窗口。

如果接收方应用程序读数据的速度能够与数据到达的速度一样快,接收方将在每一确认中发送一个正的窗口通告。但是如果发送方操作的速度快于接收方(由于 CPU 更快),接收到的数据最终将充满接收方的缓冲区,导致接收方通告一个零窗口。发送方收到一个零窗口通告时,必须停止发送,直到接收方重新通告一个正的窗口。图 7.22 给出了一个滑动窗口的例子。

在图 7.22 中,发送方使用段的最大尺寸是 1 000 B,传输开始于接收方通告的一个 2 500 B 的初始窗口。发送方立刻传输三段,其中两段含 1 000 B 的数据,一段包含 500 B。在每段到达时,接收方产生一个确认,其中的窗口也减去了到达的数据的尺寸。

在这一例子中,前 3 个段在接收方应用程序使用数据之前就充满了接收方的缓冲区,因

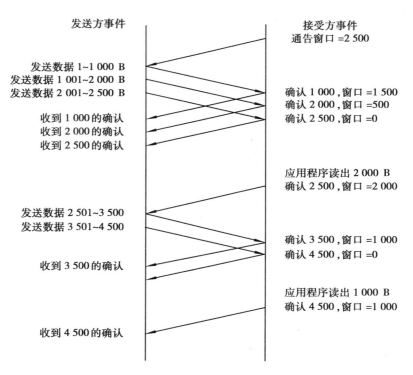

图 7.22　TCP 协议的流量控制过程

而,通告的窗口达到零,发送方不能再传送数据。在接收方应用程序用掉了 2 000 B 的数据之后,接收方 TCP 协议发送一个额外的确认,其中的窗口通告为 2 000 B。在计算窗口时,要去掉被确认的数据,因而接收方通告它除了已收到的 2 500 B 之外还能接收 2 000 B,发送方的反应就是再发送两段。同样,在接收到每一段时,接收方发送一个确认,其中的窗口减少 1 000 B(即到达的数据量)。

窗口又一次减到零,发送方也就停止传送数据。最终,接收方应用程序又用掉了一些数据,因而,接收方 TCP 协议又传送一个窗口为正的确认。如果发送方仍有数据等待传送,则可以继续传送。

（4）三次握手

为了确保连接的建立和终止都是可靠的,TCP 协议使用一种称为"三次握手"的(3-Way Handshake)方案。在连接建立和拆除的工程中,分别交换了 3 个报文。已经证明三次握手是在分组丢失、重复和延迟的情况下确保无二义性协定的充要条件。

TCP 协议使用同步段(Synchronization Segment,SYN Segment)来描述用于创建一个连接的三次握手中的报文,用结束段(Finish Segment,FIN Segment)来描述用于关闭一个连接的三次握手中的报文。图 7.23 说明了用于关闭一个连接的三次握手。

与其他 TCP 报文一样,TCP 协议重发丢失的 SYN 或 FIN 段。另外,握手确保 TCP 协议在两端达到一致之前不会打开或关闭一个连接。

创建一个连接的三次握手中要求每一端产生一个随机的 32 位序列号。如果在计算机重新启动之后,一个应用程序尝试建立一个新的 TCP 连接,TCP 协议就选择一个新的随机数。因为每一个新的连接用的是一个新的随机序列号,一对应用程序就能通过 TCP 协议进行通

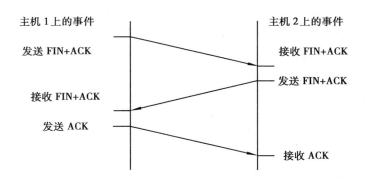

图 7.23　用于关闭连接的三次握手

信,关闭连接,然后建立一个新连接,而又不受前一连接的重复或延迟包的影响。

（5）**重发机制**

一个传输协议必须经过仔细的设计以实现可靠性,需要解决的主要问题是:底层通信系统的不可靠传递以及计算机的重新启动。考虑这样一种情况:第一次,两个应用程序建立连接、通信、关闭连接;第二次,出于某种需要,上述两个应用程序又建立了一个新的连接。由于任何数据报都可能丢失、重复、延迟或无序传递,所以第一次连接中的报文也可能重复,并且一个副本可能延迟了很久以至于在第二次连接已经建立时方才到达。在这种情况下,报文必须明确化,否则协议将会从前一次连接中接收重复的报文并允许它们影响新的连接。TCP 协议对这类情况进行了仔细的设计。

1）包丢失与重发

TCP 协议的重发方案是它获得成功的关键,因为它处理了在一个任意互联网上的通信,并且允许多个应用程序并发地进行通信。TCP 协议必须准备为任何一个连接中出现的丢失报文进行重发。需要考虑的问题是:TCP 协议在重发之前应该等待多长时间? 在同一个局域网上的某台计算机发回的确认在几个毫秒内就能到达,若为这种确认等待得过久,则使网络处于空闲而无法使吞吐率达到最高。在一个局域网中 TCP 协议不应该在重发之前等待过久。然而,对一个长距离的卫星连接来说,几个毫秒的重发等待时间又太短暂,因为在卫星通信当中,无用的延迟消耗了网络的带宽并降低了吞吐率。

2）适应性重发

在 TCP 协议产生之前,传输协议都使用一个固定的重发延迟时间,即协议的设计者或管理者为可能的延迟选择了一个足够大的值。TCP 协议的设计者意识到一个固定的时间在一个互联网中不会工作得很好,它们选择了让 TCP 的重发是自适应性的,即 TCP 协议监视每一连接中的当前延迟,并改变重发定时器来适应条件的变化。

TCP 协议通过测量收到一个应答所需的时间来为每一活动的连接建立一个往返延迟。当发送一个报文时,TCP 协议记录下发送的时间,当应答到来时,TCP 协议从当前时间减去记录的发送时间来为连接产生往返延迟的一个新的估计。在多次发送数据报和接收确认后,TCP 协议就产生了一系列的往返的估计值,于是,就利用一个静态的函数产生一个加权平均值。除了加权平均值,TCP 协议还保留了一个变化量的估计。利用加权平均值和变化量估计的线性组合作为重发的等待时间。

TCP 协议自适应性重发工作得很好。在延迟因包的突发而增加时,变化量有助于 TCP 协议快速作出反应。当延迟由临时突发恢复到一个较低的值时,一个加权平均值有助于 TCP 协议重新设置重发定时器。当延迟保持常量时,TCP 协议调整重发定时比往返延迟的平均值稍大一点;当延迟开始变化时,TCP 协议把重发定时调整到比平均值稍大的值以适应峰值。

为了理解适应性重发怎样帮助 TCP 协议在每一连接中达到最高吞吐率,应考虑这样一种情况:两个有不同往返延迟的连接发生了包丢失,图 7.24 表明了这种情况。

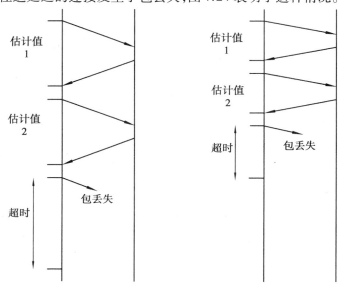

图 7.24   具有不同往返延迟的连接上的超时和重发

如图 7.24 所示,TCP 协议将重发超时设置为比平均往返延迟稍大一点。如果延迟很大,TCP 协议将使用一个大的重发超时值;如果延迟很小,TCP 协议就使用一个小的超时值。最终目的是:为了确定一个包的丢失能否等待足够长的时间,但绝不会比必须等待的时间更长。

7.4.2   UDP 协议

用户数据报协议 UDP(User Datagram Protocol)是一个简单的、无连接的传输层协议。设计这一协议的目的是:虽然大多数数据传输要求可靠的、面向连接的服务,但对于一些数据量非常小的(如专门传输控制信息的)数据段来说,采用一个面向连接的协议就显得非常不经济。UDP 协议主要就是为了这个目的而设计的。另外,对于传输过程中递交速度的要求高于准确性的情况(如音频和视频),也适用 UDP 协议。

UDP 的段格式如图 7.25 所示。

0	16	31
源端口号	目的端口号	
总长度	头部校验和	
数据		

图 7.25   UDP 的段格式

各字段的含义如下:

①源端口　16 bit,报文发送方应用进程的端口号,标识应用进程的来源。

②目的端口　16 bit,报文接收方应用进程的端口号,标识应用进程的去向。

③总长度　16 bit,整个 UDP 包的长度,包括头部在内,不大于 65 536 B。

④校验和　16 bit,对 UDP 包的头部进行差错校验用的校验码。

7.5　应用层协议简介

应用层是 TCP/IP 模型的最高层,它是由一系列的应用层服务协议组成的,并且不断有新的协议加入。目前,主要的应用层协议有:

①域名系统 DNS(Domain Name System),用于实现网络设备名字到 IP 地址的映射。

②简单邮件传输协议 SMTP(Simple Mail Transfer Protocol),用于因特网中的电子邮件传送。

③文件传输协议 FTP(File Transfer Protocol),用于实现因特网中交互式文件的传输。

④超文本传输协议 HTTP(Hyper Text transfer Protocol),用于万维网服务。

⑤简单网络管理协议 SNMP(Simple Network Management Protocol),用于网络的管理。

⑥远程登录协议 Telnet,用于实现因特网中远程登录功能。

下面简单介绍几个最重要的应用层协议:

7.5.1　域名系统简介

域名系统是为了帮助用户记忆而设置的、可以将便于记忆的地址名称转化为 IP 地址的系统。与 IP 地址的结构一样,域名系统也采用了层次结构。它将整个因特网划分为多个顶级域,并为其规定了通用的域名。

(1)根域和顶级域名

域名系统的最高层是根域,在根域下面是顶级域名。根域用一个" · "来表示,下属多个顶级域名。各顶级域名如图 7.26 所示。

顶级域名	域名类型
com	商业组织
edu	教育机构
gov	政府部门
int	国际组织
mil	军事部门
net	网络支持中心
org	各种非赢利组织
国家代码	各个国家或地区

图 7.26　顶级域名

由于美国是因特网的发源地,所以美国虽然有国家代码 us,事实上并不使用,而是直接使用按照组织模式划分的各顶级域名。而其他国家或地区的顶级域名均为国家代码,如:cn(中国)、hk(中国香港)、tw(中国台湾)、jp(日本)、fr(法国)、uk(英国)、ca(加拿大)、au(澳大利亚)等。

（2）二级域名

顶级域名下面是二级域名,二级域名的管理权是由网络信息中心 NIC(Network Information Center)授权的。中国互联网中心(CNNIC)负责管理我国的顶级域,它将 cn 域划分为多个二级域。我国二级域名的分配如图 7.27 所示。

二级域名	域名类型
com	商业组织
edu	教育机构
gov	政府部门
int	国际组织
ac	科研机构
net	网络支持中心
org	各种非赢利组织
行政区代码	我国各行政区

图 7.27　我国二级域名的分配

类似于顶级域名,我国的二级域名也采用了组织模式与地理模式结合的方式。例如,在地理模式中,bj(北京)、sh(上海)、tj(天津)、he(河北)、hl(黑龙江)、nm(内蒙古)、gx(广西)等。

（3）组织内的域名

一旦某个组织拥有了一个域的管理权,它就可以自行决定是否需要进一步划分层次。Internet采用了树状层次结构的命名方法,使得任何一个连接到 Internet 的主机都有一个全网唯一的域名。其一般格式为:

…….四级域名.三级域名.二级域名.顶级域名.

域名的最右边是根域名,用一个“.”来表示。习惯上,大家都省略这个点,也就是不写根域名,这个点是由计算机系统自动补充上去的。从右向左依次为:顶级、二级、三级、……域名,中间要用“.”隔开。也可以这样理解,各级域名左边的“.”也是该域名的一部分。有了这样一套系统,就可以很容易地用各种常用的名称来表示某个主机了。

例如,广西大学电气工程学院的域名就可以表示为:www.ee.gxu.edu.cn

在这里,“www”表示所采用的协议(这里是万维网),“ee”表示电气工程学院,“gxu”表示广西大学,“edu”表示教育机构,“cn”表示中华人民共和国。

7.5.2　电子邮件系统简介

电子邮件也就是通常所说的“E-mail”,最初用于学术界。在 20 世纪 90 年代,随着万维网的出现,一下子普及起来,并且呈指数形式的增长。目前,每天发送的电子邮件数量远远超过了传统邮件。

电子邮件的地址的格式是固定的,并且在全世界是唯一的,它采用了下面的格式:

用户名@ 主机名

用户名指该主机上为用户建立的邮箱账号,“@ ”表示 at,主机名是为该用户建立账号的主机的 IP 地址。例如,张三在某主机上建立了一个邮箱账号,他选择了“zhangsan”作为自己

邮箱的名称,而该主机的 IP 地址是"gxut.edu.cn",则张三的电子邮箱地址就是:

zhangsan@ gxut.edu.cn

这里要说明的是,该主机只允许一个用户以"zhangsan"这个名称注册,其他用户必须使用其他的名称注册,这样才能够保证它的唯一性。

早期的电子邮件只能传输文本,目前的电子邮件已经可以传输各种形式的信息,这大大拓宽了电子邮件的用途。

7.5.3　万维网简介

万维网 WWW(World Wide Web)是一个结构性的框架,其目的是访问遍布在整个因特网上数百万台机器中的相互链接的文档。它的迅速普及和流行的原因是:拥有易于为初学者使用的丰富多彩的图形界面,以及它所提供的巨大的信息资源。

万维网诞生于欧洲原子能研究中心 CERN。1989 年 3 月,CERN 的物理学家 Tim Berners-Lee 提出了最初的链接文档网的建议。1993 年 2 月,伊利诺伊大学的 Marc Andreessen 开发出第一个图形浏览器 Mosaic。以后逐步发展成 Netscape 公司,其浏览器一度占有市场的最大份额。目前,多数人使用的浏览器是微软公司的 Internet Explorer。

万维网的出现,导致了因特网用户呈爆炸性的增长。原因是以前的因特网是字符界面的,使用因特网需要记忆大量的命令,以至于使用因特网成了专业人员的专利。但是,万维网是一个图形界面的环境,只要用鼠标随便点击几下就可以在网上驰骋,使得大量的非专业人员进入了网络。导致了因特网的服务对象发生了巨大的变化,这恐怕是万维网的发明者也始料未及的。

7.5.4　多媒体技术的应用简介

随着各国信息高速公路的建设,因特网的传输速率也得到了很大的提高。由于因特网的使用费用低廉,人们就想到了利用 Internet 进行多媒体传输。

在 Internet 上的多媒体传输主要包括以下几类:

(1)数字音频

通常的音频信号都是模拟信号,通过模数转换器可以将模拟信号转换为数字信号,这样就出现了数字音频信号。为大众所熟悉的典型的数字音频信号有 CD 和 MP3,这类数字音频信号都可以通过 Internet 进行传输。

(2)IP 语音业务

语音是最常见的一类音频信号,当然也可以转换为数字信号在 Internet 上传输。由于承担传输任务的是 IP 数据报,所以通常称为 IP 语音业务。

其中,IP 电话业务是最重要的 IP 语音业务之一。IP 电话由于价格低廉,已经日益受到广大消费者的青睐,发展极其迅速。中国的几大电信运营商(电信、移动、网通、联通等)均已推出 IP 电话业务。

此外,还有利用 Internet 进行广播业务的 Internet 电台等流式音频业务,该项业务在美国较普及,我国尚不多见。

(3)视频服务

既然音频信号可以转换为数字信号,模拟的视频信号当然也可以转换为数字信号。同样为数字信号,自然也可以在 Internet 上进行传输。

但是,与数字音频信号不同,数字视频信号需要比数字音频信号大得多的传输带宽。随着信息高速公路的迅速发展,以及数字视频信号压缩技术的日益成熟,传输数字视频信号的困难也迎刃而解,目前已经得到了相当程度的普及。

视频服务主要包括网络视频电话、网络视频会议、网络电视、视频点播等服务。

小　结

IP 地址可以分成 5 类,其中最常用的是 A、B、C 三类,它们又称为基本类。为了提高 IP 地址的利用率,又推出了子网掩码,它是与 IP 地址配合使用的,可以将网络细分为更小的子网。

网络层主要有 IP 协议、ARP 协议和 ICMP 协议。其中 IP 协议是用于传输数据的。ICMP 协议与 IP 协议配合使用,ICMP 协议为 IP 协议提供各种控制信息,而 IP 协议则负责将 ICMP 协议的控制信息数据传送出去。ARP 协议负责将 IP 地址转换成物理地址的工作。

路由器是 Internet 上进行 IP 数据报交换的重要设备。通过路由选择功能,将 IP 数据报逐个节点地传输,最终到达目的地。

传输层有两个端到端的传输协议:TCP 协议和 UDP 协议。TCP 是面向连接的、可靠的数据传输协议,而 UDP 则是无连接的、不可靠的数据传输协议。

应用层主要有一系列的应用层服务程序组成,它们为用户提供各种服务。

习　题

7.1　比较物理地址与 IP 地址的异同点,并说明为什么要进行地址解析?

7.2　给出点分十进制形式的 IP 地址,如何确定它的类?

7.3　如何用子网掩码划分子网?

7.4　为什么要设计 Internet 控制报文协议 ICMP,它有什么特点?

7.5　试描述一个 IP 数据报在互联网中的传递过程。

7.6　传输层的端到端传递与网络层的端到端传递有什么不同?

7.7　在网络层次结构中,传输层与网络层的作用有什么不同?

7.8　与 TCP 协议相比,应用 UDP 协议的优点是什么?

7.9　TCP 协议如何保障信息的正确传输?

7.10　什么是域名系统? 为什么要使用域名系统?

第**8**章
物联网技术与应用

内容提要:物联网指通过信息传感设备,按照约定的协议,将任何物品与互联网连接起来,进行信息交换和通信,以实现智能化识别、定位、跟踪、监控和管理的一种网络。它是在互联网基础上延伸和扩展的网络。物联网的概念有狭义和广义之分:狭义物联网,即"联物",基于物与物间通信,实现"万物网络化";广义物联网,即"融物",是物理世界与信息世界的完整融合,形成现实环境的完全信息化,实现"网络泛在化",并因此改变人类对物理环境的理解和交互方式。基本特征有:全面感知、可靠传输、智能处理。

8.1 物联网的起源与发展

8.1.1 物联网的出现

物联网作为一种模糊的意识或想法出现,可以追溯到 20 世纪末。1999 年,美国麻省理工大学 Auto-ID 研究中心创建者之一——Kevin Ashton 教授,在他的一个报告中首次使用了"Internet of Things"这个短语,1999 年至 2003 年,有关物联网方面的工作局限于实验室中,这一时期的工作主要集中在物品身份的自动识别,其中如何减少识别错误和提高识别效率是关注的重点。

2003 年,"EPC 决策研讨会"在芝加哥召开。作为物联网方面第一个国际会议,该研讨会得到了全球 90 多个公司的大力支持。从此,物联网相关工作开始走出实验室。

从此以后,物联网获得跨越式发展,美国、中国、日本以及欧洲一些国家纷纷将发展物联网基础设施列为国家战略发展计划的重要内容。

8.1.2 物联网在国外的发展

在美国,IBM 提出了"智慧地球"的构想,其中物联网是不可缺少的一部分,2009 年 1 月,美国将其提升到国家战略。

图 8.1　物联网示意图

在欧洲,2009 年 6 月,欧盟在比利时首都布鲁塞尔向欧洲议会、欧洲理事会、欧洲经济与社会委员会和地区委员会提交了以《物联网——欧洲行动计划》为题的公告,其目的是希望欧洲通过构建新型物联网管理框架从而引领世界物联网发展,物联网示意图如图 8.1 所示。

欧盟委员会提出物联网的三方面特性:

①不能简单地将物联网看作互联网的延伸,物联网建立在特有基础设施上,将是一系列新的独立系统,部分基础设施仍要依存于现有的互联网。

②物联网将伴随新的业务共同发展。

③物联网包括了多种不同的通信模式:物与人通信、物与物通信等,其中特别强调了包括机对机通信(M2M)。

8.1.3　物联网在国内的发展

2009 年 8 月,"感知中国"的理念将我国物联网领域的研究和应用开发推向了高潮,无锡市率先建立了"感知中国"研究中心,中国科学院、运营商、多所大学在无锡建立了物联网研究院,无锡市江南大学还建立了全国首家实体物联网工厂学院。

截至 2010 年,发改委、工信部等部委会同有关部门,在新一代信息技术方面开展研究,以形成支持新一代信息技术的一些新政策措施,从而推动我国经济的发展。

物联网作为一个新经济增长点的战略新兴产业,具有良好的市场效益,《2014—2018 年中国物联网行业应用领域市场需求与投资预测分析报告》数据表明,2010 年物联网在安防、交通、电力和物流领域的市场规模分别为 600、300、280 和 150 亿元。2011 年中国物联网产业市场规模达到 2 600 多亿元。

8.1.4　物联网的概念与定义

物联网的英文名称为"The Internet of Things",由该名称可见,物联网就是"物物相连的互联网"。

从网络结构上看,物联网就是通过 Internet 将众多信息传感设备与应用系统连接起来,并在广域网范围内对物品身份进行识别的分布式系统。

物联网的概念是在 1999 年提出的,即基于互联网、RFID 技术、EPC 标准,在计算机互联网的基础上,利用射频识别技术、无线数据通信技术等,构成了一个实现全球物品信息实时共享的实物互联网"Internet of things"(IOT,简称物联网),其最初定义如图 8.2 所示。

中国物联网校企联盟将物联网定义为当下几乎所有技术与计算机、互联网技术的结合,实现物体与物体之间、环境及状态信息的实时共享,以及智能化的收集、传递、处理、执行。广义上说,当下涉及信息技术的应用,都可纳入物联网的范畴。

在中国物联网校企联盟著名的科技融合体模型中,指出了物联网是当下最接近该模型顶端的科技概念和应用。物联网是一个基于互联网、传统电信网等信息承载体,让所有能够被独立寻址的普通物理对象实现互连互通的网络。其具有智能、先进、互连这 3 个重要特征。

国际电信联盟(ITU)发布的 ITU 互联网报告,对物联网作出如下定义:通过二维码识读设备、射频识别(RFID)装置、红外感应器、全球定位系统和激光扫描器等信息传感设备,按约定的协议,把任何物品与互联网相连接,进行信息交换和通信,以实现智能化识别、定位、跟踪、监控和管理的一种网络。

根据国际电信联盟(ITU)的定义,物联网主要解决物品与物品(Thing to Thing,T2T)、人与物品(Human to Thing,H2T)、人与人(Human to Human,H2H)之间的互连。但与传统互联网不同的是,H2T 是指人利用通用装置与物品之间的连接,从而使得物品连接更加简化,而 H2H 是指人之间不依赖于 PC 而进行的互连。因为互联网并没有考虑到对于任何物品连接的问题,所以我们可以利用物联网来解决这个传统意义上的问题。"物联网",顾名思义就是连接物品的网络,许多学者讨论物联网中,经常会引入一个"M2M"的概念,可以解释成为人到人(Man to Man)、人到机器(Man to Machine)、机器到机器。从本质上而言,人与机器、机器与机器的交互,大部分是为了实现人与人之间的信息交互。

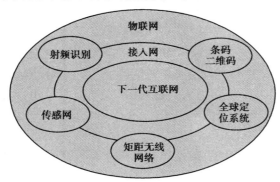

图 8.2　物联网的最初定义

物联网是指通过各种信息传感设备,实时采集任何需要监控、连接、互动的物体或过程等各种需要的信息,与互联网结合形成的一个巨大网络,其目的是实现物与物、物与人,所有物品与网络的连接,方便识别、管理和控制。其在 2011 年的产业规模超过 2 600 亿元。构成物联网产业 5 个层级的支撑层、感知层、传输层、平台层以及应用层分别占物联网产业规模的 2.7%、22.0%、33.1%、37.5%和 4.7%。其中感知层、传输层参与的厂商众多,成为产业中竞争最为激烈的领域。

8.1.5　物联网的特征与认识

一般认为,物联网具有以下三大特征:

(1)**全面感知**

利用 RFID 、传感器、二维码等技术可随时随地获取物体的信息。

(2)**可靠传递**

通过无线网络与互联网的融合,将物体的信息实时准确地传递给用户。

(3)**智能处理**

利用云计算、数据挖掘以及模糊识别等人工智能技术,对海量的数据和信息进行分析和处理,对物体实施智能化控制。

物联网是典型的交叉学科,它所涉及的核心技术包括 IPv6 技术、云计算技术、传感技术、

RFID 智能识别技术、无线通信技术等。

因此,从技术角度讲,物联网专业主要涉及的专业有:计算机科学与工程、电子与电气工程、电子信息与通信、自动控制、遥感与遥测、精密仪器、电子商务等。

8.2 物联网的核心技术及体系结构

8.2.1 物联网的技术体系

(1)感知、网络通信和应用关键技术

1)传感和识别技术

它是物联网感知物理世界获取信息和实现物体控制的首要环节。传感器将物理世界中的物理量、化学量、生物量转化成可供处理的数字信号。识别技术实现对物联网中物体标识和位置信息的获取。

2)网络通信技术

主要实现物联网数据信息和控制信息的双向传递、路由和控制。重点包括低速近距离无线通信技术、低功耗路由、自组织通信、无线接入 M2M 通信增强、IP 承载技术、网络传送技术、异构网络融合接入技术以及认知无线电技术。

3)海量信息智能处理

综合运用高性能计算、人工智能、数据库和模糊计算等技术,对收集的感知数据进行通用处理,重点涉及数据存储、并行计算、数据挖掘、平台服务、信息呈现等。

4)面向服务的体系架构(SOA,Service-oriented Architecture)

它是一种松耦合的软件组件技术,它将应用程序的不同功能模块化,并通过标准化的接口和调用方式联系起来,实现快速可重用的系统开发和部署。

SOA 可提高物联网架构的扩展性,提升应用开发效率,充分整合和复用信息资源。

(2)支撑技术

物联网支撑技术包括嵌入式系统、微机电系统、软件和算法、电源和储能、新材料技术等。

(3)共性技术

物联网共性技术涉及网络的不同层面,主要包括架构技术、标识和解析、安全和隐私、网络管理技术等。

物联网架构技术目前处于概念发展阶段。物联网应具有统一的架构,清晰的分层,支持不同系统的互操作性,适应不同类型的物理网络,适应物联网的业务特性。

网络管理技术重点包括管理需求、管理模型、管理功能、管理协议等。为实现对物联网广泛部署的"智能物体"的管理,需要进行网络功能和适用性分析,开发适合的管理协议。

8.2.2 物联网的结构

从物联网的功能上来说,应该具备 4 个特征:

①全面感知能力,可以利用 RFID、传感器、二维条形码等技术获取被控或被测物体的信息;②数据信息的可靠传递,可以通过各种电信网络与互联网的融合,将物体的信息实时准确

地传递出去;③可以智能处理,利用现代控制技术提供的智能计算方法,对大量数据、信息进行分析和处理,对物体实施智能化的控制;④可以根据各个行业、各种业务的具体特点形成各种单独的业务应用,或者整个行业及系统的建成应用解决方案,其技术体系框架如图8.3所示。

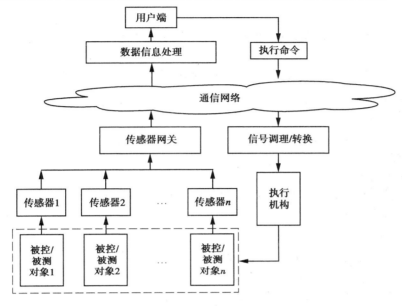

图 8.3　物联网的技术体系框架

按照更为科学及严谨的表述,物联网结构应分成:

(1) 感知识别层

感知层是物联网发展和应用的基础,RFID 技术、传感和控制技术、短距离无线通信技术是感知层的主要技术。例如,安装在设备上的 RFID 标签和用来识别 RFID 信息的扫描仪、感应器都属于物联网的感知层。现在的高速公路不停车收费系统、超市仓储管理系统等都是基于这一类结构的物联网,由传感器组成的感知结构如图 8.4 所示。

图 8.4　由传感器组成的感知结构

感知层由传感器节点接入网关组成,智能节点感知(温度、湿度、图像等)信息,并自行组网传递到上层网关接入点,由网关将收集到的感应信息通过网络层提交到后台处理。

当后台对数据处理完毕,发送执行命令到相应的执行机构完成对被控/被测对象的控制、参数调整或发出某种提示信号,以实现对其的一个远程监控。

（2）网络构建层

网络是物联网最重要的基础设施之一。网络构建层在物联网四层模型中连接感知识别层和管理服务层,具有强大的纽带作用,高效、稳定、及时、安全地传输上下层的数据,网络构建层如图 8.5 所示。

物联网在网络构建层存在各种网络形式,通常使用的网络形式有如下几种:

1）互联网

互联网/电信网是物联网的核心网络、平台和技术支持。IPv6 的使用消除了可接入网络的终端设备的数量限制。

2）无线宽带网

WIFI/WIMAX 等无线宽带技术的覆盖范围较广,传输速度较快,为物联网提供高速可靠廉价且不受接入设备位置限制的互连手段。

3）无线低速网

ZigBee/蓝牙/红外等低速网络协议能够适应物联网中能力较低节点的低速率、低通信半径、低计算能力和低能量来源等特征。

4）移动通信网

移动通信网络将成为“全面、随时、随地”传输信息的有效平台。高速、实时、高覆盖率、多元化地处理多媒体数据,为“物品触网”创造条件。

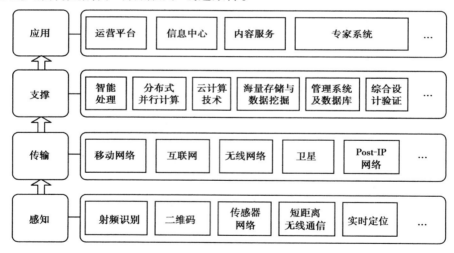

图 8.5　网络构建层

（3）管理服务层

管理服务层位于感知识别和网络构建层之上、综合应用层之下,人们通常把物联网应用冠以“智能”的名称,如智能电网、智能交通、智能物流等,其中的智慧就来自这一层。

当感知识别层生成的大量信息经过网络层传输汇聚到管理服务层,管理服务层解决数据如何存储（数据库与海量存储技术）、如何检索（搜索引擎）、如何使用（数据挖掘与机器学习）、如何不被滥用（数据安全与隐私保护）等问题。

1）数据库

物联网数据特点是海量性、多态性、关联性及语义性。为了适应这种需求,物联网主要使用的数据库是关系数据库和新兴数据库系统。

2）海量信息存储

海量信息存储早期采用大型服务器存储,基本都是以服务器为主的处理模式,使用直连存储、存储设备(包括磁盘阵列、磁带库、光盘库等)作为服务器的外设使用。

随着网络技术的发展,服务器之间交换数据或向磁盘库等存储设备备份时,都是通过局域网进行,这是主要应用网络附加存储(NAS ,Network Attached Storage)技术来实现网络存储的,但这将占用大量的网络开销,严重影响网络的整体性能。

为了能够共享大容量、高速度存储设备,并且不占用局域网资源的海量信息传输和备份,就需要专用存储区域网络(SAN ,Storage Area Network)来实现。

3）数据中心

数据中心不仅包括计算机系统和配套设备(如通信/存储设备),还包括冗余的数据通信连接、环境控制设备、监控设备及安全装置,它是一大型的系统工程。通过高度的安全性和可靠性提供及时持续的数据服务,为物联网应用提供良好的数据支持。典型的数据中心如 Google、Hadoop 数据中心。

4）搜索引擎

Web 搜索引擎是一个能够在合理响应时间内,根据用户的查询关键词,返回一个包含相关信息的结果列表(hits list)服务的综合体。

传统的 Web 搜索引擎是基于查询关键词的,对于相同的关键词,会得到相同的查询结果。而物联网时代的搜索引擎必须是从智能物体角度思考搜索引擎与物体之间的关系,主动识别物体并提取有用信息。用户角度上的多模态信息利用,使查询结果更精确、更智能、更定制化。

5）数据挖掘技术

物联网需要对海量的数据进行更透彻的感知要求和多维度整合与分析,更深入的智能化需要普适性的数据搜索和服务,需要从大量数据中获取潜在有用的且可被人理解的模式,基本类型有关联分析、聚类分析、演化分析等,这些需求都使用了数据挖掘技术。例如,用于精准农业可以实时监测环境数据,挖掘影响产量的重要因素,获得产量最大化配置方式,而用于市场营销则可以通过数据库行销和货篮分析等方式获取顾客购物取向和兴趣。

（4）**综合应用层**

传统互联网经历了以数据为中心到以人为中心的转化,典型应用包括文件传输、电子邮件、万维网、电子商务、视频点播、在线游戏和社交网络等,而物联网应用以“物”或物理世界为中心,涵盖物品追踪、环境感知、智能物流、智能交通、智能电网等。物联网应用目前正处于快速增长期,具有多样化、规模化、行业化等特点。

1）智能物流

现代物流系统希望利用信息生成设备,如 RFID 设备、感应器或全球定位系统等各种装置与互联网结合起来而形成的一个巨大网络,并能够在这个物联化的物流网络中实现智能化的物流管理。

2）智能交通

通过在基础设施和交通工具当中广泛应用信息、通信技术来提高交通运输系统的安全性、可管理性、运输效能,并同时降低能源消耗和对地球环境的负面影响。

3）绿色建筑

物联网技术为绿色建筑带来了新的力量。通过建立以节能为目标的建筑设备监控网络，将各种设备和系统融合在一起，形成以智能处理为中心的物联网应用系统，为建筑节能减排提供有力的支撑。

4）智能电网

以先进的通信技术、传感器技术、信息技术为基础，以电网设备间的信息交互为手段，以实现电网运行的可靠、安全、经济、高效、环境友好和使用安全为目的的先进的现代化电力系统。

5）环境监测

通过检测对人类和环境有影响的各种物质的含量、排放量以及各种环境状态参数，跟踪环境质量的变化，确定环境质量水平，为环境管理、污染治理、防灾减灾等工作提供基础信息、方法指引和质量保证。

8.2.3　未来的物联网架构技术

经过专业人员对物联网体系结构的长期讨论，可以明确以下两点：

首先，未来的物联网需要一个开放的架构来最大限度地满足不同系统和分布式资源之间的互操作性需求。这些系统和资源既可能来自于信息和服务的提供者，也可能来自于信息和服务的使用者或者客户。

其次，未来的物联网的架构还需要有良好的、明确定义的、呈现为粒度形式的层次划分。物联网的架构技术应该促进用户拥有丰富的选择权，而不应该将用户锁定到必须使用某一家或者某几家大的、处于垄断地位的解决方案服务提供商所发布的各种应用上。同时，物联网的架构技术需要设计可以抵御物理网络中各种中断以及干扰的形式，尽可能将这些情况所带来的影响降低到最低限度。而且，未来的物联网架构还需要考虑到这样一个事实：即以后网络中的很多节点和网络设备将是可移动的。

8.3　物联网的主要特点

8.3.1　标识技术

数据采集方式的发展过程主要经历了数据人工采集和数据自动采集两个阶段，而数据自动采集在不同的历史阶段针对不同的应用领域可以使用不同的技术手段。目前数据自动采集主要使用了条形码技术、IC卡技术、射频识别技术、光符号识别技术、语音识别技术、生物计量识别技术、遥感遥测、机器人智能感知等技术。

（1）**条形码技术**

条形码是一种信息图形化表示方法，可以把信息制作成条形码，然后用相应的扫描设备把其中的信息输入到计算机中。条形码分为一维条形码和二维条形码。

1）一维条形码

条形码（barcode）是将宽度不等的多个黑条和空白按一定的编码规则排列用以表达一组信息的图形标识符。常见的一维条形码是由黑条（简称条）和白条（简称空）排成平行线图案，如图 8.6 所示。条形码可以标出物品的生产国、制造厂家、商品名称、生产日期,以及图书分类号、邮件起止地点、类别、日期等信息。

一维条形码　　　　　　　　　　条形码扫描器

图 8.6　一维条形码与条形码扫描器

2)二维条形码

通常一维条形码所能表示的字符集不过 10 个数字、26 个英文字母及一些特殊字符,条码字符集最大所能表示的字符个数为 128 个 ASCII 字符,信息量非常有限,因此,二维条形码诞生了。

二维条形码是在二维空间水平和竖直方向存储信息的条形码。它的优点是信息容量大、译码可靠性高、纠错能力强、制作成本低、保密与防伪性能好。以常用的二维条形码 PDF417 码为例,可以表示字母、数字、ASCII 字符与二进制数;该编码可以表示 1 850 个字符/数字、1 108 个字节的二进制数,2 710 个压缩的数字;同时,PDF417 码还具有纠错能力。

例如,2009 年 12 月 10 日,铁道部对火车票进行了升级改版。新版火车票的明显变化是车票下方的一维条码变成二维防伪条码,火车票的防伪能力增强。

(2)磁卡技术

磁卡(magnetic card)是一种卡片状的磁性记录介质,利用磁性载体记录字符与数字信息,用来识别身份或其他用途。按照使用基材的不同,磁卡可分为三种:PET 卡、PVC 卡和纸卡。按照磁层构造的不同,又可分为两种:磁条卡和全涂磁卡。

通常,磁卡的一面印刷有说明提示性信息,如插卡方向;另一面则有磁层或磁条,具有 2~3 个磁道,以记录有关信息数据,磁卡实物如图 8.7 所示。

磁条是由一层薄薄的排列定向的铁性氧化粒子组成的材料(也称之为颜料)。用树脂黏合剂严密地黏合在诸如纸或塑料这样的非磁基片媒介上。

磁条从本质意义上讲和计算机用的磁带或磁盘是一样的,它可以用来记载字母、字符以及数字信息。通过黏合或热合与塑料或纸牢固地整合在一起形成磁卡。磁条中所包含的信息量一般比条形码大。

 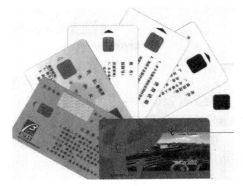

　　图 8.7　常用的磁卡　　　　　　　　　　　**图 8.8　常用的 IC 智能卡**

223

（3）IC 卡

IC 卡（integrated circuit card 集成电路卡）也称智能卡（smart card），它是通过在集成电路芯片上写的数据来进行识别的，IC 卡实物如图 8.8 所示。

IC 卡与 IC 卡读写器以及后台计算机管理系统组成了 IC 卡应用系统。IC 卡是将一个微电子芯片嵌入符合 ISO 7816 标准的卡基中，做成卡片形式。IC 卡读写器是 IC 卡与应用系统之间的桥梁，在 ISO 国际标准中称之为接口设备 IFD（Interface Device）。

IFD 内 CPU 通过一个接口电路与 IC 卡相连并进行通信。IC 卡接口电路是 IC 卡读写器中至关重要的部分，根据实际应用系统的不同，可选择并行通信、半双工串行通信和 I2C 通信等不同的 IC 卡读写芯片。

非接触式 IC 卡又称射频卡，采用射频技术与 IC 卡的读卡器进行通信，成功地解决了无源（卡中无电源）和免接触这一难题，是电子器件领域的一大突破。主要用于公交、轮渡、地铁的自动收费系统，也应用在门禁管理、身份证明和电子钱包。

IC 卡工作的基本原理是：射频读写器向 IC 卡发出一组固定频率的电磁波，卡片内有一个 IC 串联谐振电路，其频率与读写器发射的频率相同，这样在电磁波激励下，LC 谐振电路产生共振，从而使电容内有了电荷；在这个电荷的另一端，接一个单向导通的电子泵，将电容内的电荷送到另一个电容内存储，当所积累的电荷达到 2 V 时，此电容可作为电源为其他电路提供工作电压，将卡内数据发射出去或接收读写器的数据。

（4）射频技术

射频识别（RFID，Radio Frequency Identification），俗称电子标签。RFID 射频识别是一种非接触式的自动识别技术，主要用来为各种物品建立唯一的身份标识，是物联网的重要支持技术。

RFID 的系统组成包括：电子标签、读写器（阅读器）以及作为服务器的计算机。其中，电子标签中包含 RFID 芯片和天线，RFID 的系统组成如图 8.9 所示。

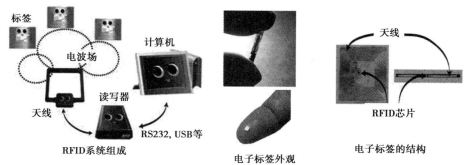

图 8.9　RFID 的系统组成

无线射频识别技术的基本原理是：利用射频信号和空间耦合（电感或电磁耦合）或雷达反射的传输特性，实现对物体的自动识别。

RFID 是一种简单的无线系统，从前端器件级方面来说，只有两个基本器件，用于控制、检测和跟踪物体。系统由一个询问器（阅读器）和很多应答器（标签）组成。

与条形码、磁卡、IC 卡相比较，RFID 卡在信息量、读写性能、读取方式、智能化、抗干扰能力、使用寿命方面都具备不可替代的优势，但制造成本比条形码和 IC 卡稍高。

（5）传感器技术

传感器网络是一种由传感器节点组成的网络,其中每个传感器节点都具有传感器、微处理器以及通信单元,节点之间通过通信联络组成网络,共同协作来监测各种物理量和事件,无线传感器网络及节点如图 8.10 所示。传感器网络使用各种不同的通信技术,其中又以无线传感器网络(WSN,Wireless Sensor Network)发展最为迅速,受到了普遍的重视。

传感器是各种信息处理系统获取信息的一个重要途径。在物联网中,传感器的作用尤为突出,是物联网中获得信息的主要设备。

1)常见的传感器

作为物联网中的信息采集设备,传感器利用各种机制把被观测量转换为一定形式的电信号,然后由相应的信号处理装置来处理,并产生相应的动作。

常见的传感器包括温度、压力、湿度、光电、霍尔磁性传感器等。

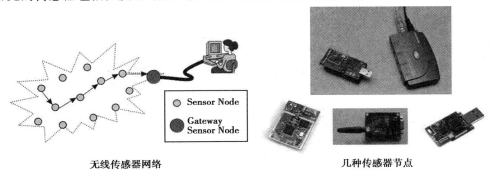

无线传感器网络　　　　　　　　　几种传感器节点

图 8.10　无线传感器网络及节点

霍尔传感器是利用霍尔效应制成的一种磁性传感器。霍尔效应是指:把一个金属或者半导体材料薄片置于磁场中,当有电流流过时,由于形成电流的电子在磁场中运动而收到磁场的作用力,会使得材料中产生与电流方向垂直的电压差。可以通过测量霍尔传感器所产生的电压的大小来计算磁场的强度,霍尔传感器实物如图 8.11 所示。

霍尔效应

图 8.11　霍尔传感器

霍尔传感器结合不同的结构,能够间接测量电流、振动、位移、速度、加速度、转速等,具有广泛的应用价值。

2)微机电(MEMS)传感器

微机电系统(MEMS,Micro-Electro-Mechanical Systems),是一种由微电子、微机械部件构成的微型器件,多采用半导体工艺加工。目前已经出现的微机电器件包括:压力传感器、加速度

225

计、微陀螺仪、墨水喷嘴和硬盘驱动头等。微机电系统的出现体现了当前的器件微型化发展趋势，微机电压力传感器如图 8.12 所示。

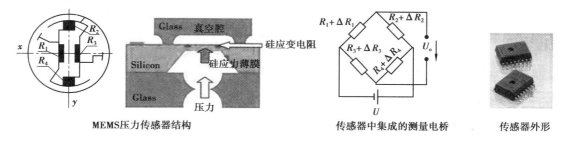

MEMS压力传感器结构　　　传感器中集成的测量电桥　　　传感器外形

图 8.12　微机电压力传感器

3）智能传感器

智能传感器（smart sensor）是一种具有一定信息处理能力的传感器，目前多采用把传统的传感器与微处理器结合的方式来制造。

在传统的传感器构成的应用系统中，传感器所采集的信号要传输到系统中的主机中进行分析处理；而由智能传感器构成的应用系统中，其包含的微处理器能够对采集的信号进行分析处理，然后把处理结果发送给系统中的主机，两种传感器应用系统对比如图 8.13 所示。

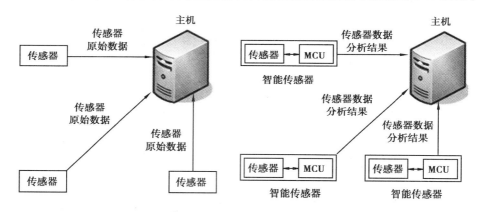

图 8.13　传统的传感器与智能传感器构成的应用系统对比

（6）光学字符识别技术

光学字符识别（OCR，Optical Character Recognition）技术，是指电子设备（例如扫描仪或数码相机）检查纸上打印的字符，通过检测暗、亮的模式确定其形状，然后用字符识别方法将形状翻译成计算机文字的过程。一个 OCR 识别系统，从影像到结果输出，须经过影像输入、影像前处理、文字特征抽取、比对识别，最后经人工校正将认错的文字更正，将结果输出。OCR 识别系统的工作流程如图 8.14 所示。

简单地说，这是对文本资料进行扫描，然后对图像文件进行分析处理，获取文字及版面信息的过程。

（7）语音识别技术

语音识别技术也称为自动语音识别（ASR，Automatic Speech Recognition），其目标是将人类的语音中的词汇内容转换为计算机可读的输入。例如，按键、二进制编码或字符序列。

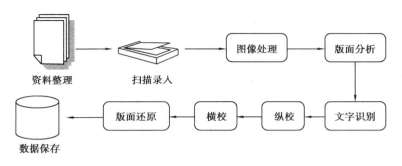

图 8.14　OCR 识别系统的工作流程

语音识别技术的应用包括语音拨号、语音导航、室内设备控制、语音文档检索、简单的听写数据录入等。语音识别技术所涉及的领域有:信号处理、模式识别、概率论与信息论、发声机理与听觉机理、人工智能等。

语音识别技术主要特征包括 3 个方面:提取技术、模式匹配准则及模型训练技术。

(8)生物计量识别技术

生物识别技术就是通过计算机与光学、声学、生物传感器和生物统计学原理等高科技手段密切结合,利用人体固有的生理特性(如指纹、脸像、虹膜等)和行为特征(如笔迹、声音、步态等)来进行个人身份的鉴定。

生物识别技术比传统的身份鉴定方法更具有安全性、保密性和方便性。

(9)遥感技术

通过遥感器这类对电磁波敏感的仪器,在远离目标和非接触目标物体条件下探测目标,获取其反射、辐射或散射的电磁波信息,并进行提取、判定、加工处理、分析与应用的一门科学和技术。遥测是将对象参量的近距离测量值传输至远距离的测量站点来实现远距离测量的技术,其遥感效果如图 8.15 所示。

(10)机器人智能感知技术

机器感知(Machine Cognition)是由一连串复杂程序组成的大规模信息处理系统,信息通常由很多常规传感器采集,经过这些程序的处理后,会得到一些非

图 8.15　遥感技术

基本感官能得到的结果。机器感知技术重点研究生物特征、以自然语言和动态图像的理解为基础的"以人为中心"的智能信息处理和控制技术、中文信息处理;用于研究生物特征识别、智能交通等相关领域的系统技术。

8.3.2　物联网所涉及的通信技术

物联网背景下连接的物体,既有智能的也有非智能的。

为了适应物联网中那些能力较低的节点低速率、低通信半径、低计算能力和低能量的要求,需要对物联网中各种各样的物体进行操作,操作前提就是先将它们连接起来,因此,低速网

络协议是实现全面互连互通的前提。

典型的无线低速网络协议有蓝牙(802.15.1 协议)、紫蜂 ZigBee(802.15.4 协议)、红外及近距离无线通信 NFC 等无线低速网络技术。在此不作具体介绍。

移动通信(Mobile Communication)是指通信双方或至少有一方处于运动中进行信息传输和交换的通信方式。移动通信系统包括无绳电话、无线寻呼、陆地蜂窝移动通信、卫星移动通信等。移动体之间通信联系的传输手段只能依靠无线电通信,因此,无线通信是移动通信的基础。

移动通信是移动体之间的通信,或移动体与固定体之间的通信。移动体可以是人,也可以是汽车、火车、轮船、收音机等在移动状态中的物体。移动通信包括无线传输、有线传输、信息的收集、处理和存储等,使用的主要设备有无线收发信机、移动交换控制设备和移动终端设备。移动通信无线服务区由许多正六边形小区覆盖而成,呈蜂窝状,通过接口与公众通信网(PSTN、ISDN、PDN)互连。

移动通信系统包括移动交换子系统(SS)、操作维护管理子系统(OMS)、基站子系统(BSS)和移动台(MS),是一个完整的信息传输实体。

移动通信中建立的呼叫是由 BSS 和 SS 共同完成的;BSS 提供并管理 MS 和 SS 之间的无线传输通道,SS 负责呼叫控制功能,所有的呼叫都是经由 SS 建立连接的;OMS 负责管理控制整个移动网。

4G 是第四代移动通信及其技术的简称,是集 3G 与 WLAN 于一体并能够传输高质量视频图像(图像传输质量与高清晰度电视不相上下)的技术产品。

4G 系统能够以 100 Mbit/s 的速度下载,比拨号上网快 2 000 倍,上传的速度也能达到 20 Mbit/s。而在用户最为关注的价格方面,4G 与固定宽带网络在价格方面不相上下。

此外,4G 可以在 DSL 和有线电视调制解调器没有覆盖的地方部署,然后再扩展到整个地区。4G 移动系统网络结构可分为 3 层:物理网络层、中间环境层和应用网络层。第四代移动通信系统主要是以正交频分复用(OFDM)为技术核心,其主要技术差别如表 8.1 所示。

表 8.1　3 种 3G 标准的主要技术差别

标准　　内容	TD-SCDMA	W-CDMA	CDMA2000
信道带宽/MHz	1.6	5/10/20	1.25/10/20
码片速率/$(Mc \cdot s^{-1})$	1.28	3.84	3.686 4
基站间同步	异步/同步	异步/同步	同步
帧长/ms	10	10	20
双工技术	TDD	FDD/TDD	FDD
多址方式	TD-SCDMA	DS-CDMA	DS-CDMA 和 MC-CDMA
语音编码	固定速率	固定速率	可变速率

续表

内　容＼标　准	TD-SCDMA	W-CDMA	CDMA2000
多速率功率控制	可变扩频因子,多码 RI 检测开环+慢速闭环(20 bit/s)	可变扩频因子和多码 RI 检测;高速率业务盲检测;低速率业务 FDD;开环+快速闭环(1 600 bit/s);TDD;开环+慢速闭环	可变扩频因子和多码 RI 检测;低速率业务,事先预定好,需高层信令参与开环+慢速闭环(800 bit/s)
交织	卷积码:帧内交织 RS 码:帧间交织	卷积玛:帧内交织 RS 码:帧间交织	块交织

机器对机器(M2M,Machine to Machine),也有人理解为人对机器(Man to Machine)、机器对人(Machine to Man)等,旨在通过通信技术来实现人、机器和系统三者之间的智能化、交互式无缝连接。M2M 设备是能够回答包含在一些设备中的数据请求,或能够自动传送包含在这些设备中的数据的设备。

M2M 则聚焦在无线通信网络应用上,是物联网应用的一种主要方式。

现在,M2M 应用遍及电力、交通、工业控制、零售、公共事业管理、医疗、水利、石油等多个行业,涉及车辆防盗、安全监测、自动售货、机械维修、公共交通管理等领域。

8.3.3　物联网涉及的网络技术

(1)非接触射频识别系统

无线射频识别技术(RFID,Radio Frequency Identification)即射频识别。

射频识别技术的基本原理是电磁理论。RFID 射频识别是一种非接触式的自动识别技术,它通过射频信号自动识别目标对象并获取相关数据,识别工作无需人工干预,可工作于各种恶劣环境。RFID 技术可识别高速运动物体并可同时识别多个标签,操作快捷方便。

RFID 按照能源的供给方式分为无源 RFID、有源 RFID 和半有源 RFID。无源 RFID 读写距离近、价格低;有源 RFID 可以提供更远的读写距离,但是需要电池供电,成本要更高一些,适用于远距离读写的应用场合。

RFID 电子标签网络系统由 3 部分组成:标签、阅读器和数据传输以及处理系统。

一套完整的 RFID 系统是由 3 个部分所组成:阅读器(Reader)、电子标签(TAG)也就是所谓的应答器(Transponder)以及应用软件系统。其工作原理是 Reader 发射一特定频率的无线电波能量给 Transponder,用以驱动 Transponder 电路将内部的数据送出,此时 Reader 便依序接收解读数据,送给应用程序作相应的处理。

(2)EPC 信息网络系统

以简单 RFID 系统为基础,结合已有的网络技术、数据库技术、中间件技术等,构筑一个由大量连网的阅读器和无数移动的标签组成,且比 Internet 更为庞大的物联网成为技术发展的趋势。在这个网络中,系统可以自动地、实时地对物体进行识别、定位、追踪、监控并触发相应事件。较为成型的分布式网络集成框架是 EPC global 提出的 EPC 网络。EPC 网络主要是针对物流领域。如图 8.16 所示。

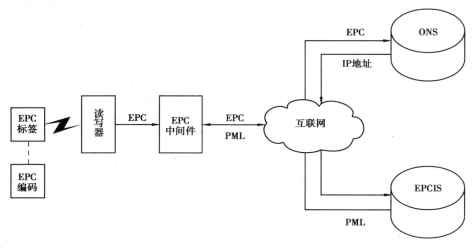

图 8.16　EPC 物联网：系统结构

EPC 系统是一个先进的、综合性的和复杂的系统。它由 EPC 编码体系、RFID 系统及信息网络系统 3 个部分组成，主要包括 6 个方面：EPC 编码、EPC 标签、读写器、EPC 中间件、对象名称解析服务（ONS）和 EPC 信息服务（EPCIS）。EPC 系统构成见表 8.2。

表 8.2　EPC 系统构成

系统构成	名　　称	说　　明
EPC 编码体系	EPC 编码标准	识别目标的特定代码
射频识别系统	EPC 标签	识读 EPC 标签
	射频读写器	信息网络系统
信息网络系统	Savant（神经网络软件，中间件）	EPC 系统的软件支持系统
	对象名解析服务 ONS	类似互联网 DNS，定位产品信息存储位置
	实体标记语言 PML	供软件开发、数据存储和数据分析用

EPC 网络的特点：EPC 系统由产品电子代码、射频识别系统和信息网络系统构成。

（3）无线传感器网络

无线传感器网络（WSN，Wireless Sensor Networks）是由大量部署在作用区域内的、具有与计算能力的微小传感器节点无线通信功能的、通过自组织方式构成的能根据环境自主完成指定任务的分布式智能化网络系统。传感网络的节点间距离很短，一般采用多跳（multi-hop）的无线通信方式进行通信。传感器网络可以在独立的环境下运行，也可以通过网关连接到 Internet，使用户可以远程访问。

传感器网络综合了传感器技术、嵌入式计算技术、现代网络及无线通信技术、分布式信息处理技术等，能够通过各类集成化的微型传感器协作地实时监测、感知和采集各种环境或监测对象的信息,通过嵌入式系统对信息进行处理,并通过随机自组织无线通信网络以多跳中继方式将所感知信息传送到用户终端。

(4)无线局域网

1)无线局域网概述

无线局域网(WLAN,Wireless LAN)是使用无线连接把分布在数公里范围内的不同物理位置的计算机设备连在一起,在网络软件的支持下可以相互通信和资源共享的网络系统,WLAN技术标准对照表如表8.3所示。

表8.3　WLAN技术标准的对照表

协　议	发布日期	频宽范围	最大速度	室内覆盖	室外覆盖
802.11	1997	2.4 GHz	2 Mbit/s	—	—
802.11a	1999	5 GHz	54 Mbit/s	约30 m	约45 m
802.11b	1999	2.4 GHz	11 Mbit/s	约30 m	约100 m
802.11g	2003	2.4 GHz	54 Mbit/s	约30 m	约100 m
802.11n	2009	2.4 GHz 或 5 GHz	600 Mbit/s (40 MHz * 4 MIMO)	约70 m	约250 m
802.11p	2009	5 GHz	27 Mbit/s	约300 m	约1 000 m

2)无线局域网标准

IT产业力推的无线局域网技术就是所谓的IEEE 802.11规范。

802.11是IEEE(美国电气和电子工程师协会,The Institute of Electrical and Electronics Engineers)于1997年公告的无线区域网路标准,适用于有线站台与无线用户或无线用户之间的沟通连接。

3)无线局域网的主要类型

①红外线局域网

红外线是按视距方式传播的,也就是说,发送点可以直接看到接收点,中间没有阻挡。

红外线相对于微波传输方案来说有一些明显的优点。首先,有可能提供极高的数据传输率;其次,它还可以被浅色物体漫反射,这样就可以用天花板反射来覆盖整个房间。

②扩频无线局域网

扩展频谱技术又称为扩频技术。它是一种信息传输方式,其信号所占有的频带宽度远大于所传信息必需的最小带宽。频带的扩展是通过一个独立的码序列来完成,用编码及调制的方法来实现的,与所传信息数据无关;在接收端也用同样的方法进行相关同步接收、解扩及恢复所传信息数据。

③窄带微波无线局域网

窄带微波(Narrowband Microwave)是使用微波无线电频带来进行数据传输的,其带宽刚好能容纳信号。

4)无线网络接入设备

WIFI是由AP(Access Point)和无线网卡组成的无线网络。

AP一般称为网络桥接器或接入点,它是传统有线局域网络与无线局域网络之间的桥梁,因此,任何一台装有无线网卡的 PC 均可透过 AP 去分享有线局域网络甚至广域网络的资源,其工作原理相当于一个内置无线发射器的 HUB 或者是路由,而无线网卡则是负责接收由 AP 所发射信号的 CLIENT 端设备。

5)无线网络架设

一般架设无线网络的基本配备就是无线网卡及一台 AP。有线宽带网络到户后,连接到一个 AP,然后在计算机中安装一块无线网卡即可。

普通的家庭有一个 AP 已经足够,甚至在用户的邻里得到授权后,无需增加端口,用户也能以共享的方式上网。在网络建设完备的情况下,802.11b 的真实工作距离可以达到 100 m 以上。

6)个人局域网

①蓝牙技术

蓝牙技术是一个开放性、短距离的无线通信技术标准,它可以用于在较小的范围内通过无线连接的方式实现固定设备以及移动设备之间的网络互连,可以在各种数字设备之间实现灵活、安全、低成本、小功耗的话音和数据通信。蓝牙技术可以方便地嵌入到单一的 CMOS 芯片中,因此,它特别适用于小型的移动通信设备。

②IrDA

IrDA 是一种利用红外线进行点对点通信的技术,其相应的软件和硬件技术都已比较成熟。它的主要优点是:体积小、功率低、适合设备移动的需要,传输速率高(可达 16 Mbit/s),成本低、应用普遍。

目前有很多笔记本电脑安装了 IrDA 接口,最近市场上还推出了可以通过 USB 接口与 PC 相连接的 USB-IrDA 设备。

③HomeRF

HomeRF 主要是为家庭网络设计,是 IEEE 802.11 与数字无绳电话标准的结合,旨在降低语音数据成本。

HomeRF 利用跳频扩频方式,既可以通过时分复用提供语音通信,又能通过 CSMA/CA 协议提供数据通信服务。同时,HomeRF 拥有与 TCP/IP 良好的集成的能力,支持广播、多点传送和 48 位 IP 地址。目前,HomeRF 标准工作在 2.4 GHz 的频段上,跳频带宽为 1 MHz,最大传输速率为 2 Mbit/s,传输范围超过 100 m。

④超宽带 UWB

超宽带(UWB,Ultra-wideband)技术采用极短的脉冲信号来传送信息,通常每个脉冲持续的时间只有几十 ps 到几 ns。这些脉冲所占用的带宽甚至高达几 GHz,因此,最大数据传输速率可以达到几百 Mbit/s。

在高速通信的同时,UWB 设备的发射功率却很小,仅仅是现有设备的几百分之一。因此,UWB 是一种高速而又低功耗的数据通信方式,它有望在无线通信领域得到更广泛的应用。

7)无线城域网

无线城域网(WMAN,wireless MAN)是以无线方式构成的城域网。

无线局域网(WLAN)不能很好地适用于室外的宽带无线接入(BWA)应用。在带宽和用户数方面将受到限制,同时还存在着通信距离等问题。IEEE 决定制定一种新的全球标准,以满足宽带无线接入和"最后一英里"接入市场的需要。

IEEE 802.16 标准是针对 10~66 GHz 高频段视距环境而制定的无线城域网标准。主要包括 802.16a、802.16RevD 和 802.16e 3 个标准。

802.16 标准是一种无线城域网技术标准,它能向固定的、携带的和移动的设备提供宽带无线连接,它的服务区范围高达 50 km,用户与基站之间不要求视距传播,每基站提供的总数据速率最高为 280 Mbit/s。

8)超宽带技术

超宽带技术(UWB,Ultra Wideband)是一种无线载波通信技术,即不采用正弦载波,而是利用纳秒级的非正弦波窄脉冲传输数据,因此,其所占的频谱范围很宽。

UWB 是利用纳秒级窄脉冲发射无线信号的技术,适用于高速、近距离的无线个人通信。按照 FCC 的规定,从 3.1 GHz 到 10.6 GHz 之间的 7.5 GHz 的带宽频率为 UWB 所使用的频率范围。

UWB 技术具有系统复杂度低、发射信号功率谱密度低、对信道衰落不敏感、低截获能力、定位精度高等优点,尤其适用于室内等密集多径场所的高速无线接入,非常适于建立一个高效的无线局域网(WLAN)或无线个域网(WPAN)。UWB 最具特色的应用是视频消费娱乐方面的无线个人局域网(PANs)。

超宽带系统同时具有无线通信和定位的功能,可方便地应用于智能交通系统中,为车辆防撞、电子牌照、电子驾照、智能收费、车内智能网络、测速、监视、分布式信息站等提供高性能、低成本的解决方案。

9)无线网格式网络

无线网格式网络(Wireless Mesh Network)是移动 Ad Hoc 网络的一种特殊形态,也是一种高容量高速率的分布式网络,可以看成是 WLAN 和 Ad Hoc 网络的融合,且发挥了两者的优势,可以解决"最后一公里"瓶颈问题的新型网络结构。

WMN 被写入了 IEEE802.16(WiMax)无线城域网(WMAN,Wireless Municipal Area Network)标准中。无线网格网中每个节点都能接收、传送数据,也与路由器一样,将数据传给它的邻节点。通过中继处理,贯穿中间的各节点,抵达指定目标。网格式网络拥有多个冗余的通信路径。如果一条路径在任何理由下中断,网格网将自动选择另一条路径,维持正常通信。网格网能自动地选择最短路径,提高了连接的质量。

8.3.4　网络定位和发现技术

(1)位置服务

位置服务(LBS,Location Based Services)又称定位服务,LBS 是由移动通信网络和卫星定位系统结合在一起提供的一种增值业务,通过一组定位技术获得移动终端的位置信息(如经纬度坐标数据),提供给移动用户本人或他人以及通信系统,实现各种与位置相关的业务。实质上它是一种概念较为宽泛的与空间位置有关的新型服务业务。关于位置服务的定义有很多,1994 年,美国学者 Schilit 首先提出了位置服务的三大目标:你在哪里(空间信息)、你和谁在一起(社会信息)、附近有什么资源(信息查询)。这也成为了 LBS 最基础的内容。

(2)全球定位系统

全球定位系统(GPS,Global Positioning System)是 20 世纪 70 年代由美国陆海空三军联合研制的新一代空间卫星导航定位系统。其主要目的是为陆、海、空三大领域提供实时、全天候和全球性的导航服务。经过 20 余年的研究实验,耗资 300 亿美元,到 1994 年 3 月,全球覆盖率高达98%的24颗GPS卫星星座已布设完成。GPS全球定位系统由空间部分、地面控制系统和用户设备部分3部分组成。

当接收机捕获到跟踪的卫星信号后,就可测量出接收天线至卫星的伪距离和距离的变化率,解调出卫星轨道参数等数据。根据这些数据,接收机中的微处理计算机就可按定位解算方法进行定位计算,计算出用户所在地理位置的经纬度、高度、速度、时间等信息。接收机硬件和机内软件以及GPS数据的后处理软件包共同构成完整的GPS用户设备。

(3)蜂窝基站定位

相对而言,GPS定位成本高、定位慢、耗电多,因此,在一些定位精度要求不高,但是定位速度要求较高的场景下并不是特别适合;同时,因为GPS卫星信号穿透能力弱,所以在室内无法使用。相比之下,GSM蜂窝基站定位快速、省电、低成本、应用范围限制小,因此,在一些精度要求不高的轻型场景下大有用武之地。

GSM网络的基础结构是由一系列的蜂窝基站构成的,这些蜂窝基站把整个通信区域划分成一个个蜂窝小区。这些小区小则几十米,大则几千米。在GSM中通信时,总是需要和某一个蜂窝基站连接的,或者说是处于某一个蜂窝小区中的。那么GSM定位,就是借助这些蜂窝基站进行定位。

(4)AGPS定位

根据定位媒介来划分,定位技术基本包含基于GPS的定位和基于蜂窝基站的定位两类。

GPS定位以其高精度得到更多的关注,但是其弱点也很明显:一是硬件初始化(首次搜索卫星)时间较长,需要几分钟至十几分钟;二是GPS卫星信号穿透力弱,容易受到建筑物、树木等物体的阻挡而影响定位精度。

AGPS定位技术通过网络的辅助,成功地解决或缓解了以上两个问题。对于辅助网络,有多种可能性,以GSM蜂窝网络为例,一般是通过GPRS网络进行辅助。

(5)无线室内环境定位

室内定位技术解决方案,从总体上可归纳为几类,即GNSS技术(如伪卫星等)、无线定位技术(无线通信信号、射频无线标签、超声波、光跟踪、无线传感器定位技术等)、其他定位技术(计算机视觉、航位推算等)、GNSS和无线定位组合的定位技术(A-GPS)。

当GPS接收机在室内工作时,由于信号受建筑物的影响而大大衰减,定位精度也降低。室内GPS技术采用大量的相关器并行地搜索可能的延迟码,同时也有助于实现快速定位。利用GPS进行定位的优点是卫星有效覆盖范围大且定位导航信号免费。缺点是定位信号到达地面时较弱,不能穿透建筑物,而且定位器终端的成本较高。

(6)传感器网络节点定位技术

传感器网络(WSN)采集的数据往往需要与位置信息相结合才有意义。由于WSN具有低功耗、自组织和通信距离有限等特点,传统的GPS等算法不再适合WSN。

WSN中需要定位的节点称为未知节点,而已知自身位置并协助未知节点定位的节点称为锚节点(anchor node)。WSN的定位就是未知节点通过定位技术获得自身位置信息的过程。在WSN定位中,通常使用三边测量法、三角测量法和极大似然估计法等算法计算节点位置。

(7)传感器网络时间同步技术

由于晶体振荡器频率的差异及诸多物理因素的干扰,无线传感器网络各节点的时钟会出现时间偏差。而时钟同步对于无线传感器网络非常重要,如安全协议中的时间戳、数据融合中数据的时间标记、带有睡眠机制的 MAC 层协议等都需要不同程度的时间同步。

8.4　物联网的应用

(1)上海嘉定物联网工程示范项目

按照上海嘉定物联网工程示范项目规划,到 2013 年年底,基本建成研发、产业、应用 3 个层次的载体,即以上海物联网中心为核心技术研发平台,以上海物联网中心产业化基地为产业发展支撑,以上海"智慧城市"嘉定示范区引领物联网广泛应用,从而使嘉定区成为国内最具竞争力、具有国际影响力的物联网技术和产业创新发源地。

①智慧社区(建设时间:2011—2013 年)

②智能家居(建设时间:2011—2013 年)

③智能环境监测(建设时间:2011 年)

④智能楼宇(建设时间:2011—2013 年)

⑤智能电网(建设时间:2011—2013 年)

⑥智能交通(建设时间:2011—2013 年)

⑦智能监控(建设时间:2011 年)

⑧特种车辆监控(建设时间:2011 年)

⑨精准农业 (建设时间:2011)年

⑩重点污染源监(建设时间:2011—2012 年)

(2)医疗健康护理传感器网络

基于无线传感器网络的医疗健康护理系统主要由无线医疗传感器节点(体温、脉搏、血氧等传感器节点)、若干具有路由功能的无线节点、基站、PDA、具有无线网卡的笔记本、PC 机等组成。

基站负责连接无线传感器网络、无线局域网和以太网,负责无线传感器节点和设备节点的管理。传感器节点和路由节点自主形成一个多跳的网络。佩戴在监护对象身上的体温、脉搏、血氧等传感器节点通过无线传感器网络向基站发送数据。

基站负责体温、脉搏、血氧等生理数据的实时采集、显示和保存。条件允许,其他的监护信息(如监护图像、安全设备状态等)也可以传输到基站或服务器。医院监控中心和医生可以通过移动终端(PDA、接入网络的笔记本等)登录基站服务器,查看被护理者的生理信息,也可以远程控制无线传感器网络中的传感器和其他无线设备,从而在被监护病人出现异常时,能够及时监测并采取抢救措施。

医疗应用一般需要非常小的、轻量级的和可穿戴的传感器节点。为此,专门为医疗健康护理开发了专用的可穿戴医疗传感器节点,如图 8.17 所示。

(3)电子不停车收费系统

电子不停车收费(ETC)实现高速公路电子不停车收费系统应用。收费系统车道设备包括微波天线、触发线圈、路旁控制器、电动栏杆、报警装置等,其工作原理如图 8.18 所示。

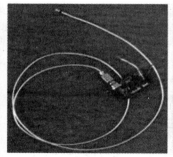

图 8.17　医疗健康护理的可穿戴设备

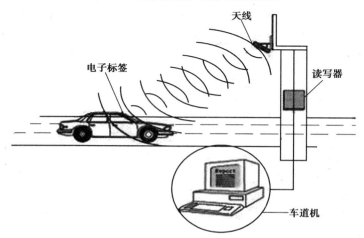

图 8.18　ETC 原理

（4）战场监测与指挥传感器网络

无线传感器网络的研究直接推动了以网络技术为核心的新军事革命,诞生了网络中心战的思想和体系,战场监测与指挥如图 8.19 所示。主要包含:

①战场侦察与监控;

②目标定位;

③毁伤效果评估;

④核生化监测;

⑤高速运动目标识别及抗冲突能力。

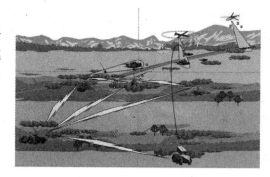

图 8.19　战场监测与指挥

（5）矿用射频识别人员定位系统

KJ133D 型矿用人员定位安全管理系统的工作原理是应用射频识别技术及计算机通信技术,在井上调度室设置中心控制计算机系统,在井下相关位置布置 KJF82 型矿用读卡分站及 KJF82.1 矿用无线收发器,在读卡分站和中心控制计算机系统之间通过光缆或电缆相连接,矿山井下人员、车辆、设备等目标分别携带 KGE39 标识卡,系统通过读卡分站、无线收发器与标识卡、报警仪之间的无线通信,实现对被识别对象的目标定位和无线寻呼,矿用射频识别人员定位系统如图 8.20 所示。

系统采用了射频识别技术并且具有以下特点：

①全员实时精确定位：定位精度可达±10 m 以内。

②无线移动瓦斯监测：能够实时显示井下人员周边瓦斯浓度。

③双向无线寻呼：系统可以向目标发出呼叫信息。

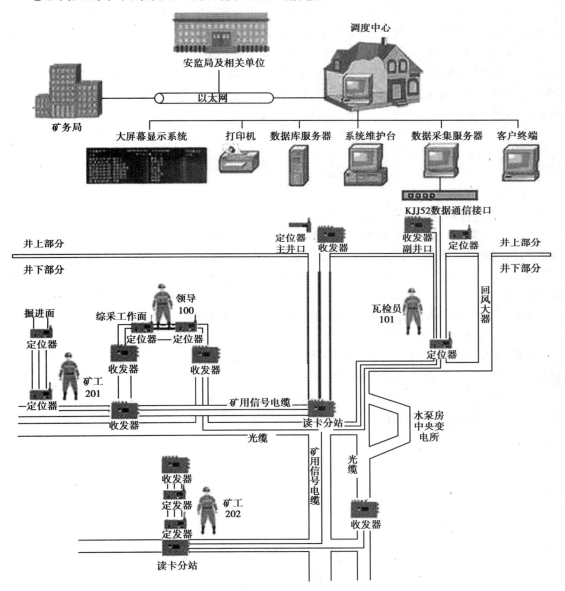

图 8.20　矿用射频识别人员定位系统

237

小　结

本章从物联网的起源与发展开始介绍,描述了目前国内外物联网的技术发展与前景。物联网是指通过各种信息传感设备,实时采集任何需要监控、连接、互动的物体或过程等各种需要的信息,与互联网结合而形成的一个巨大网络。其目的是实现物与物、物与人、所有的物品与网络的连接,方便识别、管理和控制。未来的物联网需要一个开放的架构来最大限度地满足各种不同系统和分布式资源之间的互操作性需求。这些系统和资源既可能是来自于信息和服务的提供者,也可能来自于信息和服务的使用者或者客户。

习　题

8.1　简述物联网的概念与其三大特征。

8.2　网络是物联网最重要的基础设施之一。物联网在网络构建层存在各种网络形式,通常使用的网络形式有哪些种? 并简要说明其含义。

8.3　4G 是第四代移动通信及其技术的简称,4G 移动系统网络结构可以分为几层? 每层的作用是什么?

8.4　简述无线局域网的主要类型。如何构建无线城域网?

8.5　简述 GPS 全球定位系统与 AGPS 定位的区别。

8.6　简述非接触射频识别系统(RFID)、EPC 信息网络系统与无线传感器网络 3 个系统的优点与缺点。并简要说明各系统应用的环境。

8.7　简述 3 种 3G 标准的主要技术差别。

8.8　简述 EPC 系统构成。

第 **9** 章
大数据

内容提要:"大数据"是需要新处理模式,才能具有更强的决策力、洞察发现力,以及流程优化能力的海量、高增长率和多样化的信息资产。本章重点叙述了大数据的特征、大数据原理和构成、大数据相关技术、大数据应用等内容。

9.1 概 述

数据的通信、网络、传感、存储、搜索、分析和处理技术与工具发展促进了大数据(Big Data)时代到来。"大数据"正在对各个领域造成影响。商业、经济及其他领域中的决策行为将日益基于对数据的分析,并用这种数据分析来指导决策、削减成本和提高销售额。还有人将大数据与政治科学联系起来,通过对博客文章、国会演讲和新闻稿件的分析,洞察政治观点是如何传播的。科学、体育、广告和公共卫生等也朝着数据驱动型的发现和决策的方向发生转变。国内外大数据发展的情况如下:

国内大数据:阿里巴巴对未来客户需求的预测是建立在对用户行为进行大数据分析的基础上的。阿里巴巴主要创始人马云表示:"2008 年初,阿里巴巴平台上整个买家询盘数急剧下滑,欧美对中国的采购在下滑。海关是从货物大量出口后才取得采购下滑的信息,而我们提前半年时间从询盘的数据分析上推断出世界贸易发生变化了。"此外,腾讯在天津投资建立亚洲最大的数据中心,百度也在投资建立大数据处理中心。IDC 在 2012 年 6 月发布《中国互联网市场洞见:互联网大数据技术创新研究》报告,报告指出,大数据将引领中国互联网行业新一轮技术浪潮。截至 2011 年底,中国互联网行业持有的数据总量已达到 1.9 EB,到 2020 年预计将达到 35.2 EB。

关注国际大数据:世界经济论坛 2012 年发布了《Big Data,Big Impact》报告,阐述了大数据为世界带来的新机遇。麦肯锡于 2011 年 5 月发布了《下一个前沿:创新、竞争和生产力》报告,认为大数据将引发新一轮的生产力增长与创新。在 2012 年 5 月,联合国公布了《大数据促发展:挑战与机遇》白皮书。同在 2011 年 5 月,韩国发布了《云计算扩散和加强竞争力的战略计划》。

美国的大数据战略:2012 年 3 月,美国奥巴马政府宣布投资 2 亿美元启动"大数据研发计划",旨在提高和改进从海量和复杂数据中获取知识的能力,加速美国在科学和工程领域发明的步伐,增强国家安全。

9.1.1 "大数据"的诞生

半个世纪以来,随着计算机技术全面融入社会生活,信息爆炸已经积累到了一个开始引发变革的程度。它不仅使世界充斥着比以往更多的信息,而且其增长速度也在加快。信息爆炸的学科(如天文学和基因学),创造出了"大数据"这个概念。如今,这个概念几乎应用到了所有人类智力与发展的领域中。

21 世纪是数据信息大发展的时代,移动互连、社交网络、电子商务等技术极大地拓展了互联网的边界和应用范围,各种数据正在迅速膨胀并急剧增多。

互联网(社交、搜索、电商)、移动互联网(微博)、物联网(传感器、智慧地球)、车联网、GPS、医学影像、安全监控、金融(银行、股市、保险)、电信(通话、短信)都在疯狂地产生着数据。

9.1.2 数据大爆炸

地球上至今总共的数据量:2006 年,个人用户才刚刚迈进 TB 时代,全球一共新产生了约 180 EB 的数据,2011 年,这个数字达到了 1.8 ZB。有市场研究机构预测,到 2020 年,整个世界的数据总量将会达到 35.2 ZB($1 ZB = 10^{21} B$)。数据科学技术进展经历了下述几个阶段:手工作业时代、单个计算机时代、分布网络时代、互联网时代、大数据时代。表 9.1 是数据计量单位,想要驾驭这庞大的数据,必须了解大数据的特征。

表 9.1 数据计量单位

B(Byte,字节)= 8 bits	PB(Petabyte,拍字节)= 10^{15} B
kB(Kilobyte,千字节)= 10^3 B	EB(Exabyte,艾字节)= 10^{18} B
MB(Megabyte,兆字节)= 10^6 B	ZB(zettabyte,泽字节)= 10^{21} B
GB(Gigabyte,吉字节)= 10^9 B	YB(jottabyte,尧字节)= 10^{24} B
TB(Terabyte,太字节)= 10^{12} B	

9.1.3 大数据的特征

大数据是指那些超过传统数据库系统处理能力的数据。它的数据规模很大、对传输速度要求很高、结构复杂、原本的数据库系统很难进行分析。

大数据(Big Data)是指"无法用现有的软件工具提取、存储、搜索、共享、分析和处理的海量的、复杂的数据集合"。业界通常用 4 个"V"(即 Volume、Variety、Value、Velocity)来概括大数据的特征,如图 9.1 所示。

大数据的 4 个"V",或者说,特点有 4 个层面:第一,数据体量巨大,从 TB 级别,跃升到 PB 级别;第二,数据类型繁多,如前文提到的网络日志、视频、图片、地理位置信息等;第三,处理速度快。可从各种类型的数据中快速获得高价值的信息,这一点也是与传统的数据挖掘技术有着本质的不同;第四,只要合理利用数据并对其进行正确、准确的分析,将会带来很高的价值回报。

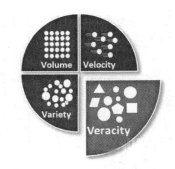

图9.1 大数据特征

(1)数据体量巨大(Volume)

截至目前,人类生产的所有印刷材料的数据量是200 PB(1 PB=210 TB),而历史上全人类说过的所有的话的数据量大约是5 EB(1 EB=210 PB)。当前,典型个人计算机硬盘的容量为TB量级,而一些大企业的数据量已经接近EB量级。

(2)数据类型繁多(Variety)

数据类型的多样性也让数据被分为结构化数据和非结构化数据。相对于以往便于存储的以文本为主的结构化数据,非结构化数据越来越多,包括网络日志、音频、视频、图片、地理位置信息等,这些多类型的数据对数据的处理能力提出了更高要求。

(3)价值密度低(Value)

价值密度的高低与数据总量的大小成反比。以视频为例,一部长度为1 h的视频,在连续不间断的监控中,有用数据可能仅有1~2 s。如何通过强大的机器算法更迅速地完成数据的价值"提纯",成为目前大数据背景下亟待解决的难题。

(4)处理速度快(Velocity)

这是大数据区分于传统数据挖掘的最显著特征。根据IDC的"数字宇宙"的报告,预计到2020年,全球数据使用量将达到35.2 ZB。在如此海量的数据面前,处理数据的效率就是企业的生命。

9.2 大数据原理和构成

(1)大数据的核心工作思路

大数据系统颠覆了传统数据中心的工作逻辑。传统数据系统和大数据系统的工作逻辑如下:

①传统数据系统工作逻辑 运算系统调动数据库的数据,产生数据的移动。

②大数据系统工作逻辑 运算系统直接部署至数据处,数据仅在架构内移动。

(2)传统数据系统工作原理

传统的数据库系统是关系型数据库,开发传统数据库的目的是处理永久、稳定的数据。关系数据库强调维护数据的完整性、一致性,但很难顾及有关数据及其处理的定时限制,不能满足工业生产管理实时应用的需求,因为实时事务要求系统能较准确地预报事务的运行时间。传统数据系统工作原理如图9.2所示。

(3)大数据平台架构

大数据也称巨量资料,指的是需要新处理模式才能具有更强的决策力、洞察力和流程优化能力的海量、高增长率和多样化的信息资产。海量数据期望与其相关的平台架构,能为大数据提供分析、挖掘、处理能力。

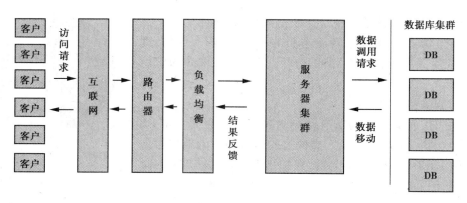

图 9.2　传统数据系统工作原理

IBM 提出了"大数据平台"架构,如图 9.3 所示。该平台的四大核心能力包括 Hadoop 系统、流计算、数据仓库和信息整合与治理。

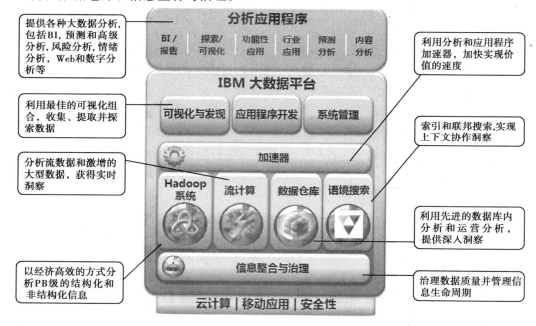

图 9.3　IBM 大数据平台应用程序框架

(4)大数据 VS 云计算

两者都以生产方式改变为主,生产资料改变为辅,提高生产效率。云计算是将计算和存储由本地转移到了云端,大数据则提供了一套新的计算和存储工作原理。二者有着本质的不同,但却是一个完整的体系。大数据是云计算的心脏,而云计算是大数据服务的通路。大数据与云计算密不可分,从某种意义上来说,大数据是落地的云,如图 9.4 所示。

云计算的模式是业务模式,本质是数据处理技术。数据是资产,云为数据资产提供存储、访问和计算。当前云计算侧重于海量存储和计算,同时提供云服务,但是缺乏盘活数据资产的能力。云计算的最终方向是挖掘价值性信息和预测性分析,为国家、企业、个人提供决策和服务,同时也是大数据的核心议题。

| 商业模式驱动 | 应用需求驱动 |

图9.4　大数据与云计算的关系

（5）大数据 VS 物联网

物联网这个概念，于1999年在美国提出，当时又称为"传感网"。其定义：通过射频识别（RFID）、红外感应器、全球定位系统、激光扫描器等信息传感设备，按约定的协议，把任何物品与互联网相连接，进行信息交换和通信，以实现智能化识别、定位、跟踪、监控和管理的一种网络概念。物联网是大数据的流程中的第一层（采集层），物联网网关以上就进入了大数据工作范畴。局部域内的物联网应用解决方案等同于这个域内的大数据系统。

大数据、物联网不应仅从技术层面去理解，就像互联网的核心在于一种基于新的技术和商业模式的生态系统的建立，是技术、人和系统的有机体。

（6）精准营销是大数据的应用之一

通过用户行为分析实现精准营销是大数据的典型应用，但是，大数据在各行各业特别是公共服务领域具有广阔的应用前景。精准营销作为现代商业营销的新趋势，伴随着数据库、网络等计算机技术的发展，以其客户定位精准性、实现过程技术性和商业应用广泛性而备受企业的青睐。然而精准营销系统需要的技术投入往往使得很多中小企业望而却步，因此，设计并实现一个供中小企业进行低成本精准营销的平台是一项非常有意义的研究。大数据应用前景如图9.5所示。

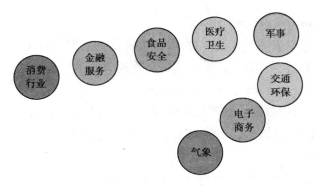

图9.5　大数据应用前景

（7）理解和管理大数据

目前大数据管理多从架构和并行等方面考虑，解决高并发数据存取的性能要求和数据存储的横向扩展，但对非结构化数据的内容理解仍缺乏实质性的突破和进展，这是实现大数据资源化、知识化、普适化的核心。非结构化海量信息的智能化处理包括自然语言理解、多媒体内容理解、机器学习等。大数据管理模式如图9.6所示。

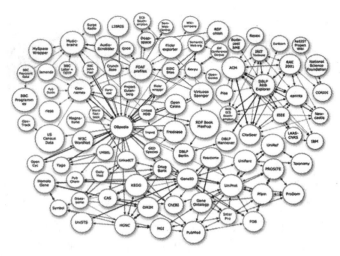

图 9.6　大数据管理模式

9.3　大数据相关技术

（1）分析技术

大数据最重要的一点是对大数据进行分析,只有通过分析才能获取更多智能的、深入的、有价值的信息。主要包括可视化分析、数据挖掘算法、预测新分析能力、语义引擎、数据质量和数据管理。

1）可视化分析（Analytic Visualizations）

无论是对数据分析专家还是普通用户,数据可视化是数据分析工具最基本的要求。可视化可以直观地展示数据,让数据自己说话,让观众听到结果。

2）数据挖掘算法（Data Mining Algorithms）

可视化是给人看的,而数据挖掘就是给机器看的。集群、分割、孤立点分析还有其他的算法让人们深入数据内部,挖掘价值。这些算法不仅要处理大数据的量,也要处理大数据的速度。

3）预测性分析能力（Predictive Analytic Capabilities）

数据挖掘可以让分析员更好地理解数据,而预测性分析可以让分析员根据可视化分析和数据挖掘的结果作出一些预测性的判断。

4）语义引擎（Semantic Engines）

由于非结构化数据的多样性带来了数据分析的新的挑战,需要一系列的工具去解析、提取、分析数据。语义引擎需要被设计成能够从"文档"中智能提取信息。

5）数据质量和数据管理（Data Quality and Master Data Management）

数据质量和数据管理是一些管理方面的最佳实践。通过标准化的流程和工具对数据进行处理可以保证一个预先定义好的高质量的分析结果。

（2）**大数据技术**

主要包括数据采集、数据存取、基础架构、数据处理、统计分析、数据挖掘、模型预测、结果呈现等技术。

（3）**使非结构化数据结构化**

在信息社会，信息可以划分为两大类：一类信息能够用数据或统一的结构加以表示，称为结构化数据（如数字、符号等）；而另一类信息无法用数字或统一的结构表示（如文本、图像、声音、网页等），称为非结构化数据。结构化数据是非结构化数据的特例。非结构化数据图片、视频、word、pdf、ppt 等文件存储不利于检索，海量数据的查询、统计、更新等操作效率低，为了提高操作效率，可以使用数据结构化技术，该技术可以将查询和存储半结构化数据转换为结构化数据，并按照原非结构化数据进行存储。

9.4　大数据在企业管理和营销中的渗透

（1）**行业拓展者，打造大数据行业基石**

①IBM：IBM 大数据提供的服务包括数据分析、文本分析、蓝色云杉（混搭供电合作的网络平台）、业务事件处理。IBM Mashup Center 的计量、监测和商业化服务（MMMS）IBM 的大数据产品组合中的最新系列产品的 InfoSphere BigInsights，基于 Apache Hadoop。该产品组合包括打包的 Apache Hadoop 的软件和服务，代号是 bigInsights 核心，用于开始大数据分析软件（bigsheet），软件目的是帮助从大量数据中轻松、简单、直观地提取，批注相关信息，为金融、风险管理、媒体和娱乐等行业量身定做行业解决方案。

②微软：2011 年 1 月与惠普（具体而言是 HP 数据库综合应用部门）合作开发了一系列能够提升生产力和提高决策速度的设备。

③EMC：EMC 斩获了纽交所和 Nasdaq，大数据解决方案已包括 40 多个产品。Oracle：Oracle 大数据机与 Oracle Exalogic 中间件云服务器、Oracle Exadata 数据库云服务器以及 Oracle Exalytics 商务智能云服务器一起组成了甲骨文最广泛、高度集成化系统产品组合。

（2）**渗透众多行业**

政府、金融、电信等行业投资建立大数据的处理分析手段，实现综合治理、业务开拓等目标，应用到制造等更多行业。大数据应用潜力如图 9.7 所示。

（3）**能加强企业与客户相互沟通**

从原始数据转变为全新的洞察力。存储来自您的组织外部和内部的所有数据——结构化数据、非结构化数据和流数据。未来，企业会依靠洞悉数据中的信息更加了解自己，也更加了解客户。

由于在信息价值链中的特殊位置，有些公司可能会收集到大量的数据，但他们并不急需使用也不擅长再次利用这些数据。例如，移动电话运营商手机用户的位置信息可以来传输电话信号，这对于他们来说，数据只有狭窄的技术用途。但当它被一些发布个性化位置广告服务和

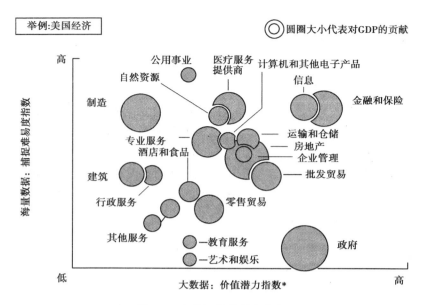

图 9.7　大数据价值潜力指数

促销活动的公司再次利用时,则变得更有价值。大数据价值链的三大构成:数据本身、技能与思维。其中三者兼具的有谷歌公司,谷歌在刚开始收集数据的时候就已经有多次使用数据的想法。比方说,它的街景采集车手机全球定位系统数据不光是为了创建谷歌地图,也是为了制成全自动汽车以及谷歌眼镜等与实景交汇的产品。

(4)大数据在电信行业移动用户上网记录中的应用

中国电信行业海量上网记录的产生原因,如图9.8所示。而对这些海量的数据采用何种方式进行存储和检索是一个需要解决的首要问题。若使用传统数据库技术对这些海量数据进行检索和存储,所用的时间将非常长,而且随着存储数据的增长,存储时间激增,如图9.9所示。

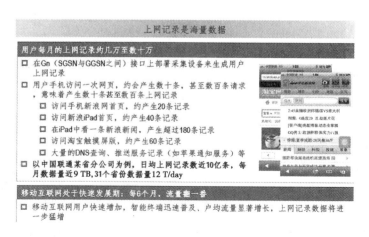

图 9.8　上网记录海量数据产生的原因

在移动互联网时代,提供移动用户上网记录详单是解决流量计费"雾里看花"问题的必然

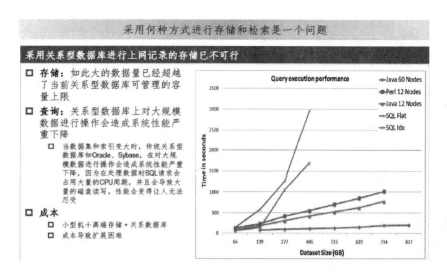

图 9.9　传统关系型数据库存储量和检索时间关系图

要求。而上网记录详单数据是典型的"大数据"，传统技术架构设计模式已不再适用。分析当前主流的大数据处理技术，对其在移动用户上网记录查询系统中的应用进行研究。通过搭建以上网记录数据为核心的大数据平台，为数据挖掘、分析奠定基础，如图 9.10 所示。

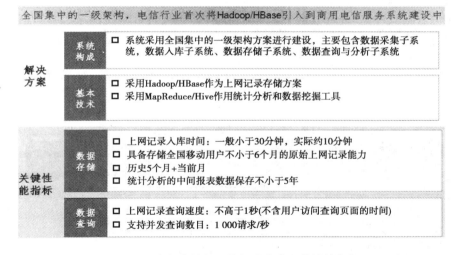

图 9.10　中国电信行业的解决方案和关键性指标

9.5　大数据分析工具 Hadoop

随着互联网、移动互联网和物联网的发展，谁也无法否认，人们已经切实地迎来了一个海量数据的时代，有数据调查公司预计 2020 年的数据总量将达到 35.2 ZB，对这些海量数据进行分析已经成为一个非常重要且紧迫的需求。

Hadoop 在可伸缩性、健壮性、计算性能和成本上具有无可替代的优势,事实上已成为当前互联网企业主流的大数据分析平台。

Hadoop 在 2005 年由 Mike Cafarella 和 Doug Cutting 创建,名称来源于 Doug Cutting 儿子的玩具大象,其初衷是用于与 Web 相关数据的搜索。它目前是 Apache 软件基金会的由社区构建的开放源项目,在所有类型的组织和行业中均有采用。Microsoft 积极投入了这项社区开发工作。

（1）**什么是** Hadoop

开源 Apache 项目,灵感来源于 Google 的 MapReduce 白皮书和 Google 文件系（GFS）,Yahoo 完成了绝大部分初始设计和开发。Hadoop 核心组件是分布式文件系统-Map/Reduce,分布式计算用 Java 编写运行平台:Linux、Mac OS/X, Solaris、Windows 普通的 X86 硬件平台。

（2）**为什么** Hadoop **很重要**

非结构化数据暴增:预计 2017 年,企业的数据将增长 650%,其中 80% 都是非结构化数据,比如 FACEBOOK 每天收集 100 TB 的数据,Twitter 会有每天产生 3 500 亿的 tweets 非结构化的数据,同样蕴藏巨大价值,需要新方法利用所有数据进行业务分析,Apache Hadoop 作为一个分析存储大量数据的关键数据平台出现。

（3）Hadoop **与大数据**

Hadoop 是致力于"大数据"处理的最重要平台之一,其数据存储能够轻松扩展到 PB 级别,处理规模—带有高度容错能力的并行处理架构—基于普通的 X86 平台硬件架构,硬件成本低廉—用内置格式存储/处理数据—基于开源项目,拥有当量的代码来源,并且传统厂商也日益重视对其的支持,它已经成为重要的并行处理架构标准之一。Hadoop 应用界面如图 9.11 所示。

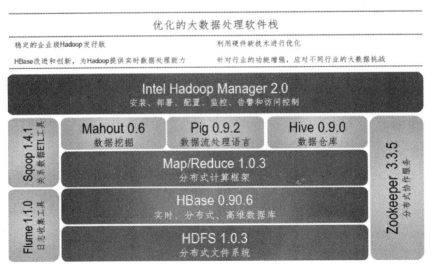

图 9.11　Hadoop 应用界面

9.6　大数据在各方面的应用

（1）大数据在政府的应用

重视应用大数据技术，盘活各地云计算中心资产，把原来大规模投资产业园、物联网产业园从政绩工程改造成智慧工程。

在安防领域，应用大数据技术，提高应急处置能力和安全防范能力；在民生领域，应用大数据技术，提升服务能力和运作效率，以及个性化的服务，比如医疗、卫生、教育等部门。

解决在金融、电信等领域中数据分析的问题，一直得到极大的重视，但受困于存储能力和计算能力的限制，只局限在交易数型数据的统计分析；政府投入将形成示范效应，大大推动大数据的发展。

（2）大数据在智慧城市应用

美国奥巴马政府在白宫网站发布《大数据研究和发展倡议》，提出"通过收集、处理庞大而复杂的数据信息，从中获得知识和洞见，提升能力，加快科学、工程领域的创新步伐，强化美国国土安全，转变教育和学习模式"。

中国工程院院士邬贺铨认为："智慧城市是使用智能计算技术使得城市的关键基础设施的组成和服务更智能、互连和有效，随着智慧城市的建设，社会将步入'大数据'时代。"大数据在不同领域的智慧应用方向如图 9.12 所示。

图 9.12　**大数据在不同领域的应用**

其难点有：

①最初就合理规划智慧城市（深度思考哪些领域能够运用）；

②在城市发展基础设施和"云产业"的同时，更多重视"数据"的价值；

③大数据处理领域的核心技术不足，需要政府更大的投入。

9.7　大数据的演变

（1）从大型机到 PC 和移动智能终端

1946 年 2 月 14 日，由美国军方定制的世界上第一台电子计算机"电子数字积分计算机"（ENIAC Electronic Numerical And Calculator）在美国宾夕法尼亚大学问世。ENIAC 是美国奥伯丁武器试验场为了满足计算弹道需要而研制成的，这台计算器使用了 17 840 个电子管，质量达 28 t，功耗为 170 kW，其运算速度为 5 000 次/s 的加法运算，造价约为 487 000 美元。ENIAC 的问世具有划时代的意义，表明电子计算机时代的到来。20 世纪 50 年代是大型计算机的时代，它的特点是体积大、功耗高、可靠性差。速度慢（一般为每秒数千次至数万次）、价格昂贵，但为以后的计算机发展奠定了基础。

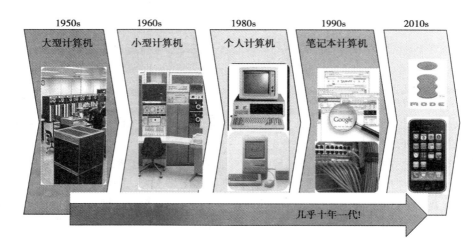

图 9.13　大数据从大型机到 PC 和移动智能终端

　　20 世纪 50 年代是小型计算机的时代,它的特点是体积缩小、能耗降低、可靠性提高、运算速度提高(一般为数 10 万次/s,可高达 300 万次/s)、性能对比第 1 代计算机有很大的提高。

　　20 世纪 80 年代是个人计算机的时代。由于集成技术的发展,半导体芯片的集成度更高,每块芯片可容纳数万乃至数百万个晶体管,可以把运算器和控制器都集中在一个芯片上,从而出现了微处理器,并且可以用微处理器和大规模、超大规模集成电路组装成微型计算机,就是人们常说的个人计算机。个人计算机体积小,价格便宜,使用方便,但它的功能和运算速度已经达到甚至超过了过去的大型计算机。

　　1979 年,Grid Compass 1109 电脑问世,这是人类有史以来对笔记本电脑制作的第一次尝试。这款电脑是英国人 William Moggridge 在 1979 年为 Grid 公司设计的。这款电脑问世后的面向对象只是美国航空航天领域,是人类历史上首次从扇贝上获取灵感制造的轻便电脑。笔记本与台式机相比,笔记本电脑有着类似的结构组成(显示器、键盘/鼠标、CPU、内存和硬盘),但笔记本电脑的优势还是非常明显的,其主要优点有体积小、质量轻、携带方便等。一般说来,便携性是笔记本相对于台式机电脑最大的优势,一般的笔记本电脑的质量只有 2 kg 左右,无论是外出工作还是旅游,都可以随身携带,非常方便。

　　随着人们对便携式数字产品要求的提高,便携式的智能手机得到了迅猛的发展。智能手机,是指像个人电脑一样,具有独立的操作系统,独立的运行空间,可以由用户自行安装软件、游戏、导航等第三方服务商提供的程序,并可以通过移动通信网络来实现无线网络接入手机类型的总称。根据 eMarketer 的新数据,2016 年该指数将增长 12.6% 达到 21.6 亿,大数据从大型机到移动智能终端如图 9.13 所示。

　　(2)**计算机技术体系的演进**

　　计算机的计算方式主要包括:并行计算、分布数据计算、网格计算、计算机机群计算、虚拟计算和云计算等,计算机技术体系演进如图 9.14 所示。

　　并行计算(Parallel Computing)是指同时使用多种计算资源解决计算问题的过程,是提高计算机系统计算速度和处理能力的一种有效手段。它的基本思想是用多个处理器来协同求解同一问题,即将被求解的问题分解成若干个部分,各部分均由一个独立的处理机来并行计算。并行计算系统既可以是专门设计的、含有多个处理器的超级计算机,也可以是以某种方式互连

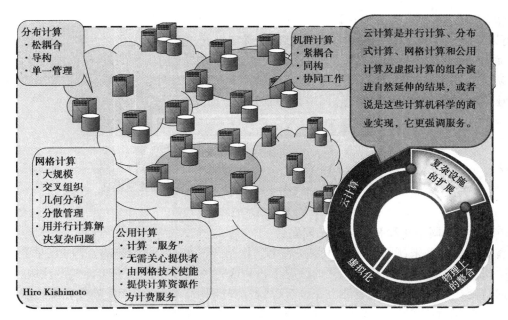

图 9.14　计算机技术体系的演进

的若干台独立计算机构成的集群。通过并行计算集群完成数据的处理,再将处理的结果返回给用户。

分布数据计算(DDP,Distributed Data Processing)使对计算、数据处理等方面使用需求分散到构成整个系统的各个节点中。

网格计算即分布式计算,是一门计算机科学。它研究如何把一个需要非常巨大的计算能力才能解决的问题分成许多小的部分,然后把这些部分分配给许多计算机行处理,最后把这些结果综合起来得到最终结果。

计算机机群计算,它通过一组松散集成的计算机软件或硬件连接起来高度紧密地协作完成计算工作。在某种意义上,它们可以被看作是一台计算机。集群系统中的单个计算机通常称为节点,一般通过局域网连接,但也有其他的可能连接方式。集群计算机通常用来改进单个计算机的计算速度和可靠性。一般情况下,集群计算机比单个计算机(比如工作站或超级计算机)性能价格比要高得多。

虚拟计算是一种以虚拟化、网络、云技术等技术的融合为核心的一种虚拟计算。虚拟化已成为企业 IT 部署不可或缺的组成部分。虚拟化技术主要包括:服务器虚拟化、存储虚拟化、应用虚拟化及桌面虚拟化,各应用领域又有不同的代表厂商和虚拟化产品。

云计算是一种按使用量付费的模式,这种模式提供可用的、便捷的、按需的网络访问,进入可配置的计算资源共享池(资源包括网络、服务器、存储、应用软件),这些资源能够被快速提供,只需投入很少的管理工作,或与服务供应商进行很少的交互。

总的来说,云计算是并行计算、分布式计算、网络计算以及虚拟计算组合演进自然延伸的结果。

(3)软件技术的网络化趋势

软件技术的网络化趋势如图 9.15 所示。CMM 是指"能力成熟度模型",其英文全称为 Capability Maturity Model for Software,英文缩写为 SW-CMM,简称 CMM。它是对于软件组织在定义、实施、度量、控制和改善其软件过程的实践中各个发展阶段的描述。从 CMM 5 级进行划分，可以知道软件技术由初始级向可重复级、已确定级、已管理级、优化级发展。软件的设计方式由面向模块的设计向面向数据的设计、面向事件的设计、面向用户的设计、面向对象的设计、面向认证的设计等方面发展。软件的运行环境从单机发展为网络，用户数量和复杂度剧增，软件加速向开源化、智能化、高可信、网络化和服务化方向发展。

图 9.15　软件技术的网络化趋势

（4）电视的网络化和智能化及三网融合

智能电视的到来，顺应了电视机"高清化""网络化""智能化"的趋势。当 PC 早就智能化以及手机和平板也在大面积智能化的情况下，TV 这一块屏幕不会逃过 IT 巨头的法眼，一定也会走向智能化。所谓真正的智能电视，应该具备能从网络、AV 设备、PC 等多种渠道获得节目内容，通过简单易用的整合式操作界面，简易操作将消费者最需要的内容在大屏幕上清晰地展现。智能电视是具有全开放式平台，搭载了操作系统，用户在欣赏普通电视内容的同时，可自行安装和卸载各类应用软件，持续对功能进行扩充和升级的新电视产品。智能电视能够不断给用户带来有别于使用有线数字电视接收机（机顶盒）的、丰富的个性化体验。

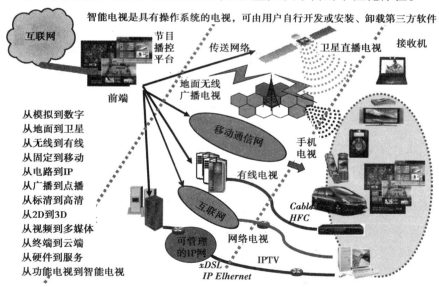

图 9.16　电视的网络化和智能化及三网融合示意图

三网融合是指电信网、广播电视网、互联网在向宽带通信网、数字电视网、新一代互联网演进过程中，三大网络通过技术改造，其技术功能趋于一致，业务范围趋于相同，网络互连互通、资源共享，能为用户提供语音、数据和广播电视等多种服务。三合并不意味着三大网络的物理合一，而主要是指高层业务应用的融合。三网融合应用广泛，遍及智能交通、环境保护、政府工作、公共安全、平安家居等多个领域。未来的手机可以看电视、上网，电视可以打电话、上网,电脑也可以打电话、看电视。三者之间相互交叉,形成"你中有我、我中有你"的格局。

(5)视频流量成为主流

当前,视频流量成为主流。美国 TouTube 网站每分钟有 72 小时的视频上载,到 2016 年互联网上的忙时流量是 720 Tbit/s,相当于全世界有 6 亿人同时看不一样的高清电影。到 2016年每 3 分钟互联网传送 360 万小时视频,相当于全球已经生产的全部电影。这个电影用什么量衡量呢? 如果一个人要看 3 分钟所传送的电影,需要 34 年不吃饭、不睡觉才能看完。最近两个月在 TouTube 上载的视频量是美国三大电视台——ABC、NBC、CBS 自 1948 年以来连续播出的内容,可以看到视频流量非常大,如图 9.17 所示。

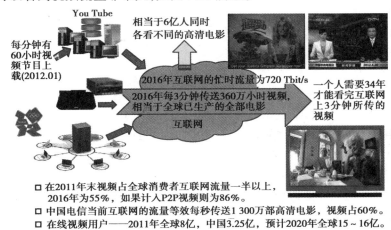

图 9.17　2015、2016 年视频流量数据预测

(6)全球互联网上 1 分钟传输的信息量

Intel 公司日前公布了"全球互联网上 1 分钟传输的信息量"调查结果,如图 9.18 所示。调查结果告诉人们,1 分钟之内全球互联网可能会发生的是以下几种事情:

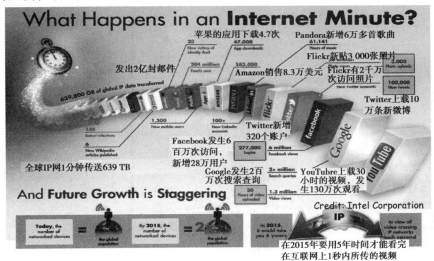

图 9.18　1 分钟互联网主要传输信息量

①发出 2 亿 400 万封邮件；

②下载 4.7 万个 App；

③亚马逊卖出 8.3 万美元的物品；

④Flickr 发布了 3 000 张照片；

⑤Youtube 的视频被查看 130 万次；

⑥全球传送数据约 64 000 GB；

⑦Facebook 被查看 600 万次；

⑧Pandora 音乐电台播放了总计 6.1 万小时的歌曲。

Intel 表示移动设备的数据量正在显著增加。该公司还预计，到 2016 年互联网设备的数量将是世界人口的 2 倍。

小　结

"大数据"是一个体量特别大，数据类别特别多的数据集，并且这样的数据集无法用传统数据库工具对其内容进行抓取、管理和处理。大数据（Big Data）或称巨量资料，指的是涉及的资料量规模巨大到无法透过目前主流软件工具，在合理时间内达到攫取、管理、处理、并整理成为帮助企业经营决策更积极目的的资讯。大数据的 4V 特点：Volume、Velocity、Variety、Veracity。随着社交数据、企业内容、交易与应用数据等新数据源的新建，传统数据源的局限被打破，企业愈发需要有效的信息之力以确保其真实性及安全性。

Hadoop 是致力于"大数据"处理的最重要平台之一，能够轻松扩展到 PB 级别的数据存储。

大数据核心的价值就是在于对海量数据进行存储和分析。相比现有的其他技术而言，大数据的"廉价、迅速、优化"这三方面的综合成本是最优的。

习　题

9.1　大数据的 4V 特点是什么？它们的含义又分别是什么？

9.2　大数据系统工作逻辑与传统数据系统工作逻辑有什么区别？

9.3　IBM 提出的大数据平台构架的核心是什么？

9.4　简述大数据与云计算的关系。

9.5　简述大数据与物联网的关系。

9.6　大数据有哪些相关技术？并作简要说明。

9.7　什么是 Hadoop？并简述 Hadoop 与大数据的关系。

9.8　请结合你身边的实例，对大数据的应用作简要说明。

第 **10** 章
云计算技术

━━━━━━━━━━━━━━━━━━━━━━━━━━━━━━━━━━━━━━

内容提要：云计算是分布式计算技术的一种，其最基本的概念，是透过网络将庞大的计算处理程序自动拆分成无数个较小的子程序，再交由多部服务器所组成的庞大系统经搜寻、计算分析之后将处理结果回传给用户。透过这项技术，网络服务提供者可以在数秒之内，达成处理数以千万计甚至亿计的信息，达到和"超级计算机"同样强大效能的网络服务。本章主要描述云计算的定义、特征、与物联网关系、服务结构等。

10.1　云计算的概述

随着高速网络的发展，互联网已连接全球各地，网络带宽极大提高，大容量数据的传递已经实现。芯片和磁盘驱动器产品在功能增强的同时，价格也变得日益低廉，拥有成百上千台计算机的数据中心具备了为大量用户快速处理复杂问题的能力。互联网上一些大型数据中心的计算和存储能力出现冗余，特别是一些大型的互联网公司具备了出租计算资源的条件。技术上并行计算、分布式计算特别是网格计算的日益成熟和应用，提供了很多利用大规模计算资源的方式。基于互联网服务存取技术的逐渐成熟，各种计算、存储、软件、应用都能以服务的形式提供给客户。所有这些技术为更强大的公共计算能力和服务提供了可能。

计算能力和资源利用效率的迫切需求、资源的集中化和各项技术的进步，推动云计算（Cloud Computing）应运而生。

10.1.1　云计算的定义

云计算是 IT 世界基础设施的变革，但是如何准确地定义它呢？很难用一句话说清楚到底什么才是真正的云计算。2009 年 1 月 24 日，JeremyGeelan 在云计算杂志上发表了一篇题为"21 位专家定义云计算"的文章，其结果是 21 位专家给出了 21 种定义。到底什么是云计算？目前，对于云计算的认识在不断地发展变化，云计算仍没有一致的普遍认可的定义。关于云计算的定义主要有以下几种：

（1）**维基百科的定义**

云计算将 IT 相关的能力以服务的方式提供给用户，允许用户在不了解提供服务的技术、没有相关知识以及设备操作能力的情况下，通过 Internet 获取需要服务。

（2）**中国云计算网的定义**

云计算是分布式计算（Distributed Computing）、并行计算（Parallel Computing）和网格计算（Grid Computing）的发展，或者说是这些科学概念的商业实现。

（3）**百度百科的定义**

云计算（Cloud Computing）是基于互联网的相关服务的增加、使用和交付模式，通常涉及通过互联网来提供动态易扩展且经常是虚拟化的资源。狭义云计算，是指 IT 基础设施的交付和使用模式，通过网络以按需、易扩展的方式获得所需资源；广义云计算，是指服务的交付和使用模式，指通过网络以按需、易扩展的方式获得所需服务。这种服务可以是 IT 和软件、互联网相关，也可以是其他服务。它意味着计算能力也可作为一种商品通过互联网进行流通。关于云计算的部分应用，如图 10.1 所示。

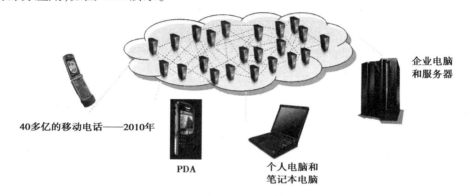

图 10.1　云计算

如果从云计算服务的使用者角度来看，云计算可以用图来形象地表达。如图 10.2 所示，云非常简单，一切的一切都在云里，它可以为使用者提供云计算、云存储以及各类应用服务。

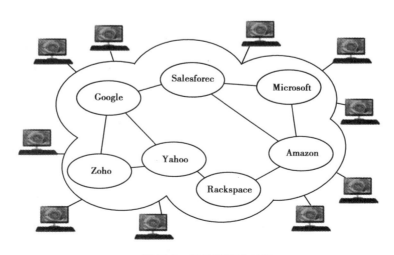

图 10.2　云计算概念结构

作为云计算的使用者,不需要关心云里到底是什么、云里的 CPU 是什么型号的、硬盘的容量是多少、服务器在哪里、计算机是怎么连接的、应用软件是谁开发的等问题,而需要关心的是随时随地可以接入、有无限的存储可供使用、有无限的计算能力为其提供安全可靠的服务和按实际使用情况计量付费。云计算最典型的应用就是基于 Internet 的各类业务。云计算的成功案例包括:①Google 的搜索、在线文档 Google Docs、基于 Web 的电子邮件系统 Gmail;②微软的 MSN、Hotmail 和 Bing 搜索;③Amazon 的弹性计算云(EC2)和简单存储服务(S3)业务等。

简单地说,云计算是一种基于互联网的超级计算模式,它将计算机资源汇集起来,进行统一的管理和协同合作,以便提供更好的数据存储和网络计算服务。而对于云计算来说,它更应该属于一种社会学的技术范围,相比于物联网的对原有技术进行升级的特点,云计算则更有"创造"的意味。它借助不同物体间的相关性,把不同的事物进行有效地联系,从而创造出一个新的功能。

10.1.2　云计算的特征

云计算是效用计算、并行计算、分布式计算、网格计算、网络存储、虚拟化、负载均衡等传统计算机和网络技术发展融合的产物。云计算的基本原理是计算分布在大量的分布式计算机上,而非本地计算机或远程服务器中,从而使得企业数据中心的运行与互联网相似。

云计算常与效用计算、并行计算、分布式计算、网格计算、自主计算相混淆。这里有必要介绍一下这些计算的特点:

（1）**效用计算**

效用计算是一种提供计算资源的商业模式,用户从计算资源供应商处获取和使用计算资源,并基于实际使用的资源付费。效用计算主要给用户带来经济效益,是一种分发应用所需资源的计费模式。相对效用计算而言,云计算是一种计算模式,它代表了在某种程度上共享资源进行设计、开发、部署、运行应用,以及资源的可扩展收缩和对应用连续性的支持。

（2）**并行计算**

并行计算是指同时使用多种计算资源解决计算问题的过程。并行计算是为了更快速地解决问题、更充分地利用计算资源而出现的一种计算方法。

并行计算将一个科学计算问题分解为多个小的计算任务,并将这些小的计算任务在并行计算机中执行,利用并行处理的方式达到快速解决复杂计算问题的目的,它实际上是一种高性能计算。

并行计算的缺点:将被解决的问题划分出来的模块是相互关联的,如果其中一块出错,必定影响其他模块,再重新计算会降低运算效率。

（3）**分布式计算**

分布式计算是利用互联网上众多的闲置计算机的计算能力,将其联合起来解决某些大型计算问题的一门学科。与并行计算同理,分布式计算也是把一个需要巨大的计算机才能解决的问题分解成许多小的部分,然后把这些部分分配给多个计算机进行处理,最后把这些计算结果综合起来得到最终的正确结果。与并行计算不同的是,分布式计算所划分的任务相互之间是独立的,某一个小任务的出错不会影响其他任务。

（4）**网格计算**

网格计算(Grid Computing)是指分布式计算中两类广泛使用的子类型:一类是在分布式的

计算资源支持下作为服务被提供的在线计算或存储,另一类是由一个松散连接的计算机网络构成的虚拟超级计算机,可以用来执行大规模任务。

网格计算强调资源共享,任何人都可以作为请求者使用其他节点的资源,同时需要贡献一定资源给其他节点。网格计算强调将工作量转移到远程的可用计算资源上;云计算强调专有,任何人都可以获取自己的专有资源,并且这些资源是由少数团体提供的,使用者不需要贡献自己的资源。在云计算中,计算资源的形式被转换,以适应工作负载,它支持网格类型应用,也支持非网格环境,比如,运行传统或 Web2.0 应用的三层网络架构。网格计算侧重并行的计算集中性需求,并且难以自动扩展;云计算侧重事务性应用,大量的单独的请求,可以实现自动或半自动扩展。

(5)自主计算

自主计算是具有自我管理功能的计算机系统。自主计算是由美国 IBM 公司于 2001 年 10 月提出的。IBM 将自主计算定义为"能够保证电子商务基础结构服务水平的自我管理技术"。其最终目的在于使信息系统能够自动地对自身进行管理,并维持其可靠性。

自主计算的核心是自我监控、自我配置、自我优化和自我恢复。自我监控,即系统能够知道系统内部每个元素当前的状态、容量以及它所连接的设备等信息;自我配置,即系统配置能够自动完成,并能根据需要自动调整;自我优化,即系统能够自动调度资源,以达到系统运行的目标;自我恢复,即系统能够自动从常规和意外的灾难中恢复。

事实上,许多云计算部署依赖于计算机集群(但与网格计算的组成、体系结构、目的、工作方式大相径庭),也吸收了自主计算和效用计算的特点。它旨在通过网络把多个成本相对较低的计算实体整合成一个具有强大计算能力的完美系统,并借助一些先进的商业模式把这个强大的计算能力分布到终端用户手中。

云计算的一个核心理念就是通过不断提高"云"的处理能力,进而减少用户终端的处理负担,最终使用户终端简化成一个单纯的输入/输出设备,并能按需享受"云"强大的计算处理能力。云计算的中心思想是将大量用网络连接的计算资源统一管理和调度,构成一个计算资源池,向用户提供按需服务。云计算的特征主要表现在以下几个方面:

1)超大规模

"云"具有相当的规模,Google 云计算已经拥有 100 多万台服务器,Amazon、IBM、Microsoft、Yahoo 等的"云"均拥有几十万台服务器。"云"能赋予用户前所未有的计算能力。云业务的需求和使用与具体的物理资源无关,IT 应用和业务运行在虚拟平台之上。云计算支持用户在任何有互联网的地方,使用任何上网终端获取应用服务。用户所请求的资源来自于规模巨大的云平台。

2)高可扩展性

"云"的规模超大,可以动态伸缩,满足应用和用户规模增长的需要。

3)虚拟化

云计算是一个虚拟的资源池,用户所请求的资源来自"云",而不是固定的有形的实体。用户只需要一台笔记本或者一部手机就可以通过网络服务来实现自己需要的一切,甚至包括超级计算这样的任务。

4)高可靠性

用户无需担心个人计算机的崩溃导致的数据丢失,因为其所有的数据都保存在云里。

5）通用性

云计算没有特定的应用,同一个"云"可以同时支撑不同的应用运行。

6）廉价性

由于"云"的特殊容错措施,可以采用极其廉价的节点来构成云。云计算将数据送到互联网的超级计算机集群中处理,个人只需支付低廉的服务费用,就可完成数据的计算和处理。企业无需负担日益高昂的数据中心管理费用,从而大大降低了成本。

7）灵活定制

用户可以根据自己的需要定制相应的服务、应用及资源,根据用户的需求,"云"来提供相应的服务。

10.1.3　云计算的特点

（1）云计算的优点

云计算具有一些新特征,其优点突出表现在以下几个方面:

①降低用户计算机的成本;

②改善性能;

③降低 IT 基础设施投资;

④减少维护问题;

⑤减少软件开支;

⑥即时的软件更新;

⑦计算能力的增长;

⑧无限的存储能力;

⑨增强的数据安全性;

⑩改善操作系统的兼容性;

⑪改善文档格式的兼容性;

⑫简化团队协作;

⑬没有地点限制的数据获取。

（2）云计算的缺点

云计算在体现出其独特的优点的同时,也存在一些缺点,主要表现在以下 6 个方面:

①要求持续的网络连接;

②低带宽网络连接环境下不能很好地工作;

③反应慢;

④功能有限制;

⑤无法确保数据的安全性;

⑥不能保证数据不会丢失。

10.1.4　云计算的发展

（1）云计算的发展路线

从云计算概念的提出,一直到现在云计算的发展,云计算渐渐地成熟起来,云计算的发展主要经过了 4 个阶段,这 4 个阶段依次是并行计算、集群计算、网格计算和云计算,如图 10.3 所示。

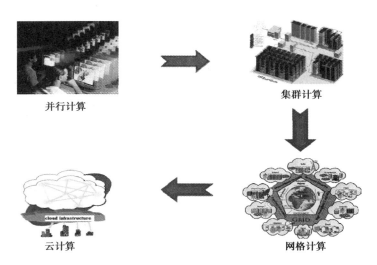

图 10.3　云计算的发展路线

1）并行计算阶段

云计算就是将大量的分散资源集中在一起,进行规模化管理,降低成本,方便用户的一种模式。

2）集群计算阶段

在 1960 年前后,由于计算机设备的价格非常昂贵,远非一般的企业、学校和机构所能承受,于是很多 IT 界的精英们就有了共享计算机资源的想法。在 1961 年,人工智能之父麦肯锡提出"效应计算"这个概念,其核心就是借鉴了电厂模式,具体的目标是整合分散在各地的服务器、存储系统以及应用程序来共享给多个用户,让人们使用计算机资源就像使用电力资源一样方便,并且根据用户使用量来付费。可惜的是当时的 IT 界还处于发展的初期,很多强大的技术还没有诞生,比如互联网等。虽然有想法,但是由于技术的原因还是停留在那里。

3）网格计算阶段

网格计算就是化大为小的一种计算,研究的是如何把一个需要非常巨大的计算能力才能解决的问题分成许多小部分,然后把这些部分分配给许多低性能的计算机来处理,最后把这些结果综合起来解决大问题。可惜的是,由于网格计算在商业模式、技术和安全性方面的不足,使得其并没有在工程界和商业界取得预期的成功。

4）云计算阶段

云计算的核心与效用计算和网格计算非常类似,也是希望 IT 技术能像使用电力那样方便,并且成本低廉。但与效用计算和网格计算不同的是,现在在需求方面已经有了一定的规模,同时在技术方面也已经基本成熟了。

（2）**中国云计算产业的发展**

目前,云计算革命正处于初级阶段。全球各大 IT 巨头都注巨资围绕云计算展开激烈角逐。Google 在云计算方面已经走在众多 IT 公司的前面,其对外公布的云计算技术主要有 Map Reduce 及 Big Table。亚马逊的云名为亚马逊网络服务,目前主要由 4 块核心服务组成:简单存储服务、弹性计算云服务、简单排列服务以及尚处于测试阶段的服务。其中,弹性计算云（EC2）服务用来为应用开发人员提供以云为基础的可调整的计算能力。其他如雅虎、Sun 和思科等公司,围绕"云计算"也都有重大举措。

目前,最简单的云计算技术在网络服务中已经随处可见,例如搜索引擎、网络信箱等,使用者只要输入简单指令即能得到大量信息。在某些条件下,甚至可以抛弃 U 盘等移动设备,只需要进入 Google Docs、Office Live Workspace 等在线办公软件页面,新建文档,编辑内容;然后,直接将文档的 URL 分享给你的朋友或者上司,他就可以直接打开浏览器访问 URL,再也不用担心因 PC 硬盘的损坏而发生资料丢失事件。但是,从一种新的业务模式的发展周期来看,尤其是从国内的情况来看,目前的云计算还只能算是初级发展阶段。

从图 10.4 所示可以看出,中国云计算产业分为 3 个阶段:市场引入阶段、成长阶段和成熟阶段。当前,中国云计算产业正处于成长阶段,处于大规模爆发的时期。

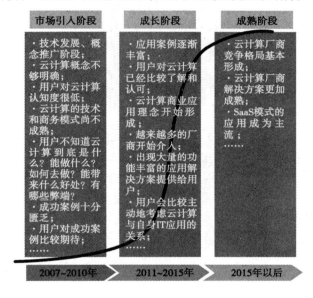

图 10.4　云计算发展阶段示意图

1)市场引入阶段(2007—2010 年)

主要是技术储备和概念推广阶段,解决方案和商业模式尚在尝试中,用户对云计算认知度仍然较低,云计算的技术和商务模式还不成熟等。初期以政府公共云建设为主;此外,重点厂商各自为政,缺乏一个较为统一的标准。结合当前市场状况来看,当前恰好处于这一阶段的后期,尤其是随着 2009 年云计算概念的广泛普及,至 2010 年下半年,市场开始逐步具备了摆脱引入阶段的条件,逐步向着更成熟的方向迈进。

2)成长阶段(2010—2015 年)

产业高速发展、生态环境建设和商业模式构建成为这一时期的关键词,进入云计算产业的"黄金机遇期"。此时期,成功案例逐渐丰富,用户了解和认可程度不断提高。越来越多的厂商开始介入,出现大量的应用解决方案,用户主动考虑将自身业务融入云。公有云、私有云、混合云建设齐头并进。

3)成熟阶段(2015—)

云计算产业链、行业生态环境基本稳定,各厂商解决方案更加成熟稳定,提供丰富的 XaaS 产品。用户云计算应用取得良好的绩效,并成为 IT 系统不可或缺的组成部分,云计算成为一项基础设施。

除了从宏观角度观察,从企业用户的角度来看,数据中心的各种系统(包括软硬件与基础设施)是一大笔资源投入。新系统(特别是硬件)在建成后一般经历3~5年即面临逐步老化与更换,而软件技术则不断面临升级的压力;另一方面,IT的投入难以匹配业务的需求,即使虚拟化后,也难以解决不断增加的业务对资源的变化需求,在一定时期内扩展性总是有所限制,如图10.5所示。

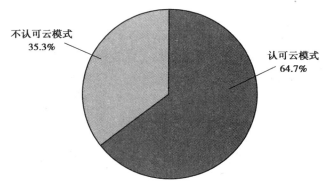

图10.5 企业认可云模式的比例图

企业IT产生新的期望蓝图:IT资源能够弹性扩展、按需服务,将服务作为IT的核心,提升业务敏捷性,进一步大幅降低成本。因此,面向服务的IT需求开始演化到云计算架构上。云计算架构可以由企业自己构建,也可采用第三方云设施,但基本趋势是企业将逐步采取租用IT资源的方式来实现业务需要,如同水力、电力资源一样,计算、存储、网络将成为企业IT运行的一种被使用的资源,无需自己建设,可按需获得。

从企业角度看,云计算解决了IT资源的动态需求和最终成本问题,使得IT部门可以专注于服务的提供和业务运营。云计算剥离了IT系统中与企业核心业务无关的因素(如IT基础设施),将IT与核心业务完全融合,使企业IT服务能力与自身业务的变化相适应。

经过2008和2009年对云计算的概念普及阶段,企业用户到底对云计算持一种什么样的态度呢? 研究数据表明,认可云服务模式的行业用户在半数以上。

深入分析,企业认可云模式的原因大致可以分为:

①节约IT运营成本、提高IT效率是用户最看重的因素,具有普遍性。

②适应IT发展趋势、降低IT部门的任务是次要因素。

③规避风险、满足办公移动性等因素是不同类型用户的考虑因素。

企业不认可云模式的原因可归结为:

①用户对于云计算不认可的原因非常集中,即数据安全,有很大部分用户是因为数据安全而不认可云模式。

②对于云计算认知不足,是用户不认可云模式的次要原因。

③对于网络条件、资金等方面的投入不足,是用户拒绝云模式的主要因素。

目前全球云计算的发展速度已经加快,国内一些厂商明确了自己在云计算上的发展计划,推出了云计算的产品和解决方案,而越来越多的企业、政府部门和教育行业都在探求如何通过云计算来为自己节省开支、提高收益。在2011年之后,云计算在多个行业,如政府、金融、电信、物流等当中得到更加广泛的采用。

10.1.5 云计算与物联网的关系

通常,云计算与物联网这两个名词是同时出现的,人们在直觉上认为这两个技术是有关系的,但总是没有很清楚的认识。有的人一提到物联网就想到传感器的制造和物联信息系统,其实物联网只是今后云计算平台服务的对象之一,物联网和云计算之间是应用与平台的关系。物联网的发展依赖于云计算系统的完善,从而为海量物联信息的处理和整合提供可能的平台条件,云计算的集中数据处理和管理能力将有效地解决海量物联信息的存储和处理问题。

没有云计算平台支持的物联网,其实价值并不大,因为小范围传感器信息的处理和数据整合是很早就有的技术,如工控领域的大量系统都是这样的模式,没有被广泛整合的传感器系统是不能被准确地称为物联网的。因此,云计算技术对物联网技术的发展有着决定性的作用,没有统一数据管理的物联网系统将丧失其真正的优势。物物相连的范围是十分广阔的,可能是高速运动的列车、汽车甚至是飞机,也可能是家中静止的电视、空调、茶杯,任何小范围的物物相连都不能被称为真正的物联网。

对于云计算平台来说,物联网并不是特殊的应用,只是其所支持的所有应用中的一种而已。云计算平台对待物联网系统与对待其他应用是完全一样的,并没有任何区别,因为云计算并不关心应用是什么。但是,随着全球物联网的发展,云计算被赋予了更广的定义:从连接计算资源到连接所有的人和机器。云计算能力将进一步增强,走向更高层次的规模化和智能化。

10.1.6 云计算发展面临的挑战

(1)高可靠的网络系统技术

支撑云计算的是大规模的服务器集群系统,当系统规模增大后,可靠性和稳定性就成为最大的挑战之一。大量服务器进行同一个计算时,单节点故障不应该影响计算的正常运行,同时为了保证云计算的服务高质量地传给需要的用户,网络中必须具备高性能的通信设施。

(2)数据安全技术

数据的安全包括两个方面:一是保证数据不会丢失,二是保证数据不会被泄露和非法访问。对用户而言,数据安全性依旧是最重要的顾虑,将原先保存在本地、为自己所掌控的数据交给看不到、摸不着的云计算服务中心,这样一个改变并不容易。从技术角度看,云计算的安全跟其他信息系统的安全实际上没有大的差别,更多的是法规、诚信、习惯、观念等非技术因素。

(3)可扩展的并行计算技术

并行计算技术是云计算的核心技术,多核处理器的出现使得并行程序的开发比以往更难。可扩展性要求能随着用户请求、系统规模的增大而有效地扩展。目前大部分并行应用在超过1 000 个处理器时都难以获得有效的加速性能,未来的许多并行应用必须能有效扩展到成千上万个处理器上。

(4)海量数据的挖掘技术

如何从海量数据中获取有用的信息,将是决定云计算应用成败的关键。除了利用并行计算技术加速数据处理的速度外,还需要新的思路、方法和算法。海量数据的存储和管理也是一个巨大的挑战。

（5）网络协议与标准问题

当一个云系统需要访问另一个云系统的计算资源时，必须要对云计算的接口制订交互协议，这样才能使得不同的云计算服务提供者相互合作，以便提供更好、更强大的服务。云计算要想更好地发展，就必须制定出一个统一的云计算公共标准，这可以为某个公司的云计算应用程序迁移到另一家公司的云计算平台上提供可能。

（6）推广问题

当进入云计算时代时，硬件厂商和操作系统企业将如何生存？云计算自身的系统稳定性如何？这些问题都会让人们心生疑虑，从而推迟对云的接受速度。

10.2　云计算的服务形式

云计算服务，即云服务。中国云计算服务网的定义：可以用来作为服务提供使用的云计算产品，包括云主机、云空间、云开发、云测试和综合类产品等。云计算服务是指将大量用网络连接的计算资源统一管理和调度，构成一个计算资源池向用户按需服务。用户通过网络以按需、易扩展的方式获得所需资源和服务。

云服务提供商为中小企业搭建信息化所需要的所有网络基础设施及软件、硬件运作平台，并负责所有前期的实施、后期的维护等一系列服务，企业无需购买软硬件、建设机房、招聘 IT 人员，只需前期支付一次性的项目实施费和定期的软件租赁服务费，即可通过互联网享用信息系统。

服务提供商通过有效的技术措施，可以保证每家企业数据的安全性和保密性。企业采用云服务模式在效果上与企业自建信息系统基本没有区别，但节省了大量用于购买 IT 产品、技术和维护运行的资金，犹如打开自来水龙头就能用水一样，可方便地利用信息化系统，从而大幅度降低了中小企业信息化的门槛与风险。

（1）从技术方面来看

企业无需再配备 IT 方面的专业技术人员，同时又能得到最新的技术应用，既降低了企业的管理成本，又满足了企业对信息管理的需求。

（2）从投资方面来看

企业只以相对低廉的"月费"方式投资，不用一次性投资到位，不占用过多的营运资金，从而缓解企业资金不足的压力；不用考虑成本折旧问题，并能及时获得最新硬件平台及最佳解决方案。

（3）从维护和管理方面来看

由于企业采取租用的方式来进行物流业务管理，不需要专门的维护和管理人员，也不需要为维护和管理人员支付额外费用。很大程度上缓解了企业在人力、财力上的压力，使其能够集中资金对核心业务进行有效的运营。

云计算可以认为包括以下几个层次的服务：基础设施即服务（IaaS），平台即服务（PaaS）和软件即服务（SaaS）。这里所谓的层次，是分层体系架构意义上的"层次"。IaaS、PaaS 和 SaaS 分别在基础设施层、软件开放运行平台层、应用软件层实现。

10.2.1　SaaS 服务

SaaS 是 Software as a Service 的缩写,意思是软件即服务。随着互联网技术的发展和应用软件的成熟, 它是一种通过 Internet 提供软件的模式,厂商将应用软件统一部署在自己的服务器上,客户可以根据自己实际需求,通过互联网向厂商定购所需的应用软件服务,按定购的服务多少和时间长短向厂商支付费用,并通过互联网获得厂商提供的服务。用户不用再购买软件,而改用向提供商租用基于 Web 的软件,来管理企业经营活动,且无需对软件进行维护,服务提供商会全权管理和维护软件,软件厂商在向客户提供互联网应用的同时,也提供软件的离线操作和本地数据存储,让用户随时随地都可以使用其定购的软件和服务。对于许多小型企业来说,SaaS 是采用先进技术的最好途径,它消除了企业购买、构建和维护基础设施和应用程序的需要。

(1)SaaS 服务的功能特性

SaaS 有什么特别之处呢？ 其实在云计算还没有盛行的时代,已经接触到了一些 SaaS 的应用,通过浏览器可以使用 Google、百度等搜索系统,可以使用 E-mail,不需要在电脑中安装搜索系统或者邮箱系统。典型的例子,在电脑上使用的 Word、Excel、PowerPoint 等办公软件,这些都是需要在本地安装才能使用的;而在 GoogleDocs(DOC、XLS、ODT、ODS、RTF、CSV 和 PPT 等)、MicrosoftOffice Online(Word Online、Excel Online、PowerPoint Online 和 OneNote Online)网站上,无需在本机安装,打开浏览器,注册账号,可以随时随地通过网络来使用这些软件编辑、保存、阅读自己的文档。对于用户只需要自由自在地使用,不需要自己去升级软件、维护软件等操作。

SaaS 提供商通过有效的技术措施,可以保证每家企业数据的安全性和保密性。

SaaS 采用灵活租赁的收费方式:一方面,企业可以按需增减使用账号;另一方面,企业按实际使用账户和实际使用时间(以月/年计)付费。由于降低了成本,SaaS 的租赁费用较之传统软件许可模式更加低廉。

企业采用 SaaS 模式在效果上与企业自建信息系统基本没有区别,但节省了大量资金,从而大幅度降低了企业信息化的门槛与风险。

(2)SaaS 服务的技术要求

SaaS 软件应用服务经过多年的发展,已经开始从 SaaS 1.0 的阶段慢慢进化到了 SaaS 2.0 的阶段。类似于 Web 1.0 与 Web 2.0 的概念,SaaS 1.0 更多地强调由服务提供商本身提供全部应用内容与功能,应用内容与功能的来源是单一的;而 SaaS 2.0 阶段,服务运营商在提供自身核心 SaaS 应用的同时,还向各类开发伙伴、行业合作伙伴开放一套具备强大定制能力的快速应用定制平台,使这些合作伙伴能够利用平台迅速配置出特定领域、特定行业的 SaaS 应用,与服务运营商本身的 SaaS 应用无缝集成,并通过服务运营商的门户平台、销售渠道提供给最终企业用户使用,共同分享收益。

SaaS 2.0 模式要求服务运营商能够提供具备灵活定制、即时部署、快速集成的 SaaS 应用平台,能够提供基于 Web 的应用定制、开发、部署工具,能够实现无编程的 SaaS 应用、稳定、部署实现能力。在确保 SaaS 服务运营商自身能够迅速推出新模块、迅速实现用户的客户化需求的同时,能够使各类开发伙伴、行业合作伙伴简单地通过浏览器就能利用平台的各种应用配置工具,结合自身特有的业务知识、行业知识、技术知识,迅速地配置出包括数据、界面、流程、逻辑、算法、查询、统计、报表等部分在内的功能强大的业务管理应用,并且能够确保应用迅速地稳定部署,确保应用能够以较高水平的性能运行。

SaaS 2.0 还需要服务运营商能够提供内容丰富、信息共享的 SaaS 门户与渠道平台,使 SaaS 服务价值链上的各个环节,包括最终用户、开发团队、销售渠道、业务伙伴、行业合作伙伴,能够通过 SaaS 门户充分地交流信息、共享数据、寻找机会、获取服务,最终形成 SaaS 应用服务行业的网上虚拟社区,最大限度地发挥 SaaS 软件作为互联网应用的优势,最大限度地利用 Internet 在传播、推广、信息共享方面的特点,更好地在中国发展、推广 SaaS 软件服务业务。

如果 SaaS 应用服务提供商只是大量堆砌功能模块,而不具备针对特定用户简便、低成本的客户化定制能力,不具备能够整合合作伙伴、渠道与相关内容的门户网站,是无法在激烈的市场竞争中生存的。国际上 SaaS 应用服务产业发展的经验证明,只有具备灵活定制、结构先进的基础应用平台,具备内容丰富的 SaaS 门户系统,才能够支持 SaaS 应用服务业务的平稳发展,才能够支撑数百以至上千的企业用户在同一个应用体系内实现业务操作,才能够保证每个企业自身应用功能的安全性、稳定性和可扩展性。

SaaS 通过租赁的方式提供软件服务,免去了软件安装实施过程中一系列专业并复杂的环节,让软件的实施使用变得简单易掌握。SaaS 模式软件的开发基于“能完全替代传统管理软件功能”这样的要求,并提供在线服务和先进的管理思想,实现销售、生产、采购、财务等多部门多角色在同一个平台上开展工作,实现信息可管控的高度共享和协同。正是由于这些优势,SaaS 发展迅速。SaaS 应用在给企业和供应商带来收益的同时也带来了挑战,数据的安全性成为人们最关心的话题。特别是那些大型上市公司,将数据寄存在公司防火墙之外的构想让中高管阶层感到无所适从,他们对数据安全性能否得到有力保证深感怀疑。

如何保障这些数据存放在 SaaS 供应商处不被盗用或出卖?有人将这个问题比作“将钱放在家里安全还是放在银行安全?”对 SaaS 服务提供商而言,安全泄露绝对会严重影响到企业的声誉与发展前景,还会影响到众多客户公司的日常运作,造成一种行业性的危机。这不仅是客户公司不愿看到的,更是这些 SaaS 服务提供商不愿意看到的。因而 SaaS 服务提供商对安全等级的要求变得更加严格起来。由于 SaaS 服务提供商负责所有前期的实施、后期的维护等一系列服务,因此,唯有信任服务提供商,企业才能放心使用 SaaS 产品。

解决内部信息系统维护人员的管理和信任问题。内网需要专门的人员和设备来解决信息化的问题,因此,存在系统维护和设备维护。一般来说,内网系统由于人员上的安排和水平是否能做到很好的数据备份或异地数据备份呢?SaaS 厂商不仅选择有能力的人员负责相关项目,而且辅助以相关的技术,防止数据丢失。

(3)SaaS 服务安全性

如何辨别具体的一种 SaaS 是否安全,需要把握以下几点:

1)传输协议加密

首先,要看 SaaS 产品提供使用的协议,是“https://”还是一般的“http://”,别小看这个“s”,这表明所有的数据在传输过程中都是加密的。如果不加密,网上可能有很多“嗅探器”软件能够轻松地获得用户的数据,甚至是用户名和密码;实际上网上很多聊天软件账号被盗大多数都是中了“嗅探器”的“招”。

其次,传输协议加密还要看是否全程加密,即软件的各个部分都是“https://”协议访问的,有部分软件只做了登录部分,这是远远不够的。比如 Salesforce、XToolsCRM 都是采取全程加密的。

2)服务器安全证书

服务器安全证书是用户识别服务器身份的重要标示,有些不正规的服务厂商并没有使用全球认证的服务器安全证书。用户对服务器安全证书的确认,表示服务器确实是用户访问的服务器,此时可以放心地输入用户名和密码,彻底避免"钓鱼"型网站,大多数银行卡密码泄漏都是被"钓鱼"网站钓上的。

3)URL 数据访问安全码技术

对于一般用户来说,复杂的 URL 看起来只是一串没有意义的字符而已;但是,对于一些 IT 高手来说,这些字符串中可能隐藏着一些有关于数据访问的秘密,通过修改 URL,很多黑客可以通过诸如 SQL 注入等方式攻入系统,获取用户数据。

4)数据的管理和备份机制

SaaS 服务商的数据备份应该是完善的,用户必须了解自己服务商提供了什么样的数据备份机制,一旦出现重大问题,如何恢复数据等。服务商在内部管理上如何保证用户数据不被服务商所泄露,也是需要用户和服务商沟通的。

5)运营服务系统的安全

在评估 SaaS 产品安全度时,最重要的是看公司对于服务器格局的设置,只有这样的格局才是可以信任的,包括运营服务器与网站服务器分离。

服务器的专用是服务器安全最重要的保证。试想,如果一台服务器安装了 SaaS 系统,但同时又安装了网站系统、邮件系统、论坛系统等,它还能安全吗? 在黑客角度来说,越多的系统就意味着越多的漏洞,况且大多数网站使用的网站系统、邮件系统和论坛系统都是在网上能够找到源代码的免费产品,有了源代码,黑客就可以很容易攻入。很多网站被攻入都是因为论坛系统的漏洞。

10.2.2 PaaS 服务

PaaS 是 Platform as a Service 的缩写,意思是平台即服务。其商业模式是把服务器平台作为一种服务来提供。通过网络进行程序提供的服务称之为 SaaS(Software as a Service),而云计算时代相应的服务器平台或者开发环境作为服务进行提供就成为了 PaaS(Platform as a Service)。

所谓 PaaS,实际上是指将软件研发的平台(计世资讯定义为业务基础平台)作为一种服务,以 SaaS 的模式提交给用户,因此,PaaS 也是 SaaS 模式的一种应用。但是,PaaS 的出现可以加快 SaaS 的发展,尤其是加快 SaaS 应用的开发速度。在 2007 年国内外 SaaS 厂商先后推出自己的 PaaS 平台。

PaaS 之所以能够推进 SaaS 的发展,主要在于它能够提供企业进行定制化研发的中间件平台,同时涵盖数据库和应用服务器等。PaaS 可以提高在 Web 平台上可利用的资源数量。例如,可通过远程 Web 服务使用数据即服务(Data as a Service),还可以使用可视化的 API,甚至像 800App 的 PaaS 平台还允许用户混合并匹配适合用户应用的其他平台。用户或者厂商基于 PaaS 平台可以快速开发自己所需要的应用和产品;同时,PaaS 平台开发的应用能更好地搭建基于 SOA 架构的企业应用。

此外,PaaS 对于 SaaS 运营商来说,可以帮助其进行产品多元化和产品定制化。例如 Salesforce 的 PaaS 平台让更多的 ISV 成为其平台的客户,从而开发出基于他们平台的多种 SaaS 应用,使其成为多元化软件服务供货商(Multi Application Vendor),而不再只是一家 CRM 随选服务提供商。而国内的 SaaS 厂商 800App 通过 PaaS 平台,改变了仅是 CRM 供应商的市场定位,实现了 BTO(Built to order:按订单生产)和在线交付流程。使用 800App 的 PAAS 开发平台,用户不再需要任何编程即可开发包括 CRM、OA、HR、SCM、进销存管理等任何企业管理软件,而且不需要使用其他软件开发工具并立即在线运行。

PaaS 能将现有各种业务能力进行整合,具体可以归类为应用服务器、业务能力接入、业务引擎、业务开放平台,向下根据业务能力需要测算基础服务能力,通过 IaaS 提供的 API 调用硬件资源,向上提供业务调度中心服务,实时监控平台的各种资源,并将这些资源通过 API 开放给 SaaS 用户。PaaS 主要具备以下特点:

(1)平台即服务

PaaS 所提供的服务与其他的服务最根本的区别是 PaaS 提供的是一个基础平台,而不是某种应用。在传统的观念中,平台是向外提供服务的基础。一般来说,平台作为应用系统部署的基础,是由应用服务提供商搭建和维护的,而 PaaS 颠覆了这种概念,由专门的平台服务提供商搭建和运营该基础平台,并将该平台以服务的方式提供给应用系统运营商。

(2)平台及服务

PaaS 运营商所需提供的服务,不仅仅是单纯的基础平台,而且包括针对该平台的技术支持服务,甚至针对该平台而进行的应用系统开发、优化等服务。PaaS 的运营商最了解他们所运营的基础平台,因而由 PaaS 运营商所提出的对应用系统优化和改进的建议也非常重要。而在新应用系统的开发过程中,PaaS 运营商的技术咨询和支持团队的介入,也是保证应用系统在以后的运营中得以长期、稳定运行的重要因素。

(3)平台级服务

PaaS 运营商对外提供的服务不同于其他的服务,这种服务的背后是强大而稳定的基础运营平台,以及专业的技术支持队伍。这种"平台级"服务能够保证支撑 SaaS 或其他软件服务提供商各种应用系统长时间、稳定的运行。PaaS 的实质是将互联网的资源服务化为可编程接口,为第三方开发者提供有商业价值的资源和服务平台。有了 PaaS 平台的支撑,云计算的开发者就获得了大量的可编程元素,这些可编程元素有具体的业务逻辑,这就为开发带来了极大的方便,不但提高了开发效率,还节约了开发成本。有了 PaaS 平台的支持,Web 应用的开发变得更加敏捷,能够快速响应用户需求的开发能力,也最终为用户带来了实实在在的利益。

10.2.3 IaaS 服务

IaaS 是 Infrastructure as a Service 的缩写,意思是基础设施即服务。消费者通过 Internet 可以从完善的计算机基础设施获得服务。基于 Internet 的服务(如存储和数据库)是 IaaS 的一部分。Internet 上其他类型的服务包括平台即服务(PaaS, Platform as a Service)和软件即服务(SaaS, Software as a Service)。PaaS 提供了用户可以访问的完整或部分的应用程序开发,SaaS 则提供了完整的可直接使用的应用程序,比如通过 Internet 管理企业资源。

IaaS 通常分为 3 种用法:公有云、私有云和混合云,如图 10.6 所示。AmazonEC2 在基础设

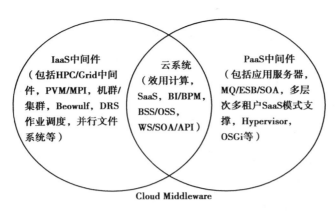

图 10.6　云计算 SPI 关系图

施云中使用公共服务器池(公有云)。更加私有化的服务会使用企业内部数据中心的一组公用或私有服务器池(私有云)。如果在企业数据中心环境中开发软件,那么这两种类型都能使用(混合云),而且使用 EC2 临时扩展资源的成本也很低。例如,在开发和测试中,结合使用两者可以更快地开发应用程序和服务,缩短开发和测试周期。

IaaS 也存在安全漏洞,其服务商提供的是一个共享的基础设施,即一些组件或功能,例如 CPU 缓存,GPU(Graphics Processing Unit)等,特点是数据集中存储,对于该系统的使用者无法完全隔离,这样就会产生一个后果,即当一个攻击者得逞时,全部服务器都向攻击者敞开了大门,即使使用了 hypervisor,有些客户机操作系统也能够获得基础平台不受控制的访问权。解决办法:开发一个强大的分区和防御策略,IaaS 供应商必须监控环境是否有未经授权的修改和活动。

根据 NIST(National Institute of Standards and Technology,美国国家标准与技术研究院)的权威定义,云计算的服务模式有 SPI(即 SaaS、PaaS 和 IaaS)这 3 个大类或层次。这是目前被业界最广泛认同的划分。PaaS 和 IaaS 源于 SaaS 理念。PaaS 和 IaaS 可以直接通过 SOA/Web Services 向平台用户提供服务,也可以作为 SaaS 模式的支撑平台间接向最终用户服务。

①SaaS　提供给客户的服务是运营商运行在云计算基础设施上的应用程序,用户可以在各种设备上通过客户端界面访问,如浏览器。消费者不需要管理或控制任何云计算基础设施,包括网络、服务器、操作系统、存储等。

②PaaS　提供给消费者的服务是把客户采用提供的开发语言和工具(例如 Java、python、.Net等)开发的或收购的应用程序部署到供应商的云计算基础设施上去。客户不需要管理或控制底层的云基础设施,包括网络、服务器、操作系统、存储等,但客户能控制部署的应用程序,也可以控制运行应用程序的托管环境配置。

③IaaS　提供给消费者的服务是对所有计算基础设施的利用,包括处理 CPU、内存、存储、网络和其他基本的计算资源,用户能够部署和运行任意软件,包括操作系统和应用程序。消费者不用管理或控制任何云计算基础设施,但能控制操作系统的选择、存储空间、部署的应用,也有可能获得有限制的网络组件(例如路由器、防火墙、负载均衡器等)的控制。

10.3 云计算的体系架构

云计算是对分布式处理(Distributed Computing)、并行处理(Parallel Computing)和网格计算(Grid Computing)及分布式数据库的改进处理,其前身是利用并行计算解决大型问题的网格计算和将计算资源作为可计量的服务提供的公用计算,在互联网宽带技术和虚拟化技术高速发展后萌生出云计算。

许多云计算公司和研究人员对云计算采用各种方式进行描述和定义,基于云计算的发展和对云计算的理解,概括性给出云计算的基本原理为:利用非本地或远程服务器(集群)的分布式计算机为互联网用户提供服务(计算、存储、软硬件等服务)。这使得用户可以将资源切换到需要的应用上,根据需求访问计算机和存储系统。云计算可以把普通的服务器或者 PC连接起来,以获得超级计算机的计算和存储等功能,但是成本更低。云计算真正实现了按需计算,从而有效地提高了对软硬件资源的利用效率。云计算的出现使高性能并行计算不再是科学家和专业人士的专利,普通的用户也能通过云计算享受高性能并行计算所带来的便利,使人人都有机会使用并行机,从而大大提高了工作效率和计算资源的利用率。云计算模式中用户不需要了解服务器在哪里,不用关心内部如何运作,通过高速互联网就可以透明地使用各种资源。

云计算是全新的基于互联网的超级计算理念和模式,实现云计算需要多种技术结合,并且需要用软件实现将硬件资源进行虚拟化管理和调度,形成一个巨大的虚拟化资源池,把存储于个人电脑、移动设备以及其他设备上的大量信息和处理器资源集中在一起,协同工作。按照最大众化、最通俗的角度来理解云计算就是把计算资源都放到互联网上,互联网即是云计算时代的云。计算资源则包括了计算机硬件资源(如计算机设备、存储设备、服务器集群、硬件服务等)和软件资源(如应用软件、集成开发环境、软件服务等)。

(1)云计算体系逻辑结构

云计算平台是一个强大的"云"网络,连接了大量并发的网络计算和服务,可利用虚拟化技术扩展每一个服务器的能力,将各自的资源通过云计算平台结合起来,提供超级计算和存储能力。通用的云计算体系结构如图 10.7 所示。

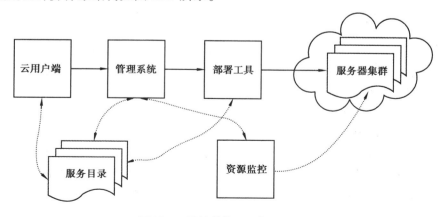

图 10.7　云计算体系逻辑结构

1）云用户端

提供云用户请求服务的交互界面,也是用户使用云的入口,用户通过 Web 浏览器可以注册、登录及定制服务、配置和管理用户。打开应用实例与本地操作桌面系统一样。

2）服务目录

云用户在取得相应权限(付费或其他限制)后可以选择或定制的服务列表,也可以对已有服务进行退订的操作,在云用户端界面生成相应的图标或列表的形式展示相关的服务。

3）管理系统和部署工具

提供管理和服务,能管理云用户,能对用户授权、认证、登录进行管理,并可以管理可用计算资源和服务,接收用户发送的请求,根据用户请求并转发到相应的程序,调度资源智能地部署资源和应用,动态地部署、配置和回收资源。

4）监控

监控和计量云系统资源的使用情况,以便作出迅速反应,完成节点同步配置、负载均衡配置和资源监控,确保资源能顺利分配给合适的用户。

5）服务器集群

虚拟的或物理的服务器,由管理系统管理,负责高并发量的用户请求处理、大运算量计算处理、用户 Web 应用服务,云数据存储时采用相应数据切割算法采用并行方式上传和下载大容量数据。

用户可通过云用户端从列表中选择所需的服务,其请求通过管理系统调度相应的资源,并通过部署工具分发请求、配置 Web 应用。

（2）云计算体系物理结构

云计算平台是一个强大的“云”网络,连接了大量并发的网络计算和服务,可利用虚拟化技术扩展每一个服务器的能力,将各自的资源通过云计算平台结合起来,提供超级计算和存储能力。通用的云计算体系结构如图 10.8 所示。

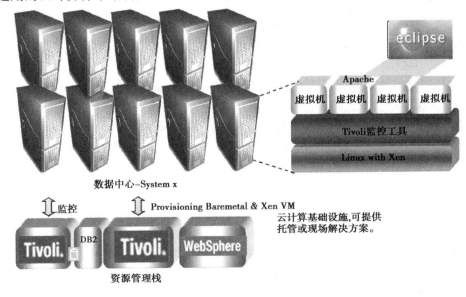

图 10.8　云计算体系物理结构

271

（3）云计算技术体系结构

云计算技术体系结构分为 4 层：物理资源层、资源池层、管理中间件层和 SOA 构建层，如图 10.9 所示。

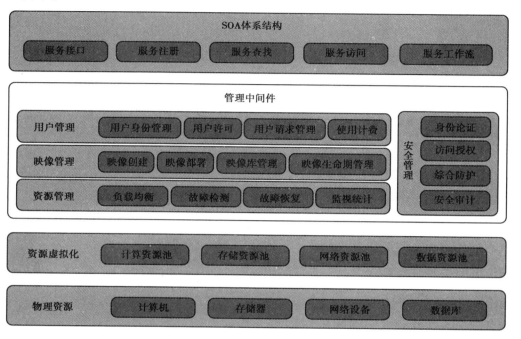

图 10.9　云计算技术体系结构

物理资源层包括计算机、存储器、网络设施、数据库和软件等。

资源池层是将大量相同类型的资源构成同构或接近同构的资源池，如计算资源池、数据资源池等。构建资源池更多的是物理资源的集成和管理工作。例如，研究在一个标准集装箱的空间如何装下 2 000 个服务器，解决散热和故障节点替换的问题，并降低能耗。

管理中间件负责对云计算的资源进行管理，并对众多应用任务进行调度，使资源能够高效、安全地为应用提供服务。

SOA 构建层将云计算能力封装成标准的 Web Services 服务，并纳入到 SOA 体系进行管理和使用，包括服务注册、查找、访问和构建服务工作流等。管理中间件和资源池层是云计算技术的最关键部分，SOA 构建层的功能更多依靠外部设施提供。

计算的管理中间件负责资源管理、任务管理、用户管理和安全管理等工作。

资源管理负责均衡地使用云资源节点，检测节点的故障并试图恢复或屏蔽之，并对资源的使用情况进行监视统计。

任务管理负责执行用户或应用提交的任务，包括完成用户任务映像的部署与管理、任务调度、任务执行、任务生命期管理等。

用户管理是实现云计算商业模式的一个必不可少的环节，包括提供用户交互接口、管理与识别用户身份、创建用户程序的执行环境、对用户的使用进行计费等。

安全管理保障云计算设施的整体安全，包括身份认证、访问授权、综合防护和安全审计等。

基于上述体系结构，以 IaaS 云计算为例，简述云计算的实现机制，如图 10.10 所示。

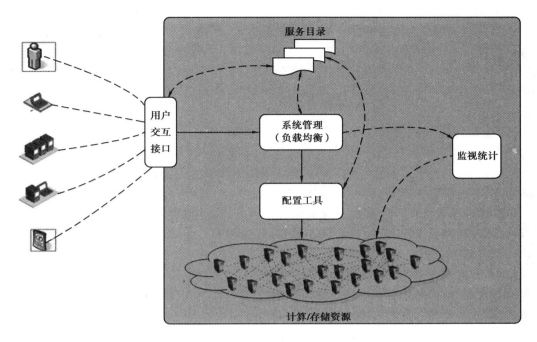

图 10.10　云计算简化实现机制

用户交互接口向应用以 Web Services 方式提供访问接口,获取用户需求。

服务目录是用户可以访问的服务清单。系统管理模块负责管理和分配所有可用的资源,其核心是负载均衡。配置工具负责在分配的节点上准备任务运行环境。

监视统计模块负责监视节点的运行状态,并完成用户使用节点情况的统计。执行过程并不复杂:用户交互接口允许用户从目录中选取并调用一个服务。该请求传递给系统管理模块后,它将为用户分配恰当的资源,然后调用配置工具来为用户准备运行环境。

10.4　云计算的应用

(1)亚马逊网站

以在线书店和电子零售业起家,如今已在业界享有盛誉,不过它最新的业务却与云计算有关。两年多以前(2013 年 1 月 6 日),亚马逊作为首批进军云计算新兴市场的厂商之一,为尝试进入该领域的企业开创了良好的开端。

亚马逊的云名为亚马逊网络服务,目前主要由 4 块核心服务组成:简单存储服务、弹性计算云、简单排列服务以及尚处于测试阶段的 SimpleDB。也就是说,亚马逊现在提供的是可以通过网络访问的存储、计算机处理、信息排队和数据库管理系统接入式服务。

(2)东非高等教育联盟("健康联盟")云计算项目

健康联盟是一个由 7 所大学组成的联盟,它与 IBM 以及其他业界专家合作,通过虚拟计算实验室来拓展可供学生远程访问的教学资源。通过云计算技术,所在联盟大学的学生将可访问最先进的教育类计算资料,选择软件应用、计算及存储资源,而且不用支付维护和支持整个计算环境方面的费用。

健康联盟云解决方案的目标是:经过一段时间后,从南非云计算中心迁移至健康联盟中 7 所大学中任一所大学的本地云中,建立一个旨在培养下一代医疗保健行业领导人才,并具有社会影响力的示范性云计算解决方案。健康联盟致力于促进技术在公共健康培训领域的战略性应用,它计划建立一个公共医疗保健卓越中心,提供非洲撒哈拉地区可以享用的医疗保健和教育服务。

(3)金融行业(怡安集团)——借云降低运营风险

怡安集团为美国上市公司,全球 500 强企业。保险经纪业务和人力资源及外包业务为其两大支柱产业,其中下属保险经纪公司是全球最大的保险经纪公司和再保险经纪公司,并提供风险管理服务;下属怡安翰威特是一家全球领先的人力资源咨询及人力资源外包服务的公司。

该公司的两大支柱产业都涉及海量的客户资料、业务数据和统计分析。在过去的 20 年中,该公司总共完成了 450 多个收购兼并项目,每个被兼并公司都使用其自有的客户关系管理系统。随着该公司的快速增长和多个兼并项目的完成,AON 公司迫切需要寻求横跨整个集团公司的、标准化的客户关系管理解决方案,对其客户信息和业务数据进行管理。亟待解决的问题包括:实现与该公司现有系统整合,能够方便地部署和去除现有的相对独立的客户关系管理系统数据库,满足更大范围的协同性需求,以及允许 IT 部门更加关注业务活动而非花费大量时间对支持多功能的 IT 基础设施进行管理。

小 结

云计算是一种基于互联网的计算方式,通过这种方式,共享的软硬件资源和信息可以按需提供给计算机和其他设备。"云",其实是网络、互联网的一种比喻说法。云计算的核心思想是将大量用网络连接的计算资源统一管理和调度,构成一个计算资源池向用户按需服务。提供资源的网络被称为"云"。狭义云计算指 IT 基础设施的交付和使用模式,通过网络以按需、易扩展的方式获得所需资源;广义云计算指服务的交付和使用模式,通过网络以按需、易扩展的方式获得所需服务。

习 题

10.1 什么是云计算?

10.2 说说云计算的特征。

10.3 谈谈云计算的优缺点。

10.4 云计算的发展过程是什么?

10.5 云计算与物联网有什么关系。

10.6 简要说说云计算体系逻辑结构。

10.7 举出云计算的应用实例,并加以说明。

10.8 云计算有安全漏洞吗? 怎么解决?

第 *11* 章

互联网综合运用

　　内容提要：计算机网络是计算机技术与通信技术相结合的产物，它实现了远程通信、远程信息处理和资源共享等。互联网组网的本意就是资源共享，资源包括硬件、软件、数据等。电子商务、网上银行、远程教育等与人们的联系越来越紧密。计算机网络在信息社会中起着举足轻重的作用，预示着"以网络为中心的计算机时代"已经到来。本章重点介绍计算机网络应用实例，包括网络路由器的配置、笔记本 WIFI 热点设置，以及电子商务、淘宝、腾讯 QQ、Android 系统介绍等相关技术及应用案例。

11.1　个人计算机接入互联网

11.1.1　路由器设置

　　电脑要进行联网的步骤如下：

　　第一步，硬件准备。宽带猫（Modem 即调制解调器）1 个、宽带路由器 1 个、直通双绞网线 2 根。

　　第二步，硬件连接。把宽带猫的输出线插到宽带路由器的 WAN 端口上，用直通双绞网线将路由器 LAN 端口同电脑网卡相连。

　　第三步，路由器设置。以 TP-LINK 的宽带路由器为例，作如下设置：

　　①进入路由器设定。按说明接好线路后，在电脑浏览器地址栏输入"192.168.1.1"，然后直接敲回车键。

　　②回车之后会弹出用户名密码菜单。如图 11.1 所示，在其中输入用户名：admin，输入密码：admin。

　　③输入用户名和密码之后单击"确定"，弹出菜单，

图 11.1　用户名密码菜单

直接单击"下一步"。

④弹出如图 11.2 所示的上网方式菜单。

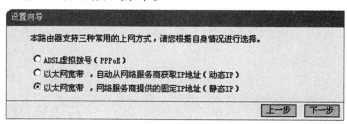

图 11.2　上网方式菜单

如果是家庭宽带就选 ADSL 虚拟拨号（PPPOE），然后点击"下一步"，输入上网账号和上网口令，如图 11.3 所示，即要进行电信或联通公司的宽带账号和密码的设置。

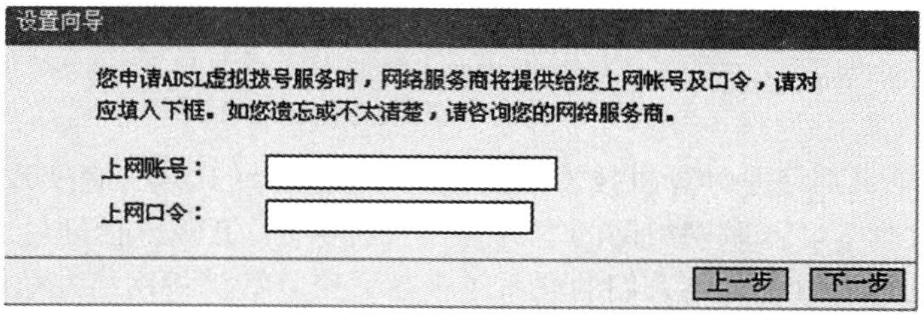

图 11.3　ADSL 上网账号及口令菜单

⑤单击"下一步"进入无线路由器设置。弹出如图 11.4 所示菜单。

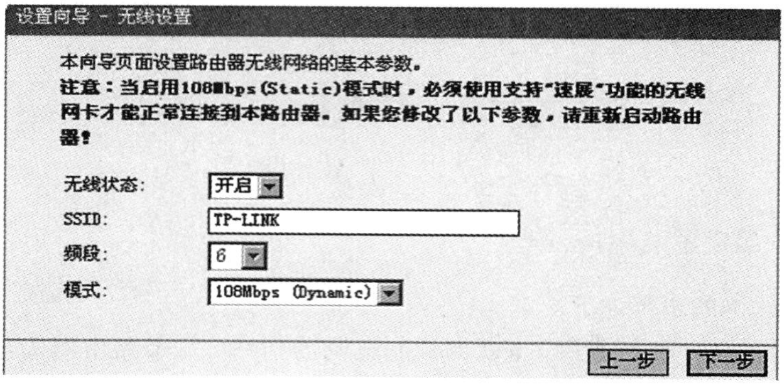

图 11.4　无线设置菜单

无线状态开启，在 SSID 中输入无线用户账号，账号为个人自行拟定；无线安全选项选择 WPA-PSK/WPA2-PSK，然后输入 PSK 密码，密码由个人自行设定，最后保存，重启。这样路由器设置基本完成，一般情况就可以开始上网了。

11.1.2　路由器网络参数设置

路由器设置完成之后，有一些网络参数还需要设置，以保证网络的稳定连接。接下来单击左侧网络参数，进入 LAN 口设置，如图 11.5 所示。LAN 指的是局域网，这里的 IP 是路由器的 IP 地址。在 IP 地址输入"192.168.1.1"，在子网掩码中输入"255.255.255.0"，单击"保存"。

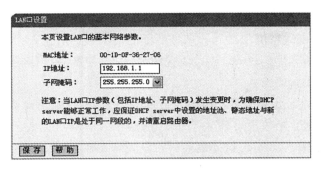

图 11.5　LAN 口设置菜单

LAN 口设置完成之后，进入 WAN 口设置，如图 11.6 所示。WAN 代表的是广域网，这里是指运营商提供的网络。

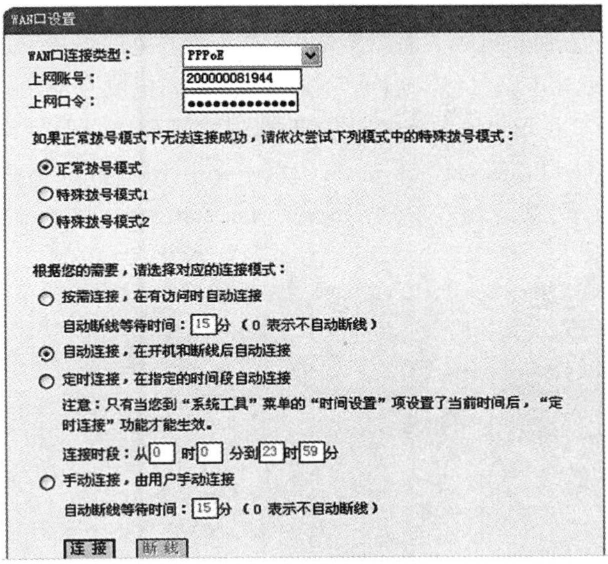

图 11.6　WAN 口设置菜单

最后单击左侧 DHCP 服务器，进入设置 DHCP 服务，如图 11.7 所示。

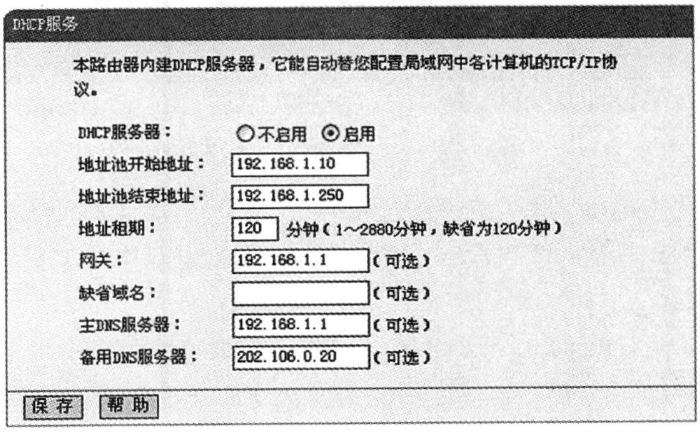

图 11.7　DHCP 服务设置菜单

单击"启用",在地址池开始地址输入"192.168.1.10",在地址池结束地址输入"192.168.1.250",在地址租期中输入缺省值"120",该值按后面的提示缺省值输入,否则时间一到,无线网就会出现断网。网关输入"192.168.1.1",缺省域名、主服务器、备用服务器都不用输入,单击"保存"。无线路由器设置完成。

其中,地址池结束地址可根据连接电脑台数的需要来输入,数值越大,则接入无线的上网电脑越多,家用的 IP 地址尾数最好输入"102",这样三台电脑可无线上网,以减少别人的蹭网;或者结束地址直接输入"100",这样最多一台电脑可无线上网,有线的无所谓,直接连路由器即可。

11.1.3 笔记本电脑 WIFI 设置

家庭上网有时没有无线路由器,这种情况下只要有笔记本电脑就能实现 WIFI 热点的设定,使手机、平板等设备完成上网。下面以 Windows7 系统的笔记本为例进行讲解:

第一步,要确定笔记本电脑已经开启了无线功能。单击电脑左下角的开始菜单,在搜索程序和文件栏输入"cmd"。在 cmd.exe 上单击右键,选择以管理员身份运行;然后在弹出的黑色窗口中输入"netsh wlan set hostednetwork mode=allow ssid=wlan key=1008610086",然后回车,则无线热点已经设置好了,接着输入命令:"netsh wlan start hostednetwork",会提示"已启动承接网络",如图 11.8 所示。

图 11.8　cmd 中输入指令后

其中,mode 为笔记本电脑无线功能模式;allow 表示开启虚拟无线网络;SSID 是设定的无线网络名称,可以更改成任意字母和数字的组合;key 是无线网络的密码,可以更改成其他的数字字母组合,至少 8 位。

第二步,再打开网络与共享中心,左键单击更改适配器设置。在无线网卡驱动安装正常的情况下,进入更改适配器设置后,就会发现里面多出了一个网卡名为"Microsoft Virtual WiFi Miniport"的无线网络连接,在该链接上单击右键,重命名为方便记忆的名字,如虚拟 WIFI。而另一个名为"802.11n"的网络连接不需要更改,如图 11.9 所示。

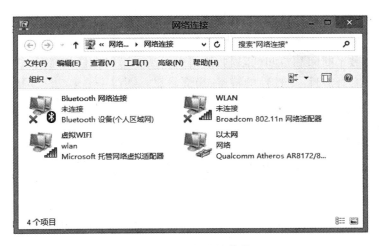

图 11.9　网络连接菜单

第三步,设置以太网属性。右击以太网连接选择"属性",再单击"共享",如图 11.10 所示,勾选"允许其他网络用户通过此计算机的 Internet 连接来连接",然后在家庭网络连接中选择虚拟 WIFI。

最后,在桌面上建一个后缀名为".txt"的新建文本文档,并重命名为开启 WIFI 热点,然后打开,在里面输入:"netsh wlan start hostednetwork"。最后重命名为开启 WIFI 热点.cmd,保存后双击就可以成功开启 WIFI 热点。如果要关闭 WIFI 热点,在桌面上新建一个新建文本文档.txt,然后再改名为关闭 WIFI 热点.cmd,打开并在里面输入:"netsh wlan stop hostednetwork"。保存后双击该文件,就可以关闭 WIFI。

图 11.10　宽带连接属性菜单

11.2　网络应用电子商务

11.2.1　电子商务的概念

电子商务是以开放的因特网环境为基础,在计算机系统支持下进行的商务行为。它基于浏览器及服务器应用方式,是实现网上购物、网上交易和在线支付的一种新型商业运营模式。从广义上讲,电子商务系统,是指以计算机与通信网络为基础平台,利用电子工具实现的在线商业交易和行政作业活动的全过程;狭义上讲,电子商务系统则是指在 Internet 和其他网络的基础上,以实现企业电子商务活动为目标,满足企业生产、销售、服务等生产和管理的需要,支持企业的对外业务协作,从运作、管理和决策等层次全面提高企业信息化水平,为企业提供商业智能的计算机系统。

电子商务作为一种新型的营销方式,具有强大的生命力和远大的发展前景。电子商务相对于传统商务具有以下优势：

①电子商务将传统的交易流程电子化、数据化,大量减少人力、物力,降低了交易成本;

②电子商务突破了时间和空间的限制,使得交易活动可以在任何时间、任何地点进行;

③电子商务具有开放性、全球性的特点,为交易双方创造了更多的交易机会;

④电子商务提供了丰富的信息资源,使得交易行为更加公平、透明;

⑤良好的互动性:通过互联网,商家可以直接与消费者交流,消费者也可以把自己的想法及时反馈给商家,而商家可以根据消费者的反馈及时改进,提高产品或服务质量。

综上所述,电子商务是运用现代电子计算机技术尤其是网络技术进行的一种社会生产经营形态,根本目的是通过提高企业生产率,降低经营成本,优化资源配置,从而实现社会财务最大化。从这个意义上说,电子商务要求的是整个生产经营方式价值链的改变,是利用信息技术实现商业模式的创新与变革。

11.2.2 电子商务的经营模式

随着网络技术的革新发展,电子商务得到了长足的发展。电子商务的经营模式由早期的B2B、B2C、B2G 发展到今天形式多样的 B2B、B2C、B2G、C2B、C2C、O2O、O2P。

B2B 是 Business to Business 的缩写,是指企业与企业之间的营销关系。它将企业内部网通过 B2B 网站与客户紧密结合起来,通过网络的快速反应,为客户提供更好的服务,从而促进企业的业务发展。近年来 B2B 发展势头迅猛,趋于成熟。

B2C 是 Business to Customer 的缩写,是指商业对消费者。也就是通常说的商业零售,直接面向消费者销售产品和服务。这种形式的电子商务一般以网络零售业为主,主要借助于互联网开展在线销售活动。B2C 即企业通过互联网为消费者提供一个新型的购物环境——网上商店,消费者通过网络在网上购物、在网上支付。

B2G 是 Business to Government 的缩写,即企业对政府。内容包括政府采购、税收以及政府与企业之间的各种文件发布和报批手续等。

C2B 是 Customer to Business 的缩写,即消费者对企业。真正的 C2B 应该先有消费者需求产生而后有企业生产,即先有消费者提出需求,后有生产企业按需求组织生产。通常情况为消费者根据自身需求定制产品和价格,或主动参与产品设计、生产和定价,彰显消费者的个性化需求,生产企业进行定制化生产。C2B 的核心是以消费者为中心,消费者当家做主。

C2C 是 Customer to Customer 的缩写,意思就是个人与个人之间的电子商务。比如一个消费者有一台旧电脑,通过网络进行交易,把它出售给另外一个消费者,此种交易类型就称为C2C 电子商务。

O2O 是 Online To Offline 的缩写,即在线离线/线上到线下,是指将线下的商务机会与互联网结合,让互联网成为线下交易的前台,这个概念最早来源于美国。O2O 的概念非常广泛,只要产业链中既可涉及到线上,又可涉及到线下,就可通称为 O2O。主流商业管理课程均对O2O 这种新型的商业模式有所介绍及关注。2013 年 O2O 进入高速发展阶段,开始了本地化及移动设备的整合,于是 O2P 商业模式横空出世,成为 O2O 模式的本地化分支。

O2P 商业模式是针对移动互联网商业浪潮背景下,瞄准传统渠道将向"电商平台+客户体验店+社区门店+物流配送"转型机会而推出的新型互联网商业模式。O2P 商业模式的核心是Online to Partner,即采用互联网思维,围绕渠道平台化转型机会,构建厂家、经销商、零售商铺、物流机构、金融机构等共同参与的本地化生态圈,帮助传统产业向互联网转型,提升系统效率,创造消费者完美购物体验。具体实施上,O2P 模式的商业模式包括 3 个 P:即 Platform(平台)、Place(渠道/本地化)和 People(消费者)。

11.2.3　淘宝网

随着人们生活水平的提高和网络技术的发展,电子商务得到迅猛发展,网上消费已经成为人们日常生活的一部分。淘宝网是由全球最佳 B2B 平台阿里巴巴公司投资 4.5 亿创办,致力于成为全球首选购物网站。在中国 C2C 市场,淘宝网的市场份额超过 60%,淘宝网在 C2C 领域的领先地位暂时还没有人能够撼动。网络销售已成为另一种新型经济和职业而悄然兴起,因为其轻松、灵活、方便的买卖流程,网络销售与购买正渗透到我们每个人生活中。

(1)淘宝账户注册

首先进入淘宝网的首页,打开这个网站后,点"免费注册",如图 11.11 所示。可以选择手机号码注册或邮箱注册,一般选择"邮箱注册",填好一切资料,点击"同意协议并提交注册信息",如果没有意外的话,网站提示注册成功。接下来就是进入自己的邮箱中,收取淘宝网确认邮件。单击确认链接,激活账号。在淘宝网,一个账号可以同时是买家和卖家两个身份。

图 11.11　淘宝账号注册

(2)网上购物

网上购物的基本流程分为搜索及浏览商品、联系卖家、下单购买、收货及评价。

第一步是搜索。搜索有以下几种方法:

1)明确搜索词

只需要在搜索框中输入要搜索的商品、店铺或掌柜名称,然后单击"回车",或单击"搜索"按钮,即可得到相关资料。

2)用好分类功能

许多搜索框的后面都有下拉菜单,有宝贝的分类、限定的时间等选项,用鼠标轻轻一点,就不会混淆分类了。比如:搜索"火柴盒",会发现有很多汽车模型,原来它们都是"火柴盒"牌的。当搜索时选择了"居家日用"分类,就会发现真正色彩斑斓的火柴盒在这里。

3)妙用空格

想用多个词语搜索? 在词语间加上空格,就这么简单。

4)精确搜索

①使用双引号　比如搜索"佳能相机",它只会返回网页中有"佳能相机"这四个字连在一起的商品,而不会返回诸如"佳能 IXUSI5 专用数码相机包"之类的商品。(注:此处引号为英文的引号)

②使用加减号　在两个词语间用加号,意味着准确搜索包含着这两个词的内容;相反,使用减号,意味着避免搜索减号后面的那个词。

5)不必担心大小写

淘宝的搜索功能不区分英文字母的大小写。无论输入大写字母还是小写字母都可以得到相同的搜索结果。输入"nike"或"NIKE",结果都是一样的,因此,用户可以放心搜索。

第二步是联系卖家。在看到感兴趣的商品时,先与卖家取得联络,多了解商品的细节,询问是否有货等。多沟通能增进买家与卖家之间的了解,避免很多误会。

1)发站内信件给卖家

站内信件是只有买家与卖家能看到的,相当于某些论坛里的短消息。买家可以询问卖家关于商品的细节、数量等问题,也可以试探地询问是否能有折扣。

2)给卖家留言

每件宝贝的下方都有一个空白框,在这里写上要问卖家的问题。请注意,只有卖家回复后这条留言和答复才能显示出来。因为这里显示的信息所有人都能看到,建议不要在这里公开自己的手机号码、邮寄地址等私人信息。

3)利用聊天工具

不同网站支持不同的聊天工具,淘宝是旺旺,拍拍是 QQ,利用聊天工具尽量直接找到卖家进行沟通。

第三步是购买商品。当买家和卖家达成共识后,就可以购买了。

第四步就是评价。当买家拿到商品之后,可以对卖家作收货确认,以及对卖家的服务作出评价。如果买家对商品很不满意,可以申请退货或者是换货,细节方面请与卖家联系。

(3)支付宝实名认证

随着支付宝的不断发展,其功能业务日益增多,支付宝钱包、余额宝、基金理财、电影票等业务的开通,使得支付宝日益深入到我们的日常生活中,支付宝正日渐成为我们生活的必备工具。

使用支付宝为买家和卖家都带来了很多好处。从买家方面看:货款先支付在支付宝,收货满意后才付钱给卖家,安全放心;不必跑银行汇款,网上在线支付,方便简单;付款成功后,即时到账,卖家可以立刻发货,快速高效;在线支付,交易手续费全免。从卖家方面看:再不用跑银行查账了,支付宝告诉卖家买家是否已付款,可以立刻发货,省心、省力、省时;账目分明,交易管理帮卖家清晰地记录每一笔交易的交易状态,即使有多个买家汇入同样的金额也能区分清楚;支付宝认证是卖家信誉的保证。

申请支付宝之后需要个人实名验证。支付宝个人认证需要 3 个步骤:提交个人信息、身份证件核实、银行账户核实。

打开页面,ID 登录后,单击页面上方"我的淘宝",可以看到如图 11.12 的提示。

第一步填写个人信息:此步要求申请者如实填写个人的姓名(不可修改)、联系地址和固定电话或者手机(可修改)。

第二步提交身份证件:此步要求你提交个人身份证的扫描件,申请者把身份证扫描件和身份证号上传后即可。使用新电子 IC 身份证的,需要把身份证正反两面都扫描上传。

第三步银行账户核实:此步要求填写银行开户名、开户银行、银行卡号、开户支行名、开户银行所在省份及城市,因为涉及金钱问题,必须要准确填写。

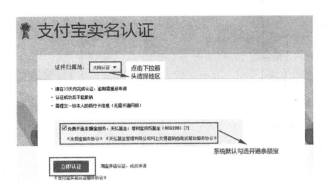

图 11.12　支付宝实名认证

资料都提交后,前两个步骤的状态会变为:"您的信息已提交,点此修改资料",这时可以随时修改所能修改的信息,第三部分银行账户核实的状态会变为:"等待支付宝公司汇款。"为了验证所提交的银行卡是否有效,支付宝公司会在 2~3 个工作日内向你的银行卡上汇 1.00 元以内的人民币,等待你确认它所汇的金额,此时第三部分状态会变为:"支付宝公司已向你卡上汇款,等待你确认",如果确认钱数正确即可通过验证,所以一定要查清自己提交资料时银行卡上的余额。

11.3　微　信

微信是腾讯公司于 2011 年推出的一个为智能终端提供即时通信服务的免费应用程序,微信支持跨通信运营商、跨操作系统平台通过网络快速发送免费(需消耗少量网络流量)语音短信、视频、图片和文字。用户可以与好友进行形式上更加丰富的类似于短信、彩信等方式的联系。

微信是一种更快速的即时通信工具,具有零资费、跨平台沟通、显示实时输入状态等功能,与传统的短信沟通方式相比,更灵活、智能,且节省资费。

微信支持多种语言,支持 WIFI 无线局域网、2G、3G 和 4G 移动数据网络,以及支持 iOS 版、Android 版、Windows Phone 版、Blackberry 版、诺基亚 S40 版、S60V3 和 S60V5 版等。

11.3.1　注册登录

微信推荐使用手机号注册,并支持 100 余个国家的手机号。微信可以通过 QQ 号直接登录注册或者通过邮箱账号注册。第一次使用 QQ 号登录时,微信会要求设置微信号和昵称。微信号是用户在微信中的唯一识别号,必须大于或等于 6 位数,注册成功后不可更改;昵称是微信号的别名,允许多次更改。根据注册信息,在微信登录界面直接输入账号和密码进行登录。

微信与 QQ 相对独立,即使是输入 QQ 号进行注册的用户,在微信中 QQ 号也不会透露给好友。

用户注册并登录后,就可以进入微信了,用户可以尽情体验微信带来的掌上随身娱乐生活,如图 11.13 所示。

图 11.13　微信注册登录页面

11.3.2　密码找回

如果用户忘记密码,可通过登录界面的"登录遇到问题"入口进入找回密码环节。微信找回密码不只有一种方式,如图 11.14,仅以其中一种进行介绍。

图 11.14　忘记密码

单击"找回密码"选项,进入"微信安全中心"页面,单击"找回账号密码",就会进入"重设微信密码页面"。在此页面,微信提供了"找回微信账号密码"和"邮箱重设密码"两个选项,选择第一项单击进入,就会进入申诉页面,用户可以继续单击"开始申诉",如图 11.16 所示。按提示一步一步操作即可重新设置账号密码,这里的操作都是根据提示来的,在此不再赘述。

图 11.15　找回密码

图 11.16　添加好友

11.3.3　添加好友

单击微信界面下方的"通讯录"→"新的朋友",用户可以从手机联系人选择添加好友,也可以从 QQ 好友中选择添加好友。此外,用户还可以通过查找微信号(具体步骤:单击微信界面下方的"通讯录"→"新的朋友"→"添加朋友"→"搜索",然后输入想搜索的微信号码,单击查找即可)、雷达、扫一扫、查找公众号等方式添加好友。

"雷达加朋友"这个快速添加好友的功能需要大家都将微信雷达的功能打开。雷达的功能比较适合聚会的时候,人数比较多时,大家将雷达打开,从而快速地实现加好友的功能。

二维码扫描功能不仅可以用来添加朋友,而且还可以扫描条形码、图书或 CD 的封面等查寻商品详细信息。当遇到不懂的英文单词时,也可以打开微信扫一扫,找到翻译选项,很快就可以得到单词的翻译。二维码扫描功能还加入了扫街景的功能,可以对着周围扫一扫,会出现一个 360°旋转的立体照片,如图 11.16 所示。

11.3.4　语音、实时通话、视频聊天

在聊天过程中,用户可以删除单条消息,也可以删除会话。触屏手机上通过长按消息或会话的方式删除,有按键的手机则通过选项按钮找到删除入口。

在微信中,用户无法知道对方是否已读,因为微信团队认为"是否已读的状态信息属于个人隐私",微信团队希望给用户一个轻松自由的沟通环境,因而不会将是否已读的状态进行传送。

在微信中,用户不仅可以发送文字、图片,还可以发送语音及视频信息。最新版本的微信中,加入了发送小视频功能。用户在聊天时,可以单击右下角的"+"按钮,弹出的选项里面有语音输入、小视频、视频聊天等众多选项,如图 11.17 所示。

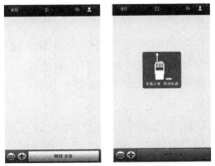

图 11.17　语音聊天

微信支持语音聊天,用户可以单击左下角的语音按钮。微信正下方会有"按住说话"的按钮出现,用户按住就可以进行语音录制。用户录制完成后松开手,音频就可以发送至好友。在录制过程中,如果用户感

觉不太满意或其他原因不想发送,可以向上滑动取消此次发送。

用户在聊天的时候可以进行语音输入,在底部聊天窗口中点击"+"按钮,点击"语音输入"图标进入语音输入界面。此时,用户就可以对着手机说话了。用户说完之后会滴答一响,文本框中就会显示语音识别后的文字。单击"清除"按钮,可以清除文本框中的文字,单击"发送"按钮,即可将文字发送给好友。

用户同样可以使用实时对讲功能,点击"实时对讲"进入实时对讲界面,这里需要等待一下,像打电话一样,等对方接受。在等待的过程中,上面只有自己一个头像,如果变成两个头像,就表示对方接受了。对方接受后,就可以与对方进行实时通话了,如图 11.18 所示。

图 11.18　视频、实时对讲

用户如果想看到对方,当然也可以。点击"视频聊天"按钮,再点击"发起视频聊天",等待对方接受。若对方接受了,用户就可以与对方进行视频聊天了。

微信具有"小视频"功能。用户聊天时,点击"小视频"按钮,支持拍摄一段 6 s 的短片,可以传给对方。用户还可以发布到朋友圈中与好友分享,朋友圈发布的小视频会自动循环播放,当然也可以设置取消自动播放小视频,微信小视频分享前还支持设置谁可以看、不给谁看、或者设置为私密、公开等功能。

11.3.5　朋友圈

如图 11.19 在微信主界面下方,用户单击"发现"选项,再单击"朋友圈"按钮,就可以进入朋友圈了。

用户可以通过朋友圈发表文字、图片、链接,同时可通过其他软件将文章、音乐或小视频分享到朋友圈。用户可以对好友新发的照片进行"评论"或"点赞",用户只能看相同好友的评论或赞。

微信朋友圈可直接发布图片动态。进入朋友圈后,单击右上角的"相机"按钮,用户可以选择拍照或者从相册中选取图片,一次最多可以分享 9 张图片,但图片发布出来后会有压缩,不同平台的压缩比率不同。通常来说,iOS 下发布的图片清晰度高于其他平台。发布图片的同时,可以配上文字说明。

除了发送图片,用户也可以发送纯文字信息。方法很简单,进入微信朋友圈,长按右上角的"相机"按钮,然后就可以发送纯文本信息了。

微信朋友圈可以在选择发布内容的时候,选择拍摄小视频发布分享。朋友圈中显示的小视频默认自动播放,没有声音。点击"小视频",进入单独播放画面时可播放声音。在微信设置中可以关闭小视频的自动播放以节省流量。用户也可以通过在聊天列表界面下拉直接拍摄发布小视频，以达到快捷分享的需要。

图 11.19　朋友圈

用户在其他应用上也可以接入微信分享端口，直接分享内容到微信朋友圈。分享到朋友圈的内容以链接的形式存在。当分享的内容为音乐时，可以直接在微信朋友圈播放而不需要打开链接。

11.3.6　购物

如图 11.20 进入"发现"页面，用户就可以看到"购物"选项，它是京东商城在微信中购物的入口。

图 11.20　微信购物

进入微信购物以后，用户可以单击想要的商品，与其他购物 APP 一样，用户可以单击商品相关的参数信息进行选择。

如果是首次使用，用户可以绑定京东账号，这样京东的购物地址、优惠券、京豆也都是可以在这里使用的。如果没有绑定，微信会自动产生一个京东号，这样就没有用户以前京东中的相关信息。至于微信购物的其他操作方法，用户可以参照其他购物应用的操作方法。

11.3.7　微信钱包

进入"我"界面,点击"钱包"选项,用户就可以进入"我的钱包"页面,如图 11.21 所示。

图 11.21　微信钱包

用户单击"钱包"就可以查看自己钱包余额,绑定的银行卡等个人信息。首次使用的用户可以根据提示往钱包里充钱,充值完成后,用户可以用钱包里的余额进行手机话费充值、理财、彩票等操作。微信钱包的使用大部分同其他网络支付平台类似,这里不再过多介绍。

11.4　腾讯 QQ

腾讯 QQ(简称"QQ")是腾讯公司开发的一款基于 Internet 的即时通信(IM)软件。腾讯 QQ 支持在线聊天、视频电话、点对点断点续传文件、共享文件、网络硬盘、自定义面板、QQ 邮箱等多种功能,并可与移动通信终端等多种通信方式相连。QQ 为用户创造良好的通信体验,标志是一只戴着红色围巾的小企鹅。目前 QQ 已经覆盖 Microsoft Windows、OS X、Android、iOS、Windows Phone 等主流平台。

11.4.1　QQ 账号申请

QQ 号码为腾讯 QQ 的账号,全部由数字组成,QQ 号码在用户注册时由系统随机选择。1999 年免费注册的 QQ 账号为 5 位数,目前的 QQ 号码长度已经达到 10 位数。

（1）**手机 QQ 账号**

手机账号即通过验证手机号注册与手机号一致的 QQ 账号,腾讯已开放所有手机用户注册手机账号,只需要简单验证即可获得该账号,如图 11.22 所示。

注册手机账号方法如下:

①打开腾讯官方注册 QQ 账号页面;

②在左侧单击手机账号;

③输入手机号及 QQ 号码基本信息;

图 11.22　注册界面图

④验证手机所属即可;

提示:如果所注册的手机已经绑定过其他账号则会提示是否解绑。

(2)普通 QQ 账号

普通 QQ 号码在 3 个月内若没有登录记录或付费号码没有及时续费,QQ 号码将被回收。可以使用 QQ 与好友进行交流,信息和自定义图片或相片即时发送和接收,语音视频面对面聊天,功能非常全面。现在 QQ 可能是中国被使用次数最多的通信工具。

注册普通账号方法如下:

①打开腾讯官方注册 QQ 账号页面;

②在左侧单击 QQ 账号注册,如图 11.23 所示;

③输入需要注册 QQ 号码基本信息;

④单击立即注册,完成普通 QQ 账号的注册;

⑤下载安装 QQ 客户端,如图 11.24 所示。

图 11.23　普通账号注册界面　　　　　　图 11.24　QQ 客户端

11.4.2　QQ 群的建立

QQ 群是腾讯公司推出的多人聊天交流的一个公众平台,群主在创建群以后,可以邀请朋友或者有共同兴趣爱好的人到一个群里面聊天。在群内除了聊天,腾讯还提供了群空间服务,在群空间中,用户可以使用群 BBS、相册、共享文件、群视频等方式进行交流。QQ 群的理念是"群聚精彩,共享盛世"。

（1）**功能特性**

1）群留言板

专属于大家的群留言板,小圈子的话题在这里聚集讨论。

2）群相册

往往一张图片胜过千言万语,用户可以随时发送喜欢的图片来增添情趣。

3）群聊天

一次发信,万人知道。QQ 群聊,自有独到处。节约时间,节约资源。

4）群硬盘

拿出最好的,给得越多,得到越多。群硬盘给用户提供自由发挥的空间。

5）群名片

用户拥有不同的群,每个群里有不同的身份,每个群内的名片都是独特的。

6）群邮件

好友不在线？ 没关系,可到高级群里来注册群邮件,发布的信息群中每个人都能收到,方便快捷的沟通方式,一个也不少。

7）查找群

想召集天下好友吗？ 果断地去登记自己的群分类吧。昭告天下,就是这么容易。

（2）**创建和使用**

使用 QQ 客户端,界面上有一个组"群组",单击组内提示文字,就可以开始创建群;选择"创建群",如图 11.25 所示。

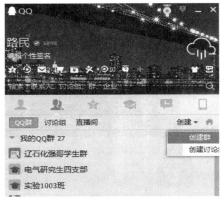

图 11.25　创建群组

图 11.26　填写群组资料

单击"下一步",如图 11.26,选群的分类;再单击"下一步",填写群的资料,填写完之后进行群成员的选择。固定群可以由他人请求加入,或由创建者修改群内成员列表。单击"下一步",完成群的创建,系统将给出提示并给创建的群分配一个 ID,以便别的用户可以通过这个 ID 查找并加入创建的群,最后点"完成",退出。

完成创建之后,QQ 面板"群组"里面将显示群的名字,左键双击群的名字,就可以给群内成员发送信息了。

给群内成员发送信息时,对话框采取会议形式,并支持对输入文字自定义格式、自定义表情以及发送图片等功能。

群内的任何成员均可以发起讨论,当在工作繁忙而不想接收到群发来的消息时,可以在群名称上点右键,选"修改群组资料"的"消息设定"页进行设置,系统提供 5 种方案供您选择:①接收并提示消息;②自动弹出消息;③消息来时只显示消息数目;④接收但不提示消息(只保存在聊天记录中);⑤阻止一切该群的消息。

(3)群管理员

班级需要班长,部落需要酋长,群也需要管理员来管理群的日常事务。作为群的主人,群的创建者拥有群内的最高权限,掌管着群内"生杀予夺"的权力,创建者还可以任命最多达 12 名管理员,以备创建者因为私事繁忙而无法管理群内事务之需。创建者在登录后群的首页"成员列表"内的"设置管理员"可以进行管理员的设置。

注意:

①不管是普通用户或是会员都可以被设置为管理员;

②创建者可以删除任何帖子、任何照片、任何相册、任何个人名片,管理员拥有与创建者相同的权限;

③普通群可以设置 3 个管理员,高级群可以设置 5 个管理员,在此基础上,每加一级"皇冠"可以增加一名管理员;

④任何用户都拥有维护自己发表的信息和上传的照片的权限。

11.4.3　QQ 密码申诉找回

账号申诉是指 QQ 或其他一些网络账号被盗或忘记以后,通过官方的网址填写丢失号码上面的一些早期资料,通过客服的审核来确定号码的真实拥有者,如果申诉人填写的资料很有说服力的话,客服会强行更改此号码的密码和保护资料,通过申请人填写的收信邮箱把新的密码和保护资料发给失主,首先申诉人要能证明自己申请了这个号码,比如,申请这个号码的时间和地点还有当时的密码。如果忘记原密码保护,申诉人要写上原密码保护的证件号码、早期的密码和邮箱等证明材料,客服根据申诉人提交的材料来证明申诉人是不是这个号码的拥有者,要是能证明就让申诉通过,如图 11.27 所示。

(1)申诉流程

申诉的基本资料如下:

1)历史密码

即使用该账号时所用过的密码。所提供的密码设置时间越早、使用时间越长,则申诉效果就越好。

2)证件号码

该账号密码保护资料中的证件号码。

图 11.27　腾讯 QQ 安全中心

3）提示问题

保护资料中的机密问题。

4）提示答案

该密码保护资料中机密问题所对应的答案。

5）安全邮箱

密码保护资料中的安全邮箱地址。

6）安全手机

申诉人在密码保护资料中的安全手机号码。

7）申请时间

该账号申请使用的时间、申请方式。

8）开通服务

申诉人曾经开通的服务以及开通方式。

（2）**注意事项**

①带"＊"号项为必填项，尽可能填写准确；

②其他项如果记不清楚可以不填，切勿乱填；

③申诉基本资料填写要真实，每次申诉尽可能填写一致；

④提供的资料越早，越有证明力度；

⑤最好在最常使用 QQ 的地方（例如：家里、学校或最常去的网吧）提交申诉表；

⑥申诉时，请尽可能多地填写自己记得的信息或资料，每项资料都很重要；

⑦重新填写邮箱地址、密码保护问题和答案，如果被证实后，旧的密码保护资料就会被新的保护资料给覆盖掉，同时重设密码的链接（需回答机密问题）也会发到申诉人所填写的新邮箱里。

11.5　Android 系统介绍

Android,中文名"安卓",是一种基于 Linux 的自由及开放源代码的操作系统,主要使用于移动设备,如智能手机和平板电脑,由 Google 公司和开放手机联盟领导及开发。

目前 Android 的最新版本为 4.3 版,由谷歌公司于北京斯基那 2013 年 7 月 25 日凌晨发布。相对于之前版本,Android 4.3 系统再次增加了新的优化:对于图形性能,硬件加速 2D 渲染优化了流绘图命令;对于多线程处理,渲染也可以使用多个 CPU 内核的多线程执行某些任务;此外,新系统还对形状和文本的渲染进行了提升,并改进了窗口缓冲区的分配。所有这一切,都是为了给用户带来一个全新的安卓体验,那就是快速、流畅而灵敏。

11.5.1　安卓系统初识

打开安卓手机,其手机正常开机后的开始界面如图 11.28(a)所示,一般安卓系统的开始界面上显示有一些最基本的手机应用,在图(a)的最上方可以看到系统界面上显示有实时时钟、手机当前电量、手机信号以及目前所开应用等情况,往下是实时时钟、日期图形化应用,再往下是一些基本应用程序,包括相机、图库、音乐、设置等,最下方则是手机用于拨号、联系人查询、浏览器、短信查看的应用图标。

（a）

（b）

（c）

图 11.28　安卓系统

（1）查看手机系统版本

要想知道手机系统是安卓多少的版本,可以按如下方式操作:首先,在开始界面中单击"设置"图标,进入手机设置界面如图 11.28(b)所示,在常用设置界面里的最下面找到"关于手机"点入,进入"关于手机"界面如图 11.28(c)所示,可以看到第一栏即显示 Andriod 版本 4.3 JLS36C,通过这个界面还可以看到手机硬件的一些基本信息包括处理器信息、运行内存信息、机身存储器等。

（2）**系统的通知界面和开关界面**

安卓系统方便用户对系统进行管理,将很多应用程序的消息和一些常用的应用开关放入一个特定的界面中,用户只需打开该界面,就能对信息进行及时的处理和对系统进行方便的设置。

在手机开机后的开始界面下,将手指放到屏幕的顶部,接近实时时钟、手机当前电量、手机信号显示这个区域,然后按住不动往下拖,则会出现一个灰色的系统界面随着手指位置往下移动如图 11.29(a)所示,当移至屏幕最底部时,这个界面就打开了,该界面为系统通知界面如图 11.29(b)所示,在这个界面中,一般会提示用户接收到的消息,如果用户接到他人发来的短信,还未来得及阅读时,在界面中也能看到。若用户装有聊天应用程序如 QQ、微信、微博等,接收到的信息也会在该界面显示,如果用户还订阅了一些新闻消息(如腾讯新闻、新浪新闻等)也会通过这个界面提示用户阅读。

用户在系统通知界面的下方可以看到两个按钮,即"通知"按钮和"开关"按钮,因为现在打开的是系统通知界面,所以"通知"按钮显示为高亮色,当单击"开关"按钮,即进入系统开关界面如图 11.29(c)所示,当进入系统开关界面后,所对应下面的"开关"按钮显示为高亮。

系统开关界面是用户使用比较多的一个界面,在这个界面中用户可以对手机作出一些基本常用的设置,包括手机屏幕的亮度、手机铃声选择为震动还是静音、手机模式、蓝牙开关,还有网络开关,网络开关包括了手机流量开关和 WIFI 开关。用户如果觉得还需要自行对该界面的常用开关按钮进行定制,还可以单击"更多"按钮,对一些常用开关进行删减。

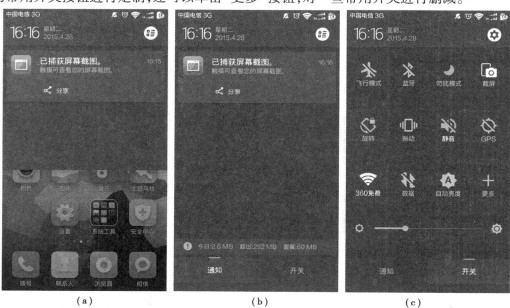

（a）　　　　　　　　（b）　　　　　　　　（c）

图 11.29　通知栏界面

（3）**卸载桌面应用程序**

在使用安卓系统时,有时会因为某些应用使用较少,或因为系统桌面空间有限,要对其进行卸载,用户可以通过以下方法对其进行操作:首先,找到该应用图标,在此以对"QQ"应用程序进行卸载为例,用手指长按该图表,出现的界面如图 11.30(a)所示,这时在手机触摸屏上移动手指,QQ 图标也会随着你的手指移动,然后将 QQ 图标移至界面最上方的类似垃圾桶的白色图标处,如图 11.30(b)所示,然后松开手指,则系统会提示是否卸载此应用,如图 11.30(c)所示,单击"卸载",该应用则会被系统卸载,卸载后的界面如图 11.30(d)所示。

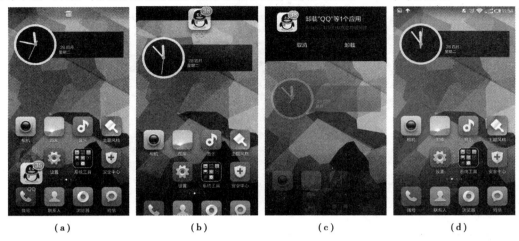

|(a)|(b)|(c)|(d)|

图 11.30　卸载应用过程

（4）**手机拨号短信功能的使用**

当用户使用安卓系统需要进行通话拨号时,在开始界面最下方点击拨号应用图标,然后进入如图 11.31(a)所示界面,然后用户可以通过拨号盘进行拨号,拨号完毕后,单击界面下方绿色的听筒图标,就能与对方进行手机通信了,如图 11.31(b)所示。

当用户需要运用短信功能与对方发送消息时,还是在开始界面的最下方选择短信图标,进入短信界面,并在最上方的空白栏中填入需要发送消息的对方的号码,并在信息栏中填写要发送的消息,编辑好短信后,点击短信栏右侧的向右转箭头,则短信发送成功,编辑短信的界面如图 11.31(c)所示。

11.5.2　安卓系统网络应用

现在的智能手机除了能够实现基本的拨号、短信功能外,最大的一个特点就是能够进行 Internet 连接,通过无线接入或是手机流量的方式访问互联网。

（1）**手机流量上网**

当用户需要进行网络访问时,需要打开相应上网方式的网络开关,现以用手机流量上网为例来讲解。首先打开系统开关界面如图 11.32(a)所示,可以看到现在的网络流量开关的"数据"按钮是关闭的,接下来单击"数据"按钮,然后"数据"按钮图标显示高亮,并且之前显示关闭的斜杠也消失了,如图 11.32(b)所示,这就说明已经打开了上网的流量开关,同时可以发现在屏幕的右上方显示手机信号的上方出现了向上、向下的两个箭头,这也说明上网流量开关已经打开。

（2）**手机 WIFI 上网**

对于很多的用户,用手机流量上网并不是他们最钟爱的选择,因为手机流量上网即是通过消耗手机话费或办理的套餐来进行上网的,因此并不实惠方便,现在大多数人以选择 WIFI 上网方式居多,首先 WIFI 上网不需要消耗用户的流量,也就不会消耗用户的话费,而且 WIFI 上

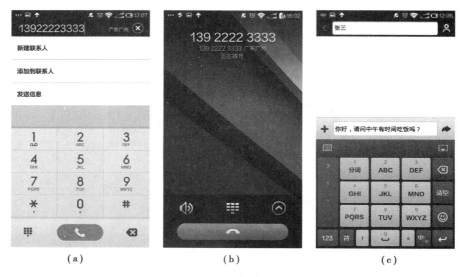

（a）　　　　　　　　（b）　　　　　　　　（c）

图 11.31　拨号界面

网的速度普遍要快于、优于流量上网。在此,着重介绍如何运用 WIFI 上网。

图 11.32　安卓手机快捷开关

当用户初次使用 WIFI 上网时,打开系统开关界面,单击"WLAN"按钮,当"WLAN"按钮上的斜杠消除掉时,则表示 WIFI 网络开关已经打开,如图 11.32(c)所示。但是,现在还没连接上网络,要回到开始界面单击"设置"按钮,进入设置界面,第一栏即为"WLAN"选项,单击进入"WLAN"选项界面如图 11.33(a)所示,在这个界面中可以看到附近有很多 WIFI 热点,即可接入的无线网络,选择"360 免费 WIFI-45"这个无线网络对其进行连接,单击这一项,接着会弹出一个界面提示用户输入该无线网络的连接密码如图 11.33(b)所示,将密码输入单击"保存",如果正确连接该网络,则可显示如图 11.33(b)所示界面,在"360 免费 WIFI-45"这一网络项下面显示有"已连接"几个字,这就表明用户已经成功连接上了该无线网络,如果该网络网络状况正常,用户现在就可以进行上网操作了。一般来说,当用户对一无线网络进行了接入后,以后只需打开 WIFI 网络接口就能直接上网了,不需要再次输入密码,因为安卓系统会默认记住附近每次接入的无线网络,并相应保存了该网络的无线密码,因此,用户下次再上同一网络时就不需要重复输入密码。

图 11.33　手机连接 WIFI 设置

小　结

本章主要讨论了互联网综合应用的相关内容,分别对路由器设置、电子商务、淘宝网、微信、QQ 及安卓系统等作了详细的介绍。

路由器设置是电脑上网的第一步,学会路由器设置,有助于解决上网中遇到的一些问题。

淘宝网作为电子商务的典型范例,它带给人们许多思考和机遇。企业借助上网、运用电子商务手段改善经营、开拓市场、提高企业竞争力,已被公认是一种成本最低而效率最高的方式。互联网为传统的经济方式带来了革命性的变化。企业上网绝不是简单的技术问题,而更多的是一个观念的问题。

即时通信软件可能是中国网民当中最知名的一类软件了,几乎人人必备,在某些人眼中,聊天(即使用即时通信软件,比如微信、QQ)已经成了上网的代名词。

互联网应用正在蓬勃地发展,深刻地影响着人们的生活。互联网已成为当今世界不可缺少的一部分,它使地球成为了信息网络村。它不但可以让人们随时跟朋友互动,还可以实现资源的共享,从而使人们节省了成本还提高了效率。互联网还是一个超越时空的穿梭器,它不受时间和空间的限制,就可以实现聊天、看电影、看新闻等活动。互联网还是一个有个性的平台,任何的奇思妙想都可以在互联网上得到很好的发展和生存。同时互联网业是一个公平的平台,也就是说,人们在互联网上发布和接受信息是平等的,根本不受各种限制,从而使人们获得了一个公平的待遇。

习　题

11.1　路由器设置中需要哪些准备工作？

11.2　笔记本电脑 WIFI 热点设置 Mode、Allow、SSID、Key 分别表示什么意思？

11.3　电子商务分哪些种类？电子商务具有什么优点？

11.4　淘宝网实名认证需要注意些什么？

11.5　微信具有丰富的功能，请举例说明。

11.6　QQ 密码丢失之后如何找回？

11.7　安卓系统作为现在最为流行的系统之一具有哪些优点？

第 **12** 章

数据通信中的其他通信技术

内容提要：本章将主要介绍光纤介质及光纤通信、无线电传输信道、电力线载波技术,通信数据的 DTMF 编/解码技术、通信中的三态逻辑编/解码技术、红外遥控技术、汽车遥控防盗系统以及利用手机通过 WIFI 对照明开关控制等。

12.1　光纤通信技术

12.1.1　光纤

光纤(光导纤维　Optical Fibre)是用来传导光波的一种非常纤细而柔软的介质。光纤通常由透明的石英玻璃拉成细丝,其直径均为 2~125 pm。光缆由光纤芯、包层和外套 3 部分组成,如图 12.1 所示。光纤芯是光纤最中心的部分,它由一条或多条非常细的玻璃纤维形成;光纤芯外面是包层;最外层是外护套,外护套的作用是防止外部潮湿气体的进入,同时也防止光纤芯的挤压与磨损。

图 12.1 是典型的光缆的组成结构。芯材由包层包裹,形成光纤。在大多数情况下,光纤外有一层防潮保护层。最后,整根缆线用一个外套包裹起来。芯材和包层都可以用玻璃或塑料制成,但是必须具有不同的密度。另外,芯材必须十分纯净并且在大小和形状上完全合乎规格。外套可以采用多种材料,包括特氟龙涂层、塑料涂层、纤维塑料、金属管以及金属网格。材料的选择取决于光缆的安装地点。

光纤具有以下主要优点:

(1)**传输频带宽、容量大**

光波频率为 10^{14}~10^{15},在几十千米距离内数据率可达 2 Gbit/s;而同轴电缆在 1 km 距离内,实际的数据率最大值为几百兆比特每秒,双绞线为几百兆比特每秒。通常一个话路约占 4 kHz 频带,一个彩色电视节目占 6 MHz 的频带,而在一根光线上传输几十万路电话或几十路电视节目,已不是很困难的事。

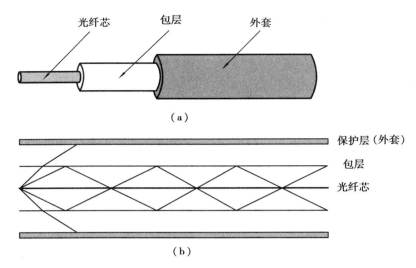

图 12.1　光纤结构示意图

（2）损耗低、中继距离长

光纤衰减比同轴电缆和双绞线衰减低很多。由于光纤损耗低,因此能实现很长的中继传输距离,减少再生中继器的数目,既提高了可靠性,又降低了成本。

（3）抗电磁干扰能力强

光纤是绝缘材料,不受输电线、电气化铁路馈电线和高压设备等电器干扰源的影响,它还可以避免因雷电等自然因素产生的损害和危险。另外,光纤难以泄漏及搭窃监听,因此保密性极强。

（4）尺寸小、质量轻

一根 18 芯的光缆横截面积为 12 mm²,1 m 长的光缆质量仅 90 g;而 18 芯的标准同轴电缆横截面积为 65 mm²,1 m 长的电缆质量为 11 kg。由于光纤质量轻、尺寸小,因此便于敷设和运输。

（5）抗腐蚀性好

光纤如此多的优点,发展到目前各种网络都在使用光纤。光纤到楼、光纤到户已成为现实。

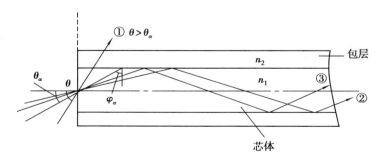

图 12.2　光传输原理

在光纤内传输光信号的原理如图 12.2 所示。当光以某一角度入射到纤维端面（折射率为 n_1）时,光的传播情形取决于入射角 θ 的大小。θ 是指入射光线与纤维轴线之间的夹角。光线进入芯线后又射到包层与芯线的界面上,而入射光线与包层(折射率为 n_2)法线也形成一个夹角(称为包层界面入射角)。由于 $n_2 < n_1$,当 φ 大于临界角 φ_α 时,光线在纤芯与包层界面上发生全反射。与此 φ_α 对应的端面临界入射角为 θ_α,当 $\theta > \theta_\alpha$,即 $\varphi < \varphi_\alpha$,不会发生全反射,这时光线将射入包层跑到光纤外面去,如图中的射线①所示。如果 $\theta < \theta_\alpha$,满足全反射条件,那么入射到芯线的光线将在包层界面上不断地发生全反射,从而向前传播,如图中射线②、③所示。

　　光纤有单模和多模两种基本传输模式,图 12.3 给出了多模光纤、单模光纤及多模变率方式(多模的一种)的光波传输路径图。

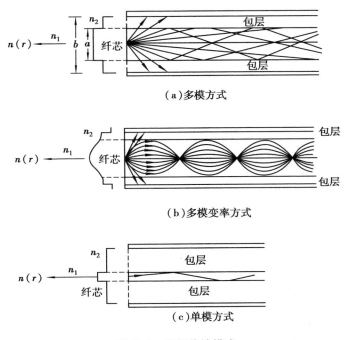

（a）多模方式

（b）多模变率方式

（c）单模方式

图 12.3　光纤传输模式

12.1.2　多模方式

　　多模方式指的是多条满足全反射角度的光线在光纤里传播。由于存在多条传播路径,每一条路径长度不等,因而传过光纤的时间不同,易造成信号码元间的串扰。为了防止信号码元串扰,应降低传输的数据率,因此,这种多模光纤传输带宽较窄,如图 12.3(a)所示。多模方式又分多模渐变和多模突变两种。

12.1.3　单模方式

　　当光纤芯减少时,必须减小入射角,光才能入射而向前传播;当光纤芯半径减小到波长数量级时,可以在光纤里传播一个角度的光波,这就是单模方式,如图 12.3(c)所示。单模方式的光纤具有极宽的频带和优良的传输特性,适用于长距离、大容量的基础干线光缆传输系统。随着光纤通信的发展和光纤技术的应用,单模光纤的应用会得到进一步的发展。

　　另外,在多模方式中有一种变率方式,其纤芯的折射率不均匀,在纤芯轴线处折射率最大,这样进入的光线传播路径像抛物线,随半径增加折射率减小,如图 12.3(b)所示。在纤芯和包层交界面处二者折射率相同。与多模方式比较,它具有更有效的射线聚焦效果,因而性能有较大的改善。这种形式的多模光纤应用较多,性能介于单模与多模方式之间,而传播系统的费用较单模便宜得多。主要用于中速率、中距离光纤数字系统。

上述 3 种光纤相比较,单模光纤的带宽最宽,多模渐变光纤次之,多模突变光纤的带宽最窄;单模光纤适于大容量远距离通信,多模渐变光纤适于中等容量中等距离的通信,而多模突变光纤只适于小容量的短距离通信;在制造工艺方面,单模光纤的难度最大。

12.2 无线传输信道

无线传输信道是指无需架设或铺埋电缆或光缆,而是通过看不见摸不着的自由空间,将电信号转换成无线电波进行传送。发信端把待传的信息转换成无线电信号,依靠无线电波在空间传播,而收信端则要把无线电信号还原成发信端所传信息。

通常用频率(或波长)作为无线电波最有表征意义的参量。因为频率(波长)相差较大的电波,往往具有不同的特性。例如,中长波沿地面传播,绕射能力较强;短波以电离层反射方式传播,传输距离很远;而微波只能在大气对流层中直线传播,绕射能力很弱。因此,通常把无线电波按其频率(或波长)来划分频段,见表 12.1。

表 12.1 无线电波的频段

频 段	名 称	波长范围	主要应用
30~300 kHz	LF(低频),长波	1~10 km	导航
300 kHz~3 MHz	MF(中频),中波	100 m~1 km	商用调幅无线电
3~30 MHz	HF(高频),短波	10~100 m	短波无线电
30~300 MHz	VHF(甚高频),超短波	1~10 m	甚高频电视,调频无线电
300 MHz~30 GHz	UHF(超高频),微波	100 mm~1 m	超高频电视,地面微波
3~30 GHz	SHF(特高频)	10~100 mm	地面微波,卫星微波
30~300 GHz	EHF(极高频)	1~10 mm	实验用点到点通信

12.2.1 地面微波中继信道

在空间里微波是沿直线传播的,即所谓的视线传播,其绕射能力很弱。在传播过程中,遇到不均匀介质时,将产生折射的反射现象。

地面微波通信的天线常用碟形天线,它将聚焦电磁波,并使接收天线对准发送方,从而形成视线传输。这些天线常位于地面的高处,以延长天线间的作用距离,且能越过中间障碍传输。如果没有障碍,两天线间的最大距离为:

$$d = 7.14\sqrt{kh} \tag{12.1}$$

式中,d 表示天线间距离,km;h 表示天线高度,m;k 是调整因子,经验值为 4/3。

在进行微波中继通信时,中继站与中继站间的距离可通过式(12.1)计算,一般为 50 km 左右。

微波中继通信的如图 12.4 所示。终端站一般由收信机、发信机、天线、多路复用设备等组成。中继站一般也有对应的收信机、发信机、反馈系统。中继站分为无人值守站和有人值守站,其信号转接有 3 种方式:射频转接、中频转接及基带转接。两个终端站之间的通信通过中继站以接力方式完成数据传输。

微波中继通信时,会出现多径传播,导致信号衰落。

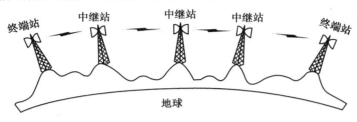

图 12.4　微波中继通信

12.2.2　卫星中继信道

卫星已被证明了其在扩展全球范围内的语音、数据和视频通信方面的价值,特别是可将通信扩展到世界上最遥远的地方,诸如全球定位系统(GPS,Global Positioning System)。

卫星通信就是地球上的无线电通信站之间利用人造卫星作为中继站而进行的通信。由于作为中继站的卫星处于外层空间,因而卫星通信是以宇宙运动体作为对象的无线电通信,简称宇宙通信。宇宙通信一般有 3 种形式:地球站与空间站之间的通信、空间站之间的通信、通过空间站转发或反射来进行的地球站间的通信。人们把最后一种形式称为卫星中继通信。空间站是指设在地球大气层以外的宇宙运动体(如人造通信卫星)或其他天体(如月球)上的通信站。地球站是指设在地球表面,用以进行空间通信的设施。

卫星中继构成的信道可视为地面微波中继信道的一种特殊形式,它是以距地面 35 786 km 的同步卫星为中继站,实现地球上 18 100 km 范围内的信息传输。

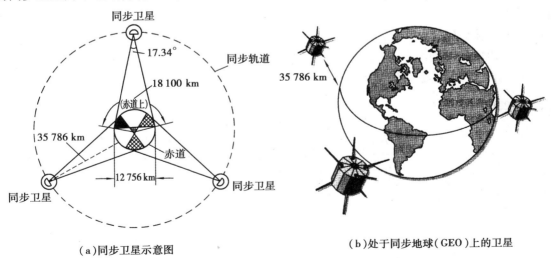

(a)同步卫星示意图　　　　　　　　(b)处于同步地球(GEO)上的卫星

图 12.5　同步卫星的配置关系

同步卫星和地球始终保持着相对静止的运动状态。图 12.5 示出了同步卫星进行全球通信时的配置关系。用三颗同步卫星基本能覆盖地球的全表面。

卫星通信的普及对国际法规制定者提出了很高的要求,以便管理和分配可用的频率以及限制卫星定位的轨道轨迹的数目。正如陆地微波无线电的情况一样,有许多分配给卫星系统的频带,其中大多数都落在兆赫兹(MHz)或吉赫兹(GHz)范围。由于卫星的覆盖区域,频率必须在国家级、地区级和国际级别上加以仔细地管理。一般来说,对地静止的多个卫星定位要离开 2°,以便使用重叠频率的相邻卫星间的干扰减到最小。

卫星通信链路如图 12.6 所示,其中图(a)是实现点对点数据传输的链路,图(b)是广播式卫星链路。

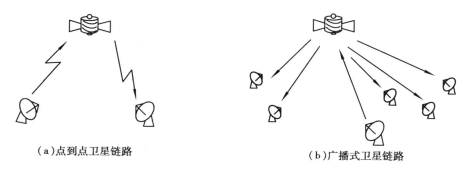

（a）点到点卫星链路　　　　　　　　（b）广播式卫星链路

图 12.6　卫星通信方式

卫星中继信道是由通信卫星、地面站、上行线路和下行线路组成。

卫星中继工作过程如下:

地面站的各种信号,如电报、话音、数据或电视信号,经过终端设备复合成一个基带信号,该信号先调制到中频(70 MHz)上,再通过变频器使频率达到发射频率(6 GHz),最后经过功率放大器,使信号有足够的能量,通过双工器由天线向卫星发射出去。

发射出去的射频信号,穿过大气层和自由空间,经过相当长的传输路径到达卫星转发器。卫星转发器的功能如同地面微波中继站,对信号接收、放大、发射。增加了能量的信号同样经过了一段传输后到达另一个地面站,这样就完成了从一个地面站向另一个地面站的信息传输。

卫星通信具有覆盖面广、通信距离远、多址连接、通信机动灵活、通信容量大、质量好等优点,因此用途非常广泛,不仅用于国际通信,也用于区域通信。

12.2.3　短波信道

无线电频率在 3~30 MHz、波长在 10~100 m 范围内的电波称为短波。短波主要靠电离层的反射来传播。因此,短波信道是一个变参信道,即信道的参数随时间而发生变化。在短波信道中,信号的衰减随时间发生变化,信号的迟延也随时间发生变化,具有多径传播现象。通常短波信道传输数据时,速率不高。但是,短波通信电台成本相对低,且通信距离也较远,非常适合于点到点通信。

以上介绍的传输介质或信道在数据通信中都常用到。在选择传输介质时,要综合考虑介质的费用、传输速率、误码率要求等。

12.3　电力线载波技术

电力线载波是利用高压输电线路作为高频信号传输通道的一种通信方式,是电力系统特有的一种通信形式。由于输电线路机械强度高,可靠性好,不需要线路的基建投资和日常的维护费用,具有一定的经济性和可靠性。在电力系统通信网的规划建设中,电力线载波作为电力系统传输信息的一种基本手段,在电力系统通信中得到广泛应用,经历了从分立到集成,从功能单一到微机自动控制,从模拟到数字的发展历程。

电力线载波技术(PLC,Power Line Communication)出现于 20 世纪 20 年代,50—60 年代研制了具有中国特色的 ZDD-5 型电力线载波机。70 年代模拟型电力线载波技术已趋成熟,80 年代中期电力线载波技术开始了单片机和集成化的革命,产生小型化、多功能电力线载波机。90 年代中期以 SNC-5PLC 为代表首次采用 DSP 数字信号处理技术,将音频至中频信号用 DSP 处理;90 年代末期采用新西兰 M340 数据复接器,结合电力线载波的音频部分为一体的全数字式多路复接的载波机,提高了 PLC 通信容量,初步解决了通信容量小的"瓶颈"问题。与现代新发展起来的微波和光纤以及卫星通信相比,电力线载波有很多内在的缺陷,但是,在随着数字电力线载波和电力线载波自身技术的新突破,以及一些新通信技术在其上的应用,使得它在省调和地调中以及继电保护中的高频保护通信中仍然起着主导作用。由于不断采用新的改进技术,从最早期的单载波系统的扩频通信到多载波系统的正交频分复用技术,使得电力线载波技术依然呈现出诱人的前景。

12.3.1　电力线载波通信原理

在电力系统中,实现电力线载波通信最重要的问题是如何把高频信号耦合到电路线上,最常用的是如图 12.7 中所示相地耦合方式,实现耦合的线路设备由耦合电容器 C、结合滤波器 F 和高频阻波器 T 组成。耦合电容器和结合滤波器构成一个高通滤波器,使高频信号能顺利地通过,对 50 Hz 工频交流具有极大的衰耗,防止工频高压进入载波设备。

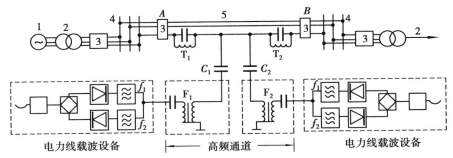

图 12.7　电力线载波通信原理

1—发电机;2—变压器;3—断路器;4—母线;5—电力线

图 12.7 中电力线载波通信的信号传输过程:A 端的话音信号由 A 端载波设备通过调幅,变为频率 f_1 和 $f_2 \pm (0.3 \sim 0.4)$ kHz 的高频信号,经过结合滤波器 F_1、耦合电容器 C_1 送到电力线上。由于阻波器 T_1 的存在,高频信号只沿电力线传输到 B 端,经耦合电容器 C_2、结合滤波器

F_2进入 B 端载波设备。在 B 端由中心频率为 f_1 的收信带通滤波器滤出 f_1 和 $f_2 \pm (0.3 \sim 0.4)$ kHz 的高频信号,反调后得到了 A 端的语音信号。同理,可将 B 端的语音信号传输到 A 端,这样便实现了双向电力线载波通信。

12.3.2 电力线载波通信现状分析

电力线载波有其固有的弱点:通道干扰大,信息量小,电力线对载波信号存在高衰减和高噪声,引起数据信号变形;再加上设备水平、管理维护等方面造成的稳定性差,故障率高等,已不能适应现代电网对通信多方面、多功能的要求;通信设备性能越来越先进,价格越来越低廉。因此,数字微波、卫星通信、光纤通信、移动通信、对流层散射通信、特高频通信、扩展频谱通信、数字程控交换机及以数据网等新兴通信技术在电力系统逐渐推广应用。目前对电力线载波评价不高似乎已是比较普遍的现象。但是,由于它具有投资少,见效快的巨大优点,所以有很多专家致力于在其上应用新技术来达到改进它的目的。

电力线载波通信有以下不足:

(1)传输频带受限,传输容量相对较小

在高压电网中,一般考虑到工频谐波及无线电发射干扰,电力线载波的通信频带限制于 $40 \sim 500$ kHz,按照单方向占用 4 kHz 带宽计算,理想情况下,一条线路可安排 115 条高频载波通道。由于电力线路各相之间及变电站之间的跨越衰减($13 \sim 43$ dB),不可能理想地按照频谱紧邻的方式安排载波通道,因此,真正组成电力线载波通信网所实现的载波通道是有限的,在当今通信业务已大大开拓的情况下,载波通道的信道容量已成为其进一步应用的"瓶颈"问题。尽管在载波频谱的分配上研究了随机插空法、分小区法、分组分段法、频率阻塞法、地图色法和计算机频率分配软件,并且规定不同电压等级的电力线路之间不得搭建高频桥路,使载波频率尽量得以重复使用,但还是不能满足需要。随着光纤通信的发展和全数字电力线载波机的出现,稍微缓解了载波频谱的紧张程度。

(2)线路噪声大

电力线路作为通信媒介带来的噪声干扰远比电信线路大得多,在高压电力线路上,电晕放电、绝缘子污闪放电、开关操作等产生的噪声比较大,尤其是突发噪声具有较高的电平。电力线的噪声特性可分为四种类型:

①具有平滑功率谱的背景噪声,这种类型噪声的功率谱密度是频率的减函数,如电晕噪声。这种噪声特性可以用带干扰的时变线性滤波模型来描述。

②脉冲噪声,由开关操作引起,这种噪声与电站操作活动的关系较大。

③电网频率同步的噪声,主要由整流设备产生。

④与电网频率无关的窄带干扰,主要由其他电力设备的电磁辐射引起。

一般电晕噪声电平大致为:220 kV,-25 dB;110 kV,-35 dB(带宽为 5 kHz),在工业区、沿海地区、高海拔地区、新线路、升压线路和绝缘设备存在微小放电的线路上噪声电平还将增高 15 dB 左右。因此,在这样恶劣的噪声环境下,电力线载波机一般都采用较大的输出功率电平($37 \sim 49$ dBm)来获得必要的信噪比。

低压电力载波通道的噪声有背景噪声、脉冲噪声、同步和非同步噪声及无线电广播的干扰等。

（3）线路阻抗变化大

高压电力线阻抗一般为 300~400 Ω，在线路上呈波动状态，现场实测表明，在波动幅度达到 1/2 左右时，对载波通道衰减将产生严重的影响。在通道加工不合理、不完善、存在容性负载以及 T 接分支线时，会加剧载波通道的阻抗变化甚至中断通信。低压用户配电网载波通道的阻抗变化更大，在负荷很重时，线路阻抗可能低于 1 Ω，这使得载波装置不能采用固定的阻抗输出。

（4）线路衰减大且具有时变性

高压电力线载波通道衰减与频率的平方根成正比，且具有时变性。工频运行方式的改变、线路换位、其他载波机带外乱真发射、载波通道间的串扰、线路分支线的长短以及绝缘子污秽、刮强风、下小雨、线路冰凌及阻波器调谐线圈性能等多种因素均会对载波通道的衰减产生影响。为此，电力线载波机必须设置至少大于 30 dB 范围的自动增益调整电路。一般来说，从 500 kV 到 220 V（电压等级从高到低），电压越低线路衰减越大，时变性越强，建立通道越困难。有时在中压或低压配电网载波通道的衰减大到难以实现通信的状况时，设计人员不得不采用特殊的通信方式或设计多通道电路来自动进行选择。

12.3.3　电力线载波的实现

（1）电力线载波的可行性

电力线是用来实现传送工频电能的，所以，在电力线的结构设计上不可能考虑高频通信技术的特殊要求。电力线上带高电位，不能直接接触，线路上的采样电平也很高，给组织高频通道带来一定困难。但是，电力线导线粗，结构坚固，对高频信号提供了衰耗小，可靠性高的传输通路；而且通信远动、自动装置的服务以及高频保护的收发信机都在电力线的两端，利用现成的可靠的线路作为通道具有无可争议的优点。

电力线耦合装置伴随电力线载波通信的应用和发展已有几十年的历史。在传统的中、高压输电线载波通信系统中，主要是基于点对点传输的语音和低速数据通信，载波频率在 500 kHz 以内，载波通道阻抗基本稳定，其设计和应用技术已经成熟和完善，但传统输电线载波通信中已成熟的窄带耦合技术却不适用于高速宽带信号的传输。

（2）高压电力线载波的实现

高压电力线载波的实现可以通过在高压传输线路的开始点、结束点和连接点使用电感形式的载频阻波滤波器，利用特定的信道来传输高频信号。而且，可以使用特定的输入/输出耦合单元将电力线载波传输用的发送与接收设备的阻抗和高压线路的特性阻抗相匹配。尽管架空的高压线路不是为数据传输而设计的，但它是很好的波导。它可靠的双向数据传输性能只需要很低的传输功率，这样可以获得一个较宽的频谱。由于其优秀的传输特性，这段频谱几乎可以全部利用，而且能够很容易的被分成独立的信道，进行频分复用。此处使用的传输技术是基于窄带常规调制的方法，能够很容易地实现，而且其良好的信道特性充分确保了容错安全性。

（3）中低压电力线载波的实现

低压配电网通过中、低压配电变压器受电，380/220 V 的低压配电线路一般不超过 250 m。从配电房到进户配电箱的典型网络拓扑为辐射状树型复合结构，低压电力网可以由电缆或架空裸导线及开关装置等组成。每条低压线向若干低压用户供电。在运行方式上也可采用互连方式,这样线路开关会由于一些原因而进行必要的操作,所以低压网的结构是动态变化的。从进户配电箱到用户室内电力线的典型网络拓扑主要也是辐射状树型复合结构。

从上述对中、低压配电网的结构和运行方式可知,配电网与传统的中、高压输电线网络相比差别很大。中、高压输电线载波通信基于网络结构较为简单的输电网,实现长距离点到点的数据通信,同时,为了保证通信的良好性能,在变电站及输电线 T 型分支处都装有阻波器,有效地隔离了负载及线路阻抗的变化对载波通信的影响。然而,这样的方式在配电网是行不通的。配电网是一个开放式的网络,载波通信是利用固有的配电线网络拓扑,辐射状树型结构,通信是点对多点的模式。高频载波信号会沿着配电网线路传输到配电网络的每一条分支及线路的每一个节点,而每一个节点都会同时作为信号发送的源点或信号接收的目的节点。另一方面,配电网电力线的信道特性是比较恶劣的。

低压电力线高速通信耦合装置的主要原则:能够适应低压配电网开放式的网络结构极其复杂多样的网络特性,在保证安全性、可靠性的前提下,提高耦合效果,同时克服不利的电网网络特性及电力线信道特性;满足高频宽带信号的传输要求,提供足够宽的带宽,带内具有良好的频率、相位特性及阻抗特性,以及较小的工作衰减等;考虑到实际应用,装置应简易、经济,便于现场的安装使用。

在电力线载波通信系统中,载波信号耦合方式有电容耦合、电感(变压器)耦合、陶瓷电真空耦合等几种方式,在低压配电网高速载波通信系统中,常用电容耦合和电感耦合两种方式。

1)电容宽带耦合装置

电容耦合是采用耦合电容器为主要元件的耦合方式,用一高频电容来连接高频载波信号的输入/输出端与电力线接入点(电源插座、配电开关母线等),电容性耦合装置属于一种直接耦合装置,将高频载波信号直接注入电网,同时从电力线上接收高频载波信号,其原理图如图12.8 所示。

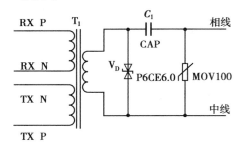

图 12.8　电容耦合装置原理

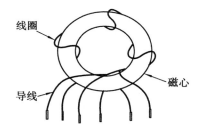

图 12.9　耦合变压器实物图

2)电感耦合

电感耦合又称为变压器耦合。常用的耦合变压器如图12.9 所示。基于变压器电磁感应耦合的原理,将电力线导线作为副边线圈,而将高频载波信号作为原边线圈,通过一个高磁导率的磁心或磁环构成了一个信号传输变压器,其等效图如图12.10 所示。这里将调制解调设备 CPE 的信号源等效为电流源、原边电流源信号,由电磁感应(电磁耦合)到副边电力线路上去;反之,副边电力线路上的高频信号的变化也会感应到原边高频信号线上,为调制解调设备 CPE 所接收。这里两个线圈回路信号耦合的程度与所选磁芯关系很大。

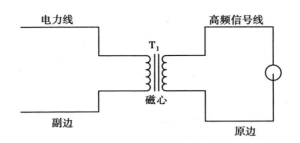

图 12.10　电感耦合装置变压器原理

（4）信号在电力线载波系统中的传输

1）信号在高压电力线载波系统中的传输

电力线载波可以使用的频率为 15~500 kHz。架空高压线在电力线载波传输的频率范围内是比较好的波导。由于有相对完整定义的特性阻抗，所以，在源点、汇点和交叉点处能够进行匹配，这样就能实现长距离高可靠性低能耗的数据传输。在传输中，载波信号没有被发送，实际上它是利用两个与载波频率对称的频谱来传送信号，它们被称为边带，二者带有相同的信息。

在实际传输中，高压电力线载波系统的高频信号会受天气状况的影响，霜冻、雾及雨雪天气会对其产生明显的干扰。

2）信号在中低压电力线载波系统中的传输

目前，电力线载波技术发展的热门方向：中低压电缆中的信号传输、Internet 最后"一公里"的接入、小区的智能化等。然而，目前通信应用的标准中没有任何已知的调制技术和媒介接入过程可以不经过大量修改就可以在 PLC 中应用。考虑到宽带所需的超过 100 Mbit/s 的数据速率，下列调制方式基本上可以适应 PLC：

①扩频调制，尤其是"直接序列扩频"（DSSS）；

②不使用均衡技术的带宽单载波调制；

③使用宽带均衡技术的宽带多载波技术；

④使用自适应判决反馈均衡技术的宽带多载波调制；

⑤以正交频分复用（OFDM）为形式的多载波调制。

12.4　数据通信的 DTMF 编/解码技术

DTMF（双音多频）信号具有的传递速度，使得它不仅广泛应用于电话系统的语音通信中，而且在通信网中应用也极为普遍。一些系统中常常需要同时接收和发送 DTMF 信号，发送和接收均伴随着编码和解码过程。

12.4.1　DTMF（双音多频）编码方法

双音多频（DTMF，Dual Tone Multiple Frequency）在程控系统中应用最为广泛。

电话机有两种拨号方式：脉冲拨号方式和双音多频拨号方式。

双音多频拨号方式中的双音是指用两个特定的单音信号的组合叠加来代表数字或符号

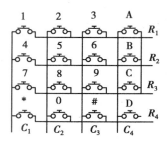

图 12.11 双音多频电话按键示意图

（功能）。两个单音的频率不同，所代表的数字和功能也不同。在双音多频电话机中，有 16 个按键，其中有 10 个数字键（0~9），6 个功能键（＊,#,A,B,C,D），如图 12.11 所示。按照组合的原理，它必须有 8 种不同的单音频信号。由于采用的频率有 8 种，所以称为多频。又因从 8 种频率中任意抽出 2 种进行组合，又称为"8 中取 2"的双合编码方法。

根据 CCITT 的建议，国际上采用 697 Hz，770 Hz，852 Hz，941 Hz，1 209 Hz，1 336 Hz，1 477 Hz 和 1 633 Hz。把这 8 种频率分成两个群：高频群和低频群。从高频群和低频群中任意各抽出一种频率进行组合，共有 16 种不同的组合，代表 16 种不同的数字或功能，见表 12.2。

表 12.2 双音多频的拨号代码

数字或功能　高频群/ Hz　　低频群/ Hz	1 209	1 336	1 477	1 633
697	1	2	3	A
770	4	5	6	B
852	7	8	9	C
941	＊	0	#	D

例如，按"1"键时，由拨号电路产生 697 Hz 与 1 209 Hz 叠加的信号电流输出；按"2"键时，产生 697 Hz 与 1 336 Hz 的叠加输出，以此类推。

图 12.12 为 DTMF 芯片 WE9187 和键盘排列图。

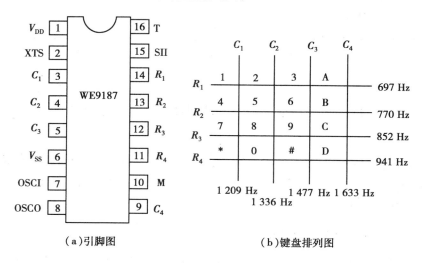

（a）引脚图　　　　　　　　　　（b）键盘排列图

图 12.12 引脚和键盘排列图

引脚功能介绍：

（1）振荡器（OSCI，OSCO）

在 7，8 脚之间接 3.579 54 MHz 的晶振，与内部放大器一起构成了振荡器，以产生电路所用的时钟脉冲信号。晶振所产生的频率与标称值之间总存在一定的偏差，此偏差一般不超过±0.02%的范围。

（2）$\overline{R_n}$ 和 $\overline{C_n}$ 的输入

键盘的输入可以采用单接点 4×4 键盘或 3×4 键盘。在正常拨号时，接任一个键，则输出双音频信号；若同时按下同一列或同一行的两个以上的键时，输出单音频信号；同时按对角的两个键时，没有音频信号输出。在不按键时，$\overline{R_n}$ 和 $\overline{C_n}$ 的电平为高电平（V_{DD}）；在键按下期间为 $\frac{1}{2}V_{DD}$ 的电平。

（3）单音禁止（STI）

单音禁止脚用来确定是否需要产生单音频信号。单音禁止脚在芯片内部通过一个电阻接 V_{DD}。单音禁止脚接 V_{DD} 或悬空时，可以产生单音频信号，也可产生双音频信号，至于产生哪种音频信号由键盘的输入方式确定。当把单音禁止脚接 V_{ss} 时，无论键盘如何输入，都不会产生单音频信号。就是说，此时单音频信号被禁止，只能发双音频信号。

（4）发送开关（XTS）

该脚是芯片内晶体管 V_1 的发射极引出脚。当没有键盘输入时，该晶体三极管导通（此时 V_1 的发射极要接负载），使该脚的电压接近 V_{DD} 的电压；当有键盘输入时，$\overline{VKB}$ 为低电平，三极管 V_1 截止，XTS 脚呈开路状态。

（5）音频输出（T）

音频输出脚就是芯片内晶体三极管 V_2 的发射极引出脚。在该脚和 V_2 之间接一个负载电阻，就可以构成射极跟随器。也可以和一个外接三极管构成复合管，把音频信号放大来满足发送电平的要求。V_2 的基极输入信号是由运算放大器提供的。

（6）静噪输出（M）

静噪输出脚是常规的 CMOS 门电路的输出端。在没有键盘的输入时，该输出为低电平（V_{SS}）；在有键盘输入时，输出为高电平。

12.4.2　DTMF 发送/接收一体 IC 芯片 MT8880 及应用

与前述 DTMF 芯片相比，MT8880 是将发送（编码）/接收（解码）集成为一体的新型芯片。

（1）MT8880 芯片的特点

①MT8880 是 CMOS 大规模集成电路，功耗低（52.5 mW），将发送和接收电路集中在一个芯片内，集成度高。

②可编程控制，容易与微机接口，可控制接收部分的工作原理与 DTMF 信号接收器 MT8870 相同。发送部分采用开关电容式 D/A 变换器，因此，DTMF 信号失真小，频率精度高，片内计数器对双音群模式的占空时间进行精确定时。

③具有多种工作模式，所以功能很强。例如，编程选择双音群（BURST）发送模式时，它间歇发送任意个数的双音群信号，双音信号持续时间精确控制在（51±1）ms，群与群间隔为

（51±1）ms,符合 DTMF 信号解码标准,要扩充为（102±2）ms 双音群模式,符合电话自动拨号标准。

（2）MT8880 的组成及基本工作原理

Mitel's 公司研制的 MT8880 芯片具有两种封装形式:20 脚和 28 脚封装,如图 12.13 所示。RSO 为寄存器选择输入端;φ_2 为时钟输入端,与 R/W 配合完成读写数据;$\overline{IRQ}/CP$ 为中断请求信号输出端,在 CP 模式下,输出方波,标志已收到 DTMF 信令编/解码及各种工作模式选择。

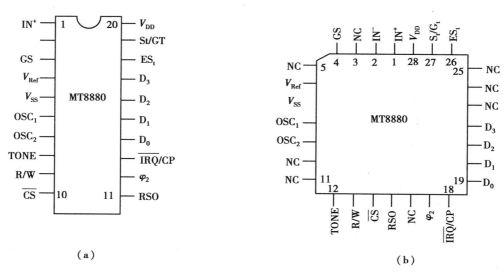

图 12.13　MT8880 封装图

其硬件原理如图 12.14 所示,它由接收、发送、控制 3 个主要部分组成。

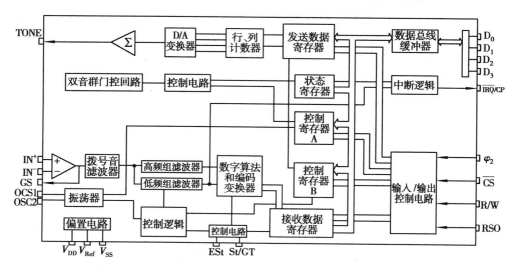

图 12.14　MT8880 原理框图

1）输入电路

输入电路有单端和差分输入两种方式。

单端电压增益 $A_V = \dfrac{R_E}{R_{IN}}$；差分电压增益 $A_{Vdiff} = \dfrac{R_5}{R_1}$；差分输入阻抗 $Z_{INdiff} = 2\sqrt{R_1^2 + (\omega C)^{-2}}$。元件的典型值 $C = C_1 = C_2 = 0.01\,\mu F$，$R_1 = R_4 = R_5 = 100\ k\Omega$，$R_2 = 60\ k\Omega$，$R_3 = \dfrac{R_2 R_5}{R_2 + R_5} = 37.5\ k\Omega$。

2）接收部分

音调信号经运放输出到两组六阶开关电容式带通滤波器，分离出低频组 f_{Low} 和高频组 f_{High} 信号。

低频组中的滤波器把 350 Hz 和 440 Hz 的拨号音滤除。每组滤波器连接一阶开关电容式滤波器，以提高分离信号的信噪比。由高增益比较器组成的限幅器去除低于检测门限的弱信号或噪声。

解码器采用数字计数方式检测双音信号频率，利用复杂的平均算法防止外来的各种干扰，当检测器识别有效的双音信号时，预控端 ESt 输出高电平。

3）控制电路

上述为模拟信号处理系统，当满足信号条件时，系统有输出。为了可靠接收，还应满足识别的条件，即检测有效信号的持续时间，ESt 信号驱动外接 $R_1 C_1$ 积分电路，如图 12.15 所示。

C_1 放电，在有效时间 t_{GTP} 内 ESt 维持高电平，当 $V_C = T_{TSI}$ 时（控制逻辑的门限电平），GT 输出信号驱动 V_C 至电源电压 V_{DD}，经延迟后，控制逻辑将片内状态寄存器的延迟输出标志位置"1"，如选择

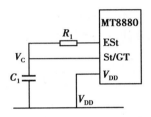

图 12.15　控制电路原理图

中断模式，当延迟输出标志位置"1"时，$\overline{IRC}/CP$ 引脚由高电平变为低电平，为微机提供中断请求信号。延迟控制电压的跳变沿把数据锁存至输出端。

4）电话信号音滤波器

MT8880 为 CP 模式时，可以检测各种信号音（如电话忙音、拨号音、回铃音等）。信号音和双音共用输入端子，CP 和 DTMF 两种模式分时使用，选择 CP 就不能接收 DTMF 信号。信号音经滤波器选择，高增益比较器限幅，施密特门限甄别后从 $\overline{IRQ}/CP$ 引脚输出代表各种信号音的方波脉冲信号，输入到微机或计数器，对方波脉冲信号特性（如占空比、脉宽、周期等）进行分析后，完成不同的接收或控制。中心频率 450 Hz、带宽约 250 Hz 信号音以外的频率，MT8880 拒收。拒收和无输入信号时，$\overline{IRQ}/CP$ 输出低电平。

5）DTMF 产生器

DTMF 产生器是发送部分主体，它产生 16 种失真小、精度高的标准双音信号，这些频率均由 3.579545 MHz 晶体振荡器分频产生。电路由数字频率合成器、行/列可编程分频器、开关电容式 D/A 变换器组成。行和列单音正弦波经混合、滤波后产生双音信号。按 DTMF 编/解码表把编码数据写入 MT8880 发送寄存器产生单独的 f_{Low} 和 f_{High}，f_{High} 与 f_{Low} 二者的输出幅度之比为 2 dB。目的在于补偿高频组信号经通信线路的衰减，即经过预加重处理。

写操作时，总线上的四位数据被锁存，可编程分频器进行 8 中取 2 编码变换，由定时长度确定该音调信号的频率，当分频器达到由输入编码确定的计数值时，产生复位脉冲，计数器重新计数，改变定时长度可改变频率。编码电路由开关电容式 D/A 变换器组成，得到高精度的量化电平。低噪声加法放大器完成行和列单音信号的混合。输出级有带通滤波器，用来衰减大于 8 kHz 的谐波产物。

表 12.3　内部寄存器

RSO	R/$\overline{\text{W}}$	功　能
0	0	写发数据寄存器
0	1	读接收数据寄存器
1	0	写控制寄存器
1	1	读控制寄存器

12.5　通信中的三态逻辑编/解码技术

12.5.1　三态编/解码器专用芯片及其编/解码功能

MC145026、MC145027 和 MC145028 3 种芯片的引脚如图 12.16 所示。下面分编码器与解码器两部分来介绍。

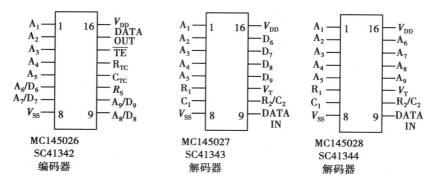

图 12.16　3 种芯片引脚图

（1）编码器 MC145026

编码器 MC145026 各引脚的功能如下：

R_S、C_{TC}、R_{TC}：这 3 个引脚是供编码器振荡电路外接 RC 元件，如图 12.17 所示。

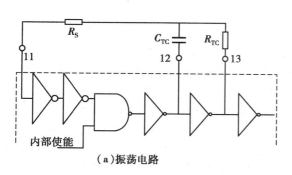

（a）振荡电路

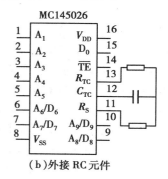

（b）外接 RC 元件

图 12.17　MC145026 引脚图

振荡频率 f 与外接 RC 元件的关系为：

$$f \approx \frac{1}{2.3 R_{TC} C'_{TC}} \tag{12.2}$$

频率 f 的范围为 1~400 kHz，

式中：

$$C'_{TC} = C_{TC} + 12 \text{ pF}$$

而 C_{TC} 可在 15~400 pF 内选取，

$$R_{TC} \geqslant 10 \text{ k}\Omega$$

R_s 的取值应大于或等于 $2R_{TC}$，表 12.4 列举了几种典型的选择供参考。

表 12.4　外接电阻电容举例

f_{osc}/kHz	R_{TC}/kΩ	C'_{TC}/pF	R_s/kΩ	R_1/kΩ	C_1/pF	R_2/kΩ	C_2/pF
262	10	120	20	10	470	100	910
181	10	240	20	10	910	100	1 800
88.7	10	490	20	10	2 000	100	3 900
42.6	10	1 020	20	10	3 900	100	7 500
21.5	10	2 020	20	10	8 200	100	15×10^3
8.53	10	5 100	20	10	2×10^4	200	2×10^4
1.71	50	5 100	100	50	2×10^4	200	10^5

注：表中所有的电阻电容均为 ±5% 的误差，$C'_{TC} = C_{TC} + 20$ pF。

$\overline{\text{TE}}$：发送控制端，该脚为低电平时，编码器开始发选编码，平常由上拉电阻保持该脚为高电平。

DATA OUT：编码数据输出端。

V_{SS}：电源负极端，通常接地。

V_{DD}：电源正极端，工作电压范围为 4.5~18 V。

$A_1 \sim A_5$：地址线，经编码后由数据输出端输出。

$A_6/D_6 \sim A_9/D_9$：地址/数据复用，编码后由数据输出端输出。MC145026 的 $A_1 \sim A_9$ 是地址或数据输入端，每位可有 3 种状态：高电平、低电平、开路。利用其不同的组合与 MC145028 配对时可产生 $3^9 = 19\,683$ 种不同的编码。数据从第 15 脚 D_0 串行输出，每位数据用两个数字脉冲表示：两个连续的宽脉冲表示"1"，两个连续的窄脉冲表示"0"，一宽一窄表示开路。R_s、C_{TC}、R_{TC} 外接电阻电容决定其内部时钟振荡器的振荡频率。$\overline{\text{TE}}$ 是发送控制端，低电平有效，1 个发送周期将 9 位数据 $A_1 \sim A_9$ 重复发送 2 次。如果 $\overline{\text{TE}}$ 保持低电平，则继续发送数据字，发送的波形与时序如图 12.18 所示。

MC145028 芯片没有数据线，而有 9 根地址线，三态时寻址能力为 $3^9 = 19\,683$，二态时也有 $2^9 = 512$。显然，三态时寻址能力明显大于二态时寻址能力。

$\overline{\text{TE}}$ 无论何时由低电平变为高电平，都必须等到当前发送周期结束之后才能使发送工作停止。

发送的编码数据波形如图 12.19 所示。在图 12.19 中，"1"为两个宽脉冲，"0"为两个窄脉冲,"开路"为一个宽脉冲和一个窄脉冲。脉冲的高低电平分别为电源的70%与30%。

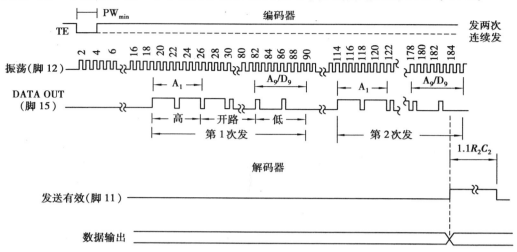

图 12.18　发送的波形与时序图

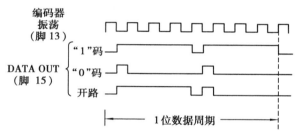

图 12.19　发送的编码数据波形

（2）**解码器 MC145027 和 MC145028**

解码器 MC145027 和 MC145028 两者都与 MC145026 配合使用。其差别是,当 MC145026 的 $A_6/D_6 \sim A_9/D_9$ 用作数据线时,选用 MC145027 配对;当 MC145026 的 $A_6/D_6 \sim A_9/D_9$ 用作地址线时,选用 MC145028 配对。其引脚功能如下,作用与 MC145026 相同的不再赘述。

DATA IN:编码数据输入端。

$D_6 \sim D_9$:仅 MC145027 有这 4 个引脚,它们对应 MC145026 的 $A_6/D_6 \sim A_9/D_9$ 发出的二进制数据,并且只辨别二进制数据,当 MC145026 的对应 4 个引脚处在"开路"状态时,MC145027 解码为"1"态电平。

R_1、C_1:这两个引脚所接的电阻与电容用于确定接收到的信息是窄脉冲还是宽脉冲。$R_1 C_1$ 时间常数应为 MC145026 编码器时钟周期的 1.72 倍。即 $R_1 C_1 = 3.95 R_{TC} C_{TC}$。

R_2/C_2:该引脚连接的电阻电容用于检测接收终止与发送终止。阻容回路时间常数应为编码器时钟周期的 33.5 倍,即

$$R_2 C_2 = 77 R_{TC} C_{TC} \tag{12.3}$$

这一时间常数用于确定引脚上的数据是否保持了 4 个数据周期的低电平,即发送是否结束。

编码器和译码器在配合使用时要求两者时钟一致。因工作频率很宽（1 Hz～1 MHz）,可对 $f = 1/(2.3 R_T C_T)$ 进行计算。其中 $R_s > 20$ kΩ,$R_s = 2R_{TC}$,$R_{TC} > 10$ kΩ,400 pF $< C_{TC} < 15$ μF,可从

$R_1 C_1 = 3.95 R_{TC} \cdot C_{TC}$ 以及 $R_2 C_2 = 277 R_{TC} \cdot C_{TC}$ 中选取。

上述 3 种芯片都有其低电压变型产品:编码器 SC41342 工作电压范围 2.5 ~ 18V,解码器 SC41343 和 SC41344 工作电压范围 2.8 ~ 10 V。

MC145028 的 A_1 ~ A_9 是 9 位地址码输入端。外部数据从 D_1 输入,当其 9 位地址开关设定的状态与编码器连续二次发送来的数据相同时,第 11 脚 V_T 由低电平变为高电平,R_1、C_1、R_2/C_2 外接电阻电容决定频率范围。

MC145027 的工作原理与 MC145028 完全一样,所不同的是 MC145027 含 5 位地址 A_1 ~ A_5,4 位数据 D_6 ~ D_9,MC145029 含 4 位地址 A_1 ~ A_4,5 位数据 D_5 ~ D_9,依靠数据输出可产生各种不同的控制信号。

12.5.2　MC145026 和 DMC145027 编/解码器在通信中的典型应用

MC145026 和 MC145027 组成的编码器既可用于多路遥控,又可用于数据传输,使用简便可靠,但其编码的传输速率各类手册未见介绍。可根据编译码器原理和实际测试结果推导出传输速率的计算公式,为系统设计提供参考。

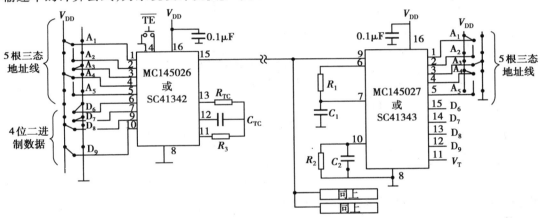

·图 12.20　多路遥控系统典型设计

图 12.20 为多路遥控系统的典型设计。MC145026 编码器可对 9 位输入信息(地址 A_1 ~ A_5、数据 D_6 ~ D_9)进行编码,每位输入数据编码后用两个脉冲表示:"1"编码为两个宽脉冲;"0"编码为两个窄脉冲;"开路"编码为一宽一窄脉冲。编码后的数据流由 DO 串行输出。MC145027 译码器接收 MC145026 输出的编码数据流,当译码器地址与编码器地址状态相同并连续收到两组相同编码信号时,V_T 端由低电平跳变为高电平,指示接收有效。编码器 DO 端及译码器 V_T 端波形如图 12.21 所示。

串行输出一个字(A_1 ~ A_5,D_6 ~ D_9)编码信号所用时间为 T_{DO},编码器连续输出 M 个相同的编码信号需时间为 $M \cdot T_{DO}$,对于 N 路遥控,若每路各有一次接收 V_T 有效,则需时间为:$N \cdot M \cdot T_{DO}$,即

$$T_{VT} = N \cdot M \cdot T_{DO} \tag{12.4}$$

MC145026 的 DO 端输出编码信号的速率由编码器的时钟频率 f_{osc} 决定,用示波器观察的编码器数据波形如图 12.22 所示。编码器每编码一个数字位所需时间为 $8T_{osc}$。每编码一个字需时间为 $(8×9) T_{osc} = 72 T_{osc}$,在编码的两个字之间,有一段为 3 个数字位周期的间隙没有信号输出,因此,每完成编码一个字需时间为 $(72 + 8 × 3) T_{osc} = 96 T_{osc}$,因而得出:

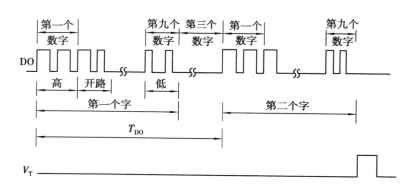

图 12.21　编码器 DO 端译码器 V_{T} 端波形

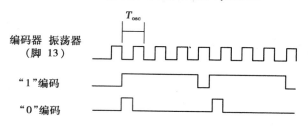

图 12.22　编码器的数据波形

$$T_{\text{DO}} = 96 T_{\text{osc}} \tag{12.5}$$

将式(12.5)代入式(12.4)得：

$$T_{\text{VT}} = 96 \cdot N \cdot M \cdot T_{\text{osc}}$$

即

$$f_{\text{vt}} = \frac{f_{\text{osc}}}{96N \cdot M} \tag{12.6}$$

式中　f_{vt}——任一路接收端有效传输 V_{T} 的接收频率；

　　　f_{osc}——编码器振荡器的时钟振荡频率；

　　　M——相同编码器信号连续输出的次数；

　　　N——N 路遥控。

　　当相同编码信号连续输出两次后,及时改变编码器输入地址 $A_1 \sim A_5$ 及输入数据 $D_6 \sim D_9$,可使遥控系统达到最高传输速率,但辅助电路较为复杂。在保证可靠接收的条件下,简化电路就要以牺牲传输速率为代价。故使相同编码信号连续输出两次,以确保接收可靠。

12.6　红外遥控技术

　　红外线遥控是目前使用最广的一种通信和遥控手段。由于红外线遥控装置具有体积小、功耗小、功能强、成本低等特点,因而继彩色电视机、录像机之后,在录音机、音响设备、空调机以及玩具等其他小型电器装置上也纷纷采用红外线遥控。在工业设备中,处于高压、辐射、有毒气体、粉尘等环境下,采用红外线遥控不仅安全可靠而且能有效地隔离电气干扰。

12.6.1　红外遥控系统

一般的彩电遥控系统是由红外遥控信号编码发送器、红外遥控信号接收器和解码器(解码芯片或单片机)及其外围电路等 3 部分构成的。

遥控信号发送器用来产生遥控编码脉冲,驱动红外发射管输出红外遥控信号,遥控接收器完成对遥控信号的放大、检波、整形并解调出遥控编码脉冲。遥控编码脉冲是一组组连续的串行二进制码,对于一般的彩电遥控系统,此串行码作为微控制器的遥控输入信号,由其内部 CPU 完成对遥控指令的解码,对于其他各种智能型遥控电子产品的设计者,上述的彩电微控制器内部解码出的遥控指令是不便于利用的。因此,人们利用红外编/解码芯片及单片机研制出多种通用红外遥控系统,可对各种电器设备进行遥控。

(1)工作原理

通用红外遥控系统由发射和接收两大部分组成,应用编/解码专用集成电路芯片来进行控制操作,如图 12.23 所示。发射部分包括键盘矩阵、编码发送电路及其外围电路。接收部分包括光电转换放大器、接收电路、解码电路及执行电路。

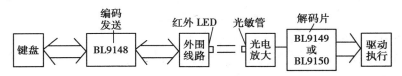

图 12.23　通用红外遥控系统框图

当按下某个键(或按键组合)时,发送电路就按一定的编码在输出端产生串行编码的脉冲。该脉冲再经驱动由红外线发光二极管发射到空间。接收端接收到光信号后,先经光放大器再经解码芯片或单片机将它还原为串行编码(解码)的脉冲,然后由接收电路按编码的约定转换为相应的控制电平,最后由执行电路驱动模拟开关或继电器等完成要求的操作。

(2)遥控发射器及其编码

遥控发射器专用芯片种类很多,现以日本三菱公司的 M50462AP 集成电路等组成的发射电路为例说明编码原理。当发射器按键按下后,即有遥控码发出,所按的键不同,遥控码也不同。这种遥控码具有以下特征:

①采用脉宽调制的串行码,以脉宽为 0.5 ms、间隔 0.5 ms、周期为 1 ms 的组合表示二进制的"0";以脉宽为 0.5 ms、间隔 1.5 ms、周期为 2 ms 的组合表示二进制的"1",其波形如图 12.24 所示。

②用"0"和"1"组成的 16 位二进制码经 40 kHz 或 38 kHz 的载频进行调制,以改变码的占空比,达到降低电源功耗的目的,然后再通过红外发射二极管进行二次调制,产生红外线向空间发射,发射波形如图 12.25 所示。

③每组码包含 16 个二进制位,它由 17 个脉冲的 16 个间隔构成,如图 12.26 所示。M50462AP 产生的遥控编码是连续的 16 位二进制码组,其中每组编码前 8 位为用户识别码,后 8 位为指令控制码(功能码),图 12.26 为编码格式。

④16 位二进制码的发射顺序是低位在先,高位在后,分前 8 位和后 8 位两部分。前 8 位(用户识别码)用以区别不同的电器设备,防止不同机种遥控码互相干扰。该遥控发射器的用

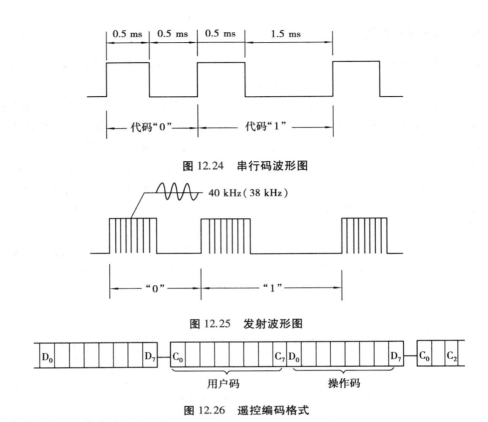

图 12.24　串行码波形图

图 12.25　发射波形图

图 12.26　遥控编码格式

户识别码固定为 16 进制的 47H。后 8 位(指令控制码)中有 7 位有效位。M50462AP 最多有 64 种不同组合的编码,但生产厂只给出 37 种编码,不过,这对彩电遥控及类似应用场合已经足够了。

⑤遥控器在按键按下后,周期性地发出同一种 16 位二进制码,周期约为 32 ms。一组码本身的持续时间随它所包含的二进制“0”和“1”的个数不同而不同,为 20～25 ms。前后两个码的间隔时间为 7～12 ms,这段时间为起始位,图 12.25 为发射波形图。

(3)接收器及解码

红外遥控接收器可由日本索尼公司的 CX20106A 和 PH30B 红外接收二极管等组成。CX20106A 完成对遥控信号的前置放大、限幅放大、带通滤波、峰值检波和波形整形,然后解调出与输入遥控信号反相的遥控编码脉冲,此信号再送去解码。

解码就是识别二进制码“0”和“1”以及遥控信号起始位。由专用解码芯片或单片机对脉冲间隔计数,由计数值的大小区别脉冲间隔的时间,从而识别出二进制码“0”和“1”以及遥控信号起始位。

如前所述,红外遥控的 16 位二进制串行码是脉宽调制的,脉冲宽度固定(0.5 ms),而脉冲的间隔不同。因此,只要设法测出脉冲间隔时间,即可判断是二进制的“0”还是“1”。考虑到适当的误差,可把脉冲间隔为 0.3～0.7 ms 的判为“0”,脉冲间隔为 1.3～1.7 ms 的判为“1”。

12.6.2　一体化红外线接收器及其在数据通信中的应用

NJL41 系列是 JRC(新日本株式会社)新推出的一体化红外线接收器,集红外线接收和放大于一体,不需要任何外接元件,就能完成从红外线接收到输出与 TTL 电平信号兼容的所有工作,而体积和普通的塑封三极管大小一样。因此,它适合于各种红外线遥控和红外线数据传输,是代替 CAX10206 和接收二极管等红外线接收放大器的理想元件。

(1)NJL41 芯片介绍

NJL41 系列的管脚分布如图 12.27 所示。图中 2、3 分别为地和电源,1 是信号输出端,其电平和 TTL 兼容。NJL41 系列的特性如下:

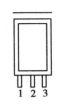

频率范围:32.75 kHz、36.7 kHz、38 kHz、40 kHz

电源电压:4.7~5.3 V

工作电流:3 mA

图 12.27　NJL41 系列引脚图

最小遥控距离:大于 8 m

工作温度:−10~+60 ℃

黑色环氧聚光透镜,消除了可见光对它的干扰。内含红外线 PIN 接收管、选频放大器和解调器。当红外线发射器发出的信号经空间传送到 NJ41×× 时,它的内部 PIN 红外线接收管将其转换为电信号,该信号经选频放大和解调后由 1 脚输出与 TTL 电平兼容的电信号,该信号能直接送入到微处理器等要求 TTL 电平信号输入的芯片中。图 12.28 是 NJL41 系列的输出波形图。

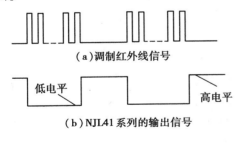

(a)调制红外线信号

(b)NJL41 系列的输出信号

图 12.28　NJL41 系列的输出波形图

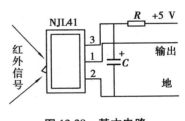

图 12.29　基本电路

(2)应用实例

1)基本电路

基本电路如图 12.29 所示,R 和 C 组成去耦电路抑制电源干扰。不需任何外接元件,NJL41 系列就能和大多数红外线遥控解码器接口。例如,NJL41X38 能直接替换 CAX10206,而由 CAX10206 组成的红外线接收器需要 1 个 PIN 红外线接收管、1 片 CAX10206、3 个电阻和 3 个电容,采用 NJL41X38 后,仅 1 个元件就行了。

2)NJL41 系列

在数据通信中的应用在状态监测的过程中,可将 NJL41V328 用于手持式数据采集仪与现场设备状态监测仪之间的数据交换,实现了手持式数据采集仪与现场状态监测仪之间的无线数据通信。

12.7　滚动码遥控发射器电路的工作原理

美国 Microchip 公司推出的 HCS×××系列,是为远程无"钥匙"遥控开锁系统中加密识别单元而设计的 KEELOQ 滚动码编解码器。它采用最新加密编码技术——Keeloq 滚动算法对所要传输的代码进行加密,使得每次发送的码以无规律方式变化,且都是唯一的、不重复的,故称之为滚动码,因此,具有极高的保密性。

滚动码和固定码就传输的保密性进行比较,前者的优越性和先进性是显而易见的。固定码的保密性很低,用空中拦截的方法很容易把代码攫取下来以备今后重新发送。

滚动码应用系统由编码器与解码器两部分组成。其中解码器又分为软件解码与硬件解码。软件解码器主芯片为内置 KEELOQ 解码软件的 MCU,而硬件解码主芯片则为 HCS5××专用解码芯片。

汽车遥控防盗系统用遥控发射器由密码信号发生器、键盘输入电路、无线发射电路等组成,工作频率为 256~320 MHz,(典型 315~318 MHz),工作电源为 12V,遥控距离为 30~50 m。为了便于携带,普遍采用微型钥匙扣式设计如图 12.30 所示。

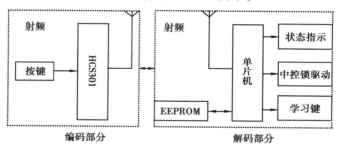

图 12.30　汽车门锁硬件结构图

遥控发射器根据编码信号的不同加密方式,可以分为固定式加密方式和滚动码(跳码)加密方式两大类。下面具体介绍一些典型电路工作原理。

12.7.1　滚动码遥控发射器电路原理

滚动码遥控发射器的电路组成和固定码遥控发射器基本相同,如图 12.31 中 HCS300 引脚图,图 12.32 是一种常见的滚动码遥控发射器的工作原理。

（1）HCS301 编码集成电路特点

①保密性:可编程 28 bit 系列号,可编程 64 bit 加密密钥,每次发送代码是唯一的,加密密钥不可读取。

②内部特征:宽范围工作电压(HCS300,2.0~6.3 V;HCS301,5.5~13.0 V)。

③4 个功能输入口(可组合达 15 种功能)。

④低电压检测指标。

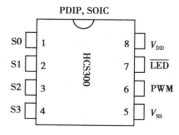

图 12.31　HCS300/301/360/361

封装图

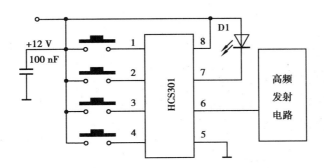

图 12.32　以 HCS301 为编码芯片的
遥控发射器电路原理

（2）HCS301 的编码过程

由原代码加密密钥及同步码等经 Keeloq 算法加密后，产生 32 bit 高度保密的滚动代码。由于 Keeloq 算法的复杂性和 16 位同步码每次传输时都要更新。故每次传输代码都和上一次的代码完全不同。编码过程如图 12.33 所示。

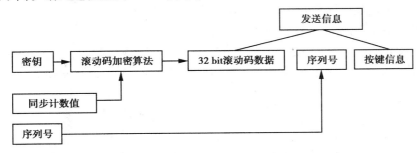

图 12.33　滚动码产生图

（3）片内 EEPROM

HCS301 片内具有 192 bit（16×12）EEPROM，用于存储加密密钥、序列号同步值和其他信息，在使用 HCS301 之前和使用之中都需要对其进行操作。使用之前需对其进行编程。为保密起见，只有在编程 EEPROM 之后相当短的时间内才能进行回读检验，其他时间为禁读状态，使用之中则读 EEPROM 信息加密，产生发送代码，并更新同步值。

（4）HCS301 发码格式

HCS301 的发码信息由几个部分组成如图 12.34 所示。每次发码的码字以引导码标志和头标开始，接着是滚动和固定码部分，最后为每次发送的保护时间。滚动码部分为 32 bit 加密数据；固定码部分为 34 bit，包括状态位、功能位和 28 位系列号。总计码组合多达 7.38×10 种。

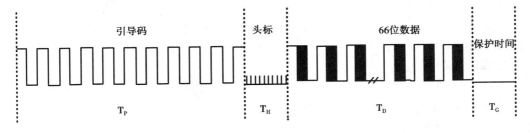

图 12.34　发码格式

其加密方法如图 12.35 所示。

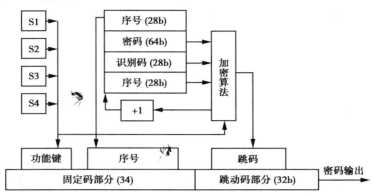

图 12.35　HCS301 加密方法原理图

12.7.2　滚动码解码芯片 TDH6301

（1）TDH6301 跳码译码器的管脚及其功能

TDH6301 跳码译码器的引脚排列如图 12.36 所示。

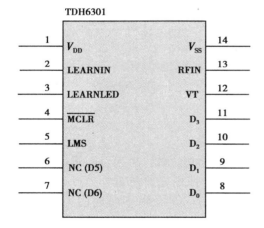

图 12.36　TDH6301 引脚排列

TDH6301 的工作电压为 2.0～5.5 V，工作温度为 -40～+85 ℃，静态电流：低功耗（待机状态小于 3 μA）。

引脚 1：V_{DD}，电源，一般接 +5 V；引脚 2：LEARNIN，"学习"键；引脚 3，LEARNLED，"学习"指示输出；引脚 4：MCLR：译码器复位端口；引脚 5：LMS，上拉时锁存输出，下拉时暂存输出；引脚 6：NC（D_5），空引脚；引脚 7：NC（D_4），空引脚；引脚 8～11，D_0～D_3，数据输出端；引脚 12：V_T，接收信号有效输出；引脚 13：RFIN，接收信号输入；引脚 14：V_{SS}，接地。

TDH6301 与编码芯片 HCS301 配对使用，可省去烦琐的编码和配对。它有两种输出方式，当 TDH6301 的 5 端悬空时为脉冲型电平输出方式（即无接收信号）时，数据输出将保持约 500 ms；当 TDH6301 的 5 端接法如图 12.36 所示时，为锁存型电平输出方式，即输出电平将保持到有其他输出口接收信号时为止。

TDH6301 的输出状态由"学习"过的编码器决定，即对应的按键输入组合产生对应的输出组合，因而通过门电路组合 TDH6301 的输出能够实现 15 个功能。

（2）解码原理

解码器要正确地对接收到的 PWM 数据进行解码，首先必须对相应（指与解码器具有相同的厂商代码）的编码器进行学习，因为解码器在一开始只有厂商代码，没有其他用于解码用的数据，如系列号、密钥、同步值等。根据 HCS301 工作于不同的加密方式，其学习后得到的数据是不一样的。学习过程如图 12.37 所示。

图 12.37　学习编码器过程

用于对 32 位加密滚动码解密用的 64 位密钥产生原理同编码器的加密密钥,这与编码器的加密模式有关,因此,必须要求编码器与解码器具有一致的加密和解密模式。解码器在获得 32 位解密值后,必须经过系列号鉴别,若相同,则学习成功,并将系列号、同步值和解密密钥存入 EEPROM 中,为以后正确解码和相应的控制做好准备。

（3）应用电路

4 路输出(6 路输出)如图 12.38 所示。

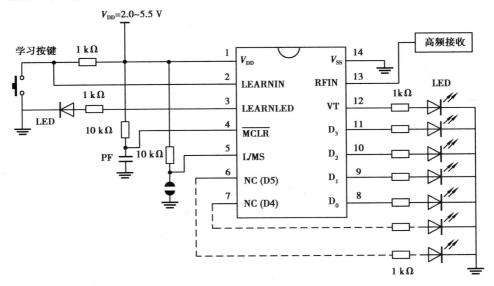

图 12.38　TDH6301 解码应用电路

（4）附高频无线发射电路

高频接收电路建议使用接收模块如图 12.39 和图 12.40 所示。

12.7.3　同步值识别

解码器最终通过同步值识别来判断该次从编码器接收的数据是否合法,是否根据按键键值进行相应的控制。解码器接收编码器发送来的数据后,先对接收到的滚动码进行解码,若该码合法,则继续对解码获得的同步值进行识别,识别方法如图 12.40 所示。若解码获得的同步值与上次正常接收到的同步值的差值在 16 kΩ 之内,则解码器工作在单操作窗口,就会马上根据键值进行相应的控制并

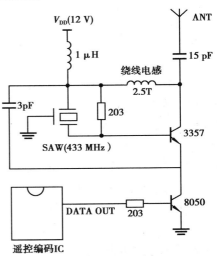

图 12.39　遥控器发射电路原理图

更新 EEPROM 中的同步值;若差值为 16~32 kΩ,则解码器工作在双操作窗口等待接收下一次数据,若这两次同步值连续,则此次操作有效,并更新同步值;若差值大于 32 kΩ,则此次操作失败。

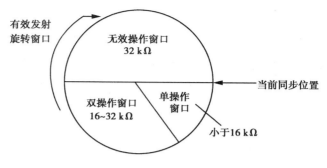

图 12.40　同步值识别原理图

12.7.4　无线收发芯片及流程

(1)无线收发芯片 nRF905

nRF905 的引脚排列如图 12.41 所示。

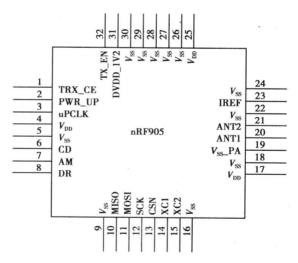

图 12.41　nRF905 引脚排列

nRF905 的工作电压为 1.9~3.6 V,32 引脚 QFN 封装(5 mm×5 mm),工作于 433/868/915 MHz。

V_{DD}:电源,工作电压为+3.3~3.6 V DC;TX_EN:数字输入,等于 1,发送模式;等于 0,接收模式;TRX_CE:数字输入,使 nRF905 工作于接收或发送状态;PWR_UP:数字输入,使芯片上电;uCLK:时钟输出;CD:载波检测;AM:地址匹配;DR:接收或发射数据完成;MISO SPI:接口 SPI 输出;MOSI SPI:接口 SPI 输入;SCK SPI:时钟 SPI 时钟;CSN SPI:使能 SPI 使能;V_{SS}:电源接地。

(2)无线发送及接受系统程序设计

发送端的单片机将接收机的地址和要发送的数据写完后,就要控制 nRF905 模块将数据信息发送出去,nRF905 模块在发送模式时会自动产生字头和 CRC 校验码。当发送过程结束后,nRF905 模块的数据传输完成管脚会通知单片机数据发送完毕。图 12.42 为典型的 nRF905 模块数据发送流程:

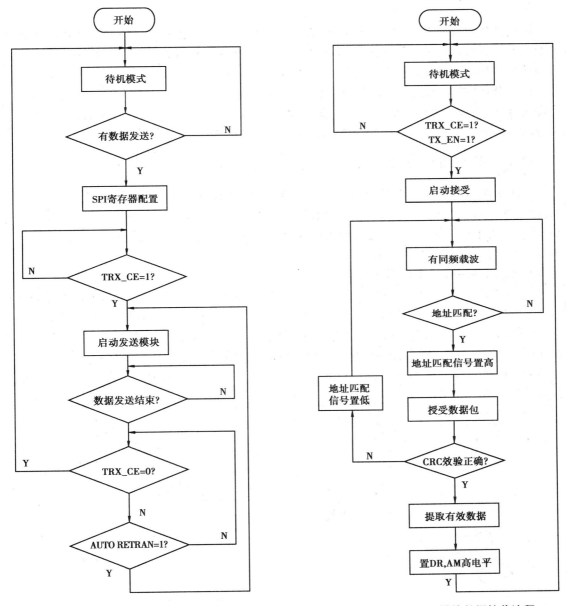

图 12.42　nRF905 **模块数据发送流程**　　　　图 12.43　nRF905 **模块数据接收流程**

接收端的单片机控制 nRF905 模块进入接收模式后,当 nRF905 模块监测到有同一频段的载波信号且接收到相匹配的地址时,就开始数据包接收。当数据包正确接收完毕后,接收端的单片机在 nRF905 模块处于待机状态时通过 SPI 接口提取数据包中的有效接收数据。图 12.43为典型的 nRF905 模块数据接收流程。

12.8 工厂 WIFI 控制照明开关的应用

通过 WIFI 控制的照明开关,可以实现在局域网内随时随地通过网络就都能控制照明开关的功能。利用移动终端控制工厂部分设备的开关,处理一些事务,缩短了劳动时间,提高了劳动效率,智能开关的出现使现场控制发生很大的改变。

目前 WIFI 技术无处不在,在工厂由于照明灯的数量多,照明开关的位置分散,使用手持终端通过 WIFI 来控制照明灯的开启与关闭是很有必要的。在工厂手持终端通过 WIFI 技术来控制工厂的照明系统开启的数量,实现远程智能控制照明开关的目的。

12.8.1 硬件的配置方案

车间照明系统使用的照明灯数量达到 620 组之多,虽然目前有直接使用 WIFI 控制的开关,但是在车间现场要管理 620 个无线网络节点非常费力,而且同一个网段只允许 255 个终端。因此,为了控制的可靠性,还是使用有线网络的子站控制,每个子站可以控制两排,即 24 盏照明灯,这样只需要 25 个网络终端。

(1)以太网络终端控制的开关

每个网络终端都采用串口服务器做信号的转换器模块,本项目采用的是 USR-TCP232-300 的以太网转 485 模块。如图 12.44 以太网转 485 模块是在以太网内的一个网络终端,可以通过交换机或路由器等网络设备进行现场连接,但是在电脑上通过驱动程序可以虚拟成一个串口,就可以使用串口编程来控制单片机。单片机通过 485 信号与以太网转 485 模块连接,这样每组 485 网络内只需要 24 个子站,每个子站控制 1 组照明灯,减小 485 网络的子站数量可以有效提升通信的效率。

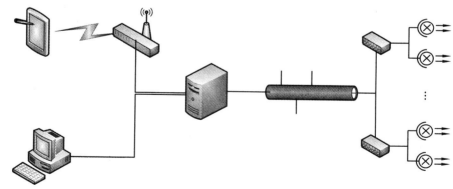

图 12.44　通过 WIFI 智能控制的照明开关

(2)以太网络终端之间的连接

以太网络终端就相当于一台独立的计算机,网络终端之间通过工作在交换模式的 WIFI 无线路由器级联连接。现场的路由器与路由器之间,路由器与以太网转 485 模块之间都只接 LAN 端口,并且关闭现场无线路由器的 DHCP 服务。在机房的路由器与外部网络之间使用 WLAN 端口连接,并且打开 DHCP 服务。这样设置的目的是为了保证现场的以太网转 485 模块和服务器在同一个网段,方便网络的控制,同时现场布置的无线路由器之间实现无线网络的无缝连接,保证员工在工厂的各角落都有 WIFI 信号。

（3）**服务器的配置**

服务器采用普通办公电脑足够协调各控制开关的通信。服务器通过网卡和以太网转 485 模块连接。在服务器上安装好串口虚拟软件后,就相当于服务器有 25 个串行端口,每个端口都可以独立运行。由于以太网络的灵活性,使得整个网络虽然串行通信的节点数虽然比较多,但是由于分区域管理使得每个区域的子站通信都比较流畅。通过 RS485 接口控制方案如图 12.45 所示。

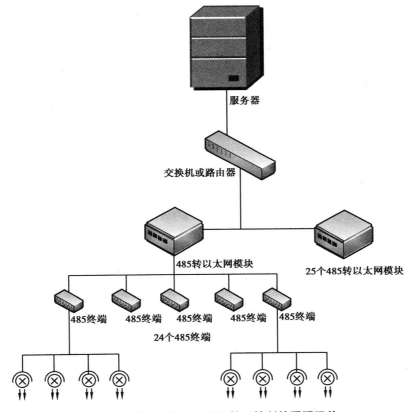

图 12.45　服务器通过 RS485 接口控制的照明开关

12.8.2　控制程序的设计

本程序需要实现跨平台在电脑、手机、工控机上都可以控制照明灯,因此,主界面采用网页设计。用户在网页上发出开关灯的命令,服务器根据用户发出的命令找到要控制哪个子站,然后把命令下发到子站,子站根据服务器下发的命令控制继电器的开关。

（1）**单片机控制照明灯的开关的软件设计**

单片机要控制照明灯需要从以太网转 485 模块获取服务器发出的命令,自定义单片机之间的通信协议见表 12.5。

表 12.5　自定义单片机之间的通信协议

<	A	:	8	8	>
开始	地址	命令	开关状态	核对状态	结束

每个网络内子站的地址总数为 26 个。地址大写表示上位机发的数据 A,地址小写表示子站发的数据 a。

命令":"表示读取当前子站的状态,命令格式为<A:%%>,子站如果地址匹配应该返回的数据为:<a:99>。

命令"="表示设置当前子站的状态,命令格式为< A=00>,子站如果地址匹配应该返回的数据为:<a:00>。

开关状态,1 个字节地址,从 ASCII 码的" * "到"9",用 10 进制的数据就是 42~57,总数是 16 个状态,表示继电器的 0000 到 1111,例如 0001,就用"+"表示,见表 12.6。

表 12.6　定义网址的开关状态与 ASCII 码对应关系

ASCII 码	数　据	开关状态
*	0	0000
+	1	0001
,	2	0010
−	3	0011
.	4	0100
/	5	0101
0	6	0110
1	7	0111
2	8	1000
3	9	1001
4	A	1010
5	B	1011
6	C	1100
7	D	1101
8	E	1110
9	F	1111

命令"@"表示设置当前子站的地址,命令格式为< A@ F51100F60031FD = A>,子站如果芯片 ID 匹配应该返回的数据为:<a:00>。

命令"#"表示读取当前子站的芯片 ID,命令格式为<A#%%>,子站如果地址匹配应该返回的数据为:<a:F51100F60031FD >。

(2)服务器发数据到以太网转 485 模块的软件设计

服务器发数据到以太网转 485 模块遵循模块厂家所提供的 USR-IOT 控制器指令协议,其原理是在 TCP/IP 协议的基础上进行点对点之间的数据传输。通过网络传输数据一般分为两种协议:TCP 协议和 UDP 协议,TCP 协议是必须和对方建立可靠的连接的通信协议;而 UDP 是一个非连接的协议,传输数据之前源端和终端不建立连接。本项目为了保证数据发送到位,采取的是 TCP 协议。

建立数据通信首先是要设置好 Winsock 控件的基础属性,包括以太网转 485 模块的 IP 地址、通信端口号(默认是 8899)、TCP 主通信协议等。初始化 Winsock 控件后就打开控件,并发出"admin+0D+0A"的命令("admin"是控制器的密码,"+0D+0A"是换行和回车的字符),如果有回复"OK"表示连接成功可以进入下一步通信。然后根据 USR-IOT 控制器指令协议向串口发送数据。其通信的命令格式如图 12.46 所示。

包头(2)	长度(2)	ID(1)	命令(1)	参数(n)	校验(1)
0x55 0xaa	n+2,长度不包含自身高字节在前	id	C	××××××	长度(包含)开始到参数结束,累加和校验
		校验包含区域			

图 12.46　通信命令格式

发送命令:包头 长度 ID 命令 参数 校验,ID 通常用于 RS485

串口通信使用的是 0X76 号命令,命令格式如下:

0x76 Port N DDDDDDDD 向特定串口发送数据;

参数:Port 串口号(0~2)N 数据部分的长度 DDDDDDDD 要发送的串口发送数据;

返回 0xF6;

通信流程如图 12.47 所示。

(3)客户端的软件设计

面向客户的采用 PHP+MySQL 的网页设计。在服务器设计好 MySQL 的数据表,利用 VB 定期从数据表中读取数据,并与当前子站的工作状态比对,如果设定值与运行状态值不相等,就将设定值发送到子站,子站反馈更改的状态后更新到 MySQL 的数据表中。在服务器上用 PHP 制作网页,从 MySQL 的数据表中读取子站的工作状态,如果用户需要控制照明就单击照明灯,PHP 根据用户提出的要求保存到 MySQL 数据表中。

如果是移动客户端,首先通过 WIFI 连接到布置在工厂各角落的无线路由器,然后打开浏览器输入服务器的网页地址就可以控制。如果是办公电脑的用户,在连接内部局域网的前提打开浏览器输入服务器的网页地址也可以控制。由于采用了网页进行控制比较方便跨平台操作,无论用户的终端设备是 Windows 系统、苹果 iOS 系统,还是 Android 系统,都可以通过浏览器进行操作。手机视频控制界面如图 12.48 所示。

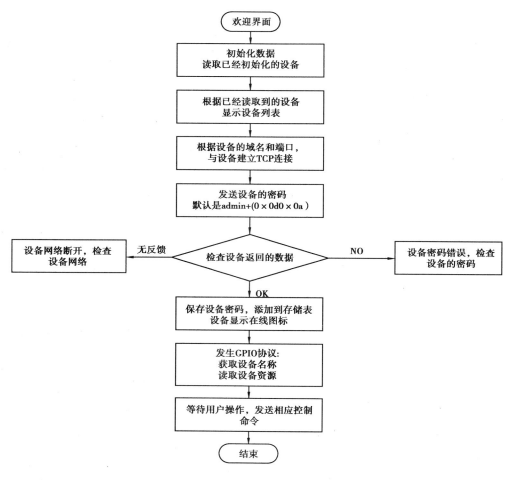

图 12.47　通信流程

图 12.48　控制界面局部截图

通过互联网对工厂的照明灯进行控制,其工作原理是采用数据库同步的技术,将工厂服务器上的数据和互联网的数据库同步。一般情况下,在互联网是不允许访问工厂或者个人的计算机的,但是个人计算机可以访问服务器供应商提供的云服务,在工厂服务器上编写数据库同步的程序,就可以实现数据库在互联网上共享。用户通过 3G/4G 或宽带网络访问云服务,就可以控制工厂的照明灯,但需要预先做好数据的安全措施。

本设计已在工厂的照明系统中稳定使用、效果良好,工人日常开关照明灯不需要找照明开关的位置就能通过 WIFI 控制照明灯,工厂的管理人员也可以随时随地监控照明灯的工作状态。

小　结

光纤(即光导纤维)是用来传导光波的一种非常纤细而柔软的介质。光缆由纤芯、包层和外套 3 部分组成。光纤具有传输频带宽、容量大、损耗低、中继距离长、抗电磁干扰能力强等优点。3 种光纤相比较,单模光纤的带宽最宽,多模渐变光纤次之,多模突变光纤的带宽最窄。单模光纤适于大容量远距离通信,多模渐变光纤适于中等容量中等距离的通信,而多模突变光纤只适于小容量的短距离通信。在制造工艺方面,单模光纤的难度最大。

在空间里微波是沿直线传播的,即所谓的视线传播,其绕射能力很弱。卫星通信就是地球上的无线电通信站之间利用人造卫星做中继站而进行的通信。无线电频率在 3~30 MHz、波长在 10~100 m 范围内的电波称为短波。短波主要靠电离层的反射来传播。

电力线耦合装置伴随电力线载波通信的应用和发展已有几十年的历史。在传统的中、高压输电线载波通信系统中,主要是基于点对点传输的语音和低速数据通信,载波频率在500 kHz 以内,载波通道阻抗基本稳定。

DTMF(双音多频)信号具有的传递速度,使得它不仅广泛应用于电话系统的语音通信中,而且在通信网中应用也极为普遍。一些系统中常常需要同时接收和发送 DTMF 信号,接收和发送均伴随着编码和解码过程。

通信中的三态逻辑:硬件引脚每位可有 3 种状态:高电平、低电平、开路。每位数据用两个数字脉冲表示:两个连续的宽脉冲表示“1”,两个连续的窄脉冲表示“0”,一宽一窄表示开路。

红外线遥控是目前使用最广的一种通信和遥控手段。由于红外线遥控装置具有体积小、功耗小、功能强、成本低等特点,因而,继彩色电视机、录像机之后,在录音机、音响设备、空调机以及玩具等其他小型电器装置上也纷纷采用红外线遥控。在工业设备中,在高压、辐射、有毒气体、粉尘等环境下采用红外线遥控,不仅安全可靠,而且能有效地隔离电气干扰。

一般的遥控系统是由红外遥控信号编码发送器、红外遥控信号接收器和解码器(解码芯片或单片机)及其外围电路等构成。

滚动码应用系统由编码器与解码器两部分组成。编码器由 MICROCHIP 的 HCS×××专用编码芯片加外围电路构成。其中解码器又分为软件解码与硬件解码。软件解码器主芯片为内置 KEELOQ 解码软件的 MCU;而硬件解码主芯片则为 HCS5××专用解码芯片,滚动码保密性比较强。

利用手机通过 WIFI 对照明系统控制,可以很方便了解各灯具工作状态并进行控制。

习　题

12.1　光纤通信的原理是什么？

12.2　常用的光纤有几种？说明多模光纤与单模光纤的传输特点。

12.3　什么是双音多频？举例说明其主要用途。

12.4　说明电力线载波通信的工作原理，举例说明其主要用途。

12.5　什么是三态逻辑编/解码技术，举例说明其优点。

12.6　说明红外线遥控工作原理及用途。

12.7　滚动码的工作原理是什么？各用哪些专用配对芯片？

12.8　怎样利用手机 Android 系统通过 WIFI 控制工厂的照明开关。

参考文献

[1] 潘新民.计算机通信技术[M].北京:电子工业出版社,2002.

[2] 吴玲达,等.计算机通信原理及通信技术[M].长沙:国防科技大业出版社,2003.

[3] John.数字通信[M].5版.张力军,等,译.北京:电子工业出版社,2003.

[4] 张辉,曹丽娜.现代通信原理与技术[M].3版.西安:西安电子科技大学出版,2013.

[5] 余永权.计算机接口与通信[M].广州:华南理工大学出版社,2004.

[6] 李国杰,程学旗.大数据研究:未来科技及经济社会发展的重大战略领域——大数据的研究现状与科学思考[J].中国科学院院刊,2013.

[7] 朱仲英.物联网的进展与趋势[J].微型电脑应用,2010.

[8] 达新宇,等.数据通信原理与技术[M].北京:电子工业出版社,2003.

[9] William.数据通信与网络教程[M].高传善,等,译.北京:机械工业出版社,2000.

[10] 冯玉珉.通信系统原理与学习指南[M].北京:清华大学出版社,2004.

[11] 钱志鸿,王义君.面向物联网的无线传感器网络综述[J].电子与信息学报,2015.

[12] 沈苏彬,等.黄维物联网的体系结构与相关技术研究[J].南京邮电大学学报:自然科学版,2009.

[13] 邬贺铨.大数据时代的机遇与挑战[J].求是,2013.

[14] 孟小峰,等.大数据管理:概念、技术与挑战[J].计算机研究与发展,2013.

[15] 李德毅.云计算支撑信息服务社会化集约化和专业化[J].重庆邮电大学学报:自然科学版,2010.

[16] 李德仁,等.智慧地球时代测绘地理信息学的新使命[J].测绘科学,2012.

[17] 赵华伟,等.基于物联网和混合云的公共安全管理平台研究[J].计算机应用与软件,2013.